北大社·“十三五”普通高等教育本科规划教材
高等院校机械类专业“互联网+”创新规划教材

机械设计

（第2版）

主　编　吕　宏　王　慧
副主编　杨春梅　任长清　关晓平
主　审　马　岩

内 容 简 介

本书是在第 1 版的基础上，根据教育部颁布的高等工科院校机械设计课程的教学基本要求，结合编者多年教学实践经验和广大师生对第 1 版书的使用意见修订的。

全书共 13 章，包括绪论、机械设计总论、带传动、链传动、齿轮传动、蜗杆传动、轴和轴毂连接、滚动轴承、滑动轴承、联轴器和离合器、连接、弹簧、机械创新设计。各章内容安排为教学基本要求、重点与难点、正文、例题、本章小结、习题等。

本书可作为高等学校机械类及近机类各专业的教材，也可供有关专业师生和工程技术人员使用。

图书在版编目(CIP)数据

机械设计/吕宏，王慧主编. —2 版. —北京：北京大学出版社，2018. 8
高等院校机械类专业“互联网+ ”创新规划教材
ISBN 978 - 7 - 301 - 28560 - 2

Ⅰ. ①机… Ⅱ. ①吕… ②王… Ⅲ. ①机械设计—高等学校—教材 Ⅳ. ①TH122

中国版本图书馆 CIP 数据核字(2017)第 181636 号

书　　名　机械设计（第 2 版）
Jixie Sheji
著作责任者　吕　宏　王　慧　主编
策划编辑　童君鑫
责任编辑　黄红珍
数字编辑　刘　蓉
标准书号　ISBN 978 - 7 - 301 - 28560 - 2
出版发行　北京大学出版社
地　　址　北京市海淀区成府路 205 号　100871
网　　址　http://www.pup.cn　新浪微博：@ 北京大学出版社
电子信箱　pup_6@ 163. com
电　　话　邮购部 010 - 62752015　发行部 010 - 62750672　编辑部 010 - 62750667
印 刷 者　北京圣夫亚美印刷有限公司
经 销 者　新华书店
787 毫米 × 1092 毫米　16 开本　19 印张　453 千字
2009 年 9 月第 1 版
2018 年 8 月第 2 版　2022 年 1 月第 2 次印刷
定　　价　47. 00 元

第 2 版前言

本书是高等院校机械类专业“互联网+”创新规划教材之一，是在第 1 版的基础上，根据高等工科院校机械设计课程的教学基本要求，结合编者多年教学实践经验和广大师生对第 1 版书的使用意见修订的。

本书以培养学生的工程实践能力、综合机械设计能力和创新能力为核心，加强了课程内容在逻辑和结构上的联系与综合，在内容编排上贯穿以设计为主线的思想，力求简单、实用，重点突出。本书重点对各章的例题与习题进行了调整和增删，更加体现了设计的系统性和完整性。为了便于对本课程的理解，本书采用了“互联网+”新模式，利用互联网技术，通过扫码多层次、多角度地展现机械零件的结构、工作原理及应用。通过扫描二维码，可以看到与课程内容相关的图片、视频、动画等拓展内容，体现学习的真实性和趣味性；通过扫描二维码，还可以知晓每一章的习题答案，帮助学生理解所学知识，检测学习效果，真正实现多元化教学。

本书由吕宏、王慧担任主编，杨春梅、任长清、关晓平担任副主编，具体工作分配如下：吕宏修订第 0、1、3、6、11 章，关晓平修订第 2、8 章，任长清修订第 4 章，杨春梅修订第 5 章，王慧修订第 7、9、10、12 章。

本书由东北林业大学马岩教授担任主审。马老师对本书提出了一些宝贵意见，编者在此表示衷心感谢。

本书得到黑龙江省高等教育学会“十三五”高等教育科学研究课题（项目编号：16G061）和黑龙江省教育科学“十二五”规划重点课题（项目编号：GJB1215005）的支持。

由于编者水平有限，书中难免存在疏漏和不妥之处，恳请读者予以批评指正。

编　者

2018 年 7 月

第 1 版前言

本书是全国本科院校机械类创新型应用人才培养规划教材之一，是在满足高等院校机械类专业机械设计课程教学基本要求的前提下，以培养“创新型应用人才”思想为指导，同时认真吸取其他高等院校机械类专业机械设计课程近几年教学改革的经验，认真组织教学内容，精心编写而成的。

本书以培养学生工程实践能力、综合机械设计能力和创新能力为核心，加强了课程内容在逻辑和结构上的联系与综合，力求简单、实用，重点突出；避免单纯知识传授，以及重演绎、公式推导和轻归纳、综合等缺点；对机械设计内容进行整合、优化，把与先修课程有关的内容穿插到各章，知识的连贯性突出，实用性强；采用立体化教学，配有多媒体教学课件；每章后配自测题并附答案，方便学生自学。本书突出创新思维及创新能力的培养，形成一个以培养学生工程实践能力和创新能力为目标的机械设计课程体系。

本书由吕宏、王慧担任主编，冯江、门艳忠、任长清、关晓平担任副主编，具体编写分工如下：吕宏编写第 0、1、3、11 章，关晓平编写第 2、8 章，任长清编写第 4 章，门艳忠编写第 5、6 章，王慧编写第 7、9、12 章，冯江、韩永俊编写第 10 章。

本书由哈尔滨工业大学王连明教授主审。王老师对本书进行了认真的审阅，提出了很多宝贵的意见和建议，对提高本书的质量起了很大的作用；东北林业大学的马岩教授在本书的编写过程中也提供了很大的帮助；北京大学出版社的编辑为本书的出版也投入了大量的心血，编者谨此一并致以衷心的感谢！

本书可作为高等学校机械类及近机类专业机械设计课程的教材，也可作为高等职业学校、成人高校相关专业的教材，还可供有关工程技术人员参考。

限于编者的水平，书中难免存在疏漏和欠妥之处，欢迎广大同仁和读者批评指正。

编　者

2009 年 6 月

目　录

第〇章 绪　论

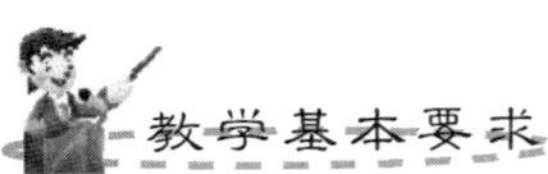

掌握本课程的研究对象、性质及学习方法。

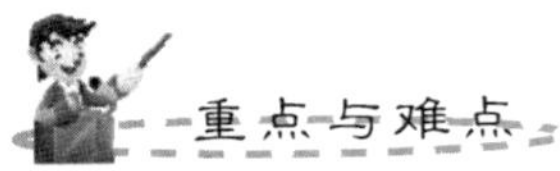

本课程的研究对象及学习方法。

人类在生产实践过程中，创造出各种各样的机械设备，如汽车、拖拉机、各种机床、机器人和计算机等。人们利用这些机器，不仅可以减轻体力劳动，而且可以提高生产效率。机器装备水平和自动化程度已成为反映当今社会生产力发展水平的重要标志。现代化建设对机械的自动化、智能化要求越来越高，越来越迫切，这就对机械设计工作者提出了更新、更高的要求。随着国民经济的进一步发展，本课程在现代化建设中的地位和作用将显得更加重要。

1. 机械的组成

机械是机器和机构的总称。

生产和生活中的各种机械设备，尽管它们的用途和性能千差万别，但它们的基本构成都包括原动机、传动装置、执行机构和控制系统四部分。其中原动机、传动装置、执行机构是机械中的主体。

原动机是机械设备完成其工作任务的动力来源，包括电动机、内燃机、液压马达和气动机等，其中最常用的是各类电动机。电动机可以把电能转化为机械能，内燃机可以把燃气的热能转化为机械能。

传动装置是按执行机构作业的特定要求，把原动机的运动和动力传递给执行机构。常用的各种减速器和变速装置，如齿轮减速器、蜗杆减速器和无级变速器等，均可作为传动装置。

【参考视频】

执行机构也是工作部分，直接完成机器的功能，如起重机及挖掘机中的起重吊运机构和挖掘机构。

【参考视频】

控制系统用来处理机器各组成部分之间及与外部其他机器之间的工作协调关系。控制部分的形式很多，可以是机械，也可以是电器、液力及计算机等。以内燃机为例，主体机构是曲柄滑块机构，进气、排气是通过凸轮机构实现的，属于控制部分。

实际上，机器是根据某种使用要求而设计的一种执行机械运动的装置，用来变换或传递能量、物料和信息。

2. 本课程的研究对象及研究内容

本课程主要研究普通条件下，一般参数的通用零部件的设计理论与设计方法，即不包括高温、高压、高速，尺寸过大、过小，以及有特殊要求的零部件，这些零部件和其他专用零件将在专业课中研究。所谓通用零部件实际是指各种机器都经常使用的零部件。常用的通用零部件包括齿轮、蜗杆、轴、轴承和联轴器等。机械零件中除通用零部件外还有专用零部件，如发动机中的曲轴、汽轮机中的叶片。曲轴只在发动机中使用，叶片也只在汽轮机中使用，这些专用零部件都不是本课程的研究对象。本课程只研究通用零部件。

本课程的研究内容是从承载能力出发，考虑结构、工艺、维护等来解决通用零件的设计问题，包括如何确定零件尺寸，如何选择材料、精度、表面质量及绘制零件图等。

3. 本课程的性质和任务

机械设计是以一般通用零部件的设计计算为核心的一门设计性、综合性和实践性都很强的技术基础课。这门课程综合理论力学、材料力学、机械制图、机械原理、金属工艺学、工程材料及热处理、公差及测量技术基础等多门课程的知识来解决一般通用机械零部件的设计问题，同时也为专业课的学习打下基础。它把基础课和专业课有机地结合起来，在教学中起着承前启后的重要作用，体现技术基础课的特有性质。机械设计是机械类和近机类专业中的一门主干课程。

本课程的任务如下。

(1) 培养正确的设计思想，包括设计时应考虑节约能源、合理利用我国资源、减少环境污染、坚持可持续发展的原则。

(2) 掌握通用零部件的设计方法和一般规律，具有确定机械系统方案、设计机械传动装置和简单机械的能力。

(3) 掌握一定的设计技能，包括计算能力、绘图能力，以及运用标准、规范、手册、图册和查阅有关技术资料的能力。

(4) 了解机械设计发展的最新动态。

4. 学习本课程应注意的问题

本课程的研究对象和性质决定了本课程的特点，即内容本身的繁杂性，主要体现在“公式多、系数多、图表多、关系多”等方面。因此，学习时应注意以下问题。

(1) 理论联系实际。机械设计是实践性、技术性较强的课程，其研究对象是各种机械设备中的机械零部件，与工程实际联系紧密，因此在学习时应利用各种机会深入生产车间、实验室，注意观察实物和模型，增加对常用机构和通用机械零部件的感性认识。了解机械的工作条件和要求，做到理论知识与实践有机结合。

（2）抓住课程体系，掌握机械零部件设计的共性问题及一般思路。机械设计以设计零件为线索，标准件以选择型号为主，然后进行适当的校核。在学习每一个零件时，都要了解零件的工作原理、失效形式、材料选择、工作能力计算及结构设计，内容虽然很多，但都是为达到一个目的，就是设计零件。

（3）要综合运用先修课程的知识解决机械设计问题。机械设计是一门综合性较强的课程，在设计零件过程中要用到多门先修课的知识。例如，在轴的设计这一部分中，当对轴进行强度、刚度校核时，就要运用工程力学的知识。因此在学习本课程时，必须及时复习先修课的有关内容，做到融会贯通、综合运用。

（4）要理解系数引入的意义。在机械设计中，由于实际影响因素很复杂，而这些因素一般用系数来反映，因此公式中系数很多，要充分理解系数的物理意义、影响系数的因素及如何取值。

（5）培养解决工程实际问题的能力。设计参数、经验公式和经验数据多因素、多方案的分析和选择，是解决工程实际问题中经常遇到的问题，也是学习本课程的难点。因此在学习本课程时一定要尽快适应这种情况，按解决工程实际问题的思维方法，提高机械设计能力，特别是机械系统方案的设计能力和结构设计能力。

本章小结

本章主要介绍了本课程的研究对象、性质、内容及学习中应注意的问题。

习　题

思考题

（1）机械由哪些基本部分构成？各部分的作用是什么？

（2）什么是专用零件及通用零件？试举例说明。

（3）机械设计的研究对象是什么？学习时应注意哪些问题？

第 1 章 机械设计总论

1. 了解机械设计的一般步骤和方法。
2. 掌握机械零件的常见失效形式和计算准则。

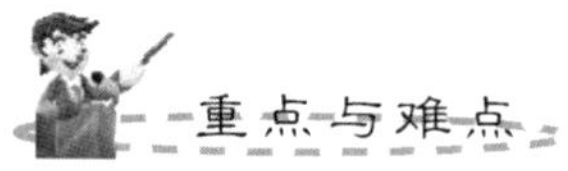

机械零件的失效形式和计算准则。

1.1 机械设计概述

1.1.1 机械设计的任务及设计步骤

1. 机械设计的任务

机械设计的任务是设计一个具有一定使用功能的机械技术系统。这个系统可分为三大类。

(1) 实现能量转换：把电能通过机械系统转化为机械能，如电动机。把燃气的热能通过机械系统转化为机械能，如内燃机。

(2) 实现信号转换：把一种信号通过机械系统转化为另一种信号，如电影机、照相机、计算机等。

(3) 实现物料转换：通过机械系统对物料进行转换，如各种机床、筛分机、过滤器及蒸发器等。

2. 机械设计的基本要求

设计任何机器都必须满足如下要求。

(1) 使用要求：机器能有效地执行预期的全部职能，如机床加工零件时应能达到形状、尺寸及精度等要求。

(2) 经济性要求：机器的经济性是一个综合性指标，体现在设计、制造和使用的全过程。经济性要求包括设计制造经济性和使用经济性。设计制造经济性表现为生产制造过程中生产周期短、制造成本低。使用经济性表现为效率高，能源消耗小，价格低，维护简单，操纵方便，具有最佳的性能价格比。

(3) 安全性要求：在机器上设置安全保护装置和报警信号系统(事故发生前应能提前报警)，预防事故发生。

(4) 其他要求：如尽可能地降低机器噪声及减少环境污染；尽可能地从美学、色彩学的角度，赋予机器协调的外观和悦目的色彩，使人赏心悦目；尽可能地使机器体积小、质量轻，便于安装、运输和储存等。

3. 机械设计的一般步骤

机械设计的步骤不是固定的，一般设计步骤如下。

(1) 计划阶段：首先明确设计任务。应根据市场需求、用户反映及本企业的技术条件，制定设计对象的功能要求和有关指标等，完成设计任务书。

(2) 方案设计阶段：为实现总体方案，确定采用哪些具体机构。例如，工作机是往复运动，而原动机是转动，应选择将转动转换为移动的机构。又如曲柄滑块机构、齿轮齿条机构、凸轮机构等。在多种方案中，要从技术和经济等方面进行综合评价，最后确定一个方案并画出机构运动简图。

(3) 技术设计阶段：根据总体设计方案的要求，考虑结构设计上的需要，与同类机械进行比较，对主要零部件进行初步设计，绘制出机械的装配图，然后进行零件的工作能力设计，最终绘制出零件工作图。

(4) 技术文件编制阶段：技术文件的种类较多，常用的有机器的设计计算说明书、使用说明书、标准件明细表等。其他技术文件，如检验合格单、外购件明细表、验收条件等，视需要与否另行编制。

(5) 试制、试验、鉴定及生产阶段：组织专家和有关部门对设计资料进行审定，认可后即可进行样机试制，并对样机进行技术审定。技术审定通过后可投入小批量生产，经过一段时间的使用实践再做产品鉴定，鉴定通过后即可根据市场需求组织生产，到此机械设计工作才告完成。

以上各阶段存在一定的内在联系，如果某一阶段出现问题，可能推翻前阶段的工作，所以设计过程是不断修改、不断完善的过程，最后得到最优化的结果。

1.1.2 机械设计中的创新和优化

1. 创新

机械设计的核心是创新。所谓创新就是创造出从未有过的产品，也可以是已有事物的不同组合，但这种组合不是简单的重复，而是有新的技术成分出现。创新分为不同层次。

(1) 无新技术，但形式上有翻新。例如，自行车，在是否变速、单人骑还是多人骑等方面有翻新变化。

(2) 含有重要的新技术。例如，程控交换机，原来用的是 5μm 线宽的芯片，现在用的是 3μm 线宽的芯片，体积小，功能强，提高了市场的竞争能力。

(3) 具有完全创新的功能。例如，历史上的第一盏灯、第一部电话、第一台电视机等。这种创新具有重大的历史意义。

2. 优化

由于设计方案具有多样性，因此就有了优化问题。随着科学技术的发展，寻优的方法也在不断地完善和发展。其方法如下。

(1) 基于经验的优化设计(人工判断寻优)。设计者根据自己的经验通过直观判断，对事物进行优化，其效果取决于专家经验。

(2) 基于计算机的枚举寻优。利用计算机计算结合人工判断对事物进行优化。

(3) 数学规划寻优。这是量化的优化方法，适用于机械设计中的参数设计。

(4) 人工智能寻优。根据专家系统技术，实现优化的自动选择和优化过程的自动控制。

1.1.3 机械设计中的标准化

在机械设计中采用标准化对降低成本、提高产品质量、发展新产品有着重要的意义。所谓零件的标准化，就是通过对零件的尺寸、结构要素、材料性能、检验方法、设计方法及制图要求等制定出各式各样的大家共同遵守的准则。

现已发布的与机械零件设计有关的标准，按标准的等级分类，可以分为国家标准(GB、GB/T)、行业标准、地方标准和企业标准四个等级；按标准的属性分类，可分为强制性标准、推荐性标准(如螺纹标准、制图标准)和标准化指导性技术文件。

1.1.4 机械设计的最新进展

机械设计的最新进展表现在如下几个方面。

(1) 设计理论的不断完善与发展，设计手段和方法的不断更新。计算机的进步和发展使许多新的设计方法相继产生，如计算机辅助设计、优化设计、可靠性设计和工业设计等。

(2) 机械设计的综合程度越来越高，与其他学科交叉越来越广泛和深入，由传统机械向机电一体化、智能化发展，已成为机械产品的发展趋势。

(3) 机械设计的实验研究技术有了很大的发展和提高，实验与理论相互结合、相互促进。

1.2 机械零件设计概述

1.2.1 机械零件应满足的要求及设计步骤

1. 机械零件设计的基本要求

设计机械零件时应满足的要求是根据设计机器的要求提出来的。一般来说，对机械零件的基本要求如下。

（1）工作可靠，在预定工作期限内正常、可靠地工作，保证机器的各种功能。

（2）成本低廉，要尽量降低零件的生产、制造成本，使其具有较好的经济性。

2. 机械零件设计的一般步骤

（1）根据零件在机器中的作用和工作条件，进行载荷分析（建立零件的受力模型，确定零件的计算载荷）。

$$F_c = KF$$

式中，F_c——计算载荷；

F——名义载荷（公称载荷、额定载荷）；

K——载荷系数。

（2）选择零件的类型及材料。

（3）分析零件的失效形式，建立计算准则，确定零件的基本尺寸，并圆整和标准化。

（4）确定零件的结构，绘制零件工作图并编写计算说明书。

1.2.2 机械零件的主要失效形式和设计准则

1. 机械零件的主要失效形式

机械零件不能正常工作或达不到设计要求，称为失效。失效并不单纯意味着破坏。由于具体的工作条件和受载情况不同，机械零件可能的失效形式有强度失效（因强度不足而断裂或发生过大的塑性变形）、刚度失效（过大的弹性变形）、磨损失效（摩擦表面的过度磨损），还有打滑和过热、连接松动、管道泄漏、精度达不到要求等。

2. 机械零件的设计准则

机械零件的设计准则是为防止零件失效而拟定的计算依据。机械零件的工作能力是指零件不发生失效时的安全工作限度。在零件设计过程中，为防止机械零件失效，保证工作能力，应遵循如下设计准则。

1）强度准则

强度是指零件在载荷作用下抵抗断裂和塑性变形的能力。如果零件强度不足，就会产生表面失效、整体断裂或过大塑性变形，使零件丧失工作能力。为使机械零件在工作中不产生强度失效，要求零件所受的应力不超过许用应力。条件式为

$$\sigma \leqslant [\sigma] = \frac{\sigma_{\lim}}{S_\sigma}$$

$$\tau \leqslant [\tau] = \frac{\tau_{\lim}}{S_\tau} \tag{1.1}$$

式中，σ、τ——危险截面的正应力和剪切应力；

$\sigma_{\lim}$、$\tau_{\lim}$——拉压（弯曲）极限应力和剪切极限应力；

S_σ、S_τ——计算安全系数。

这种方法称为许用应力法。

为满足强度要求，还有另一种方法，即判断危险截面处的安全系数是否大于许用安全系数，称为安全系数法。条件式为

$$S_\sigma=\frac{\sigma_{\lim}}{\sigma}\geqslant[S_\sigma]$$

$$S_\tau=\frac{\tau_{\lim}}{\tau}\geqslant[S_\tau] \tag{1.2}$$

式中，$[S_\sigma]$——拉压(弯曲)载荷下的许用安全系数；

$[S_\tau]$——剪切载荷下的许用安全系数。

2）刚度准则

刚度是指零件在载荷作用下抵抗弹性变形的能力。当零件刚度不足时，会因受载而产生较大变形，从而影响工作性能，甚至不能正常工作。

刚度有弯曲刚度和扭转刚度两种，根据材料力学，按下列方法计算，即分别求出变形量(挠度、偏转角和扭转角)，使它小于或等于许用值。

$$y\leqslant[y]\quad \theta\leqslant[\theta]\quad \varphi\leqslant[\varphi] \tag{1.3}$$

式中，y、θ、φ——挠度、偏转角和扭转角；

$[y]$、$[\theta]$、$[\varphi]$——许用挠度、许用偏转角和许用扭转角。

3）耐磨性准则

耐磨性是指零件工作表面抵抗磨损的能力。磨损的后果是使零件表面形状破坏，强度削弱，精度下降，产生振动、噪声，最后失效。据统计，零件失效约80%是由磨损造成的。由于影响磨损的因素很多，而且比较复杂，目前磨损没有成熟的计算方法，通常采用条件性计算，即限制压强 p、限制速度 v 和限制 pv。

$$p\leqslant[p]\quad pv\leqslant[pv]\quad v\leqslant[v] \tag{1.4}$$

式中，p、v、pv——零件的压强、速度及 pv 值；

$[p]$、$[v]$、$[pv]$——零件的许用压强、许用速度及许用 pv 值。

4）振动稳定性准则

高速机械或对噪声有特别要求的机械，要限制振动和噪声。当零件本身的固有频率与外界振动频率相接近或成整数倍关系时，就将发生共振，导致零件失效和机器工作失常。所以，振动稳定性准则要求机械振动频率 f_p 远离机械的固有频率，特别是一阶固有频率 f，即

$$f_p<0.85f\quad f_p>1.15f \tag{1.5}$$

5）热平衡准则

机械零件若温升过度，将使润滑油黏度下降，润滑失效，零件间加剧磨损并产生胶合，最后导致零件失效，所以要进行热平衡计算，把温升控制在许用范围内，即

$$\Delta t\leqslant[\Delta t] \tag{1.6}$$

式中，Δt——温升；

$[\Delta t]$——许用温升。

6）可靠性准则

可靠性是指零件在一定的条件下和规定时间内正常工作的能力，用可靠度来衡量。可靠度用 R_t 表示，是指零件在一定的条件下和规定时间内正常工作的概率。

N 个相同零件在相同条件下同时工作，在规定的时间内有 N_f 个失效，剩下 N_t 个仍继续工作，则

$$R_t=\frac{N_t}{N}=\frac{N-N_f}{N}=1-\frac{N_f}{N} \tag{1.7}$$

不可靠度(失效概率)为

$$F_t=\frac{N_f}{N}=1-R_t \quad R_t+F_t=1 \tag{1.8}$$

本章小结

本章主要介绍了机械设计的任务和设计步骤、机械零件的设计步骤；着重说明了机械零件的失效形式和设计准则，为各章的学习打下基础。

习题

思考题

(1) 设计机器应满足哪些基本要求？

(2) 机械零件的主要失效形式及设计准则是什么？

第2章 带传动

1. 了解带传动的类型、特点及应用。
2. 了解V带与带轮的材料、结构及标准。
3. 掌握带传动受力分析及应力分析，掌握弹性滑动与打滑的理论。
4. 掌握带传动的失效形式及设计准则，掌握V带传动的设计方法。
5. 了解带传动的张紧与维护。

1. 带传动的受力及应力分析、弹性滑动与打滑。
2. 带传动的失效形式、设计准则及V带传动的设计方法。

2.1 概　　述

带传动是具有中间挠性件的一种传动，一般由主动带轮1、从动带轮2、套在其上的传动带3及机架组成（图2.1），工作时靠零件之间的摩擦（或啮合）来传递运动和动力。

【参考动画】

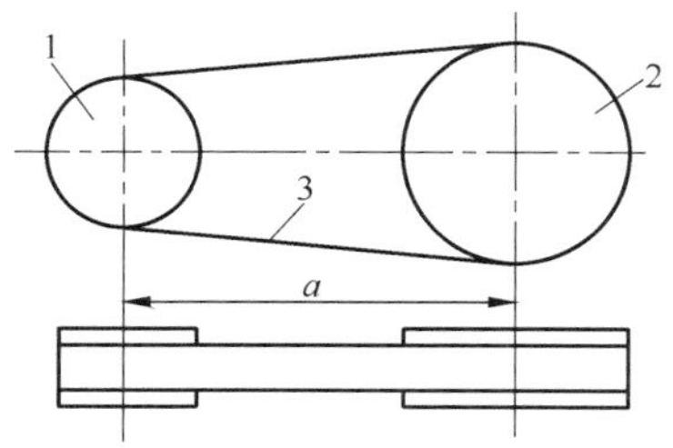

图2.1　带传动简图

1—主动带轮；2—从动带轮；3—传动带

2.1.1 带传动的类型

1. 按工作原理分类

根据工作原理，带传动可分为摩擦型带传动和啮合型带传动两类。其中摩擦型带传动应用广泛。

摩擦型带传动在安装时，带通常需要张紧，这时带所受的拉力称为初拉力。初拉力使带轮上的带与带轮接触面间产生压力。当原动机驱动主动轮转动时，依靠带和带轮间摩擦力的作用，从动轮便一起转动，并传递一定的运动和动力。

啮合型带传动（图 2.2）也称同步带传动，是依靠带内面的凸齿和带轮表面相应的凹齿相啮合来传递运动和动力的。它兼具齿轮传动和摩擦型带传动的特点。工作时因带靠啮合传动，带的初拉力小，带与带轮间无相对滑动，能保证固定的传动比。啮合型带传动的传动效率较高，适于较高速度的传动。图 2.3 所示为同步带和带轮。

【参考动画】

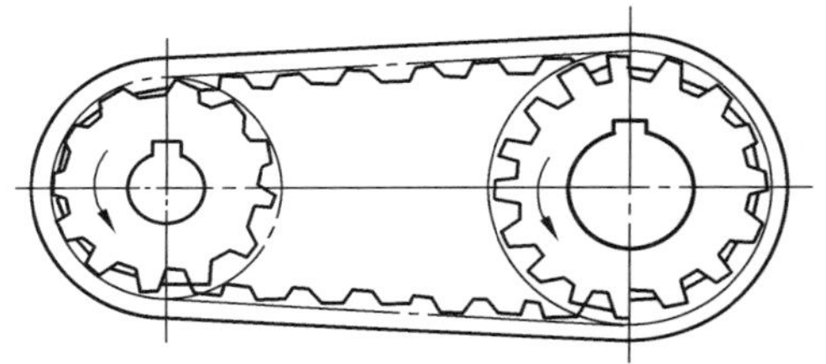

图 2.2 啮合型带传动

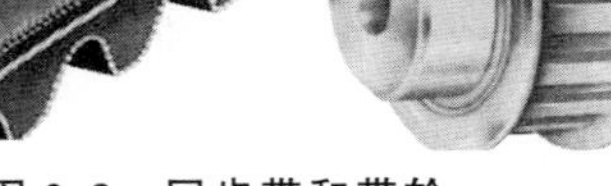

图 2.3 同步带和带轮

2. 按带的截面形状分类

按照带的截面形状不同，摩擦型带传动可分为平带传动、V 带传动、多楔带传动和圆带传动，如图 2.4 所示。

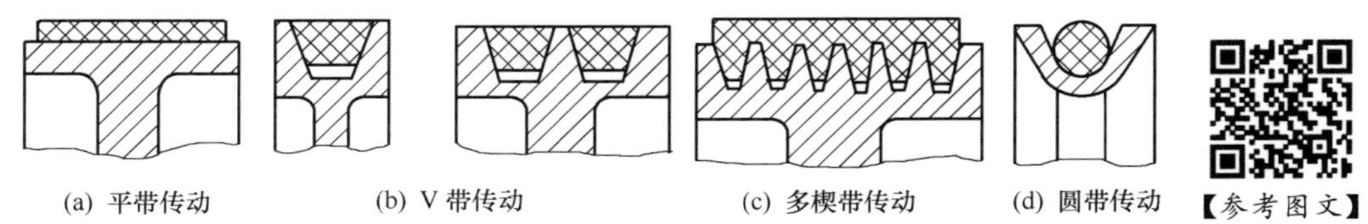

【参考图文】

图 2.4 摩擦型带传动的类型

平带传动结构简单，带轮也容易制造，在传动中心距较大的情况下应用较多。常用的平带有橡胶布带、缝合棉布带、棉织带和毛织带等数种。其中以橡胶布带应用最广。平带的横截面是扁矩形，工作时带的环形内表面与轮缘相接触，为工作面［图 2.4(a)］。

V 带的横截面是等腰梯形，工作时 V 带两侧面与轮槽的侧面相接触，而 V 带底面与轮槽的底面并不接触，工作面为两侧面［图 2.4(b)］。

V 带传动与平带传动初拉力 F_0 相等时（即带压向带轮的压力同为 F_Q，如图 2.5 所示），它们的法向力 F_N 则不同。平带的极限摩擦力为 $fF_N=fF_Q$，而 V 带的极限摩擦力为

$$fF_N=f\frac{F_Q}{\sin\frac{\varphi}{2}}=f_VF_Q$$

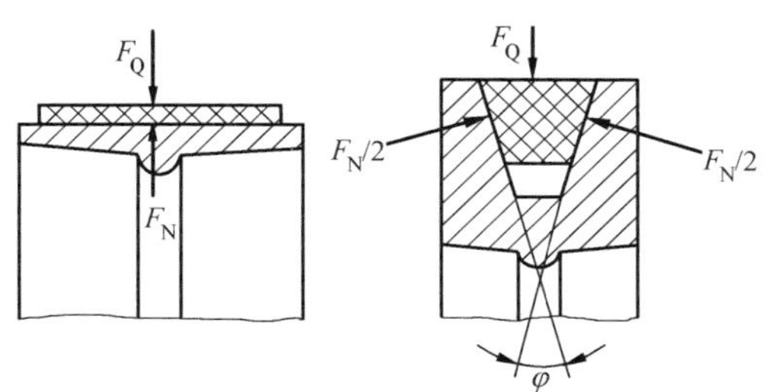

图 2.5　平带、V 带与带轮间受力比较

式中，φ——带轮轮槽角；

f_V——当量摩擦因数，$f_V=\dfrac{f}{\sin\dfrac{\varphi}{2}}$。显然 $f_V>f$，故在相同条件下，V 带能传递较大的功率。或者说，在传递相同的功率时，V 带传动的结构更紧凑。这是 V 带传动性能上最主要的优点。此外，V 带传动允许的传动比较大，并且具有已标准化并大量生产等优点，因而应用最广泛。

多楔带以其扁平部分为基体，下面有若干等距纵向槽，其工作面是多楔的侧面[图 2.4(c)]，这种带兼有平带的弯曲应力小和 V 带的摩擦力大等特点。多楔带传动结构尺寸小，传动平稳，常用于传递功率较大，又要求结构紧凑的场合。

【参考图文】

圆带传动[图 2.4(d)]只能传递很小的功率，因此常用于传递功率较小的仪器设备（如缝纫机）中。

3. 按带轮轴相对位置及带绕在带轮上的方式分类

根据带轮轴的相对位置及带绕在带轮上的方式不同，带传动分为开口传动［图 2.6(a)]，交叉传动［图 2.6(b)]和半交叉传动［图 2.6(c)]。后两种带传动形式只适合平带传动和圆带传动。

【参考动画】　【参考动画】

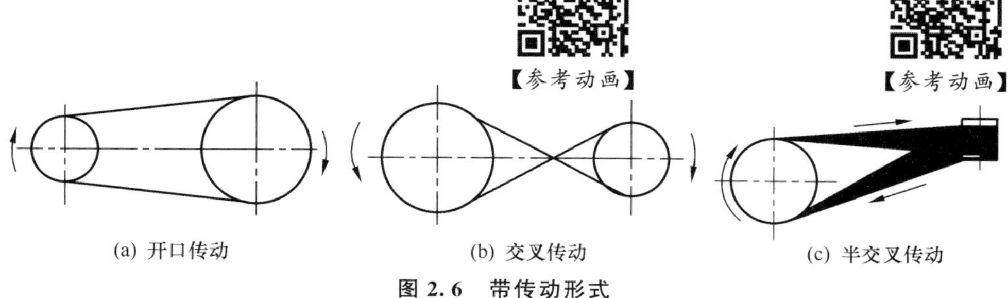

(a) 开口传动　(b) 交叉传动　(c) 半交叉传动

图 2.6　带传动形式

开口传动两轴线平行，主动轮和从动轮转动方向相同，适合各种形式的带。交叉传动两轴线平行，但主动轮和从动轮转动方向相反，交叉处有摩擦，所以带的寿命较短。半交叉传动轴线通常异面垂直，而且只能单向传动，传动方向如图 2.6(c)所示，不能逆转，安装时应使一轮的宽对称面通过另一轮带的绕出点。

2.1.2　摩擦型带传动的主要特点及应用

1. 摩擦型带传动的主要特点

摩擦型带传动的主要特点如下。

(1) 带具有较大弹性和挠性，因此可吸收振动和缓和冲击，传动平稳，噪声小。

(2) 当过载时，传动带与带轮间可发生相对滑动而不损伤其他零件，起到保护作用。

(3) 改变带的长度可改变两轴间的中心距，故可实现两轴间中心距较大的传动。

(4) 结构简单，制造、安装和维护都较方便。

(5) 摩擦带传动中存在弹性滑动，故不能保证准确的传动比。

(6) 结构尺寸较大，效率较低，寿命较短。

(7) 较大的张紧力会产生较大的压轴力，使轴和轴承受力较大。

(8) 不宜用于高温、易燃等场合。

2. 摩擦型带传动的应用

【参考视频】

在一般机械传动中，V带传动应用最广。带传动适用于对传动比要求不高、中小功率的高速传动中，一般功率 $P \leqslant 100\text{kW}$，带速 $v=5\sim25\text{m/s}$，传动比 $i\leqslant7$，传动效率 $\eta=0.90\sim0.95$。

2.2 V带与V带轮

2.2.1 V带类型与标准

V带有普通V带、窄V带、宽V带、接头V带等近十种，一般使用较多的为普通V带。窄V带应用也日益广泛。

标准普通V带都制成无接头的环形。V带的结构如图2.7所示，由包布层1、顶胶层2、抗拉层3和底胶层4组成。抗拉层是承受载荷的主体，由几层帘布或粗线绳组成，分别称为帘布芯结构［图2.7(a)］和线绳芯结构［图2.7(b)］。线绳芯结构和帘布芯结构相比，较柔软，易弯曲，抗弯强度高，适于带轮直径较小、转速较高的场合。为提高带的拉曳能力，抗拉层还可采用合成纤维绳或钢丝绳。顶胶层、底胶层均为胶料，V带在带轮上弯曲时，顶胶层承受拉伸力，底胶层承受压缩力。包布层由几层橡胶布组成，是带的保护层。

如图2.8所示，当带纵向弯曲时，带中保持长度不变的任一条周线称为节线，由全部节线构成的面称为节面。带的节面宽度称为节宽 b_p，当带纵向弯曲时，该宽度保持不变。

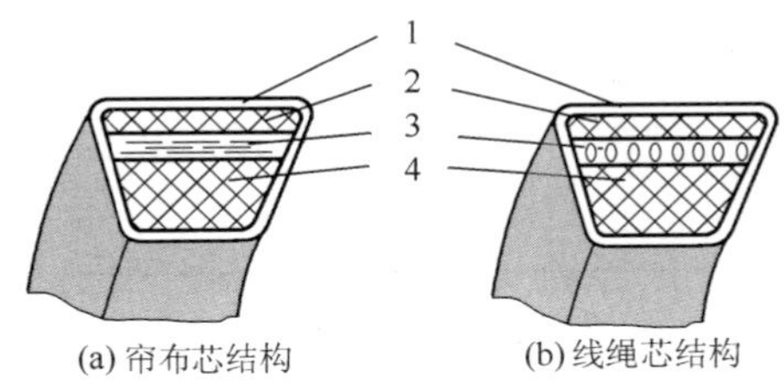

图2.7 V带的结构

1—包布层；2—顶胶层；3—抗拉层；4—底胶层

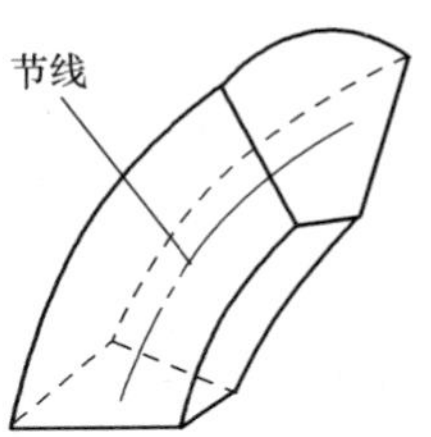

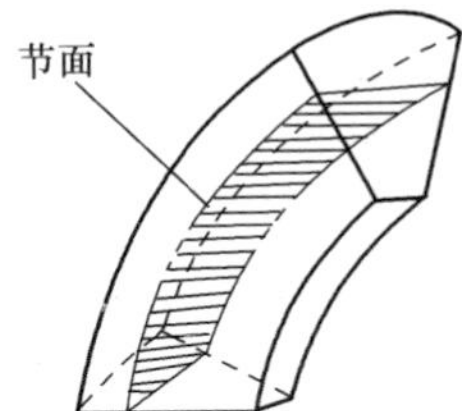

图2.8 V带的节线和节面

与普通 V 带相比，在顶宽 b(表 2－1)相同时，窄 V 带的高度较大，摩擦面较大，而且用合成纤维绳或钢丝绳作抗拉层，故传递功率较大，允许速度较高，传递中心距较小。窄 V 带适用于大功率且结构紧凑的场合。

表 2－1　V 带截面尺寸(GB/T 11544—2012)

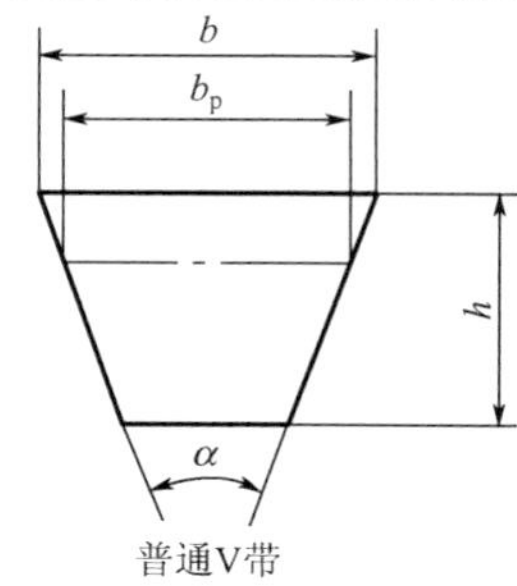

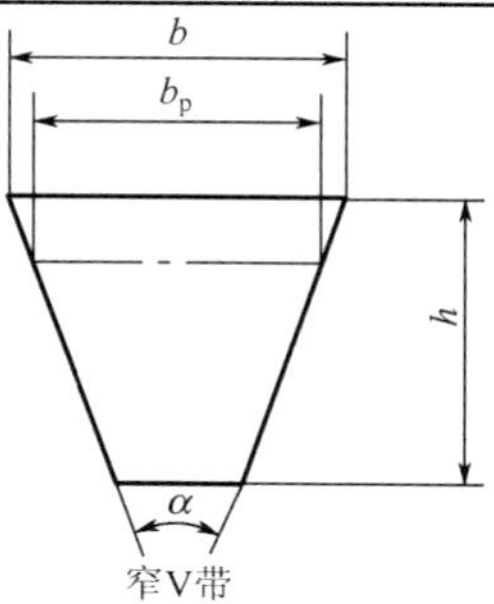

V带截面尺寸示意图

型　　号	节宽 b_p/mm	顶宽 b/mm	高度 h/mm	楔角 α/(°)
Y	5.3	6	4	40
Z	8.5	10	6	40
A	11.0	13	8	40
B	14.0	17	11	40
C	19.0	22	14	40
D	27.0	32	19	40
E	32.0	38	23	40
SPZ	8.5	10	8	40
SPA	11.0	13	10	40
SPB	14.0	17	14	40
SPC	19.0	22	18	40

普通 V 带和窄 V 带已标准化，按照截面尺寸的不同，标准普通 V 带有 Y、Z、A、B、C、D、E 七种型号，从 Y 到 E，截面尺寸增加，承载能力增强；窄 V 带有 SPZ、SPA、SPB、SPC 四种型号。V 带截面尺寸见表 2－1。

在 V 带轮上与所配用 V 带的节宽 b_p 相对应的带轮直径称为基准直径 d_d。V 带位于带轮基准直径上的周线长度称为基准长度 L_d。V 带轮基准直径 d_d 和 V 带基准长度 L_d 均为标准值。其值分别见表 2－2 和表 2－3。

表 2－2　V 带轮最小基准直径　　(单位：mm)

型号	Y	Z	SPZ	A	SPA	B	SPB	C	SPC	D	E
d_{dmin}	20	50	63	75	90	125	140	200	224	355	500

注：V 带轮的基准直径系列为 20　22.4　25　28　31.5　40　45　50　56　63　71　75　80　85　90　95　100　106　112　118　125　132　140　150　160　170　180　200　212　224　236　250　265　280　300　315　355　375　400　425　450　475　500　530　560　600　630　670　710　750　800　900　1000 等，单位为 mm。

表 2-3　V带基准长度 L_d 及带长修正系数 K_L

普通V带

Y		Z		A		B		C		D		E	
L_d	K_L	L_d	K_L	L_d	K_L	L_d	K_L	L_d	K_L	L_d	K_L	L_d	K_L
200	0.81	405	0.87	630	0.81	930	0.83	1565	0.82	2740	0.82	4660	0.91
224	0.82	475	0.90	700	0.83	1000	0.84	1760	0.85	3100	0.86	5040	0.92
250	0.84	530	0.93	790	0.85	1100	0.86	1950	0.87	3330	0.87	5420	0.94
280	0.87	625	0.96	890	0.87	1210	0.87	2195	0.90	3730	0.90	6100	0.96
315	0.89	700	0.99	990	0.89	1370	0.90	2420	0.92	4080	0.91	6850	0.99
355	0.92	780	1.00	1100	0.91	1560	0.92	2715	0.94	4620	0.94	7650	1.01
400	0.96	920	1.04	1250	0.93	1760	0.94	2880	0.95	5400	0.97	9150	1.05
450	1.00	1080	1.07	1430	0.96	1950	0.97	3080	0.97	6100	0.99	12230	1.11
500	1.02	1330	1.13	1550	0.98	2180	0.99	3520	0.99	6840	1.02	13750	1.15
		1420	1.14	1640	0.99	2300	1.01	4060	1.02	7620	1.05	15280	1.17
		1540	1.54	1750	1.00	2500	1.03	4600	1.05	9140	1.08	16800	1.19
				1940	1.02	2700	1.04	5380	1.08	10700	1.13		
				2050	1.04	2870	1.05	6100	1.11	12200	1.16		
				2200	1.06	3200	1.07	6815	1.14	13700	1.19		
				2300	1.07	3600	1.09	7600	1.17	15200	1.21		
				2480	1.09	4060	1.13	9100	1.21				
				2700	1.10	4430	1.15	10700	1.24				
						4820	1.17						
						5370	1.20						
						6070	1.24						

窄V带

L_d	K_L			
	SPZ	SPA	SPB	SPC
630	0.82			
710	0.84			
800	0.86	0.81		
900	0.88	0.83		
1000	1.90	0.85		
1120	0.93	0.87		
1250	0.94	0.89	0.82	
1400	0.96	0.91	0.84	
1600	1.00	0.93	0.86	
1800	1.01	0.95	0.88	
2000	1.02	0.96	0.90	0.81
2240	1.05	0.98	0.92	0.83
2500	1.07	1.00	0.94	0.86
2800	1.09	1.02	0.96	0.88
3150	1.11	1.04	0.98	0.90
3550	1.13	1.06	1.00	0.92
4000		1.08	1.02	0.94
4500		1.09	1.04	0.96
5000			1.06	0.98
5600			1.08	1.00
6300			1.10	1.02
7100			1.12	1.04
8000			1.14	1.06
9000				1.08
10000				1.10
11200				1.12
12500				1.14

普通V带为标准件，其标记由带型、基准长度和国家标准编号组成，如下示例。

A-1400　GB/T 11544—2012

2.2.2 V带轮

V带轮由轮缘、轮毂和连接这两部分的轮辐或腹板组成，其中轮缘用于安装V带，轮毂与轴相配合。由于V带是标准件，因此V带轮轮缘的尺寸与带的型号和带的根数有关。V带轮的轮槽尺寸见表2-4，V带轮基准直径d_d见表2-2。

表2-4　V带轮的轮槽尺寸　　（单位：mm）

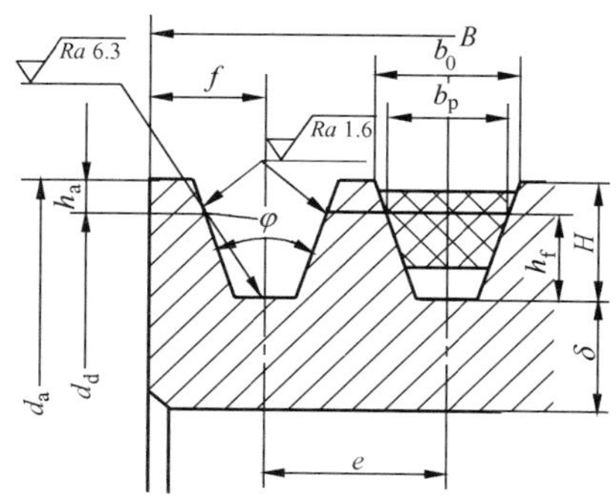

槽型			Y	Z SPZ	A SPA	B SPB	C SPC
b_p			5.3	8.5	11	14	19
h_{amin}			1.6	2.0	2.75	3.5	4.8
e			8±0.3	12±0.3	15±0.3	19±0.4	25.5±0.5
f_{min}			6	7	9	11.5	16
h_{fmin}			4.7	7 9	8.7 11	10.8 14	14.3 19
δ_{min}			5	5.5	6	7.5	10
φ	32°	对应的d_d	≤60	—	—	—	—
	34°		—	≤80	≤118	≤190	≤315
	36°		>60	—	—	—	—
	38°		—	>80	>118	>190	>315

表2-4中带轮的轮槽槽角分别为32°、34°、36°、38°，均小于V带的楔角40°（表2-1），原因是当V带弯曲时，顶胶层在横向要收缩，而底胶层在横向要伸长，因而楔角要减小。为保证V带和V带轮工作面的良好接触，一般带轮的轮槽槽角都应适当减少。

轮槽的工作面要精加工，保证适当的粗糙度值，以减少带的磨损，保证带的疲劳寿命。

带轮的材料主要采用铸铁，常用材料的牌号为HT150或HT200；允许的最大圆周速度为25m/s，转速较高时宜采用铸钢或用钢板冲压后焊接；小功率时可用铸铝或塑料。

铸造V带轮的典型结构有实心式［图2.9(a)］、腹板式［图2.9(b)］、孔板式［图2.9(c)］、椭圆轮辐式［图2.9(d)］等几种形式。

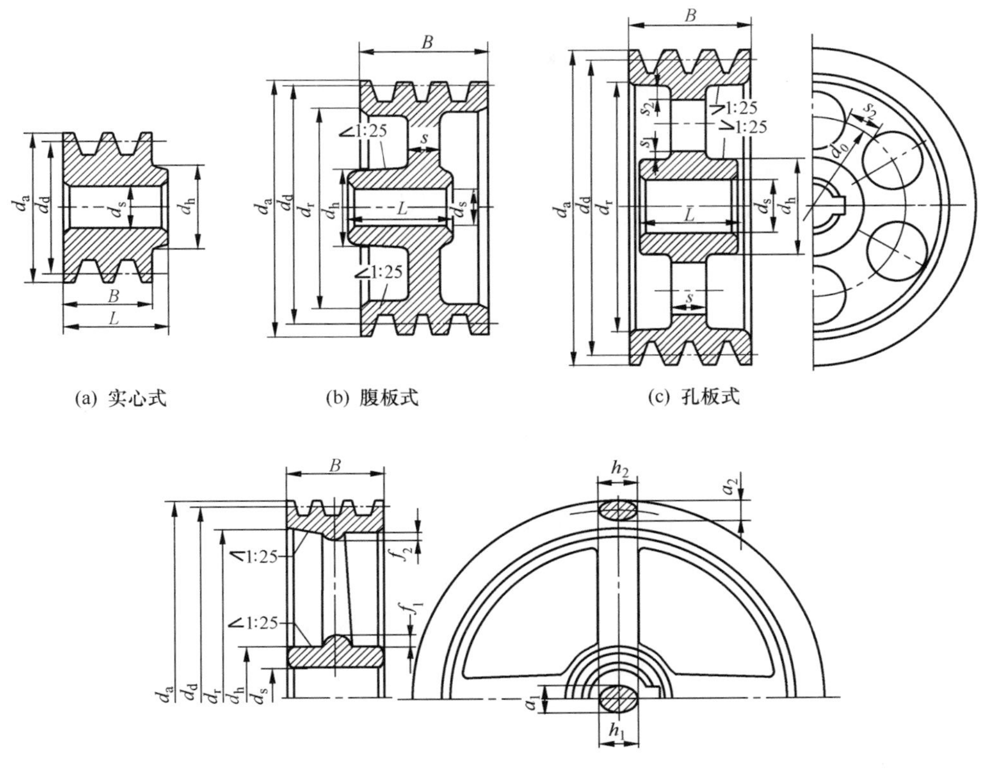

图 2.9　V 带轮结构

带轮的基准直径 $d_d \leqslant (2.5 \sim 3)d_s$（$d_s$ 为轴的直径，单位为 mm），可采用实心式；$d_d \leqslant$ 300mm，可采用腹板式，当 $d_r - d_h \geqslant 100$mm 时，为方便吊装和减轻质量，可在腹板上开孔，称为孔板式；$d_d > 300$mm 时，可采用椭圆轮辐式。

V 带轮参数之间的关系如下。

$$B = (Z-1)e + 2f$$

$$d_h = (1.8 \sim 2)d_s,\ d_r = d_a - 2(h_a + h_f + \delta),\ h_1 = 290[P/(nz_a)]^{1/3},$$

$$h_2 = 0.8h_1,\ d_0 = (d_h + d_r)/2,\ s = (0.2 \sim 0.3)B,\ L = (1.5 \sim 2)d_s,$$

$$s_1 \geqslant 1.5s,\ s_2 \geqslant 0.5s,\ a_1 = 0.4h_1,\ a_2 = 0.8a_1,\ f_1 = f_2 = 0.2h_1$$

以上式中，h_a、h_f、δ、e、f 见表 2-4；P 为传递的功率，单位为 kW；Z 为带的根数；n 为转速，单位为r/min；z_a 为辐条数，可根据带轮基准直径选取：$d_d < 500$mm 时，取 $z_a = 4$；$d_d = 500 \sim 1600$mm 时，取 $z_a = 6$；$d_d = 1600 \sim 3000$mm 时，取 $z_a = 8$。

带轮的结构设计，主要根据带轮的基准直径选择结构形式；根据带的型号确定轮槽尺寸；带轮的其他结构尺寸可参照经验公式计算。确定了带轮的各部分尺寸后，即可绘制出零件图，并按工艺要求注出相应的技术条件等。

V 带轮结构工艺性好，易于制造，并且无过大的铸造内应力，质量分布均匀，但转速高时，V 带轮要进行动平衡。

2.2.3 带传动的几何计算

将具有基准长度 L_d 的 V 带置于具有基准直径 d_d 的带轮轮槽中，并适当张紧，完成带传动的安装，其中心距为 a，以开口 V 带传动为例，其几何关系如图 2.10 所示。图中的 α_1 为包角，是带与带轮接触弧所对应的圆心角，是带传动中影响传动性能的重要参数之一。L_d、d_d、a 及 α_1 的关系如下。

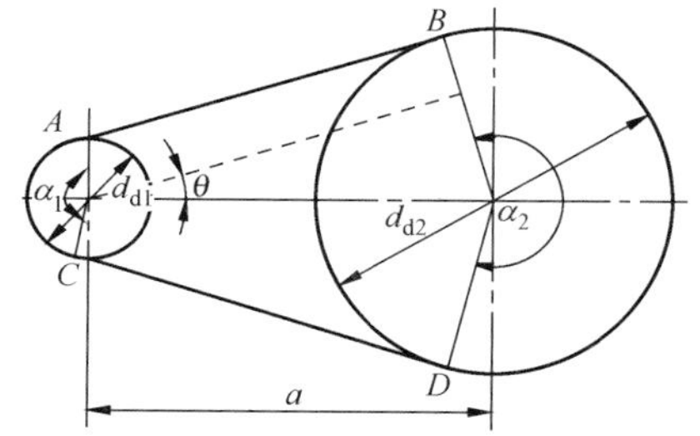

图 2.10 开口 V 带传动几何关系

$$L_d = \frac{\pi(d_{d1}+d_{d2})}{2}+\theta(d_{d2}-d_{d1})+2a\cos\theta$$

$$\approx 2a+\frac{\pi}{2}(d_{d1}+d_{d2})+\frac{(d_{d2}-d_{d1})^2}{4a} \quad (2.1)$$

$$\alpha_1 = 180°-2\theta \approx 180°-\frac{d_{d2}-d_{d1}}{a}\times 57.3° \quad (2.2)$$

式中，$\theta \approx \sin\theta = \frac{d_{d2}-d_{d1}}{2a}$；$\cos\theta \approx 1-\frac{1}{2}\theta^2$。

2.3 带传动的理论基础

2.3.1 带传动中的力分析

V 带传动是靠摩擦来传递运动和动力的，因此安装时，传动带需要以一定的初拉力 F_0 紧套在两个带轮上。由于 F_0 的作用，带和带轮的接触面上就产生了正压力。带传动不工作时，传动带两边的拉力相等，都等于 F_0，如图 2.11(a)所示。

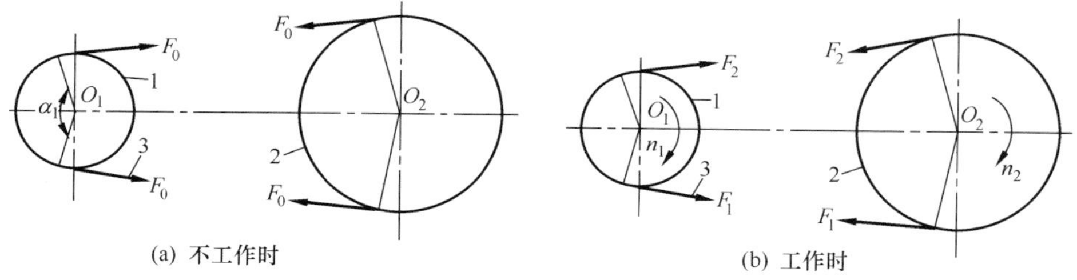

图 2.11 带传动的受力分析

1—主动轮；2—从动轮；3—带

带传动工作时［图 2.11(b)］，设主动轮 1 以转速 n_1 转动，带与带轮的接触面间便产生摩擦力 F_f，主动轮作用在带 3 上的摩擦力的方向和主动轮的圆周速度方向相同，主动轮即靠此摩擦力驱使带运动；带作用在从动轮 2 上的摩擦力的方向，显然与带的运动方向相同；带同样靠摩擦力而驱使从动轮以转速 n_2 转动。这时传动带两边的拉力也相应地发生了变化：带绕上主动轮的一边被拉紧，形成紧边，紧边拉力由 F_0 增加到 F_1；带离开主动轮的另一边被放松，形成松边，松边拉力由 F_0 减少到 F_2。如果近似地认为带工作时的总长度不变，则带的紧边拉力的增加量应等于松边拉力的减少量，即

$$F_1 - F_0 = F_0 - F_2$$

或 $$F_1+F_2=2F_0 \tag{2.3}$$

当取主动轮一端的带为分离体时，则总摩擦力 F_f 和两边拉力对轴心 O_1 力矩的代数和 $\sum T=0$，

即 $$F_f\frac{d_{d1}}{2}-F_1\frac{d_{d1}}{2}+F_2\frac{d_{d1}}{2}=0$$

则 $$F_f=F_1-F_2$$

带传动是靠摩擦来传递运动和动力的，故整个接触面上的摩擦力 F_f 即是带所传递的有效拉力 F，有效拉力 F 并不是作用于某固定点的集中力，而是带和带轮接触面上各点摩擦力的总和，则由上式关系可知

$$F=F_f=F_1-F_2 \tag{2.4}$$

由式(2.3)和式(2.4)可得 $$F_1=F_0+\frac{F}{2} \tag{2.5}$$

$$F_2=F_0-\frac{F}{2} \tag{2.6}$$

以 v 表示带的速度(m/s)，F 表示有效拉力(N)，则带传动所能传递的功率

$$P=\frac{Fv}{1000}\quad(\text{kW}) \tag{2.7}$$

由式(2.5)～式(2.7)可知，带两边的拉力 F_1 和 F_2 的大小取决于初拉力 F_0 和带传动的有效拉力 F。

2.3.2 带传动的最大有效拉力及其影响因素

在 F_0 一定且其他条件不变时，带和带轮接触面上的摩擦力有极限值。这个极限值就是带传动所能传递的最大有效拉力。若带传动中要求带所传递的有效拉力超过带与带轮接触面间的极限摩擦力，则带与带轮间将产生全面的相对滑动，这种现象称为打滑。经常出现打滑将使带的磨损加剧，传动效率降低，导致传动失效，因此应当避免。

当带传动出现即将打滑而尚未打滑的临界状态时，摩擦力达到最大值，此时带的两边拉力有如下关系。

$$F_1=F_2e^{f\alpha_1} \tag{2.8}$$

式中，e——自然对数的底(e=2.718)；

f——带与带轮间的摩擦因数(对于V带传动为当量摩擦因数 f_v)；

α_1——带在小带轮上的包角(rad)。

式(2.8)为著名的欧拉公式，是计算柔性体摩擦的基本公式。

以平带传动为例，带在即将打滑时，紧边拉力 F_1 和松边拉力 F_2 的关系如图2.12所示。如在带上截取一段弧段 dl，相应包角为 $d\alpha$。微弧段两端的拉力分别为 F 与 $F+dF$，带轮给微弧段的正压力为 dN，带与带轮接触面间的极限摩擦力为 fdN，若带速小于10m/s，可以不计离心力的影响，此时，力平衡方程式如下。

$$dN=F\sin\frac{d\alpha}{2}+(F+dF)\sin\frac{d\alpha}{2}$$

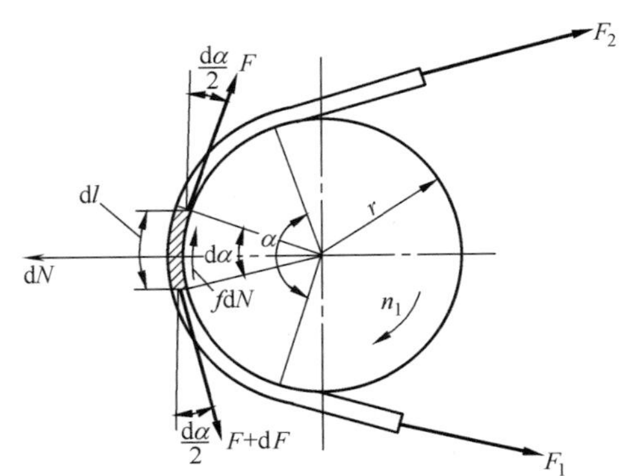

图2.12 带松边和紧边拉力关系计算简图

$$fdN=(F+dF)\cos\frac{d\alpha}{2}-F\cos\frac{d\alpha}{2}$$

在以上两式中，因 $d\alpha$ 很小，取 $\sin\frac{d\alpha}{2}\approx\frac{d\alpha}{2}$，$\cos\frac{d\alpha}{2}\approx1$，略去 $dF\frac{d\alpha}{2}$，则得

$$dN=Fd\alpha$$

$$fdN=dF$$

由以上两式可得 $\frac{dF}{F}=fd\alpha$，两边积分 $\int_{F_2}^{F_1}\frac{dF}{F}=\int_0^{\alpha_1}fd\alpha$，得式(2.8)欧拉公式。

将式(2.4)和式(2.8)联立求解，可得带两边的拉力，分别为

$$F_1=F\frac{e^{f\alpha_1}}{e^{f\alpha_1}-1} \tag{2.9}$$

$$F_2=F\frac{1}{e^{f\alpha_1}-1} \tag{2.10}$$

将式(2.5)和式(2.6)代入式(2.8)，得带传动所能传递的最大有效拉力为

$$F_{max}=2F_0\frac{1-\frac{1}{e^{f\alpha_1}}}{1+\frac{1}{e^{f\alpha_1}}} \tag{2.11}$$

由式(2.11)可知，最大有效拉力 F_{max} 与下列几个因素有关。

(1) 初拉力 F_0：最大有效拉力 F_{max} 与 F_0 成正比。这是因为 F_0 越大，带与带轮接触面间的正压力越大，则传动时的摩擦力越大，最大有效拉力 F_{max} 也就越大。但 F_0 过大，带的磨损会加剧，将缩短带的工作寿命。如 F_0 过小，则带传动的工作能力得不到充分发挥，运转时容易发生跳动和打滑现象。因此带必须在预张紧后才能正常工作。

(2) 包角 α_1：最大有效拉力 F_{max} 随包角 α_1 的增大而增大。这是因为 α_1 越大，带和带轮接触面上所产生的总摩擦力就越大，传动能力也就越强。通常紧边置于下边，以增大包角。在带传动中，一般 $\alpha_1<\alpha_2$，所以带传动的传动能力取决于小带轮的包角 α_1，显然打滑也一定先出现在小带轮上。为保证带传动的传动能力，一般 V 带传动要求 $\alpha_{1min}\geqslant120°$。

(3) 摩擦因数 f：最大有效拉力 F_{max} 随摩擦因数 f 的增大而增大。这是因为摩擦因数越大，则摩擦力越大，传动能力也就越高。而摩擦因数与带及带轮的材料及工作环境条件等有关，如橡胶对铸铁的摩擦因数就比橡胶对钢的大很多，所以常用铸铁制造带轮。

2.3.3 带的应力分析

带传动工作时，带中的应力有以下三种。

1. 由紧边和松边拉力产生的应力

紧边拉应力 $$\sigma_1=\frac{F_1}{A}$$

松边拉应力 $$\sigma_2=\frac{F_2}{A} \tag{2.12}$$

式中，A——带的横截面面积 (mm^2)。

σ_1 和 σ_2 值不相等，带绕过主动轮时，拉力产生的应力由 σ_1 逐渐降为 σ_2，绕过从动轮时又由 σ_2 逐渐增大到 σ_1。

2. 由离心力产生的应力

当带以线速度 v 沿带轮轮缘做圆周运动时，带本身的质量将引起离心力。虽然离心力只产生在带做圆周运动的部分，但由离心力的作用，带中产生的离心拉力 F_c 在带的横剖面上产生的离心拉应力 σ_c 却作用在带的全长，如图 2.13 所示。

带中的离心拉应力为

$$\sigma_c=\frac{F_c}{A}=\frac{qv^2}{A} \tag{2.13}$$

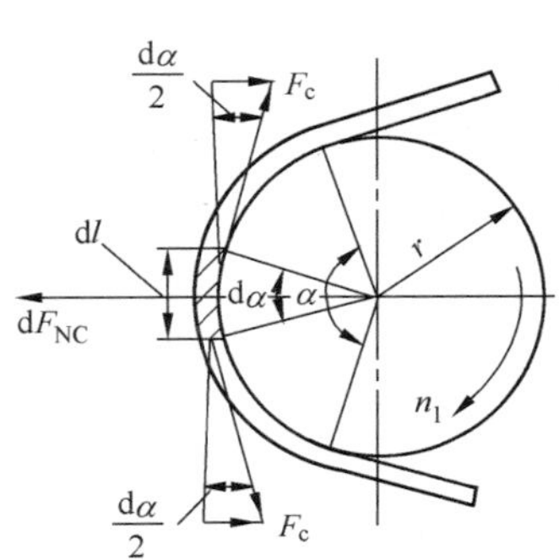

图 2.13　带的离心力

式中，F_c——带中产生的离心拉力(N)；

q——单位长度带的质量(kg/m)；

v——带的线速度(m/s)。

带速超过 10m/s 时，离心力不能忽略。如图 2.13 所示，设带以速度 v(m/s)绕带轮运动，dl 微段带上的离心力为

$$\mathrm{d}F_{NC}=q\mathrm{d}l\,\frac{v^2}{r}=qr\mathrm{d}\alpha\,\frac{v^2}{r}=qv^2\mathrm{d}\alpha$$

在微段上产生的离心拉力 F_c 可由力的平衡条件求得，即 $2F_c\sin\frac{\mathrm{d}\alpha}{2}=\mathrm{d}F_{NC}=qv^2\mathrm{d}\alpha$。

因 dα 很小，取 $\sin\frac{\mathrm{d}\alpha}{2}\approx\frac{\mathrm{d}\alpha}{2}$，则有 $F_c=qv^2$。

可见离心拉应力 σ_c 与带单位长度的质量成正比，与带速的平方成正比，故高速时宜采用轻质带，带速 v 限制在 5～25m/s，以利于降低离心拉应力。

3. 由带弯曲产生的应力

带绕在带轮上时要引起弯曲应力，V 带的弯曲应力如图 2.14 所示。

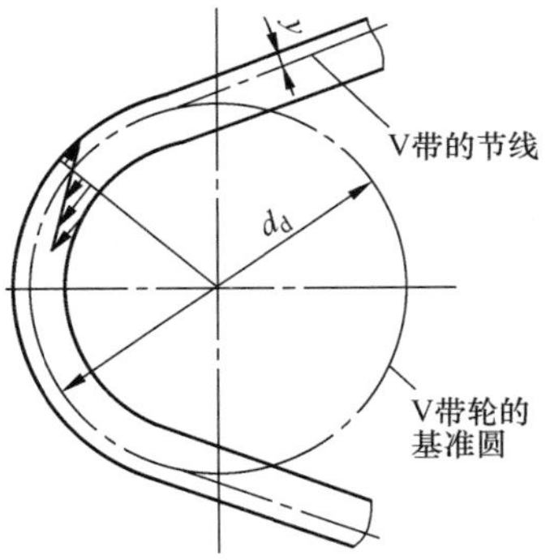

由材料力学可知带的弯曲应力为

$$\sigma_b=\frac{2yE}{d_d} \tag{2.14}$$

式中，y——带的节面到最外层的垂直距离(mm)，$y=h_a$(表 2-4)；

E——带的弹性模量(MPa)，V 带为 250～400MPa；

d_d——带轮基准直径(mm，见表 2-2)。

显然，两带轮直径不同时，带绕在小带轮上的弯曲应力较大。

图 2.14　V 带的弯曲应力

4. 最大应力

把上述三种应力叠加，即可得到带在传动过程中，处于各个位置时所受的应力情况。图 2.15 为带工作时的应力分布图。由图可知，带瞬时最大应力发生在带的紧边开始绕上小带轮处。此处的最大应力可表示为

$$\sigma_{max}=\sigma_1+\sigma_{b1}+\sigma_c \tag{2.15}$$

在一般情况下，弯曲应力最大，离心应力比较小，离心应力随着速度的增加而增大。

由于带处于变应力状态，当应力循环次数达到一定值后，带将产生疲劳破坏而使带传动失效，表现为脱层、撕裂和拉断，限制了带的使用寿命。

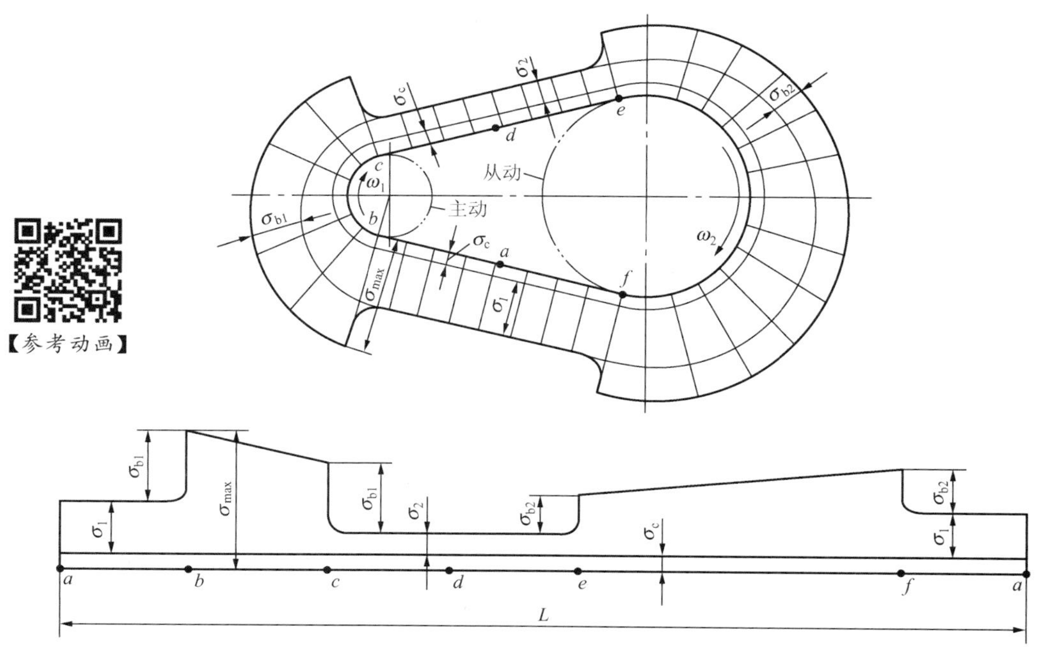

图 2.15　带工作时的应力分布图

2.3.4　带传动的弹性滑动、滑动率和打滑

带传动在工作时，由于紧边和松边的拉力不同，因而弹性变形也不同。设带的材料满足变形与应力成正比的规律，则紧边和松边的单位伸长量分别为 $\varepsilon_1=\dfrac{F_1}{AE}$和 $\varepsilon_2=\dfrac{F_2}{AE}$，因为 $F_1>F_2$，所以 $\varepsilon_1>\varepsilon_2$。如图 2.16 所示，当紧边在 a 点绕上主动轮时，其所受拉力为 F_1，此时带的线速度 v 和主动轮的圆周速度 v_1 相等。在带由 a 点转到 b 点的过程中，带所受的拉力由 F_1 逐渐降低到 F_2，带的弹性变形也就随之逐渐减小，所以带的速度便逐渐低于主动轮的圆周速度 v_1。这就说明带在绕经主动轮缘的过程中，在带与主动轮缘之间发生了相对滑动。相对滑动现象也发生在从动轮上，但情况恰恰相反。带绕上从动轮时，带和带轮具有同一速度，但拉力由 F_2 增大到 F_1，弹性变形随之逐渐增大，使带的速度领先于从动轮的圆周速度 v_2，即带与从动轮间也要发生相对滑动。这种由带的松紧边弹性变形不同而引起的带与带轮间的微量滑动，称为带的弹性滑动。这是摩擦型带传动正常工作时固有的特性，不能避免。

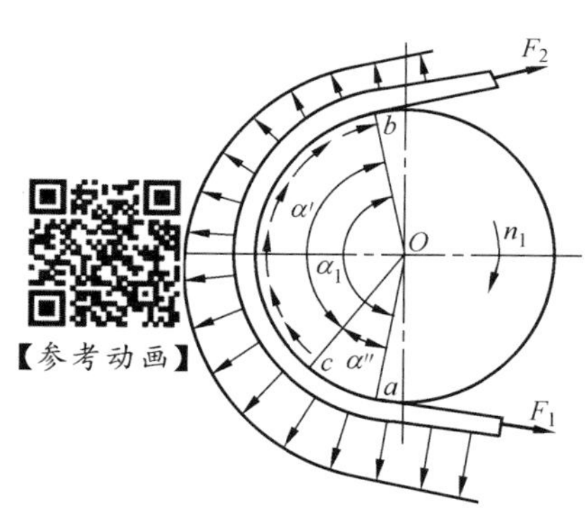

图 2.16　带传动的弹性滑动

弹性滑动可导致从动轮的圆周速度 v_2 低于主动轮的圆周速度 v_1，传动比不准确，传动效率降低，引起带的磨损并使带的温度升高。

由于弹性滑动引起的从动轮的圆周速度 v_2 低于主动轮的圆周速度 v_1，其相对降低量可用滑动率 ε 来表示。

$$\varepsilon=\frac{v_1-v_2}{v_1}\times 100\%$$

若主、从动轮的转速分别为 n_1、n_2，考虑 ε 的影响时，则带传动的传动比为

$$i=\frac{n_1}{n_2}=\frac{d_{d2}}{d_{d1}(1-\varepsilon)} \tag{2.16}$$

对于 V 带传动，一般 $\varepsilon=1\%\sim 2\%$，在无需精确计算从动轮转速时，可不计 ε 的影响。

通常，包角所对应的带和带轮的接触弧并不全都发生弹性滑动，有相对滑动的部分称为动弧，无相对滑动的部分称为静弧，其对应的中心角分别称为滑动角 α' 和静角 α''，如图 2.16 所示。静弧总是发生在带进入带轮的这一边。当带不传递载荷时，$\alpha'=0$，随着载荷的增加，滑动角增加而静角减小，当 $\alpha'=\alpha_1$，$\alpha''=0$ 时，带传动的有效拉力达到最大值。打滑是过载造成的带与带轮的全面滑动，带所传递的有效拉力此时超过带与带轮间的极限摩擦力的总和。打滑将导致带严重磨损，并使带的运动处于不稳定的状态。打滑是过载造成的带传动的一种失效形式，应该避免且可以避免。

2.4 V 带传动设计

2.4.1 带传动的失效形式和设计准则

1. 失效形式

由前面分析可知，带传动的主要失效形式是打滑和疲劳破坏。

2. 设计准则

带传动的设计准则是在保证带工作时不打滑的条件下，具有一定的疲劳强度和寿命，并且带速不能太低或太高。

1）疲劳强度的条件

为了保证带的疲劳寿命，使其具有足够应力循环次数，应该对带的最大应力加以限制，使最大应力 σ_{max} 小于带的许用应力 $[\sigma]$，即疲劳强度的条件为

$$\sigma_{max}=\sigma_1+\sigma_{b1}+\sigma_c\leqslant[\sigma]$$

$$\sigma_1\leqslant[\sigma]-\sigma_{b1}-\sigma_c \tag{2.17}$$

式中，$[\sigma]$——由疲劳寿命决定的带的许用应力（MPa）。

2）不打滑的条件

要求带传递的有效拉力小于带与带轮间的极限摩擦力的总和，即

$$1000\frac{P}{v}\leqslant F_{max}=F_1-F_2=F_1\left(1-\frac{1}{e^{f_v\alpha_1}}\right)=\sigma_1 A\left(1-\frac{1}{e^{f_v\alpha_1}}\right)$$

$$=([\sigma]-\sigma_{b1}-\sigma_c)A\left(1-\frac{1}{e^{f_v\alpha_1}}\right) \tag{2.18}$$

3. 单根 V 带所能传递的功率

根据设计准则，将带的应力转换为单根带传递的功率。

将式(2.17)和式(2.18)联立求解，则可得同时满足两个约束条件的单根V带传递的功率，即

$$P_0=\frac{F_{\max}v}{1000}=\frac{([\sigma]-\sigma_{b1}-\sigma_c)A\left(1-\frac{1}{e^{f_v\alpha_1}}\right)v}{1000}\quad(\mathrm{kW})\tag{2.19}$$

式(2.19)是单根V带传递的基本额定功率的基本公式。

2.4.2 V带传动的设计计算

1. 单根V带的许用功率

在载荷平稳、包角 $\alpha_1=180°$(即 $i=1$)、带长 L_d 为特定长度时，由式(2.19)求得单根普通V带能传递的基本额定功率 P_0，见表2-5；单根窄V带能传递的基本额定功率 P_0 见表2-6，可供设计时查阅。若设计V带的包角 α_1、带长 L_d、传动比 i 不符合上述条件，应对 P_0 进行修正。修正后即得实际工作条件下单根V带能传递的功率，称为许用功率 $[P_0]$。

$$[P_0]=(P_0+\Delta P_0)K_\alpha K_L\tag{2.20}$$

式中，ΔP_0——基本额定功率增量(考虑传动比 $i\neq1$ 时，带在大带轮上的弯曲应力较小，故在寿命相同条件下，可增大传递的功率。单根普通V带额定功率增量 ΔP_0 见表2-7，单根窄V带额定功率增量 ΔP_0 见表2-8)。

K_α——包角修正系数(考虑包角 $\alpha_1\neq180°$时对带传动能力的影响，见表2-9)。

K_L——带长修正系数(考虑带长不为特定长度时对带传动能力的影响，见表2-3)。

表2-5 单根普通V带能传递的基本额定功率 P_0

(包角 $\alpha=180°$，特定基准长度、载荷平稳时) (单位：kW)

型号	小带轮基准直径 d_{d1}/mm	小带轮转速 n_1/(r/min)															
		200	400	800	950	1200	1450	1600	1800	2000	2400	2800	3200	3600	4000	5000	6000
Z	50	0.04	0.06	0.10	0.12	0.14	0.16	0.17	0.19	0.20	0.22	0.26	0.28	0.30	0.32	0.34	0.31
	56	0.04	0.06	0.12	0.14	0.17	0.19	0.20	0.23	0.25	0.30	0.33	0.35	0.37	0.39	0.41	0.40
	63	0.05	0.08	0.15	0.18	0.22	0.25	0.27	0.30	0.32	0.37	0.41	0.45	0.47	0.49	0.50	0.48
	71	0.06	0.09	0.20	0.23	0.27	0.30	0.33	0.36	0.39	0.46	0.50	0.54	0.58	0.61	0.62	0.56
	80	0.10	0.14	0.22	0.26	0.30	0.35	0.39	0.42	0.44	0.50	0.56	0.61	0.64	0.67	0.66	0.61
	90	0.10	0.14	0.24	0.28	0.33	0.36	0.40	0.44	0.48	0.54	0.60	0.64	0.68	0.72	0.73	0.56
A	75	0.15	0.26	0.45	0.51	0.60	0.68	0.73	0.79	0.84	0.92	1.00	1.04	1.08	1.09	1.02	0.80
	90	0.22	0.39	0.68	0.77	0.93	1.07	1.15	1.25	1.34	1.50	1.64	1.75	1.83	1.87	1.82	1.50
	100	0.26	0.47	0.83	0.95	1.14	1.32	1.42	1.58	1.66	1.87	2.05	2.19	2.28	2.34	2.25	1.80
	112	0.31	0.56	1.00	1.15	1.39	1.61	1.74	1.89	2.04	2.30	2.51	2.68	2.78	2.83	2.64	1.96
	125	0.37	0.67	1.19	1.37	1.66	1.92	2.07	2.26	2.44	2.74	2.98	3.15	3.26	3.28	2.91	1.87
	140	0.43	0.78	1.41	1.62	1.96	2.28	2.45	2.66	2.87	3.22	3.48	3.65	3.72	3.67	2.99	1.37
	160	0.51	0.94	1.69	1.95	2.36	2.73	2.54	2.98	3.42	3.80	4.06	4.19	4.17	3.98	2.67	—
	180	0.59	1.09	1.97	2.27	2.74	3.16	3.40	3.67	3.93	4.32	4.54	4.58	4.40	4.00	1.81	—

（续）

型号	小带轮基准直径 d_{d1} /mm	小带轮转速 n_1/(r/min)															
		200	400	800	950	1200	1450	1600	1800	2000	2400	2800	3200	3600	4000	5000	6000
B	125	0.48	0.84	1.44	1.64	1.93	2.19	2.33	2.50	2.64	2.85	2.96	2.94	2.80	2.61	1.09	
	140	0.59	1.05	1.82	2.08	2.47	2.82	3.00	3.23	3.42	3.70	3.85	3.83	3.63	3.24	1.29	
	160	0.74	1.32	2.32	2.66	3.17	3.62	3.86	4.15	4.40	4.75	4.89	4.80	4.46	3.82	0.81	
	180	0.88	1.59	2.81	3.22	3.85	4.39	4.68	5.02	5.30	5.67	5.76	5.52	4.92	3.92	—	
	200	1.02	1.85	3.30	3.77	4.50	5.13	5.46	5.83	6.13	6.47	6.43	5.95	4.98	3.47	—	
	224	1.19	2.17	3.86	4.42	5.26	5.97	6.33	6.73	7.02	7.25	6.95	6.05	4.47	2.14	—	
	250	1.37	2.50	4.46	5.10	6.04	6.82	7.20	7.63	7.87	7.89	7.14	5.60	5.12	—	—	
	280	1.58	2.89	5.13	5.85	6.90	7.76	8.13	8.46	8.60	8.22	6.80	426	—	—	—	
C	200	1.39	2.41	4.07	4.58	5.29	5.84	6.07	6.28	6.34	6.02	5.01	3.23				
	224	1.70	2.99	5.12	5.78	6.71	7.45	7.75	8.00	8.06	7.57	6.08	3.57				
	250	2.03	3.62	6.23	7.04	8.21	9.08	9.38	9.63	9.62	8.75	6.56	2.93				
	280	2.42	4.32	7.52	8.49	9.81	10.72	11.06	11.22	11.04	9.50	6.13	—				
	315	2.84	5.14	8.92	10.05	11.53	12.46	12.72	12.67	12.14	9.43	4.16	—				
	355	3.36	6.05	10.46	11.73	13.31	14.12	14.19	13.73	12.59	7.98	—	—				
	400	3.91	7.06	12.10	13.48	15.04	15.53	15.24	14.08	11.95	4.34	—	—				
	450	4.51	8.20	13.80	15.23	16.59	16.47	15.57	13.29	9.64	—	—	—				

注：本表摘自 GB/T 13575.1—2008。为了精简篇幅，表中未列出 Y 型、D 型和 E 型的数据，表中分挡也较粗。

表 2-6 单根窄 V 带能传递的基本额定功率 P_0 （单位：kW）

型号	小带轮基准直径 d_{d1}/mm	小带轮转速 n_1/(r/min)									
		400	730	800	980	1200	1460	1600	2000	2400	2800
SPZ	63	0.35	0.56	0.60	0.70	0.81	0.93	1.00	1.17	1.32	1.45
	75	0.49	0.79	0.87	1.02	1.21	1.41	1.52	1.79	2.04	2.27
	94	0.67	1.12	1.2I	1.44	1.70	1.98	2.14	2.55	2.93	3.26
	100	0.79	1.33	1.33	1.70	2.02	2.36	2.55	3.05	3.49	3.90
	125	1.09	1.84	1.84	2.36	2.80	3.28	3.55	4.24	4.85	5.40
SPA	90	0.75	1.21	1.30	1.52	1.76	2.02	2.16	2.49	2.77	3.00
	100	0.94	1.54	1.65	1.93	2.27	2.61	2.80	3.27	3.67	3.99
	125	1.40	2.33	2.52	2.98	3.50	4.06	4.38	5.15	5.80	6.34
	160	2.04	3.42	3.70	4.38	5.17	6.01	6.47	7.60	8.53	9.24
	200	2.75	4.63	5.01	5.94	7.00	8.10	8.72	10.13	11.22	11.92
SPB	140	1.92	3.13	3.35	3.92	4.55	5.21	5.54	6.31	6.86	7.15
	180	3.01	4.99	5.37	6.31	7.38	8.50	9.05	10.34	11.21	11.62
	200	3.54	5.88	6.35	7.47	8.74	10.07	10.70	12.18	13.11	13.41
	250	4.86	8.11	8.75	10.27	11.99	13.72	14.51	16.19	16.89	16.44
	315	6.53	10.91	11.71	13.70	15.84	17.84	18.70	20.00	19.44	16.71
SPC	224	5.19	8.82	10.43	10.39	11.89	13.26	13.81	14.58	14.01	—
	280	7.59	12.40	13.31	15.40	17.60	19.49	20.20	20.75	18.86	—
	315	9.07	14.82	15.90	18.37	20.88	22.92	23.58	23.47	19.98	—
	400	12.56	20.41	21.84	25.15	27.33	29.40	29.53	25.81	19.22	—
	500	16.52	26.40	28.09	31.38	33.85	33.46	31.70	19.35	—	—

表 2-7　单根普通 V 带（$i \neq 1$）额定功率增量 ΔP_0　　（单位：kW）

型号	传动比 i	小带轮转速 n_1/(r/min)									
		400	730	800	980	1200	1460	1600	2000	2400	2800
Z	1.35～1.51	0.01	0.01	0.01	0.02	0.02	0.02	0.02	0.03	0.03	0.04
	1.52～1.99	0.01	0.01	0.02	0.02	0.02	0.02	0.03	0.03	0.04	0.04
	≥2	0.01	0.02	0.02	0.02	0.03	0.03	0.03	0.04	0.04	0.04
A	1.35～1.51	0.04	0.07	0.08	0.08	0.11	0.13	0.15	0.19	0.23	0.26
	1.52～1.99	0.04	0.08	0.09	0.10	0.13	0.15	0.17	0.22	0.26	0.30
	≥2	0.05	0.09	0.10	0.11	0.15	0.17	0.19	0.24	0.29	0.34
B	1.35～1.51	0.10	0.17	0.20	0.23	0.30	0.36	0.39	0.49	0.59	0.69
	1.52～1.99	0.11	0.20	0.23	0.26	0.34	0.40	0.45	0.56	0.62	0.79
	≥2	0.13	0.22	0.25	0.30	0.38	0.46	0.51	0.63	0.76	0.89
C	1.35～1.51	0.27	0.48	0.55	0.65	0.82	0.99	1.10	1.37	1.65	1.92
	1.52～1.99	0.31	0.55	0.63	0.74	0.94	1.14	1.25	1.57	1.88	2.19
	≥2	0.35	0.62	0.71	0.83	1.06	1.27	1.41	1.76	2.12	2.47

表 2-8　单根窄 V 带（$i \neq 1$）额定功率增量 ΔP_0　　（单位：kW）

型号	传动比 i	小带轮转速 n_1/(r/min)									
		400	730	800	980	1200	1460	1600	2000	2400	2800
SPZ	1.39～1.57	0.05	0.09	0.10	0.12	0.15	0.18	0.20	0.25	0.30	0.35
	1.58～1.94	0.06	0.10	0.11	0.13	0.17	0.20	0.22	0.28	0.33	0.39
	1.95～3.38	0.06	0.11	0.12	0.15	0.18	0.22	0.24	0.30	0.36	0.43
	≥3.39	0.06	0.12	0.13	0.15	0.19	0.23	0.26	0.32	0.39	0.45
SPA	1.39～1.57	0.13	0.23	0.25	0.30	0.38	0.46	0.51	0.64	0.76	0.89
	1.58～1.94	0.14	0.26	0.29	0.34	0.43	0.51	0.57	0.71	0.86	1.00
	1.95～3.38	0.16	0.28	0.31	0.37	0.47	0.56	0.62	0.78	0.93	1.09
	≥3.39	0.16	0.30	0.33	0.40	0.49	0.59	0.66	0.82	0.99	1.15
SPB	1.39～1.57	0.26	0.47	0.53	0.63	0.79	0.95	1.05	1.32	1.58	1.85
	1.58～1.94	0.30	0.53	0.59	0.71	0.89	1.07	1.19	1.48	1.78	2.08
	1.95～3.38	0.32	0.58	0.65	0.78	0.97	1.16	1.29	1.62	1.94	2.26
	≥3.39	0.34	0.62	0.6	0.82	1.03	1.23	1.37	1.71	2.05	2.40
SPC	1.39～1.57	0.79	1.43	1.58	1.90	2.38	2.85	3.17	3.96	4.75	
	1.58～1.94	0.89	1.60	1.78	2.14	2.67	3.21	3.57	4.46	5.35	
	1.95～3.38	0.97	1.75	1.94	2.33	2.91	3.50	3.89	4.86	5.83	
	≥3.39	1.03	1.85	2.06	2.47	3.09	3.70	4.11	5.14	6.17	

表 2-9 包角修正系数 K_α

包角 α_1/(°)	180	170	160	150	140	130	120	110	100	90
K_α	1.00	0.98	0.95	0.92	0.89	0.86	0.82	0.78	0.74	0.69

2. V 带传动的设计步骤

设计 V 带传动时给定的原始条件：带传递的功率 P，带轮转速 n_1 和 n_2(或传动比 i)，传动用途及工作条件等。

设计内容包括确定 V 带型号、长度、根数，传动中心距，带轮基准直径 d_{d1} 和 d_{d2}，结构尺寸及作用在轴上的压力等。

V 带传动的设计计算一般步骤如下。

1）确定计算功率 P_c

计算功率 P_c 为

$$P_c = K_A P \quad (\text{kW}) \tag{2.21}$$

式中，P——V 带传递的功率(kW)；

K_A——工况系数，见表 2-10。

表 2-10 工况系数 K_A

载荷性质	工作机	原动机					
		电动机(交流起动、三角起动、直流并励)、四缸以上的内燃机			电动机(联机交流起动、直流复励或串励)、四缸以下的内燃机		
		每天工作时间/h					
		<10	10～16	>16	<10	10～16	>16
载荷变动很小	液体搅拌机、通风机和鼓风机(≤7.5kW)、离心式水泵和压缩机、轻负荷输送机	1.0	1.1	1.2	1.1	1.2	1.3
载荷变动小	带式输送机(不均匀负荷)、通风机(>7.5kW)、旋转式水泵和压缩机(非离心式)、发电机、金属切削机床、印刷机、旋转筛、锯木机和木工机械	1.1	1.2	1.3	1.2	1.3	1.4
载荷变动较大	制砖机、斗式提升机、往复式水泵和压缩机、起重机、磨粉机、冲剪机床、橡胶机械、振动筛、纺织机械、重载输送机	1.2	1.3	1.4	1.4	1.5	1.6
载荷变动很大	破碎机(旋转式、颚式等)、磨碎机(球磨、棒磨、管磨)	1.3	1.4	1.5	1.5	1.6	1.8

2）选择带的型号

根据计算功率 P_c 和小带轮转速 n_1 按照图 2.17 或图 2.18 的推荐选择普通 V 带或窄 V 带的型号。图中以粗斜直线划定型号区域，若所选取的结果在两种型号的分界线附近，可按两种型号同时计算，然后择优选定。

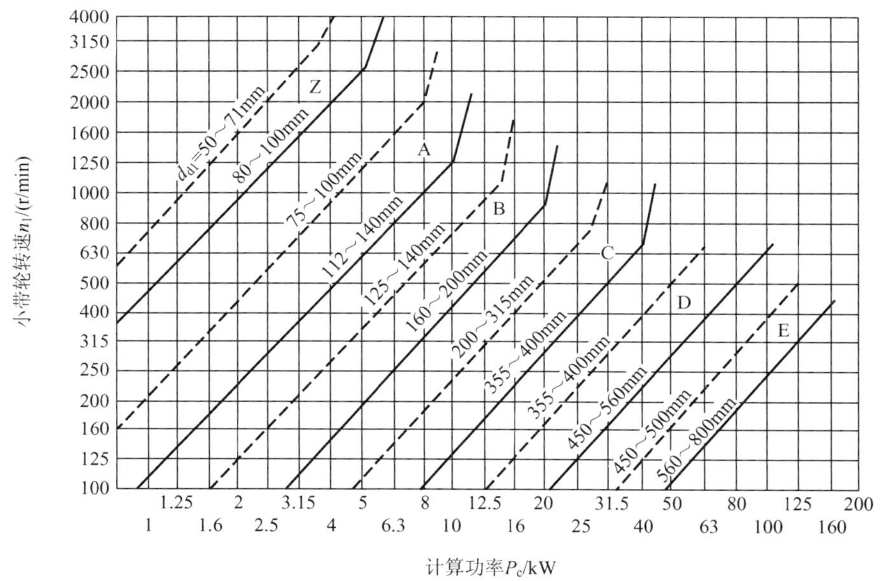

图 2.17　普通 V 带选型图

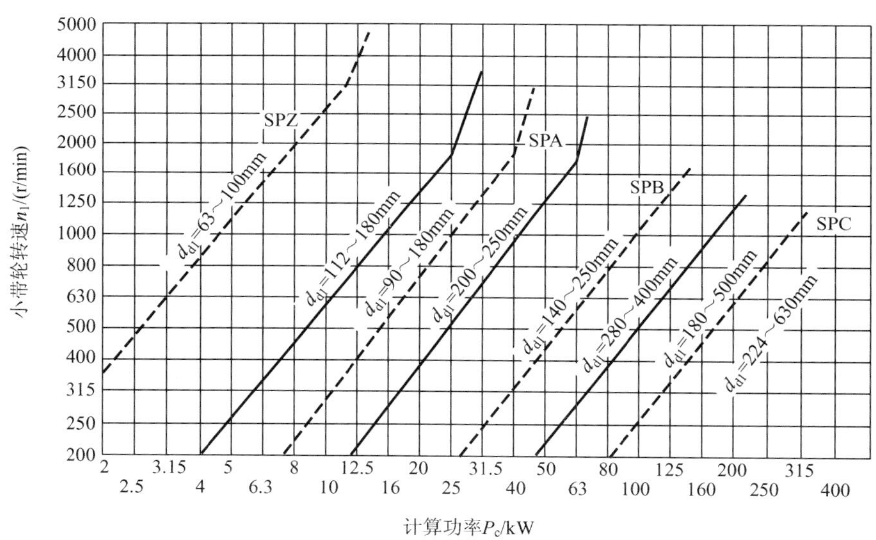

图 2.18　窄 V 带选型图

3）确定带轮的基准直径、验算带速

小带轮的基准直径 d_{d1} 应大于或等于表 2-2 中的最小基准直径 d_{dmin}。若 d_{d1} 过小，则带的弯曲应力将过大，从而导致带的寿命降低；反之，则外廓尺寸大，结构不紧凑。

由式(2.16)得大带轮直径

$$d_{d2}=\frac{n_1}{n_2}d_{d1}(1-\varepsilon) \tag{2.22}$$

传动比无严格要求时，ε 可不予考虑，则 $d_{d2}=\frac{n_1}{n_2}d_{d1}$。

d_{d1} 和 d_{d2} 应符合带轮基准直径尺寸系列，见表 2-2。

验算带速 $$v=\frac{\pi d_{d1}n_1}{60\times1000}$$

一般应使带速 v 在 5～25m/s。v 过大则离心力大，带传动能力降低，同时使带容易发生振动，使其不能正常工作，此时可采用轻质带；但 v 过小，则由公式 $P=Fv/1000$ 可知，在传递功率一定的情况下，就要求有效拉力大，使带的根数过多或带的截面加大。如果带速不满足要求，可适当调整小带轮基准直径。

4）确定中心距 a、V 带的基准长度 L_d 和验算小带轮上的包角 α_1

在带传动中，中心距过小，传动外廓尺寸及带长小，结构紧凑，但单位时间带绕过带轮的次数多，带中应力循环次数多，带容易发生疲劳破坏。而且中心距小，包角 α_1 会减小，带传动的工作能力会降低。但中心距过大，带传动的外廓尺寸大，带也长，高速时会引起带的颤动。一般推荐按下式初步确定中心距 a_0。

$$0.7(d_{d1}+d_{d2})\leqslant a_0\leqslant 2(d_{d1}+d_{d2}) \tag{2.23}$$

初定中心距之后，按式(2.1)可初定 V 带基准长度。

$$L_0=2a_0+\frac{\pi}{2}(d_{d1}+d_{d2})+\frac{(d_{d2}-d_{d1})^2}{4a_0}$$

根据初定的 L_0，再由表 2-3 选取接近的标准基准长度 L_d，然后根据 L_d 计算实际中心距 a。

V 带传动的中心距一般是可以调整的，故可采用下式近似计算实际中心距 a。

$$a\approx a_0+\frac{L_d-L_0}{2} \tag{2.24}$$

考虑带传动安装调整和补偿初拉力(如带伸长而松弛后的张紧)的需要，中心距的变动范围为

$$a_{min}=a-0.015L_d$$
$$a_{max}=a+0.03L_d \tag{2.25}$$

然后验算小带轮上的包角，主动带轮上的包角 α_1 不宜过小，以免降低带传动的工作能力，根据式(2.2)，对于开口传动，应保证

$$\alpha_1=180°-\frac{d_{d2}-d_{d1}}{a}\times57.3°\geqslant120° \tag{2.26}$$

若不满足此要求，可适当增大中心距、减小传动比或采用张紧轮装置。

5）确定 V 带根数

由带传动的计算功率 P_c［式(2.21)］除以修正后的实际工作条件下单根 V 带能传递的许用功率［P_0］［式(2.20)］即可得所需 V 带根数 Z。

$$Z=\frac{P_c}{[P_0]}=\frac{P_c}{(P_0+\Delta P_0)K_\alpha K_L} \tag{2.27}$$

在确定 V 带根数 Z 时，根数不宜太多，一般小于 10，以使各根带受力较均匀，否则应增大带的型号或减小带轮直径，再重新计算。

6）确定初拉力

初拉力的大小是保证带传动正常工作的重要因素。初拉力小，摩擦力小，易发生打滑；初拉力过大，带的寿命会降低，轴和轴承所受的压力也增大。单根V带的初拉力F_0可由式(2.28)计算。

$$F_0=\frac{500P_c}{Zv}\left(\frac{2.5}{K_\alpha}-1\right)+qv^2 \tag{2.28}$$

式中，q——带单位长度质量（kg/m），见表2-11。其他量意义同前。

表2-11 普通V带及窄V带的单位长度质量q

带型	Y	Z	A	B	C	D	E	SPZ	SPA	SPB	SPC
q/(kg/m)	0.023	0.060	0.105	0.170	0.300	0.630	0.970	0.072	0.112	0.192	0.370

7）计算带传动作用在轴上的压力F_Q

为了设计安装带轮的轴和轴承，必须确定带传动作用在轴上的压力F_Q。忽略带两边的拉力差，则作用在轴上的压力可以近似地按带两边的初拉力F_0的合力(图2.19)来计算。

$$F_Q=2ZF_0\cos\frac{\beta}{2}=2ZF_0\cos\left(\frac{\pi}{2}-\frac{\alpha_1}{2}\right)=2ZF_0\sin\frac{\alpha_1}{2} \tag{2.29}$$

式中，Z——带的根数；

F_0——单根带的初拉力(N)；

α_1——主动轮上的包角(°)。

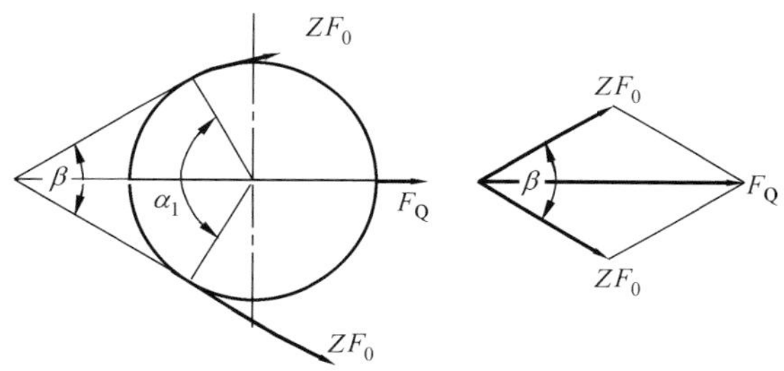

图2.19 作用在轴上的力

2.5 带传动的张紧与维护

2.5.1 带传动的张紧

各种材质的V带都不是完全的弹性体，在初拉力的作用下，经过一定时间的运转后，就会由于塑性变形而松弛，使初拉力F_0降低。为了保证带传动的能力，应定期检查初拉力的数值。如发现不足，必须重新张紧，才能正常工作。常见的张紧装置有以下三种。

1. 定期张紧装置

可以通过定期调节中心距的方法使带重新张紧。在水平或倾斜不大的传动中，可用图2.20(a)所示的方法，将装有带轮的电动机安装在制有滑道的基板上。要调节带的拉力时，松开基板上各螺栓，旋动调节螺钉，将电动机向右推移到所需的位置，然后拧紧螺栓。在垂直的或接近垂直的传动中，可用图 2.20(b)所示的方法，将装有带轮的电动机安装在可调的摆架上，通过调节螺杆使摆架绕定轴旋转，从而达到张紧的目的。

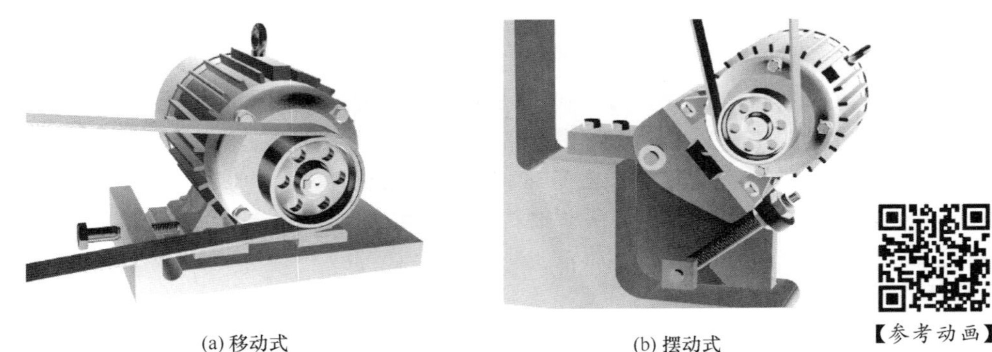

(a) 移动式　　(b) 摆动式

图 2.20　定期张紧装置

2. 自动张紧装置

自动张紧装置常用于中、小功率的传动。将装有带轮的电动机安装在浮动的摆架上，如图 2.21 所示。利用电动机和摆架的自重，使带轮随同电动机绕固定轴线摆动，以自动保持张紧力。但当传动功率过大或起动力矩过大时，传动带将摆架上提，产生振动或冲击。此时，要在摆架上加辅助装置以消除振动。自动张紧装置不能用在高速带传动中。

3. 张紧轮装置

当中心距不能调节时，可采用张紧轮将带张紧，如图 2.22 所示。张紧轮一般应放在松边的内侧，使带只受单向弯曲，以减少寿命的损失。同时张紧轮还应尽量靠近大带轮，以免过分影响带在小带轮上的包角。张紧轮的轮槽尺寸与带轮的轮槽尺寸相同，并且直径小于小带轮的直径。

图 2.21　自动张紧装置　　**图 2.22　张紧轮装置**

2.5.2　带传动的维护

V 带传动的维护需注意以下几点。

(1) 安装 V 带时，应先缩小中心距，将带套在带轮上，再慢慢调整中心距，使 V 带达到规定的初拉力。

(2) 带传动应加防护罩，以保证人员安全。

(3) 两V带轮轴线必须平行，而且两带轮的轮槽要对齐，轴的变形要小，否则会加剧带的磨损。

(4) 定期检查带的状况，发现其中某一根过度松弛时，应全部更换新带。不同带型、不同厂家生产、不同新旧程度的V带不宜同组使用。

(5) 注意保持清洁，避免带与酸、碱或油污接触，造成带老化。

(6) 带传动的工作温度不应超过60℃。

【例2.1】 设计带式输送机用普通V带传动。原动机为Y系列三相异步电动机，功率P=7.5kW，转速n_1=1440r/min，从动轴转速n_2=640r/min，每天工作14h，希望中心距不超过700mm。

解： 设计步骤如下。

计算与说明	主要结果
1. 计算功率P_c	
由表2-10查得工作情况系数$K_A=1.2$，故$P_c=K_AP=(1.2\times7.5)\text{kW}=9\text{kW}$	$P_c=9\text{kW}$
2. 选取普通V带型号	
根据$P_c=9\text{kW}$，$n_1=1440\text{r/min}$，由图2.17确定选用A型。	带型为A型
3. 确定小带轮和大带轮基准直径d_{d1}、d_{d2}，并验算带速v	
由表2-2，查得d_{d1}应不小于75mm，现取$d_{d1}=125\text{mm}$，$\varepsilon\approx0$，由式(2.16)，得	
$d_{d2}=\frac{n_1}{n_2}d_{d1}(1-\varepsilon)=\left(\frac{1440}{640}\times125\right)\text{mm}=281.25\text{mm}$	$d_{d1}=125\text{mm}$
由表2-2，取直径系列值$d_{d2}=280\text{mm}$。	$d_{d2}=280\text{mm}$
实际传动比	
$i=d_{d2}/d_{d1}=280/125=2.24$	
理论传动比	
$i_0=n_1/n_2=1440/640=2.25$	
传动比相对误差：$\left\lvert\frac{i_0-i}{i_0}\right\rvert=\left\lvert\frac{2.25-2.24}{2.25}\right\rvert\approx0.4\%<5\%$，故允许。	
验算带速v	
$v=\frac{\pi n_1 d_{d1}}{60\times1000}=\left(\frac{3.14\times125\times1440}{60\times1000}\right)\text{m/s}=9.42\text{m/s}$	
在5～25m/s范围内，带速合适。	带速v合适
4. 确定带长和中心距并验算小带轮包角	
由$0.7(d_{d1}+d_{d2})\leqslant a_0\leqslant2(d_{d1}+d_{d2})$，得$283.5\leqslant a_0\leqslant810$。	
初步选取中心距$a_0=650\text{mm}$，由式(2.1)得带长	取$a_0=650\text{mm}$
$L_0=2a_0+\frac{\pi}{2}(d_{d1}+d_{d2})+\frac{(d_{d2}-d_{d1})^2}{4a_0}$	
$=\left[2\times650+\frac{\pi}{2}(125+280)+\frac{(280-125)^2}{4\times650}\right]\text{mm}\approx1945.09\text{mm}$	
由表2-3选用基准长度$L_d=1940\text{mm}$。由式(2.24)可近似计算实际中心距	$L_d=1940\text{mm}$
$a\approx a_0+\frac{L_d-L_0}{2}=650+\frac{1940-1945.09}{2}=647.46\text{mm}$	
小于700mm，中心距满足要求。	$a\approx647.46\text{mm}$
中心距调整范围	
$a_{max}=a+0.03L_d=(647.46+0.03\times1940)\text{mm}=705.66\text{mm}$	$a_{max}=705.66\text{mm}$
$a_{min}=a-0.015L_d=(647.46-0.015\times1940)\text{mm}=618.36\text{mm}$	$a_{min}=618.36\text{mm}$

（续）

计算与说明	主要结果
验算小带轮包角 α_1，由式(2.2)得 $\alpha_1=180°-\frac{d_{d2}-d_{d1}}{a}\times 57.3°$ $=180°-\frac{280-125}{647.46}\times 57.3°\approx 166.3°>120°$，包角合适。	包角 α_1 合适
5. 确定V带根数 Z 由表2-5，查得 $P_0=1.92\text{kW}$，由表2-7，查得 $\Delta P_0=0.17\text{kW}$ 由表2-9，查得 $K_\alpha=0.969$，由表2-3，查得 $K_L=1.02$， 由式(2.27)，得 $Z=\frac{P_c}{[P_0]}=\frac{P_c}{(P_0+\Delta P_0)K_\alpha K_L}$ $=\frac{9}{(1.92+0.17)\times 0.969\times 1.02}\approx 4.36$ 根 取 $Z=5$ 根。	$Z=5$ 根
6. 确定初拉力 由表2-11，查得 $q=0.105\text{kg/m}$，由式(2.28)得单根V带的张紧力为 $F_0=\frac{500P_c}{Zv}\left(\frac{2.5}{K_\alpha}-1\right)+qv^2=\left[\frac{500\times 9}{5\times 9.42}\times\left(\frac{2.5}{0.969}-1\right)+0.105\times 9.42^2\right]\text{N}$ $\approx 160.3\text{N}$	$F_0\approx 160.3\text{N}$
7. 求压轴力 F_Q 由式(2.29)得压轴力为 $F_Q=2ZF_0\sin\frac{\alpha_1}{2}=\left(2\times 5\times 160.3\times\sin\frac{166.3}{2}\right)\text{N}\approx 1591.6\text{N}$	$F_Q\approx 1591.6\text{N}$
8. 带轮结构设计(略)	

本章小结

本章主要介绍了带传动的类型、特点、应用，以及带与带轮的结构和张紧装置等基本知识；通过对带传动的受力分析、应力分析和弹性滑动及打滑现象分析，得出带传动的失效形式和设计准则，阐述了带传动的设计方法；同时分析了主要参数对带传动承载能力的影响。

习　　题

1. 选择题

(1) 带传动是依靠________来传递运动和功率的。

A. 带与带轮接触面之间的正压力　　B. 带与带轮接触面之间的摩擦力

C. 带的紧边拉力　　D. 带的松边拉力

(2) 带传动正常工作时，紧边拉力 F_1 和松边拉力 F_2 满足关系________。

A. $F_1=F_2$　　B. $F_1-F_2=F$

C. $F_1+F_2=F_0$

(3) 带传动中，在预紧力相同的条件下，V带比平带能传递较大的功率，是因为V带________。

A. 强度高　　B. 尺寸小

C. 有楔形增压作用　　D. 没有接头

(4) 带张紧的目的是________。

A. 减轻带的弹性滑动　　B. 提高带的寿命

C. 改变带的运动方向　　D. 使带具有一定的初拉力

(5) 带传动产生弹性滑动的原因是________。

A. 带与带轮间的摩擦因数较小　　B. 带绕过带轮产生了离心力

C. 带的紧边和松边存在拉力差　　D. 带传递的中心距大

(6) 带传动中，v_1 为主动轮圆周速度，v_2 为从动轮圆周速度，v 为带速，这些速度之间存在的关系是________。

A. $v_1=v_2=v$　　B. $v_1>v>v_2$

C. $v_1<v<v_2$　　D. $v_1=v>v_2$

(7) 带传动中，若小带轮为主动轮，则带的最大应力发生在带________处。

A. 进入主动轮　　B. 进入从动轮

C. 退出主动轮　　D. 退出从动轮

(8) 带传动打滑总是________。

A. 在小轮上先开始　　B. 在大轮上先开始

C. 在两轮上同时开始

(9) 带传动的主要失效形式之一是带的________。

A. 松弛　　B. 颤动

C. 疲劳破坏　　D. 弹性滑动

(10) 与 V 带传动相比，同步带传动的突出优点是________。

A. 传递功率大　　B. 传动比准确

C. 传动效率高　　D. 带的制造成本低

(11) 在多级减速传动中，带传动在传动系统中的设计位置________。

A. 宜在低速级　　B. 宜在中间级

C. 宜在高速级　　D. 不受限制

(12) 带传动正常工作时不能保证准确的传动比是因为________。

A. 带的材料不符合胡克定律　　B. 带容易变形和磨损

C. 带在带轮上打滑　　D. 带的弹性滑动

(13) V 带传动设计中，限制小带轮的最小直径主要是为了________。

A. 使结构紧凑　　B. 限制弯曲应力

C. 保证带和带轮接触面间有足够摩擦力　　D. 限制小带轮上的包角

2. 思考题

(1) 带传动的主要失效形式及设计准则是什么？

(2) 带传动在工作中所受应力有哪些？最大应力发生在什么位置？画出应力分布图。

(3) 影响最大有效拉力的因素有哪些？如何影响？

(4) 什么是带传动中的弹性滑动和打滑？两者的主要区别是什么？

(5) 在设计带传动时为什么要限制带速 v、小带轮直径 d_{d1} 和带轮包角 α_1？

（6）为了避免带打滑，将带轮上与带接触的表面加工的粗糙些以增大摩擦力，这样处理是否正确？为什么？

（7）为何 V 带传动的中心距一般设计成可调节的？在什么情况下需采用张紧轮？张紧轮布置在什么位置较合理？

（8）一般带轮采用什么材料？带轮的结构形式有哪些？根据什么来选定带轮的结构形式？

3. 设计计算题

（1）单根普通 V 带传动传递的最大功率为 5.5kW，小带轮的转速 $n_1=1450\text{r/min}$，$d_1=d_2=150\text{mm}$，已知带与带轮间的当量摩擦因数 $f_v=0.45$。求有效拉力 F、松边拉力 F_2 和紧边拉力 F_1。

（2）设计带式输送机的传动装置。该传动装置由普通 V 带传动和齿轮传动组成。齿轮传动采用标准齿轮减速器。原动机为电动机，额定功率 $P=11\text{kW}$，转速 $n_1=1460\text{r/min}$，减速器输入轴转速为 400r/min，允许传动比误差为±5%，该输送机每天工作 16h。试设计此普通 V 带传动，并选定带轮结构形式与材料。

第3章 链 传 动

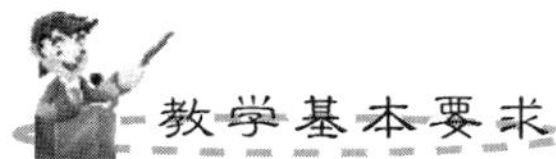

1. 了解链传动的工作原理、特点及应用范围。
2. 了解套筒滚子链的结构、标准及链传动的张紧和润滑方法。
3. 掌握链传动运动的不均匀性和动载荷。
4. 掌握链传动失效形式和设计计算方法。

1. 链传动运动不均匀性和动载荷。
2. 链传动失效形式和设计计算。

3.1 概　　述

3.1.1 链传动的组成和工作原理

链传动由主动链轮 1、从动链轮 2 和链条 3 组成，如图 3.1 所示。链轮上制有特殊齿形的齿，工作时依靠链轮轮齿与链节的啮合来传递运动和动力。它和带传动相似，具有中间挠性件，又和齿轮传动相似，是一种啮合传动。所以，它是具有中间挠性件的啮合传动。

3.1.2 链的类型

【参考图文】

按用途不同，链可分为传动链、起重链和曳引链。

传动链在机械中用来传递运动和动力，起重链主要用在起重机械中提升重物，曳引链在运输机械中用来牵引重物。而在一般机械传动中，常用的是传动链。

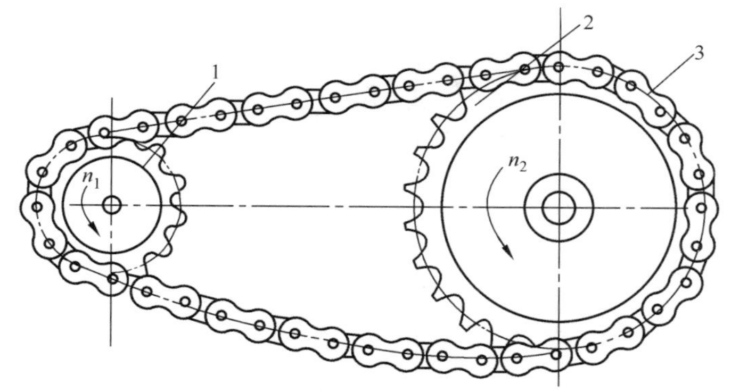

【参考动画】

图 3.1 链传动

1—主动链轮；2—从动链轮；3—链条

3.1.3 链传动的特点及应用

与带传动相比，链传动无弹性滑动和打滑现象，故能保持准确的平均传动比；传动效率较高，能达到98%；又因链条与链轮之间不用张得很紧，所以作用于轴上的压力较小；在同样使用条件下，链传动的结构较紧凑，而且成本低廉；适于远距离传动，中心距可达十几米；链传动的承载能力也比带传动强，可在温度较高、湿度较大、有油污、腐蚀等恶劣条件下工作。链传动的主要缺点是瞬时传动比不准确；工作时有噪声、振动，传动不平稳，不宜在载荷变化很大和急速反向的传动中应用；磨损后易发生跳齿；只能用于平行轴间同向回转的传动。

链传动适于两轴相距较远、环境恶劣等场合，如农业机械、建筑机械、石油机械、采矿、起重、金属切削机床、摩托车和自行车等。

【参考图文】

3.2 链条与链轮

3.2.1 链条

链条的形式主要有套筒链、套筒滚子链(简称滚子链)和齿形链等，其中滚子链应用较多，以下重点介绍滚子链。

1. 滚子链

1）结构

滚子链的结构如图3.2所示。

滚子链由内链板1、外链板2、销轴3、套筒4和滚子5组成。

内链板与套筒之间、外链板与销轴之间分别用过盈配合固联，套筒与滚子之间、套筒与销轴之间均为间隙配合。当内、外链板相对挠曲时，套筒可绕销轴自由转动。滚子是活套在套筒上的，工作时沿链轮齿廓滚动，形成滚动摩擦，可减少链条与链轮齿廓的磨损。链板一般制成8字形，使各个横截面接近等强度，同时能减少链的质量和运动时的惯性力。

【参考图文】

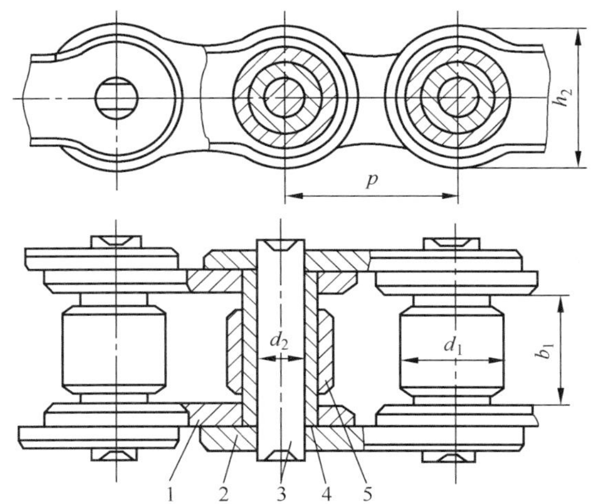

【参考动画】

图 3.2　滚子链的结构

1—内链板；2—外链板；3—销轴；4—套筒；5—滚子

滚子链的基本参数有链节距 p、滚子直径 d_1 和内链节内宽 b_1 等(表 3-1)。其他一些参数及性能指标见机械手册。在这些参数中链节距 p 是滚子链的主要参数，是指两销轴之间的距离。链节距增大时，链条中各零件的尺寸也要相应地增大，可传递的功率也随着增大，质量也增大。

表 3-1　A 系列滚子链的主要参数(摘自 GB/T 1243—2006)

链号	节距 p/mm	排距 p_t/mm	滚子直径 d_1/mm	销轴直径 d_2/mm	内链节内宽 b_1/mm	极限抗拉载荷/N	单位长度质量 q/(kg/m)
08A	12.70	14.38	7.92	3.98	7.85	13900	0.60
10A	15.875	18.11	10.16	5.09	9.40	21800	1.00
12A	19.05	22.78	11.91	5.96	12.57	31300	1.50
16A	25.40	29.29	15.88	7.94	15.75	55600	2.60
20A	31.75	35.76	19.05	9.54	18.90	87000	3.80
24A	38.10	45.44	22.23	11.11	25.22	125000	5.60
28A	44.45	48.87	25.40	12.71	25.22	170000	7.50
32A	50.80	58.55	28.58	14.29	31.55	223000	10.10
40A	63.50	71.55	39.68	19.85	37.85	347000	16.10

注：1. 使用过渡链节时，其极限拉伸载荷按表列数值 80%计算。

2. 链号中数乘以(25.4/16)即为节距值(mm)，其中 A 表示 A 系列。

【参考图片】

2）列数

链条的列数有单列、双列和多列。当载荷较大时，可采用双列链(图 3.3)或多列链。多列链由几列单列链用销轴连接而成，其承载能力与列数成正比。但由于制造和装配误差，很难保证各排链之间受力均匀，故列数不宜过多，四列以上很少应用。

3）接头

滚子链的接头形式如图 3.4 所示。当链节数为偶数时，接头处可用弹簧卡［图 3.4(a)］或开口销［图 3.4(b)］来固定；当链节数为奇数时，需采用过渡链节［图 3.4(c)］。由于过渡链节的链板受附加弯矩的作用，使强度有所降低，因此一般情况下最好不用奇数链节。但在重载、冲击、反向等繁重条件下工作时，可采用全部由过渡链节构成的链，其柔性较好，能缓冲减振。

4）标准代号

滚子链是标准件，其结构和基本参数已在国家标准中作了规定，设计时可根据载荷大小及工作条件选用。滚子链有A、B两种系列，我国以A系列设计应用为主，B系列供出口和维修。滚子链的标记为

链号—排数×链节数　标准编号

例如：08A－1×78 GB/T 1243—2006，表示A系列、8号链、节距12.7mm、单排、78节的滚子链。

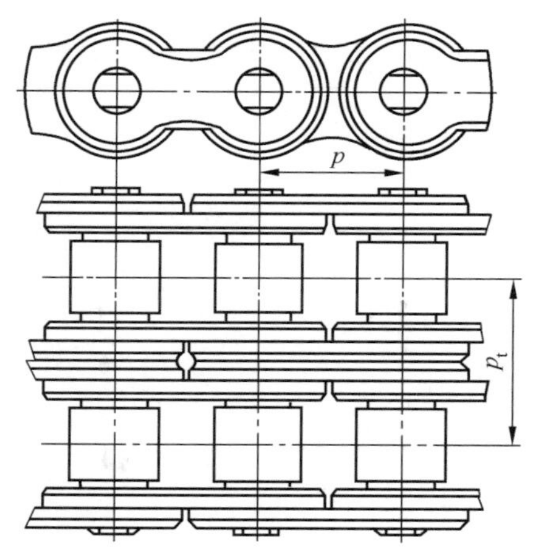

图 3.3　双列滚子链

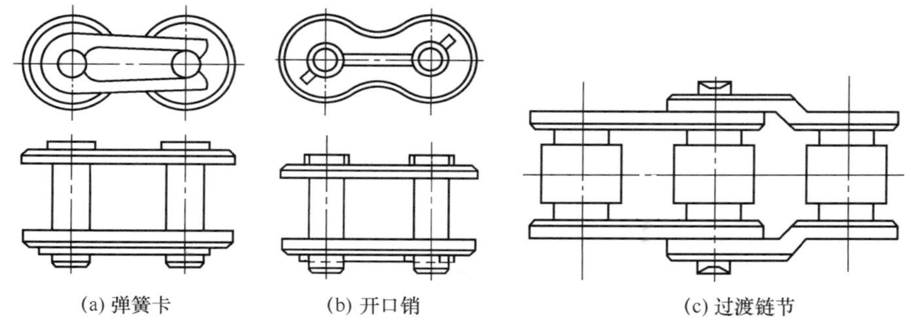
(a) 弹簧卡　(b) 开口销　(c) 过渡链节

图 3.4　接头形式

2. 齿形链

齿形链又称无声链，由一组带有两个齿的链板左右交错并列铰接而成。链板上的两直边夹角为60°，通过链板工作边与链轮齿啮合实现传动。图3.5所示分别为内、外链板的齿形链。

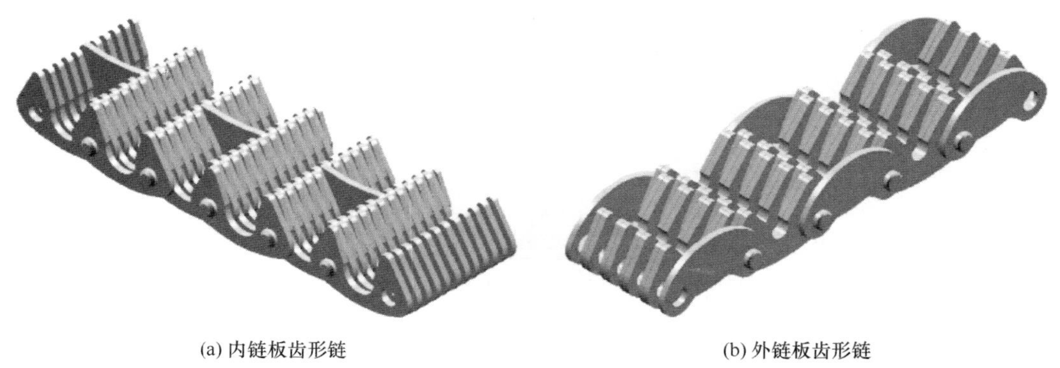
(a) 内链板齿形链　(b) 外链板齿形链

图 3.5　齿形链

与滚子链相比，齿形链传动平稳，无噪声，承受冲击性能好，工作可靠。但它结构复杂，价格较高，而且制造较难，故多用于高速或运动精度要求较高的传动装置中。

3.2.2 链轮

1. 链轮齿形和基本参数

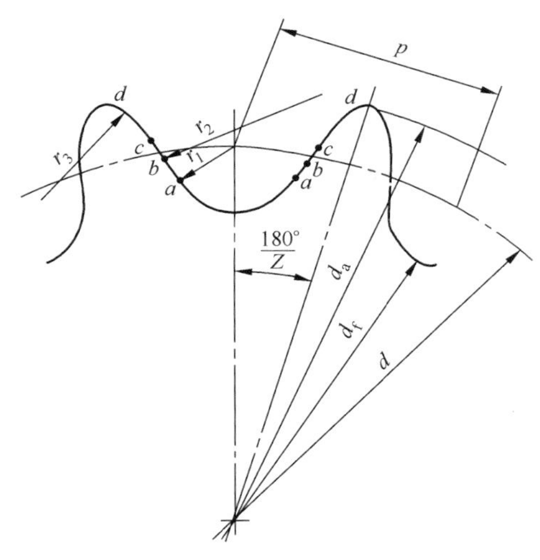

图 3.6 滚子链链轮端面的齿形

链轮齿形应保证链节能平稳自由地进入啮合和退出啮合，在啮合时冲击和接触应力尽量小，并且形状简单，便于加工。

滚子链链轮的齿形已标准化，在 GB/T 1243—2006 中没有规定具体的链轮齿形，但规定了最大齿槽形状和最小齿槽形状，在这两个极限齿槽之间的各种标准齿形均可使用，这就使齿形设计具有较大的灵活性。目前常用的是三圆弧一直线齿形，如图 3.6 所示。它由三段圆弧 *aa*、*ab*、*cd* 和一段直线 *bc* 组成，*abcd* 为齿廓工作段。齿形用标准刀具加工，在链轮工作图中端面齿形不必画出，只需注明链轮的基本参数和主要尺寸，如齿数 Z、链节距 p、链条滚子直径 d_1、分度圆直径 d、齿顶圆直径 d_a 及齿根圆直径 d_f，并在图上注明“齿形按 3R GB/T 1243—2006《传动用短节距精密滚子链、套筒链、附件和链轮》规定制造”。这种齿形的优点是接触应力小、冲击小、磨损少，不易跳齿与脱链。

2. 链轮材料

链轮的材料应保证轮齿具有足够的耐磨性和强度，常用材料有碳素钢和合金钢，链轮较大、要求较低时可用铸铁，小功率传动可用夹布胶木。链轮材料的牌号、热处理、齿面硬度及应用范围见表 3-2。

表 3-2 常用链轮材料及齿面硬度

材料	热处理	齿面硬度	应用范围
15、20	渗碳、淬火、回火	50～60HRC	$Z \leq 25$ 有冲击载荷的链轮
35	正火	160～200HBW	$Z > 25$ 的链轮
45、50、ZG310-570	淬火、回火	40～45HRC	无剧烈冲击的链轮
15Cr、20Cr	渗碳、淬火、回火	50～60HRC	传递大功率的重要链轮（$Z < 25$）
40Cr、35SiMn、35CrMn	淬火、回火	40～50HRC	重要的、使用优质链条的链轮
Q235、Q275	焊接后退火	140HBW	中速、中等功率、较大的链轮
不低于 HT150 的灰铸铁	淬火、回火	260～280HBW	$Z < 50$ 的链轮
酚醛层压布板	—	—	$P < 6$kW、速度较高、要求传动平稳和噪声小的链轮

由于小链轮轮齿的啮合次数比大链轮轮齿的啮合次数多，所受冲击也较严重，故小链轮应采用较好的材料制造。

3. 链轮结构

【参考图片】

链轮的结构如图 3.7 所示。小直径的链轮制成整体式［图 3.7(a)］，中等尺寸的链轮制成孔板式［图 3.7(b)］，大直径的链轮制成连接式［图 3.7(c)］。

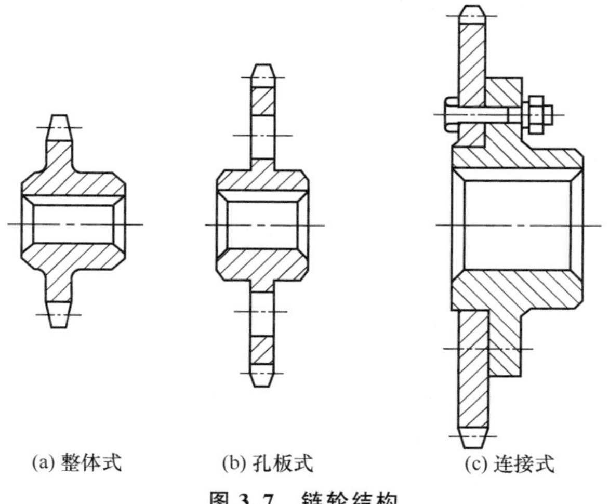

图 3.7　链轮结构

3.3　链传动的运动分析及受力分析

3.3.1　链传动的运动分析

1. 平均传动比准确

链条绕在链轮上近似于链条绕在正多边形上，该正多边形的边长等于链条的链节距 p、边数等于链轮齿数 Z。链轮每转一周，随之转过的链长为 Zp，所以链的平均速度 v 为

$$v=\frac{Z_1 n_1 p}{60\times 1000}=\frac{Z_2 n_2 p}{60\times 1000}\quad (\mathrm{m/s}) \tag{3.1}$$

式中，Z_1、Z_2——主、从动链轮的齿数；

n_1、n_2——主、从动链轮的转速(r/min)；

p——链的节距(mm)。

链传动的平均传动比

$$i_{12}=\frac{n_1}{n_2}=\frac{Z_2}{Z_1} \tag{3.2}$$

由此可知，链传动的平均链速和平均传动比是准确的。

2. 瞬时传动比不准确

为了便于分析，设链的主动边(紧边)始终处于水平位置，如图 3.8(a)所示。主动链轮以等角速度 ω_1 转动，该链轮的销轴轴心 A 做等速圆周运动。大小链轮基准半径分别为 R_2 和 R_1，则小链轮的圆周速度 $v_1 = R_1\omega_1$。设链条水平运动的瞬时速度为 v_x，在链节进入啮合后，v_x 等于链轮啮合点圆周速度 v_1 的水平分量，同样，设从动轮的角速度为 ω_2，圆周速度为 v_2，由速度分析图 3.8(a)可知 β 和 γ 分别为主、从动轮链节进入啮合后铰链中心和轮心连线与铅垂线间的夹角(铰链中心相对于铅垂线的位置角)。

链条前进速度 $$v_x = v_1\cos\beta = \omega_1 R_1\cos\beta = v_2\cos\gamma = \omega_2 R_2\cos\gamma$$

从动链轮的角速度为 $$\omega_2 = \frac{R_1\omega_1\cos\beta}{R_2\cos\gamma} \tag{3.3}$$

链传动的瞬时传动比为 $$i_{12} = \frac{\omega_1}{\omega_2} = \frac{R_2\cos\gamma}{R_1\cos\beta} \tag{3.4}$$

由于 β 的变化范围在 $\pm\varphi_1/2$ 之间，φ_1 为主动轮上一个节距所对的圆心角，$\varphi_1 = 360°/Z_1$。γ 的变化范围在 $\pm\varphi_2/2$ 之间，φ_2 为从动轮上一个节距所对的圆心角，$\varphi_2 = 360°/Z_2$，如图 3.8(b)所示。由于 β、γ 的变化范围不同，因此瞬时传动比不准确。随着 β 角和 γ 角的不断变化，链传动的瞬时传动比也在不断变化。即使主动链轮以等角速度回转，从动链轮的角速度也将周期性地变动。只有在 $Z_1 = Z_2$(即 $R_1 = R_2$)，并且传动的中心距恰为节距的整数倍时(这时 β 和 γ 的变化才会时时相等)，传动比才能在全部啮合过程中保持不变，即恒为 1。

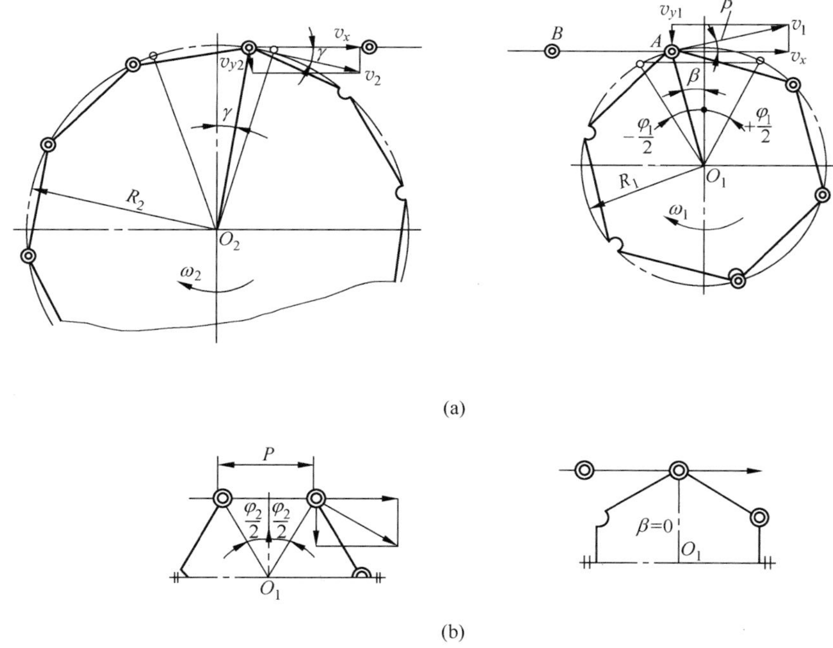

图 3.8　链传动的运动分析

另外，链传动垂直方向的速度 v_y 也在不断地变化。链传动速度在水平方向和垂直方向的不断变化，产生了运动的不均匀性。这种运动的不均匀性是由绕在链轮上的链条形成了正多边形这一特点造成的，故称为链传动的多边形效应，是链传动的固有特性。

3. 链传动的动载荷

1）动载荷产生的主要原因

（1）链速和从动轮角速度做周期性变化，产生加速度 a，从而引起动载荷。加速度为

$$a=\frac{\mathrm{d}v_x}{\mathrm{d}t}=\frac{\mathrm{d}}{\mathrm{d}t}R_1\omega_1\cos\beta=-R_1\omega_1^2\sin\beta \tag{3.5}$$

当 $\beta=\pm\frac{180^\circ}{Z_1}$ 时，$a=\mp R_1\omega_1^2\sin\frac{180^\circ}{Z_1}=\mp\frac{\omega_1^2 p}{2}$ ［因为 $p=2R_1\sin(180^\circ/Z_1)$］。

（2）链条垂直方向的分速度 v_y 也做周期性变化，使链产生上下振动，产生动载荷。

（3）在链条链节与链轮轮齿啮合的瞬间，由于具有相对速度，产生啮合冲击和动载荷。

另外，由于链和链轮的制造误差、安装误差，以及链条的松弛，在起动、制动、反转、突然超载等情况下产生的惯性冲击，也将增大链传动的动载荷。

2）影响因素

由以上分析可知，影响动载荷的主要因素有链速 v_x、链节距 p 和链轮齿数 Z。链速越高，链节距越大，链轮齿数越少，动载荷越大。

还须指出的是，当链传动和其他传动组成多级传动时，通常将链传动放在速度低的一级上，以免链速过高而增大动载荷和运动的不均匀性。

3.3.2 链传动的受力分析

在不考虑动载荷的情况下，链传动中的主要作用力有以下几种。

1. 工作拉力 F

工作拉力 F 为

$$F=\frac{1000P}{v}\quad(\mathrm{N}) \tag{3.6}$$

式中，P——链传动传递的功率(kW)；

v——链速(m/s)。

工作拉力 F 作用于紧边。

2. 离心拉力 F_c

离心拉力 F_c 为

$$F_c=qv^2\quad(\mathrm{N}) \tag{3.7}$$

式中，q——链单位长度质量（kg/m，具体可查滚子链标准）。

离心力虽然产生在做圆周运动的部分，离心拉力却作用于全链长。

3. 垂度拉力 F_f

链传动在安装时，链条应有一定的张紧力。张紧力通过使链条松边保持适当的垂度所产生的悬垂拉力来获得。其目的是使松边不致过松，以免影响链条的正常啮合和产生振动、跳齿及脱链。但张紧力比带传动中要小得多。

垂度拉力 F_f(图 3.9)主要取决于链传动的布置方式和工作中允许的垂度。垂度 f 越小，F_f 越大。垂度过小，由于垂度拉力较大，增加了链的磨损和轴承载荷；垂度过大，又会使链与链轮的啮合情况变坏，容易脱链。垂度拉力 F_f 为

$$F_f=\frac{qga^2}{8f}=\frac{qga}{8(f/a)}=K_f qga\times10^{-2}\quad(\mathrm{N})\tag{3.8}$$

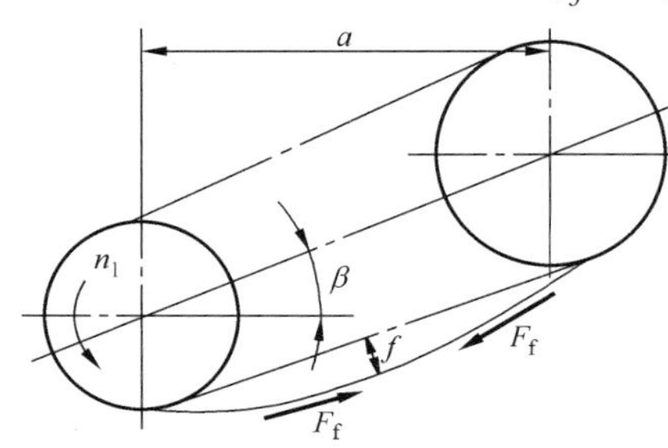

图 3.9 链传动受力分析

式中，K_f——垂度系数(其值与中心线与水平线的夹角 β 有关。垂直布置时 $K_f=1$。水平布置时 $K_f=6$。倾斜布置，当 $\beta<40°$ 时，$K_f=4$；当 $\beta>40°$时，$K_f=2$)。

f——垂度(mm)。

a——两轮中心距(mm)。

g——重力加速度，$g=9.81\mathrm{m/s^2}$。

垂度拉力 F_f 作用于链条全长。

4. 总拉力

紧边总拉力
$$F_1=F+F_c+F_f\tag{3.9}$$

松边总拉力
$$F_2=F_c+F_f\tag{3.10}$$

5. 作用于轴上的载荷 F_Q

作用于轴上的压力是紧边拉力和松边拉力之和，由于离心拉力不作用在轴上，因此

$$F_Q=F+2F_f\tag{3.11}$$

由于 F_f影响较小，一般取

$$F_Q\approx1.2F\tag{3.12}$$

3.4 滚子链传动的失效形式及功率曲线

3.4.1 滚子链传动的失效形式

滚子链传动的主要失效形式有以下几种。

1. 链板疲劳破坏

链在松边拉力和紧边拉力的反复作用下，经过一定的循环次数后，链板会发生疲劳破坏，或者套筒、滚子表面将会出现疲劳点蚀。正常润滑条件下，疲劳强度是限定链传动承载能力的主要因素。

2. 销轴与套筒的胶合

当速度过高时，销轴与套筒间润滑油膜被破坏，工作表面在较高的温度和压力下直接接触，从而导致胶合，高温、润滑不良也会使工作表面产生胶合。胶合在一定程度上限制了链传动的极限转速。

3. 链条铰链磨损

链条在工作过程中，由于销轴与套筒间既相对转动又承受较大的压力，因而导致铰链磨损，使链的实际节距变长(内、外链节的实际节距 p_1、p_2 是指相邻两滚子间的中心距，随使用中的磨损情况不同而变化。通常所说的链节距是指两销轴的中心距，即公称中心距)，如图 3.10 所示。链的实际节距伸长到一定程度时，会使链条铰链与轮齿的啮合情况变坏，从而发生爬高和跳齿现象。磨损是开式链传动的主要失效形式。润滑状态对链条的磨损影响很大，润滑不良的链传动其承载能力将大大降低。

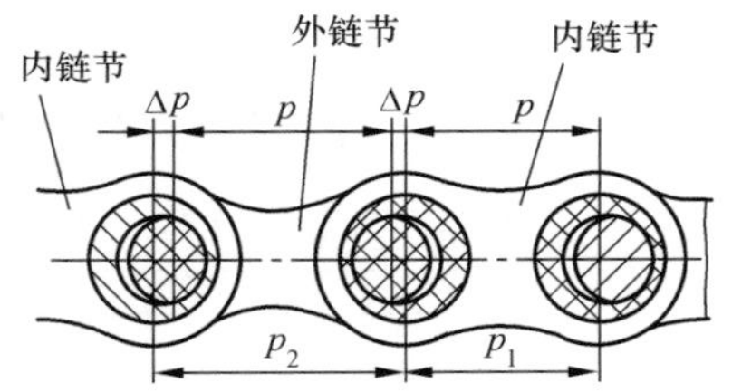

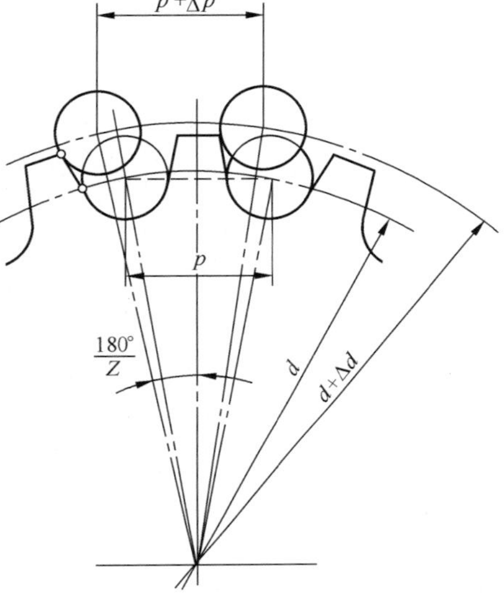

图 3.10 链条铰链磨损后链节距伸长

4. 滚子、套筒的冲击疲劳破坏

链传动的啮入冲击首先由滚子和套筒承受。在反复多次的冲击下，经过一定的循环次数后，滚子、套筒会发生冲击疲劳破坏。这种失效形式多发生在中、高速闭式链传动中。

5. 过载拉断

低速重载的链传动在过载时，链会因静强度不足而被拉断。

3.4.2 滚子链传动的功率曲线

1. 滚子链传动的极限功率曲线

为避免上述失效发生，通过实验得到滚子链传动的极限功率曲线，如图 3.11 所示。每一条曲线限制了一种失效，由此得到极限功率曲线。

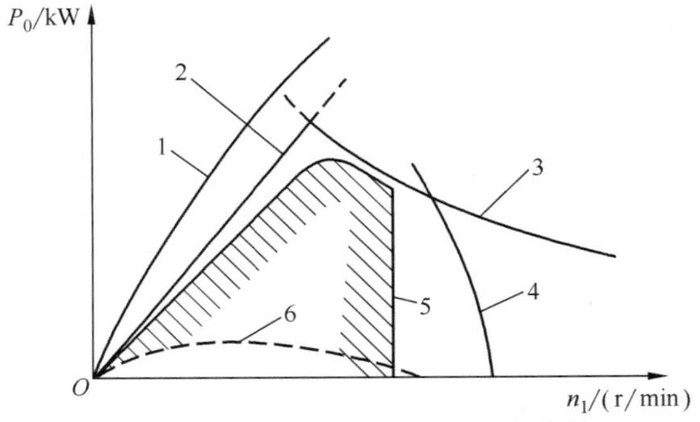

图 3.11 滚子链传动的极限功率曲线

1—良好的润滑条件下，由磨损破坏限定的极限功率曲线；2—链板疲劳破坏限定的极限功率曲线；
3—滚子、套筒冲击疲劳破坏限定的极限功率曲线；4—销轴与套筒胶合限定的极限功率曲线；
5—良好润滑情况下的额定功率曲线，是设计时实际使用的功率曲线；
6—润滑不好或工况恶劣的极限功率曲线，较良好的润滑条件下低得多

2. 滚子链传动的额定功率曲线

为避免上述失效，由实验确定数据绘制成滚子链传动的额定功率曲线，如图 3.12 所示。

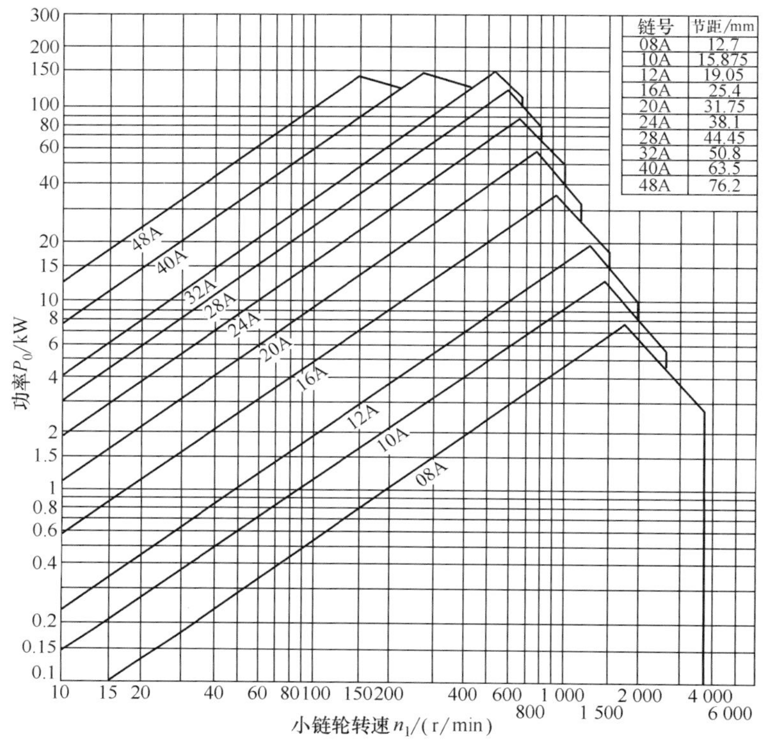

图 3.12 额定功率曲线

额定功率曲线是在一定条件下得到的，实验条件是两轮共面；载荷平稳；按推荐的润滑方式润滑；小链轮齿数 $Z_1=19$，传动比 $i=3$，链长 $L_p=100$ 节；工作寿命 $t=15000$h；链条因磨损而引起的相对伸长量不超过 3%。

当实际情况与实验条件不符时，应进行修正，修正后应满足

$$P_0=\frac{P_c}{K_Z K_m K_L} \tag{3.13}$$

式中，P_0——在特定条件下，链传动所能传递的额定功率(kW)。

P_c——链传动所传递的计算功率(kW)，$P_c=PK_A$，其中，P 为链传动所传递的功率(kW)，K_A 为工作情况系数，见表 3-3。

K_Z——小链轮齿数系数，考虑实际齿数与实验齿数不同而引入的系数，见表 3-4(当工作点落在图 3.12 中曲线顶点的左侧时，查表中的 K_Z；当工作点落在图 3.12 中曲线顶点的右侧时，查表中的 K_Z')。

K_m——多列链系数，考虑实际列数与实验列数不同而引入的系数，见表 3-5。

K_L——长度系数，考虑实际长度与实验长度不同而引入的系数，如图 3.13 所示(链板疲劳查曲线 1；滚子、套筒冲击疲劳查曲线 2；当失效形式难以预知时，K_L 值可以按曲线 1、2 中的小值确定)。

表 3-3 工作情况系数 K_A

工作情况		输入动力种类		
		内燃机（液力传动）	电动机或汽轮机	内燃机（机械传动）
平稳载荷	液体搅拌机，中小型离心式鼓风机，离心式压缩机，谷物机械，均匀载荷运输机，发电机，均匀载荷、不反转的一般机械	1.0	1.0	1.2
中等冲击	半液体搅拌机，三缸以上往复压缩机，大型或不均匀负载运输机，重型起重机和升降机，金属切削机床，食品、木工机械，印染、纺织机械，大型风机，中等脉动载荷、不反转的一般机械	1.2	1.3	1.4
严重冲击	船用螺旋桨，单、双缸往复压缩机，挖掘机，往复式、振动式运输机，破碎机，石油钻井机械，锻压机械，冲床，严重冲击、有反转的机械	1.4	1.5	1.7

表 3-4 小链轮齿数系数 K_Z

Z_1	9	10	11	12	13	14	15	16	17
K_Z	0.446	0.500	0.554	0.609	0.664	0.719	0.775	0.831	0.887
K_Z'	0.326	0.382	0.441	0.502	0.566	0.633	0.701	0.773	0.846
Z_1	19	21	23	25	27	29	31	33	35
K_Z	1.00	1.11	1.23	1.34	1.46	1.58	1.70	1.82	1.93
K_Z'	1.00	1.16	1.33	1.51	1.69	1.89	2.08	2.29	2.50

表 3-5 多列链系数 K_m

列 数	1	2	3	4	5	6
K_m	1	1.7	2.5	3.3	4	4.6

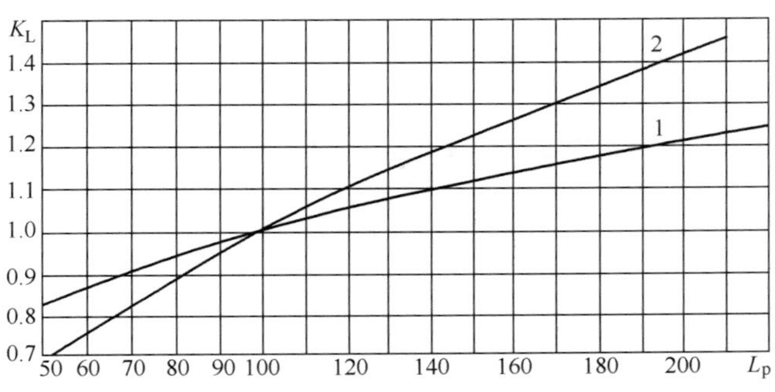

图 3.13 长度系数 K_L

1—链板疲劳曲线；2—冲击疲劳曲线

3.5 链传动的设计计算

链传动的设计计算通常是根据传递功率 P，链轮转速 n_1、n_2，工作情况等条件，确定链轮齿数、链节距、链节数、列数、中心距及润滑方式等。

3.5.1 一般链传动的设计计算

1. 已知条件

①传递功率 P；②链轮转速 n_1、n_2；③传动工作情况；④对外廓尺寸的要求。

2. 设计项目

①链节距、链节数、列数；②中心距；③链轮齿数、结构、材料；④压轴力、张紧及润滑方式。

3. 设计计算

1）确定链轮齿数 Z_1、Z_2 及传动比 i

（1）链轮齿数。链轮齿数对链传动工作的平稳性及使用寿命影响很大，既不能过大，也不能过小。

齿数 Z_1 少，传动不平稳、冲击大、动载荷大，链节在进入和退出啮合时，相对转角增大，磨损增加，冲击和功率损耗也增大。齿数 Z_1 多，导致大链轮齿数 Z_2 多，结构尺寸大、易脱链。通常 $Z_{1\min}=9$，$Z_{2\max}=120$。小链轮齿数 Z_1 可根据传动比按表 3－6 选取。

表 3－6 小链轮齿数 Z_1

传动比 i	1～2	3～4	5～6	＞6
齿数 Z_1	31～27	25～23	21～17	17

为磨损均匀，链轮齿数最好选质数(被自身和 1 整除的数)或不能整除链节数的数。链节数宜取偶数，为使链条每个滚子与链轮每个齿都有接触的机会，使之磨损均匀，一般 Z_1 为奇数。

（2）传动比 i。传动比 i 过大，包角小，同时啮合的齿数减少，加速链轮的磨损，而且容易脱链。通常限制链传动 $i\leqslant6$，推荐 $i=2～3.5$。

2）链节距 p 及列数 m

链节距 p 的大小反映了链和链轮各部分尺寸的大小。在一定条件下，链节距 p 大，承载能力强，但链传动的多边形效应也增大，冲击、振动、噪声也越严重，传动不平稳且传动尺寸大。设计时，在满足承载能力的前提下，为结构紧凑、寿命长应尽量选较小的链节距。

高速重载、中心距小、传动比大时，选小节距多列链。中心距大、传动比小、速度较低时，选大节距单列链。

具体选多大的链节距，可先由式(3.13)计算出额定功率 P_0，再由图 3.12 选取。

3）中心距及链节数

中心距小，结构紧凑，但中心距过小，链速不变时，单位时间内链与链轮啮合次数多，易产生磨损和疲劳。同时，由于中心距小，链条在小链轮上的包角变小，在包角范围内，每个轮齿所受的载荷增大，并且易出现跳齿和脱链现象；中心距大，传动尺寸大，会引起从动边垂度过大，传动时出现松边颤动。

推荐初定中心距 $a_0=(30\sim50)p$，最大取 $a_{max}=80p$。

链条长度以链节数 L_p(链节距 p 的倍数)来表示。与带传动相似，链节数 L_p 与中心距 a 之间的关系为

$$L_p=\frac{2a_0}{p}+\frac{Z_1+Z_2}{2}+\left(\frac{Z_2-Z_1}{2\pi}\right)^2\frac{p}{a_0} \tag{3.14}$$

计算出的 L_p 应圆整为整数，最好取偶数。然后根据圆整后的链节数用式(3.15)计算实际中心距。

$$a=\frac{p}{4}\left[\left(L_p-\frac{Z_1+Z_2}{2}\right)+\sqrt{\left(L_p-\frac{Z_1+Z_2}{2}\right)^2-8\left(\frac{Z_2-Z_1}{2\pi}\right)^2}\right] \tag{3.15}$$

为了保证链条松边有一定的初垂度，实际安装中心距应较计算中心距小，往往做成中心距可以调节的，以便链节伸长后，可随时调整张紧程度。一般中心距调整量 $\Delta a\geqslant 2p$，调整后松边下垂量常控制为$(0.01\sim0.02)a$。当中心距不可调时，也可用压板、托板、张紧轮张紧(图 3.14)。在无张紧装置而中心距又不可调整的情况下，应注意中心距的准确性。

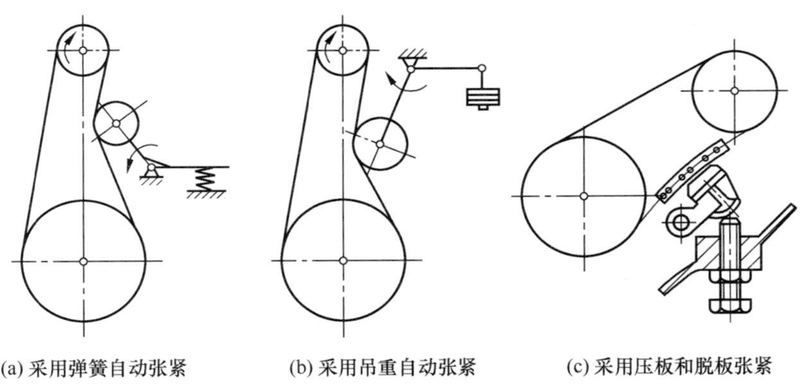

(a) 采用弹簧自动张紧　　(b) 采用吊重自动张紧　　(c) 采用压板和脱板张紧

图 3.14　链传动的张紧方法

4）计算压轴力 F_Q

压轴力 F_Q 为

$$F_Q\approx 1.2F$$

式中，F——工作拉力（N）。

3.5.2　低速链传动的静强度计算

对于链速 $v<0.6\text{m/s}$ 的低速链传动，其主要失效形式为链的过载拉断，按抗拉静力强度计算，应满足

$$\frac{mF_{Q\lim}}{K_A F_1}\geqslant S \tag{3.16}$$

式中，F_{Qlim}——单列链的极限拉伸载荷(N)，见表3－1；

K_A——工作情况系数，见表3－3；

m——链的列数；

S——安全系数，一般取$S=4\sim8$；

F_1——链的紧边拉力(N)。

3.6 链传动的布置、张紧与润滑

3.6.1 链传动的布置

链传动的布置是否合理，对链传动的工作能力及使用寿命都有较大的影响。链传动的两轴应平行，两链轮应位于同一平面内，一般宜采用水平或接近水平的位置，并使松边在下。表3－7列出了不同条件下链传动的布置图。

表3－7 链传动的布置

传动参数	正确位置	不正确位置	说明
$i>2$ $a=(30\sim50)p$	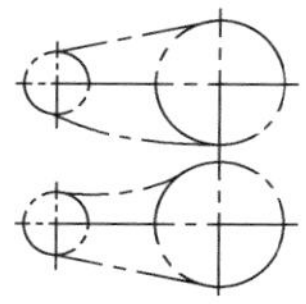		两轴线在同一水平面内，紧边在上、在下均不影响工作
$i>2$ $a<30p$	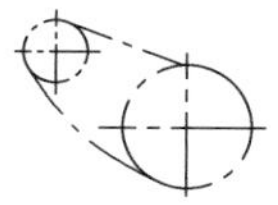	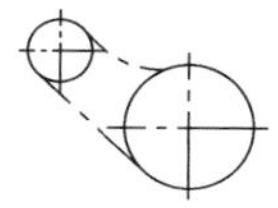	两轴线不在同一水平面内，松边应在下边，否则松边下垂量增大后，链条会与链轮卡死
$i<1.5$ $a>60p$			两轴线在同一水平面内，松边应在下边，否则松边下垂量增大后，松边会与紧边相碰，需经常调整中心距
i、a为任意值	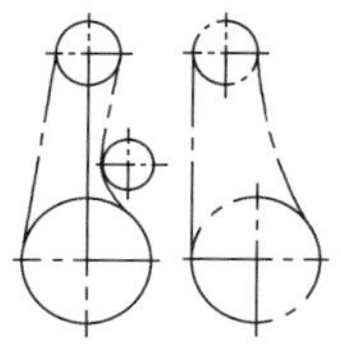	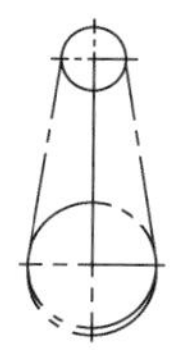	两轴线在同一铅垂面内，下垂量增大，会减少下链轮有效啮合齿数，降低传动能力，可采取张紧装置或上、下两轮错开，使两轮轴线不在同一铅垂面上

3.6.2 链传动的张紧

1. 链传动张紧的目的

链传动张紧主要是为了避免在链条垂度过大时产生啮合不良和链条振动的现象；同时也为了增加链轮与链的啮合包角。张紧力并不决定链传动的工作能力，而只决定链松边的垂度大小。

2. 链传动的张紧方法

链传动的张紧方法如下。

(1) 调整中心距。增大中心距可使链张紧，对于滚子链传动，其中心距调整量可取为 $2p$(p 为链条节距)。

(2) 缩短链长。当链传动没有张紧装置而中心距又不可调整时，可采用缩短链长(即拆去链节)的方法对因磨损而伸长的链条重新张紧。

(3) 用张紧轮张紧。下述情况应考虑增设张紧装置：①两轴中心距较大；②两轴中心距过小，松边在上面；③两轴接近垂直布置，需要严格控制张紧力；④多链轮传动或反向传动；⑤要求减小冲击，避免共振；⑥需要增大链轮包角等。图 3.14 所示为采用张紧装置的链传动。其中图 3.14(a)、图 3.14(b)所示分别为采用弹簧、吊重自动张紧；当中心距较大时，可采用图 3.14(c)所示的压板和脱板张紧。

3.6.3 链传动的润滑

链传动的润滑十分重要，良好的润滑可以减少链传动的磨损，提高工作能力，延长使用寿命。链传动的润滑方法可以根据图 3.15 选取。

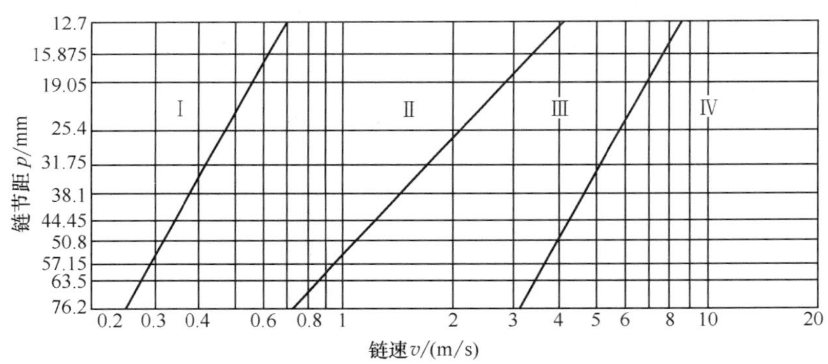

图 3.15　链传动润滑方式选择图

Ⅰ—人工定期润滑；Ⅱ—滴油润滑；Ⅲ—油浴或飞溅润滑；Ⅳ—压力润滑

链传动的润滑方式有以下几种。

1. 滴油润滑

滴油润滑是用油杯通过油管将油滴入松边内、外链板间隙处，每分钟 5～20 滴，适用于 $v \leqslant 10$m/s 的链传动，如图 3.16(a)所示。

2. 油浴润滑

油浴润滑是将松边链条浸入油盘中，浸油深度为 6～12mm，适用于 $v \leqslant 12$m/s 的链传动，如图 3.16(b)所示。

3. 飞溅润滑

在密封容器中，甩油盘将油甩起，以进行飞溅润滑，如图 3.16(c)所示。甩油盘线速度应大于 3m/s。

4. 压力润滑

速度高、功率大时，应采用特设的油泵将油喷射至链轮与链条啮合处，如图 3.16(d)所示。循环油可起润滑和冷却的作用。

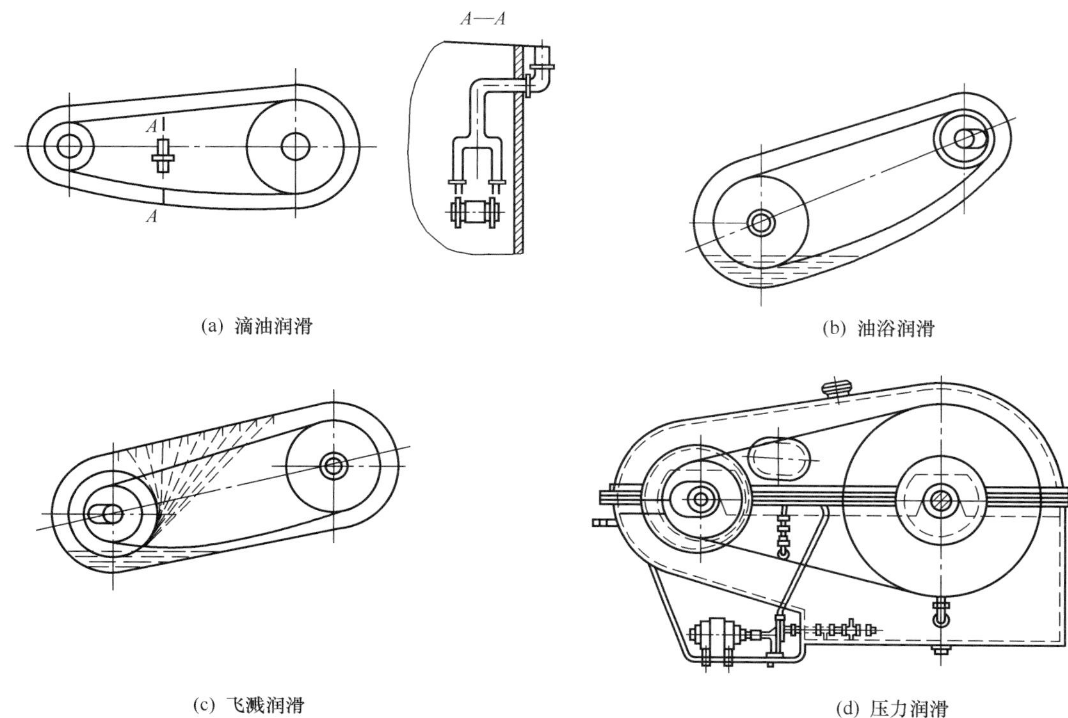

(a) 滴油润滑　(b) 油浴润滑　(c) 飞溅润滑　(d) 压力润滑

图 3.16　链传动润滑方式

【例 3.1】　设计用于带式运输机的滚子链传动。已知该传动系统采用 Y 系列三相异步电动机驱动，电动机的额定功率 $P=5.5\text{kW}$，转速 $n=720\text{r/min}$，传动比 $i=3$，载荷平稳，传动水平布置，传动中心距不小于 500mm 且可调。

解：设计步骤如下。

计算与说明	主要结果
1. 选择链轮齿数 Z_1、Z_2 根据传动比 $i=3$，查表 3-6，小链轮齿数 $Z_1=23$，则大链轮齿数 $Z_2=69$。	$Z_1=23$　$Z_2=69$
2. 确定计算功率 P_c 由于带式运输机载荷平稳，由表 3-3 查得工况系数 $K_A=1.0$，因此 $P_c=K_AP=(5.5\times1.0)\text{kW}=5.5\text{kW}$	$P_c=5.5\text{kW}$
3. 计算中心距及链节数 1）初定中心距 $a_0=(30\sim50)p$，取 $a_0=40p$ 2）确定链节数 L_p $L_p=\frac{2a_0}{p}+\frac{Z_1+Z_2}{2}+\left(\frac{Z_2-Z_1}{2\pi}\right)^2\frac{p}{a_0}=\frac{2\times40p}{p}+\frac{23+69}{2}+\left(\frac{69-23}{2\pi}\right)^2\frac{p}{40p}$ ≈127.3	

(续)

计算与说明	主 要 结 果
取链节数 $L_p=128$。	$L_p=128$
4. 计算额定功率	
(1) 查齿数系数 $K_Z=1.23$(查表 3-4)。	
(2) 选单列链。多列链系数 $K_m=1$(查表 3-5)。	$K_Z=1.23$
(3) 长度系数 $K_L=1.08$(按图 3.13 曲线 1 查得)。	$K_m=1$
(4) 计算额定功率	$K_L=1.08$
$$P_0=\frac{P_c}{K_Z K_m K_L}=\left(\frac{5.5}{1.23\times1\times1.08}\right)\text{kW}\approx4.14\text{kW}$$	$P_0\approx4.14\text{kW}$
5. 确定链条节距	
根据额定功率 P_0 和转数 n 查图 3.12 选择滚子链型号为 10A，由表 3-1 查得链节距 $p=15.875\text{mm}$。	$p=15.875\text{mm}$
6. 确定链长和中心距	
1) 链条长度	
$$L=(L_p p/1000)\text{m}=2.032\text{m}$$	$L=2.032\text{m}$
2) 计算实际中心距	
$$a=\frac{p}{4}\left[\left(L_p-\frac{Z_1+Z_2}{2}\right)+\sqrt{\left(L_p-\frac{Z_1+Z_2}{2}\right)^2-8\left(\frac{Z_2-Z_1}{2\pi}\right)^2}\right]$$ $$=\frac{15.875}{4}\times\left[\left(128-\frac{23+69}{2}\right)+\sqrt{\left(128-\frac{23+69}{2}\right)^2-8\left(\frac{69-23}{2\pi}\right)^2}\right]\text{mm}$$ $$\approx640.32\text{mm}$$	$a\approx640.32\text{mm}$
$a>500\text{mm}$，所以符合设计要求。	
7. 计算压轴力 F_Q	
链速 $v=\frac{Z_1 n_1 p}{60\times1000}=\left(\frac{23\times720\times15.875}{60\times1000}\right)\text{m/s}\approx4.38\text{m/s}$	$v\approx4.38\text{m/s}$
工作拉力 $F=\frac{1000P}{v}=\left(\frac{1000\times5.5}{4.38}\right)\text{N}\approx1255.7\text{N}$	
压轴力 $F_Q\approx1.2F=(1.2\times1255.7)\text{N}\approx1506.8\text{N}$	$F_Q\approx1506.8\text{N}$
8. 润滑方式选择	
根据链速 $v=4.38\text{m/s}$ 和链节距 $p=15.875\text{mm}$，按图 3.15 查得润滑方式为油浴润滑或飞溅润滑。	
9. 结构设计(略)	

本章小结

本章主要介绍了链传动的类型、特点、应用和链轮、链条的基本常识；对链传动运动不均匀性、动载荷及受力情况进行了分析，同时分析了链传动的失效形式，得到极限功率曲线；最后阐述了链传动的设计方法。本章对链传动张紧和润滑也作了简单说明。

习　　题

1. 选择题

(1) 链传动的瞬时传动比 i 为________。

A. $\frac{n_1}{n_2}$　　B. $\frac{\omega_1}{\omega_2}$　　C. $\frac{Z_1}{Z_2}$　　D. $\frac{n_2}{n_1}$

(2) 多列链列数一般不超过 3 或 4，主要是为了________。

A. 不使安装困难　　B. 使各排受力均匀

C. 不使轴向过宽　　D. 减轻链的质量

(3) 设计链传动时，链节数最好取________。

A. 偶数　　B. 奇数

C. 质数　　D. 链轮齿数的整数倍

(4) 滚子链传动中的链条尽量不使用过渡链节的原因是________。

A. 不便制造　　B. 难以装配

C. 破坏传动平稳性　　D. 避免过渡链节的链板承受附加弯曲

(5) 链传动中，链条的平均速度 $v=$________。

A. $\dfrac{\pi d_1 n_1}{60\times1000}$　　B. $\dfrac{\pi d_2 n_2}{60\times1000}$

C. $\dfrac{Z_1 n_1 p}{60\times1000}$　　D. $\dfrac{Z_1 n_2 p}{60\times1000}$

(6) 链传动设计中，一般大链轮最多齿数限制为 $Z_{max}=120$，是为了________。

A. 减小链传动运动的不均匀性

B. 限制传动比

C. 减少链节磨损后链条从链轮上脱落下来的可能性

D. 保证链轮轮齿的强度

(7) 链传动中，限制小链轮最少齿数的目的之一是________。

A. 减少传动的运动不均匀性和动载荷　　B. 防止链节磨损后脱链

C. 使小链轮轮齿受力均匀　　D. 防止润滑不良时轮齿加速磨损

(8) 链传动不适合用于高速传动的主要原因是________。

A. 链条的质量大　　B. 动载荷大

C. 容易脱链　　D. 容易磨损

(9) 影响链传动不均匀的主要参数是________。

A. 链轮的齿数　　B. 链节数　　C. 中心距

(10) 链传动设计中，当载荷大、中心距小、传动比大时，宜选用________。

A. 大节距单排链　　B. 小节距多排链

C. 小节距单排链　　D. 大节距多排链

(11) 链传动张紧的目的是________。

A. 避免打滑

B. 避免链条垂度过大而产生啮合不良

C. 使链条与轮齿之间产生摩擦力，以使链传动能传递运动和功率

2. 思考题

(1) 为什么链传动的平均传动比准确、瞬时传动比不准确?

(2) 链传动产生动载荷的原因及影响因素有哪些?

(3) 链传动的失效形式及设计准则是什么?

(4) 当传递功率较大时，可选用单列大节距链，也可选用多列小节距链，二者有何特点? 各适于哪种场合?

(5) 滚子链已标准化，链号为20A的链条节距 p 等于多少？有一滚子链标记为10A-2×100 GB/T 1243—2006，试说明它的含义。

(6) 链传动与带传动的张紧目的有何区别？链传动常用的张紧方法有哪些？

3. 设计计算题

(1) 设计往复式压缩机上的滚子链传动。已知电动机转速 $n_1=960\text{r/min}$，功率 $P=3\text{kW}$，压缩机转速 $n_2=320\text{r/min}$，希望传动中心距不大于650mm(要求中心距可以调节)。

(2) 某单列滚子链传动由三相异步电动机驱动，传递的功率 $P=22\text{kW}$。主动链轮转数 $n_1=720\text{r/min}$，主动链轮齿数 $Z_1=23$，从动链轮齿数 $Z_2=83$。链条型号为12A，链节距 $p=19.05\text{mm}$，如果链节数 $L_\text{p}=100$，两班制工作，采用滴油润滑。试验算该滚子链是否满足要求？若不满足，应如何改进？

第4章 齿轮传动

1. 了解齿轮传动的特点、分类。
2. 掌握齿轮传动的主要失效形式及设计准则。
3. 了解常用齿轮材料及热处理方法。
4. 掌握齿轮传动的受力分析、强度计算方法及主要参数的选择。
5. 了解齿轮传动润滑及齿轮结构。

齿轮传动的受力分析、强度计算。

4.1 概　　述

【参考视频】

齿轮传动用于传递空间任意两轴之间的运动和动力，形式很多，也是机械中应用比较广泛的传动形式之一。本章以介绍最常用的渐开线齿轮传动设计为主。

4.1.1 齿轮传动的特点

齿轮传动的主要特点如下。

(1) 效率高。在常用的机械传动中，齿轮传动的效率最高。一对圆柱齿轮传动的效率一般在98%左右，高精度齿轮传动的效率超过99%。这对于大功率传动十分重要，因为即使效率只提高1%，也有很大的经济意义。

(2) 结构紧凑。在同样的使用条件下，齿轮传动所需的结构尺寸一般较小。

(3) 工作可靠、寿命长。设计制造正确合理、使用维护良好的齿轮传动，工作可靠，寿命长，这也是其他机械传动不能比拟的。

(4) 传动比准确、恒定。无论是瞬时传动比还是平均传动比，传动比准确、恒定往往是对传动的一个基本要求。齿轮传动获得广泛的应用，也是因其具有这一特点。

(5) 适用的速度和功率范围广。传递功率可高达数万千瓦，圆周速度可达 150m/s(最高达 300m/s)，直径能做到 10m 以上。

(6) 要求的加工精度和安装精度较高，制造时需要专用工具和设备，因此成本比较高。

(7) 不宜在两轴中心距很大的场合使用。

4.1.2 齿轮传动的分类

齿轮传动的种类繁多，可按不同方法予以分类，见表 4-1。

表 4-1 齿轮传动的分类

分类方法	齿轮传动类型
按齿廓曲线	渐开线、圆弧、摆线
按啮合位置	外啮合、内啮合
按齿轮外形	直齿、斜齿、人字齿、曲(线)齿
按两轴相互位置	平行轴、相交轴、交错轴
按工作条件	开式、半开式、闭式
按齿面硬度	软齿面(≤350HBW)、硬齿面(>350HBW)

开式齿轮传动是齿轮全部与大气接触，润滑情况差；半开式齿轮传动是指齿轮一部分浸入油池，上装护罩，不封闭；闭式齿轮传动是齿轮封闭在箱体内并能得到良好的润滑。

齿轮工作面的硬度大于 350HBW(或 38HRC)，称为硬齿面齿轮传动；轮齿工作面的硬度小于或等于 350HBW(或 38HRC)，称为软齿面齿轮传动。

4.2 齿轮传动的失效形式及设计准则

4.2.1 齿轮传动的失效形式

一般地说，齿轮传动的失效主要是轮齿的失效，通常有轮齿折断和工作齿面磨损、点蚀、胶合及塑性变形等。至于齿轮的其他部分(如轮缘、轮辐、轮毂等)，除大型齿轮外，通常是按经验设计，所定的尺寸对于强度及刚度来说均较富裕，实践中也极少失效。因此，下面仅介绍轮齿的失效。

1. 轮齿折断

轮齿像一个悬臂梁，受载后以齿根处产生的弯曲应力最大，再加上齿根处过渡部分的尺寸发生了急剧的变化，以及沿齿宽方向留下的加工刀痕等引起的应力集中作用，当轮齿重复受载后，齿根处就会产生疲劳裂纹，并逐步扩展，致使轮齿折断，如图 4.1 所示。

轮齿折断一般发生在齿根部位。折断有两种：一种是由多次重复的弯曲应力和应力集中造成的疲劳折断；另一种是因短期过载或冲击载荷而产生的过载折断。两种折断均起始于轮齿受拉应力一侧。

在斜齿圆柱齿轮传动中，轮齿工作面上的接触线为一斜线，若轮齿受载后载荷集中，就会发生局部折断。若制造及安装不良或轴的弯曲变形过大，轮齿局部受载过大，即使是直齿圆柱齿轮，也会发生局部折断，如图 4.2 所示。

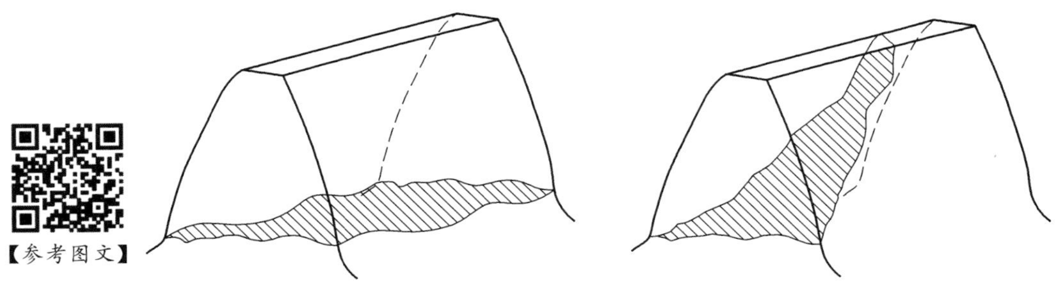

图 4.1　全齿折断　　**图 4.2　局部折断**

轮齿折断是齿轮传动最严重的失效形式，必须避免。为提高齿轮的抗折断能力，可适当增大齿根过渡圆角的半径，消除该处的加工刀痕，以降低应力集中作用；增大轴及轴承的刚度，以减小齿面上局部受载的程度；正确地选择材料和热处理形式使齿面较硬，齿芯材料具有足够的韧性；以及在齿根处施加适当的强化措施(如喷丸、碾压)等。

2. 齿面点蚀

轮齿啮合过程中，接触面间产生接触应力(两物体相互接触时，在表面上产生的局部压力称为接触应力)，该应力是脉动循环变化的。在此应力的反复作用下，齿面表层就会产生细微的疲劳裂纹，封闭在裂纹中的润滑油在压力的作用下，产生楔挤作用使裂纹扩大，最后导致表层金属小片状剥落，出现凹坑，形成麻点状剥伤，称为点蚀，如图 4.3 所示。严重的点蚀使齿轮啮合情况恶化而报废。实践表明轮齿啮合过程中，齿面间的相对滑动起着形成润滑油膜的作用，而且相对滑动速度越高，齿面间形成润滑油膜的作用越显著，润滑也就越好。当轮齿在靠近节线处啮合时，由于相对滑动速度低，形成油膜的条件差，润滑不良，摩擦力较大，特别是直齿圆柱齿轮传动，通常这时只有一对齿啮合，轮齿受力也最大，因此，点蚀也就首先出现在靠近节线的齿根面上，然后向其他部位扩展。从相对的意义上说，也就是以靠近节线处的齿根面抵抗点蚀的能力最差(即接触疲劳强度最低)。齿面抗疲劳点蚀的能力主要取决于齿面硬度，齿面硬度越高，抗疲劳点蚀的能力越强。

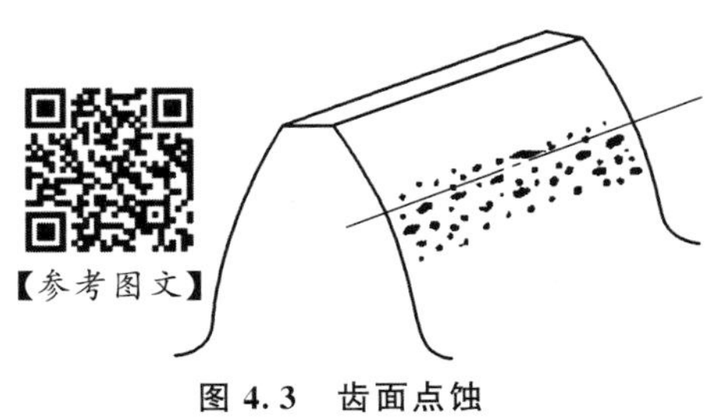

图 4.3　齿面点蚀

新齿轮在短期工作后出现的点蚀痕迹，继续工作不再发展或反而消失的称为收敛性点蚀。收敛性点蚀只发生在软齿面(硬度≤350HBW)上，原因是齿轮初期工作时表面接触不好，在个别凸起处有很大的接触应力，但当点蚀形成后，凸起逐渐变平，接触面积扩大，待接触应力降至小于极限值时，点蚀即停止发展。

随着工作时间的延长而继续扩展的点蚀称为扩展性点蚀。扩展性点蚀常在软齿面轮齿经跑合后，接触应力高于接触疲劳极限值时发生。严重的扩展性点蚀能使齿轮在短时间内报废。硬齿面(硬度＞350HBW)齿轮不发生收敛性点蚀，原因是齿面出现小凹坑后，由于材料的脆性，凹坑边缘不易被碾平，继续碎裂成为大凹坑，直至齿面完全破坏为止。

在啮合的轮齿间加注润滑油可以减小摩擦，减缓点蚀，延长齿轮的工作寿命。并且在合理的限度内，润滑油的黏度越高，上述效果越好。但是当齿面上出现疲劳裂纹后，润滑油就会侵入裂纹，而且黏度越低的润滑油，越易侵入裂纹。润滑油侵入裂纹后，就有可能在裂纹内受到挤胀，从而加快裂纹的扩展，这是不利之处。所以对于速度不高的齿轮传动，以用黏度高一些的油润滑为宜；对于速度较高的齿轮传动(如圆周速度 $v>12\text{m/s}$)，要用喷油润滑(同时还起散热的作用)，此时只宜用黏度低的润滑油。

软齿面的闭式齿轮传动常因齿面点蚀而失效。在开式传动中，因为齿面磨损较快，点蚀来不及形成即被磨掉，因此通常看不到点蚀现象。

3. 齿面胶合

在高速重载的传动中，常因齿面间相对滑动速度比较高而产生瞬时高温而导致润滑失效，造成齿面间的粘焊现象，粘焊处被撕脱后，轮齿表面沿滑动方向形成沟痕，这种现象称为齿面胶合，如图 4.4 所示。在低速重载传动中，由于齿面间的润滑油膜不易形成，摩擦热虽不大但也可能发生胶合破坏。采用黏度大、抗胶合能力强的润滑油，减小模数，降低齿高，降低滑动系数等，均可防止或减轻齿轮的胶合。

4. 齿面磨损

齿面磨损(图 4.5)通常有磨粒磨损和跑合磨损两种。

由于灰尘、硬屑粒等进入齿面间而引起的磨粒磨损在开式传动中是难以避免的。因为过度磨损使轮齿失去正确齿形，齿侧间隙增大，从而引起冲击、振动，噪声增大，最后将导致轮齿变薄而折断。

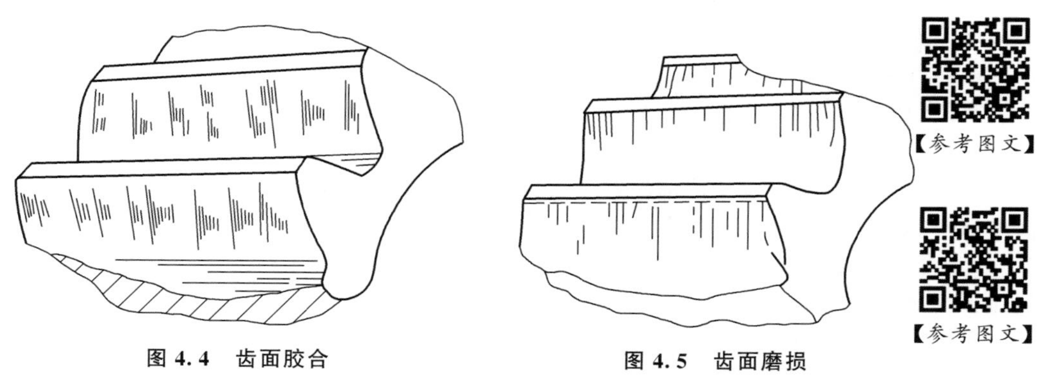

图 4.4　齿面胶合　　**图 4.5　齿面磨损**

新的齿轮副，由于加工后表面具有一定的粗糙度，受载时实际上只有部分峰顶接触，接触处压强很高，因而在开始运转期间，磨损速度和磨损量都较大，磨损到一定程度后，摩擦面逐渐光洁，压强减小，磨损速度缓慢，这种磨损称为跑合磨损。人们有意地使新齿轮副在轻载下进行跑合，可为随后的正常磨损创造有利条件。但应注意，跑合结束后，必须重新更换润滑油。

齿面磨损是开式齿轮传动的主要失效形式。改用闭式齿轮传动是避免齿面磨损最有效的方法。同时提高齿面硬度，降低表面粗糙度均可减轻或防止齿面磨损。

5. 齿面塑性变形

齿面较软的轮齿，重载时可能在摩擦力的作用下产生齿面塑性流动，从而破坏正确齿形。由于在主动轮齿面的节线两侧，齿顶和齿根的摩擦力方向相背，因此在节线附近形成凹槽；从动轮则相反，由于摩擦力方向相对，因此在节线附近形成凸脊，如图 4.6 所示。这种损坏在低速重载、频繁起动和过载传动中经常见到。适当提高齿面硬度，采用黏度大的润滑油，均可减轻或防止齿面塑性变形。

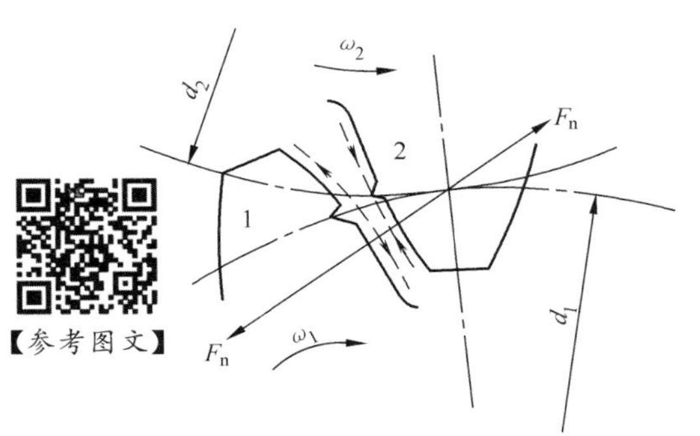

图 4.6 齿面塑性变形

除了以上五种主要失效形式以外，齿轮传动还可能发生若干种其他的失效形式。例如，与硬齿面齿轮配对的软齿面齿轮在突然过载时齿面会发生凹陷；表面硬化的齿轮如轮芯硬度过低，在偶然过载时会产生硬化层压裂及脱层等失效形式。但是，不论有多少种失效形式，上述五种是最基本的。

4.2.2 齿轮传动的设计准则

由上述分析可知，所设计的齿轮传动在具体的工作情况下，必须具有足够的、相应的工作能力，以保证在整个工作寿命期间不致失效。因此，针对上述各种工作情况及失效形式，都应分别确立相应的设计准则。但是由于齿面磨损、塑性变形等尚未建立起广为工程实际使用且行之有效的计算方法及设计数据，因此目前设计一般使用齿轮传动时，通常只按保证齿根弯曲疲劳强度及保证齿面接触疲劳强度两准则进行计算。对于高速大功率的齿轮传动(如航空发动机主传动、汽轮发电机组传动等)，还要按保证齿面抗胶合能力的准则进行计算。

(1) 闭式软齿面和软、硬组合齿面(两齿轮之一齿面硬度大于 350HBW)的齿轮传动。其主要失效形式是疲劳点蚀，一般按齿面接触疲劳强度进行设计计算，验算齿根弯曲疲劳强度。

(2) 闭式硬齿面的齿轮传动。其主要失效形式是轮齿的折断，按齿根弯曲疲劳强度进行设计计算，验算其齿面的接触疲劳强度。

(3) 开式齿轮传动。开式齿轮传动的主要失效形式是磨损，往往是由于齿面的过度磨损或轮齿磨薄后弯曲折断而失效。因此采用降低许用应力的方法按齿根弯曲强度进行设计计算，即按齿根弯曲强度进行设计计算，考虑磨损的影响，将计算的模数增大 10%～15%，通常不必验算接触强度。

功率较大的传动，如输入功率超过 75kW 的闭式齿轮传动，发热量大，易导致润滑不良及轮齿胶合损伤等，为了控制升温，还应进行散热能力计算。

齿轮的轮缘、轮辐、轮毂等部位的尺寸，通常仅作结构设计，不进行强度计算。

4.3 齿轮常用材料

由轮齿的失效形式可知，设计齿轮传动时，应使齿面具有较高的抗磨损、抗点蚀、抗胶合及抗塑性变形的能力。因此，对齿轮材料性能的基本要求为齿面要硬，齿芯要韧。

4.3.1 常用的齿轮材料

1. 钢

钢材的韧性好，耐冲击，还可通过热处理或化学热处理改善其力学性能及提高齿面的硬度，故最适于用来制造齿轮。

(1) 锻钢。除尺寸过大或者结构形状复杂只宜铸造的齿轮外，一般都可用锻钢制造，常用的是含碳量为0.15%～0.6%的碳钢或合金钢。

【参考视频】

制造齿轮的锻钢可分为以下几种。

① 经热处理后切齿的齿轮所用的锻钢。对于强度、速度及精度都要求不高的齿轮，应采用软齿面以便于切齿，使刀具不致迅速磨损变钝。因此，应将齿轮毛坯经过常化(正火)或调质处理后切齿。其精度一般为8级，精切时可达7级。

② 需进行精加工的齿轮所用的锻钢。高速、重载及精密机器(如精密机床、航空发动机)所用的主要齿轮传动，除要求材料性能优良，轮齿具有高强度及齿面具有高硬度(如58～65HRC)外，还应进行磨齿等精加工。需精加工的齿轮目前多是先切齿，再进行表面硬化处理，最后进行精加工，精度可达5级或4级。这类齿轮精度高，价格较高，所用热处理方法有表面淬火、渗碳、氮化、软氮化及氰化等。所用材料视具体要求及热处理方法而定。

合金钢材根据所含金属的成分及性能，可分别使材料的韧性、耐冲击、耐磨及抗胶合性能等得到提高，也可通过热处理或化学热处理改善材料的力学性能及提高齿面的硬度。所以对于既是高速、重载，又要求尺寸小、质量小的齿轮，一般都用性能优良的合金钢来制造。

(2) 铸钢。铸钢的耐磨性及强度均较好，但应经退火及常化处理，必要时也可进行调质。铸钢常用于尺寸较大的齿轮。

2. 铸铁

灰铸铁性质较脆，抗冲击及耐磨性都较差，但抗胶合及抗点蚀的能力较好。灰铸铁齿轮常用于工作平稳、速度较低、功率不大的场合。

3. 非金属材料

对于高速、轻载及精度不高的齿轮传动，为了降低噪声，常用非金属材料(如夹布塑胶、尼龙等)做小齿轮，大齿轮仍用钢或铸铁制造。为使大齿轮具有足够的抗磨损及抗点蚀的能力，齿面的硬度应为250～350HBW。

表4-2给出了齿轮常用材料及其力学性能。

表 4-2 齿轮常用材料及其力学性能

材料牌号	热处理种类	截面尺寸		力学性能		硬度	
		直径 d/mm	壁厚 s/mm	σ_b/MPa	σ_S/MPa	HBW	HRC
调质钢							
45	正火	≤100	≤50	588	294	169～217	
		101～300	51～150	569	284	162～217	
		301～500	151～250	549	275	162～217	
		501～800	251～400	530	265	156～217	
	调质	≤100	≤50	647	373	229～286	
		101～300	51～150	628	343	217～255	
		301～500	151～250	608	314	197～255	
	表面淬火						40～50
35SiMn	调质	≤100	≤50	785	510	229～286	
		101～300	51～150	735	441	217～269	
		301～400	151～200	686	392	217～255	
		401～500	201～250	637	373	196～255	
	表面淬火						45～55
42SiMn	调质	≤100	≤50	785	510	229～286	
		101～200	51～100	735	461	217～269	
		201～300	101～150	686	441	217～255	
		301～500	151～250	637	373	196～255	
	表面淬火						45～55
40Cr	调质	≤100	≤50	735	539	241～286	
		>100～300	>50～150	686	490	241～286	
		>300～500	>150～250	637	441	229～269	
		>500～800	>250～400	588	343	217～255	
	表面淬火						48～55
35CrMo	调质	≤100	≤50	735	539	207～269	
		>100～300	>50～150	686	490	207～269	
		>300～500	>150～250	637	441	207～269	
		>500～800	>250～400	588	392	207～269	
	表面淬火						40～45

（续）

材料牌号	热处理种类	截面尺寸		力学性能		硬度	
		直径 d/mm	壁厚 s/mm	σ_b/MPa	σ_S/MPa	HBW	HRC
渗碳钢、氮化钢							
20Cr	渗碳、淬火、回火	≤60		637	392		56～62
	氮　　化						53～60
20CrMnTi	渗碳、淬火、回火	15		1079	834		56～62
	氮　　化						57～63
铸钢、合金铸钢							
ZG310－570	正　　火			570	310	163～197	
ZG40Mn2	正火、回火			588	392	≥197	
	调　　质			834	686	269～302	
ZG35SiMn	正火、回火			569	343	163～217	
	调　　质			637	412	197～248	
ZG42SiMn	正火、回火			588	373	163～217	
	调　　质			637	441	197～248	
ZG40Cr	正火、回火			628	343	≤212	
	调　　质			686	471	228～321	
ZG35CrMo	正火、回火			588	392	179～241	
	调　　质			686	539	179～241	
灰　铸　铁							
HT250			＞4.0～10	270		175～263	
			＞10～20	240		164～247	
			＞20～30	220		157～236	
			＞30～50	200		150～225	
HT300			＞10～20	200		182～273	
			＞20～30	250		169～255	
			＞30～50	230		160～241	
HT350			＞10～20	340		197～298	
			＞20～30	290		182～273	
			＞30～50	260		171～257	

4.3.2 齿轮热处理

1. 调质或正火

调质一般用于中碳钢或中碳合金钢，调质后材料的综合性能良好，硬度一般可达200～280HBW。由于硬度不高，热处理后便于精切齿形。

正火能消除内应力细化晶粒，改善其性能，正火后硬度可达156～217HBW。

考虑到传动时小齿轮轮齿的工作次数比大齿轮多，并为便于用跑合的方法改善轮齿的接触情况及提高抗胶合能力，对一对均为软齿面的齿轮传动，两齿轮硬度有一定差别，一般小齿轮的齿面比大齿轮的高25～50HBW。

2. 整体淬火

整体淬火常用材料为中碳钢或中碳合金钢，如45、40Cr等。表面硬度可达45～55HRC，承载能力高，耐磨性强，适于高速齿轮传动。这种热处理工艺简单，但轮齿变形很大，芯部韧性较差，不适于冲击载荷。热处理后必须进行磨齿、研齿等精加工。

3. 表面淬火

表面淬火一般用于中碳钢和中碳合金钢，如45、40Cr等。表面淬火后轮齿变形不大，可不磨齿，齿面硬度可达40～55HRC，轮齿承载力高，耐磨性强，同时由于齿芯未淬硬，仍保持较高的韧性，因此能承受一定的冲击载荷。表面淬火的方法有高频淬火和火焰淬火等。

4. 渗碳淬火

渗碳淬火一般用于含碳量0.15%～0.25%的低碳钢或低碳合金钢，如20、20Cr等。渗碳淬火后表面硬度可达56～62HRC，而齿芯仍保持较高的韧性，故可承受较大的冲击载荷。渗碳淬火后轮齿的热处理变形较大，一般需磨齿。

5. 氮化

氮化是一种化学热处理方法，其后不再进行其他热处理，齿面硬度可达60～62HRC。因为氮化处理温度低，轮齿变形小，无需磨齿，所以适用于难以磨齿的场合，如内齿轮。氮化处理的硬化层很薄，不宜用于有剧烈磨损的场合。

4.3.3 齿轮材料的选择原则

齿轮材料的种类很多，在选择时应考虑的因素也很多，下述几点可供选择材料时参考。

(1) 齿轮材料必须满足工作条件的要求。对于要满足质量小、传递功率大和可靠性高要求的齿轮，必须选择力学性能高的合金钢；对于一般功率很大、工作速度较低、周围环境中粉尘含量极高的齿轮，往往选择铸钢或铸铁等材料；对于功率很小，但要求传动平稳、低噪声或无噪声及能在少润滑或无润滑状态下正常工作的齿轮，常选用工程塑料作为齿轮材料。总之，工作条件的要求是选择齿轮材料时首先应考虑的因素。

(2) 应考虑齿轮尺寸的大小、毛坯成形方法及热处理和制造工艺。大尺寸的齿轮一般采用铸造毛坯，可选用铸钢或铸铁作为齿轮材料。中等或中等以下尺寸要求较高的齿轮常采用锻造毛坯，可选用锻钢制作。尺寸较小而又要求不高时，采用圆钢做毛坯。

齿轮表面硬化的方法有渗碳、氮化和表面淬火。采用渗碳工艺时，应选用低碳钢或低碳合金钢作为齿轮材料；采用表面淬火时，对材料没有特别的要求。

(3) 正火碳钢，不论毛坯的制作方法如何，都只能用于制作在载荷平稳或轻度冲击下工作的齿轮，不能承受大的冲击载荷；调质碳钢可用于制作在中等冲击载荷下工作的齿轮；合金钢常用于制作高速、重载并在冲击载荷下工作的齿轮。飞行器中的齿轮传动，要求齿轮尺寸尽可能小，应采用表面硬化处理的高强度合金钢。

(4) 考虑配对两齿轮的齿面硬度组合。对于金属制的软齿面齿轮，配对两轮齿面的硬度差应保持 25～50HBW 或更多。当小齿轮与大齿轮的齿面具有较大的硬度差，并且速度又较高时，在运转过程中较硬的小齿轮齿面对较软的大齿轮齿面，会起较显著的冷作硬化效应，从而提高大齿轮齿面的疲劳极限。因此，当配对的两齿轮齿面具有较大的硬度差时，大齿轮的接触疲劳许用应力可提高约 20%，但应注意硬度高的齿面，粗糙度值也要相应地减小。具体见表 4-3 齿轮齿面硬度组合举例。

表 4-3　齿轮齿面硬度组合举例

齿面类型	齿轮种类	热处理		两轮工作齿面硬度差	工作齿面硬度举例		备注
		小齿轮	大齿轮		小齿轮	大齿轮	
软齿面 (≤350HBW)	直齿	调质	正火	20～25HBW	240～270HBW	180～220HBW	用于重载、中低速固定式传动装置
			调质		260～290HBW	220～240HBW	
			调质		280～310HBW	240～260HBW	
			调质		300～330HBW	260～280HBW	
	斜齿及人字齿	调质	正火	40～50HBW	240～270HBW	160～190HBW	
			正火		260～290HBW	180～210HBW	
			调质		270～300HBW	200～230HBW	
			调质		300～330HBW		
软硬组合齿面 (>350HBW1, ≤350HBW2)	斜齿及人字齿	表面淬火	调质	齿面硬度差很大	40～50HRC	200～230HBW	用于冲击及过载都不大的重载、中低速固定式传动装置
						230～260HBW	
		渗碳淬火	调质		56～62HRC	270～300HBW	
						300～330HBW	
硬齿面 (>350HBW)	直齿、斜齿及人字齿	表面淬火	表面淬火	齿面硬度大致相同	45～50HRC		用在传动尺寸受结构条件限制的情形和运输机上的传动装置
		渗碳淬火	渗碳淬火		56～62HRC		

(5) 各种钢材是常用的齿轮材料，最常用的是锻钢。这类材料性能较好，其中调质钢热处理后的表面硬度低(小于 350HBW)，可以用切削加工的方法进行加工，加工效率高，制造成本低。渗碳钢需要在热处理前进行切齿，热处理后由于硬度提高，不能再通过切削加工的方法提高精度，只能通过磨削加工的方法进行加工，消除热处理造成的齿轮变形，

加工精度高，加工费用也很高，氮化钢也需要在热处理前进行切齿，热处理后不经加工便可使用。铸钢的力学性能较好，适合于制作大尺寸齿轮。

4.4　直齿圆柱齿轮传动的受力分析与计算载荷

4.4.1　直齿圆柱齿轮传动的受力分析

进行齿轮传动的强度计算时，首先要知道齿轮轮齿上所受的力，这就需要对齿轮轮齿进行受力分析。当然，对齿轮轮齿进行受力分析也是计算安装齿轮的轴及轴承时必需的。

齿轮传动一般均加以润滑，啮合轮齿的摩擦力很小，计算轮齿受力时，可不予考虑。

如图 4.7 所示，沿啮合线作用在齿面上的法向载荷 F_n 垂直于齿面，为了计算方便，将法向载荷 F_n 在节点 C 处分解为两个相互垂直的分力，即圆周力 F_t 与径向力 F_r，则

$$\left.\begin{aligned} F_t &= 2T_1/d_1 \\ F_r &= F_t\tan\alpha \\ F_n &= F_t/\cos\alpha \end{aligned}\right\} \tag{4.1}$$

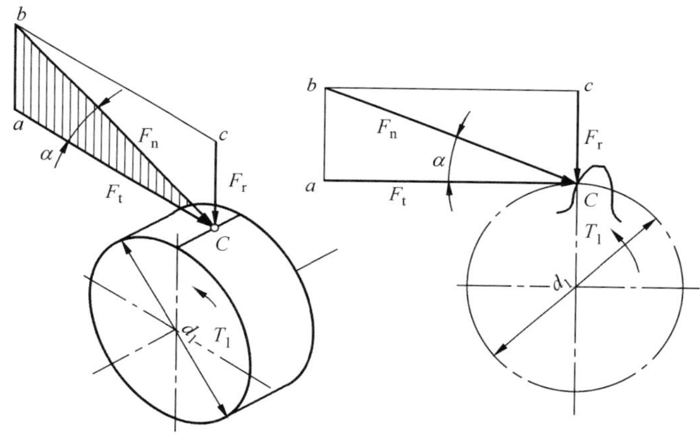

图 4.7　直齿圆柱齿轮受力分析

式中，T_1——小齿轮传递的转矩(N·mm)。如果小齿轮传递的功率为 P_1(kW)，转速为 n_1(r/min)，则小齿轮上的转矩为

$$T_1 = 9.55\times10^6\frac{P_1}{n_1} \tag{4.2}$$

d_1——小齿轮的节圆直径，对标准齿轮即为分度圆直径(mm)。

α——啮合角，对标准齿轮，$\alpha=20°$。

齿轮上的圆周力 F_{t1} 对于主动轮为阻抗力，因此，主动轮上圆周力的方向与受力点的圆周速度方向相反；圆周力 F_{t2} 对于从动轮为驱动力，因此，从动轮上的圆周力的方向与受力点的圆周速度方向相同。径向力的方向对于外啮合两轮都是由受力点指向各自轮心。

4.4.2 计算载荷

在实际传动中，原动机及工作机性能的影响，以及齿轮的制造误差，特别是基节误差和齿形误差的影响，会使法向载荷增大。此外，在同时啮合的齿对间，载荷的分配并不是均匀的，即使在一对齿上，载荷也不可能沿接触线均匀分布。因此在计算齿轮传动的强度时，应按计算载荷 F_{nc} 进行计算。

$$F_{nc}=KF_n \tag{4.3}$$

式中，K——载荷系数。

载荷系数 K，包括工作情况系数 K_A、动载系数 K_V、齿向载荷分布不均系数 K_β 及啮合齿对间载荷分配系数 K_α，即

$$K=K_AK_VK_\beta K_\alpha \tag{4.4}$$

1. 工作情况系数 K_A

K_A 是考虑外部动载荷的影响引入的系数。当原动机驱动工作机时，齿轮传动实际承受载荷的大小，要受原动机及工作机性能和工作情况的影响(如工作阻力大小的变化幅度及变化频率的影响)。为此，以工作情况系数 K_A 来表征原动机及工作机性能对齿轮实际所受载荷大小的影响。K_A 的实用值应针对设计对象通过实践确定，见表 4-4。

表 4-4 工作情况系数 K_A

载荷状态	工作机	原动机			
		均匀平稳	轻微冲击	中等冲击	严重冲击
		电动机、汽轮机	蒸汽机、经常起动的电动机	多缸内燃机	单缸内燃机
均匀平稳	发电机、均匀传送的带式运输机或板式运输机、螺旋运输机、轻型升降机、包装机、机床进给机构、通风机、轻型离心机、均匀密度材料搅拌机等	1.00	1.25	1.50	1.75
轻微冲击	不均匀传送的带式运输机或板式运输机、机床的主驱动装置、重型升降机、工业与矿用风机、重型离心机、黏稠液体或变密度材料搅拌机等	1.10	1.35	1.60	1.85
中等冲击	橡胶挤压机、轻型球磨机、木工机械、钢坯初轧机、提升装置、单缸活塞泵等	1.25	1.50	1.75	2.0
严重冲击	挖掘机、重型球磨机、破碎机、橡胶揉合机、压砖机、带材冷轧机、轮碾机等	1.50	1.75	2.0	2.25 或更大

注：对于增速传动，建议取表值的 1.1 倍；当外部机械与齿轮装置之间挠性连接时可适当减小取值。

2. 动载系数 K_V

K_V 是考虑内部动载荷的影响引入的系数。齿轮传动不可避免地会有制造及装配的误差，轮齿受载后还要产生弹性变形。这些误差及变形实际上使主动齿轮的基圆齿距 p_{b1} 与

从动齿轮的基圆齿距 p_{b2} 不相等。图 4.8 可说明内部动载荷产生的原因。图 4.8(a)所示为 $p_{b2}>p_{b1}$ 的情况，后一对轮齿在未进入啮合区时就提前进入啮合，瞬时传动比发生了变化。图 4.8(b)所示为 $p_{b2}<p_{b1}$ 的情况，其瞬时传动比也会发生变化。因而轮齿不能正确地啮合传动，瞬时传动比就不是定值，从动齿轮在运转中就会产生角加速度，于是引起了动载荷或冲击。为了计及动载荷的影响，引入了动载系数 K_V，对于第Ⅱ公差组精度等级为 6～10 的齿轮，K_V 值可由图 4.9 查取。

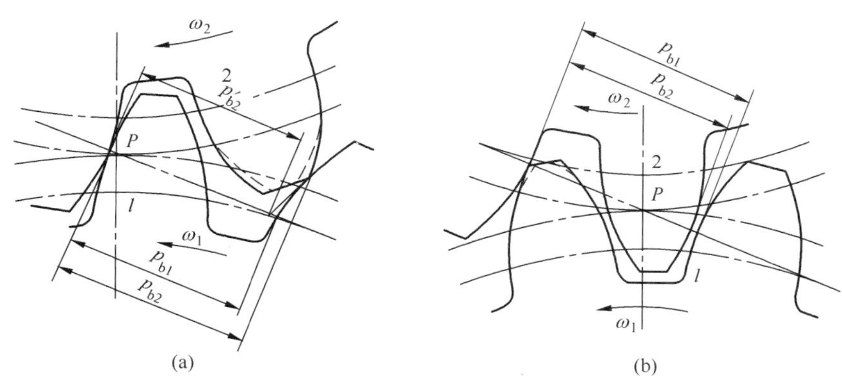

图 4.8　齿轮基节误差对传动平稳性的影响

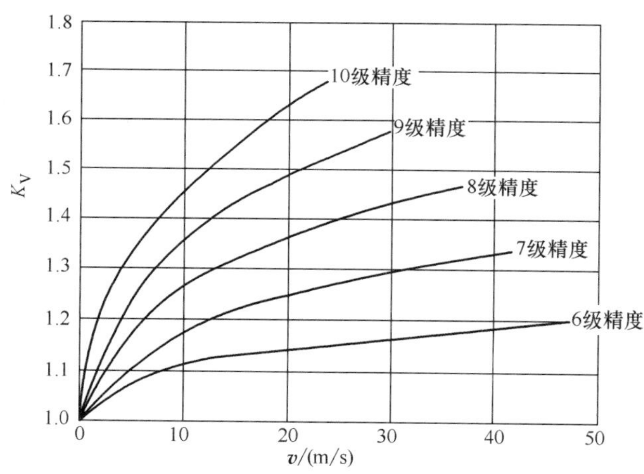

图 4.9　动载系数 K_V

齿轮的制造精度及圆周速度对轮齿啮合过程中产生动载荷的影响很大。提高制造精度，减小齿轮直径以降低圆周速度，均可减小动载荷。

3. 齿向载荷分布不均系数 K_β

K_β 是考虑载荷沿接触线分布不均的影响引入的系数。如图 4.10 所示，当齿轮相对于轴承做不对称配置时，受载前，轴无弯曲变形，轮齿啮合正常，两个节圆柱恰好相切；受载后轴产生弯曲变形，轴上的齿轮也随之偏斜，如图 4.11 所示。因轮齿沿齿宽的变形程度不同，作用在齿面上的载荷沿接触线分布不均匀。当然轴的扭转变形，轴承、支座的变形及制造、装配的误差等也是使齿面上载荷分布不均的因素。计算轮齿强度时，为了计及齿面上载荷沿接触线分布不均的现象，通常以系数 K_β 来表征齿面上载荷分布不均的程度对轮齿强度的影响，其数值可由图 4.12 查得。为了减小这一误差，可以提高有关零件的精度、刚度，减小轴的变形对齿轮的影响。此外，还可以将齿轮做成鼓形齿，即沿宽度方向将轮齿修成腰鼓形，从而避免轮齿某一端受载过大。

【参考图文】

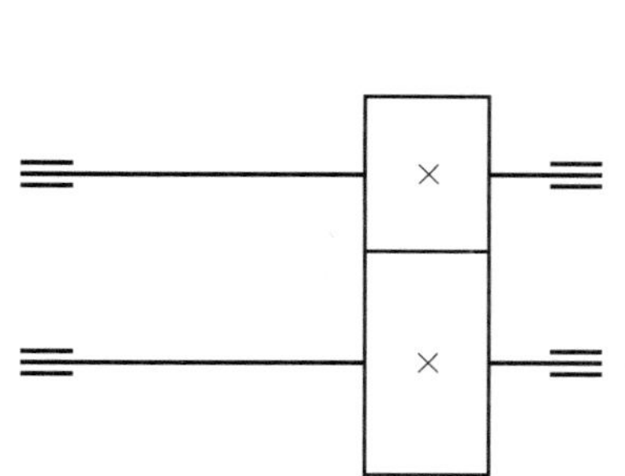

图 4.10 齿轮做不对称布置

图 4.11 轮齿所受的载荷分布不均

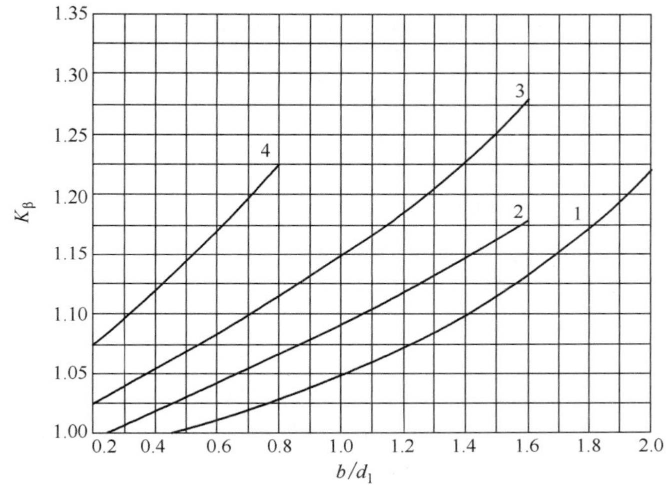

(a) 两轮都是软齿面(≤350HBW)或其中之一是软齿面

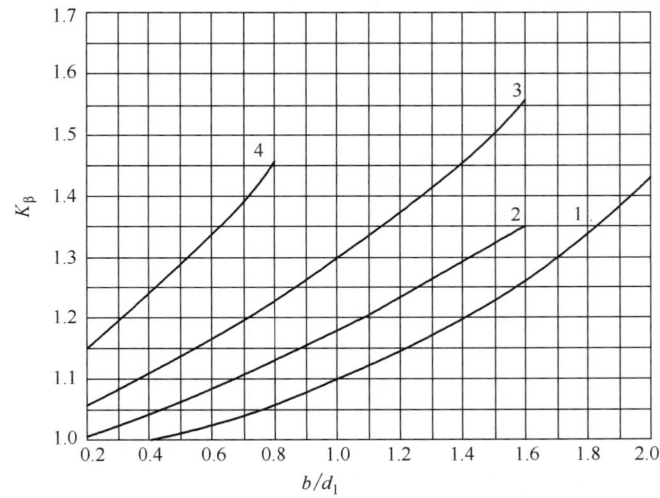

(b) 两轮都是硬齿面(>350HBW)

图 4.12 齿向载荷分布不均系数 K_β

1—齿轮在两轴承中间对称布置；2—齿轮在两轴承中间非对称布置，轴的刚度较大；
3—齿轮在两轴承中间非对称布置，轴的刚度较小；4—齿轮悬臂布置

4. 啮合齿对间载荷分配系数 K_α

K_α是考虑同时啮合的各对轮齿间载荷分配不均匀的影响引入的系数。一对直齿圆柱齿轮传动的重合度一般都大于1。工作时，单对齿啮合和双对齿啮合交替进行，前者作用力由一对齿承担，后者作用力则由两对齿分担；另外，一对相互啮合的斜齿圆柱齿轮，有两对(或多对)齿同时工作时，则载荷并不平均分配在这两对(或多对)齿上。为此引入啮合齿对间载荷分配系数 K_α。影响齿间载荷分配不均匀的主要因素有受载后轮齿变形；齿轮的制造误差，特别是基节误差；齿轮的跑合效果及齿廓修形等。直齿圆柱齿轮传动，取 $K_\alpha=1\sim1.2$；斜齿圆柱齿轮传动，齿轮精度高于7级，取 $K_\alpha=1\sim1.2$；齿轮精度低于7级，取 $K_\alpha=1.2\sim1.4$。当齿轮制造精度低、齿面硬时，取大值；反之，取小值。

4.5 直齿圆柱齿轮传动的强度计算

4.5.1 齿面接触疲劳强度计算

渐开线直齿圆柱齿轮传动为线接触，齿面疲劳点蚀发生在邻近节线(节点 C)附近的齿根表面上，所以用节点 C 作为计算点来进行接触强度计算，保证该处的最大接触应力 σ_H 不超过齿轮的许用应力 $[\sigma_H]$。强度条件为

$$\sigma_H \leqslant [\sigma_H]$$

一对齿轮1和2在(节点 C)啮合时，可以看作两个圆柱体在节线接触，这两个圆柱体的半径分别是 ρ_1 和 ρ_2，如图4.13所示，两个圆柱体间的法向作用力为 F_n。根据弹性力学中的赫兹线接触理论，节线(节点 C)处最大接触应力 σ_H 为

$$\sigma_H=\sqrt{\frac{F_n/L}{\pi\rho_\Sigma}\frac{1}{\dfrac{1-\mu_1^2}{E_1}+\dfrac{1-\mu_2^2}{E_2}}} \tag{4.5}$$

式中，E_1、E_2——两个圆柱体材料的弹性模量(MPa)；

μ_1、μ_2——两个圆柱体材料的泊松比；

F_n/L——作用在圆柱体单位接触线长度上的法向力；

ρ_Σ——综合曲率半径，其值为

$$\frac{1}{\rho_\Sigma}=\frac{1}{\rho_1}\pm\frac{1}{\rho_2} \tag{4.6}$$

其中，ρ_1、ρ_2 分别为两个圆柱体的曲率半径(mm)，正号(+)用于外接触，负号(−)用于内接触。

由式(4.6)可见，对选定材料的两个圆柱体，法向力一定时，综合曲率半径越大，接触宽度越大，接触应力就越小，但接触宽度大会增大法向载荷沿接触宽度分布不均的可能性。

由图4.13及渐开线性质可知，一对渐开线标准直齿圆柱齿轮，在节点 C 处的宽度可视为齿宽 b，半径分别为两齿廓在节点处的曲率半径 ρ_1 和 ρ_2 的两个圆柱体受法向计算载荷 F_{nc} 的接触情况。又因

$$\rho_1=\overline{N_1C}=\frac{d_1}{2}\sin\alpha，\ \rho_2=\overline{N_2C}=\frac{d_2}{2}\sin\alpha$$

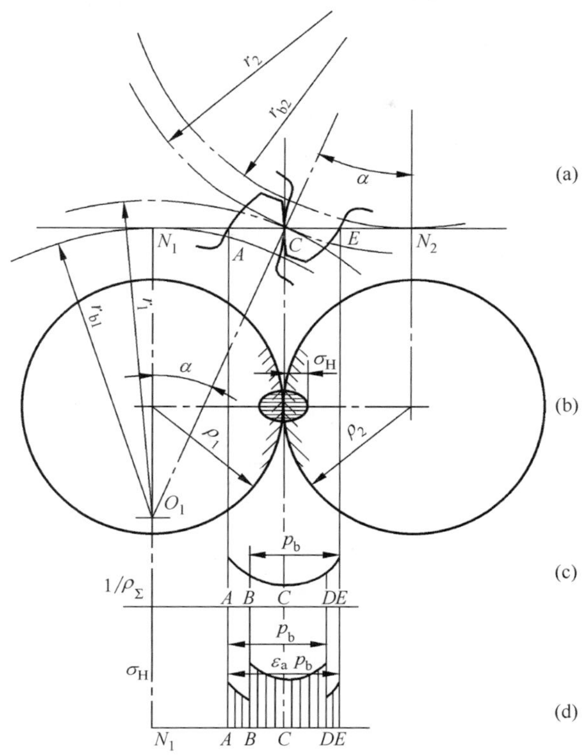

图 4.13 直齿圆柱齿轮齿面接触疲劳强度计算简图

故
$$\frac{1}{\rho_\Sigma}=\frac{1}{\rho_1}\pm\frac{1}{\rho_2}=\frac{\rho_2\pm\rho_1}{\rho_1\rho_2}=\frac{2(d_2\pm d_1)}{d_1d_2\sin\alpha}$$

式中，d_1、d_2——小、大齿轮分度圆直径；

α——啮合角(标准直齿圆柱齿轮传动，其值等于分度圆压力角)。

设小、大齿轮的齿数分别为 Z_1、Z_2，则齿数比 $u=\frac{d_2}{d_1}=\frac{Z_2}{Z_1}$，$u\geqslant1$，即 $d_2\geqslant d_1$。传动比 i 为主动齿轮转速与从动齿轮转速之比，对于减速传动 $u=i$，对于增速传动 $u=1/i$。

$$\frac{1}{\rho_\Sigma}=\frac{2}{d_1\sin\alpha}\frac{(u\pm1)}{u}$$

故
$$d_1=\frac{2a}{u\pm1},\ d_2=\frac{2au}{u\pm1}$$

法向计算载荷
$$F_{nc}=\frac{2KT_1}{d_1\cos\alpha}$$

接触线长度
$$L=\frac{b}{Z_\varepsilon^2}$$

式中，b——齿宽；

Z_ε——重合度系数，考虑重合度的影响引入的系数，Z_ε一般由 $Z_\varepsilon=\sqrt{\frac{4-\varepsilon_\alpha}{3}}$ 计算可得，其中，ε_α为齿轮端面重合度，对于标准和未经修缘的齿轮传动，ε_α可按式(4.7)近似计算。

$$\varepsilon_\alpha=\left[1.88-3.2\left(\frac{1}{Z_1}\pm\frac{1}{Z_2}\right)\right]\cos\beta \tag{4.7}$$

式中，“+”号用于外啮合；“−”号用于内啮合。若为直齿圆柱齿轮传动，则 $\beta=0°$；得齿面接触应力

$$\sigma_H=\sqrt{\frac{1}{\pi\left(\frac{1-\mu_1^2}{E_1}+\frac{1-\mu_2^2}{E_2}\right)}}\cdot\sqrt{\frac{2}{\sin\alpha\cos\alpha}}\cdot Z_\varepsilon\sqrt{\frac{2KT_1}{bd_1^2}\frac{u\pm1}{u}}$$

令 $Z_E=\sqrt{\frac{1}{\pi\left(\frac{1-\mu_1^2}{E_1}+\frac{1-\mu_2^2}{E_2}\right)}}$ 为材料弹性系数，由表 4-5 选取。

表 4-5　材料弹性系数 Z_E　　(单位：$MPa^{\frac{1}{2}}$)

小齿轮材料	大齿轮材料						
	钢	铸钢	球墨铸铁	灰铸铁	铸锡青铜	锡青铜	尼龙
钢	189.8	188.9	181.4	162.0～165.4	155.0	159.8	56.4
铸钢	—	188.0	180.5	161.4	—	—	—
球墨铸铁	—	180.5	173.9	156.6	—	—	—
灰铸铁	—	—	—	143.7～146.7	—	—	—

$Z_H=\sqrt{\frac{2}{\sin\alpha\cos\alpha}}$ 为节点区域系数，由图 4.14 选取。

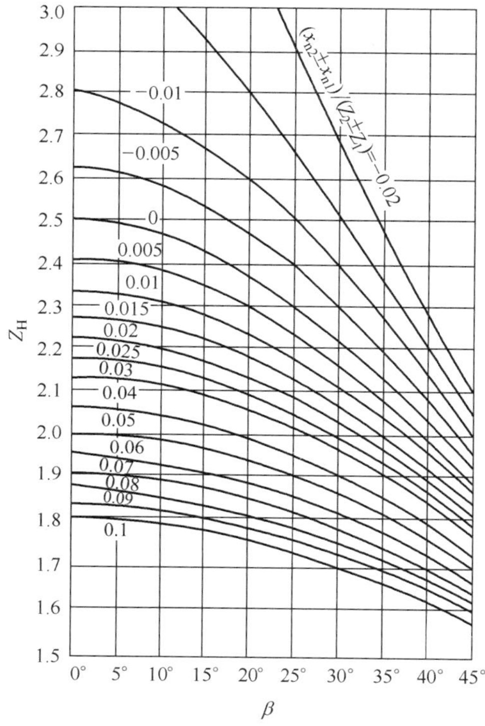

图 4.14　节点区域系数 Z_H ($\alpha_n=20°$)

所以直齿圆柱齿轮齿面接触疲劳强度的校核公式为

$$\sigma_H = Z_E Z_H Z_\varepsilon \sqrt{\frac{2KT_1}{bd_1^2}\frac{u\pm 1}{u}} \leqslant [\sigma_H] \tag{4.8}$$

为了设计直齿圆柱齿轮的需要，指定齿宽系数 $\psi_d = \dfrac{b}{d_1}$，由表 4－6 选取。可以得到直齿圆柱齿轮齿面接触疲劳强度的设计公式

$$d_1 \geqslant \sqrt[3]{\frac{2KT_1}{\psi_d}\frac{u\pm 1}{u}\left(\frac{Z_E Z_H Z_\varepsilon}{[\sigma_H]}\right)^2} \tag{4.9}$$

表 4－6　齿宽系数 ψ_d

齿轮相对于轴承的位置	齿面硬度	
	软齿面(≤350HBW)	硬齿面(>350HBW)
对称布置	0.8～1.4	0.4～0.9
非对称布置	0.6～1.2	0.3～0.6
悬臂布置	0.3～0.4	0.2～0.25

应用齿面接触疲劳强度设计公式和校核公式的几点说明如下。

(1) 一对相啮合的齿轮，齿面接触应力相等，即 $\sigma_{H1} = \sigma_{H2}$。

(2) 由于两齿轮的材料、热处理方法不同，因此其许用应力$[\sigma_{H1}]$和$[\sigma_{H2}]$一般不相同，计算时应取两者中的较小值。

(3) 齿轮传动的接触疲劳强度取决于中心距或齿轮分度圆直径。

(4) 齿宽 b 可由 $b = \psi_d d_1$ 求得，取大齿轮的齿宽 $b_2 = b$，为补偿装配和调整大、小齿轮的轴向位置偏移，并保证轮齿接触宽度，取小齿轮的齿宽 $b_1 = b_2 + (5\sim10)$mm。

4.5.2　齿根弯曲疲劳强度计算

渐开线直齿圆柱齿轮传动中为防止轮齿折断，应使齿根危险断面处的弯曲应力不超过齿轮的许用弯曲疲劳应力 。强度条件为

$$\sigma_F \leqslant [\sigma_F]$$

轮齿的弯曲疲劳强度，通常以齿根处最弱。但是计算齿根强度时，首先应按齿轮的实际工作情况确定出齿根承受最大弯矩时轮齿的啮合位置。

对于齿轮传动，重合度 $\varepsilon \geqslant 1$，可认为在双齿对啮合区内啮合时，啮合的轮齿能平均分担载荷，齿根所受的弯矩并不是最大，而当轮齿刚进入单齿对啮合区啮合时，仅有一对齿承受全部载荷，齿根所受的弯矩最大。故对于齿轮传动，应假设载荷作用于单齿对啮合的最高点来计算齿根的弯曲强度。对于大多数的齿轮传动，实际上多由在齿顶处啮合的轮齿分担较多的载荷，为便于计算，通常假设全部载荷作用于齿顶来计算齿根的弯曲强度。当然，采用这样的算法，轮齿的弯曲强度比较富裕。

图 4.15 所示为单位齿宽的轮齿在齿顶啮合时的受载情况。

计算轮齿齿根弯曲应力时，可将轮齿视为一宽度为 b 的悬臂梁，可用 30°切线法确

定齿根危险断面：作与轮齿对称中线成30°角并与齿根过渡曲线相切的切线，通过两切点作平行于齿轮轴线的断面，即齿根危险断面(断齿实例与此基本相符)。并假定全部载荷作用于一个轮齿的齿顶(此时弯矩最大)。理论上载荷应由同时啮合的多对齿分担，但考虑到制造和安装的误差，对一般精度的齿轮按一对轮齿承担全部载荷计算较安全。不计摩擦，当法向力作用在轮齿齿顶时，产生弯曲应力、切应力和压应力。在齿根危险断面处的压应力 σ_c 仅为弯曲应力 σ_F 的百分之几，故可忽略，仅按水平分力所产生的弯矩进行弯曲强度计算。

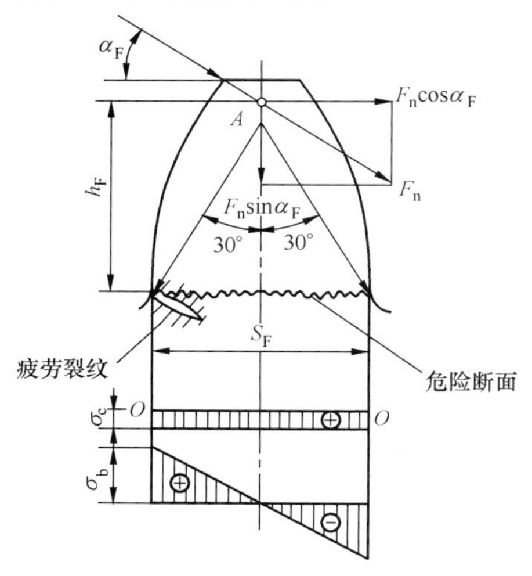

图 4.15 齿根弯曲应力计算简图

轮齿长期工作后，受拉侧首先产生疲劳裂纹，因此齿根弯曲疲劳强度计算应以受拉侧为计算依据。由图4.15可知，齿根危险断面上的弯曲应力为

$$\sigma_F \approx \sigma_b = \frac{M}{W} = \frac{F_n\cos\alpha_F h_F}{\dfrac{bS_F^2}{6}}$$

式中，M——危险断面的弯矩，$M=F_n\cos\alpha_F h_F$；

h_F——弯曲力臂；

W——危险截面抗弯截面模量，$W=\dfrac{bS_F^2}{6}$；

b——齿宽；

S_F——危险断面齿厚；

α_F——法向力与齿廓对称线的垂线之间的夹角。

将法向力 $F_n=\dfrac{2T_1}{d_1\cos\alpha}$ 代入上式，同时在分子、分母上除以模数 m，并引入载荷系数 K、应力修正系数 Y_{Sa} 和重合度系数 Y_ε，则可得

$$\sigma_F = \frac{2KT_1}{bd_1 m}\frac{6\left(\dfrac{h_F}{m}\right)\cos\alpha_F}{\left(\dfrac{S_F}{m}\right)^2\cos\alpha}Y_{Sa}Y_\varepsilon$$

式中，应力修正系数用以考虑应力集中、切应力、压应力等对齿根危险断面弯曲应力的影响，由图4.16选取。

令 $Y_{Fa}=\dfrac{6\left(\dfrac{h_F}{m}\right)\cos\alpha_F}{\left(\dfrac{S_F}{m}\right)^2\cos\alpha}$，$Y_{Fa}$ 称为齿形系数，反映了轮齿几何形状对齿根弯曲应力 σ_F 的影响。因为 h_F 与 S_F 均与模数成正比，故 Y_{Fa} 只取决于轮齿的齿形[随压力角 α、齿数 Z 和变位系数 x 而异，如图4.17所示。压力角 α 增大，使齿根厚度增大，Y_{Fa} 减小，如图4.17(a)所示；变位系数 x 增大，使齿根厚度增大，Y_{Fa} 减小，如图4.17(b)所示；齿数 Z 增多，使齿根厚度增大，Y_{Fa} 减小，如图4.17(c)所示]；模数 m 的变化只引起齿廓尺寸大小的变化，并不改变齿廓的形状。因此 Y_{Fa} 值可根据 Z(或 Z_v)和 x 由图4.18查取。

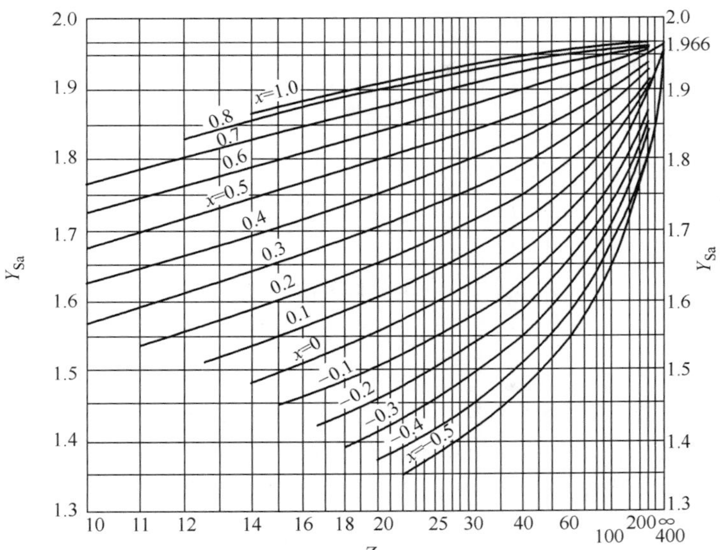

图 4.16 应力修正系数 Y_{Sa}($\alpha_n=20°$，$h_a^*=1$，$c^*=0.25$，$\rho_f=0.38m$)

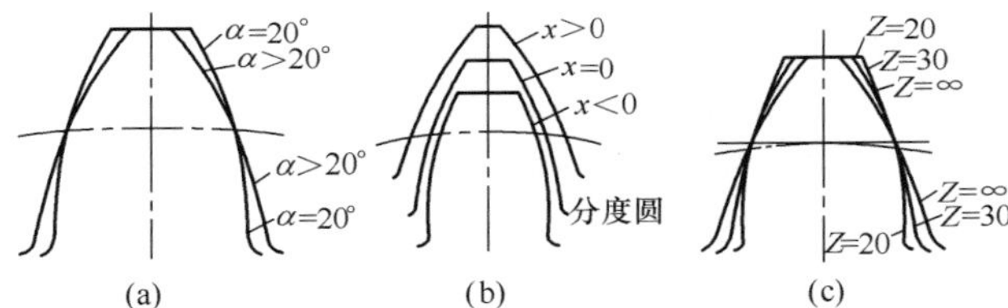

图 4.17 Y_{Fa}与压力角 α、变位系数 x 和齿数 Z 的关系

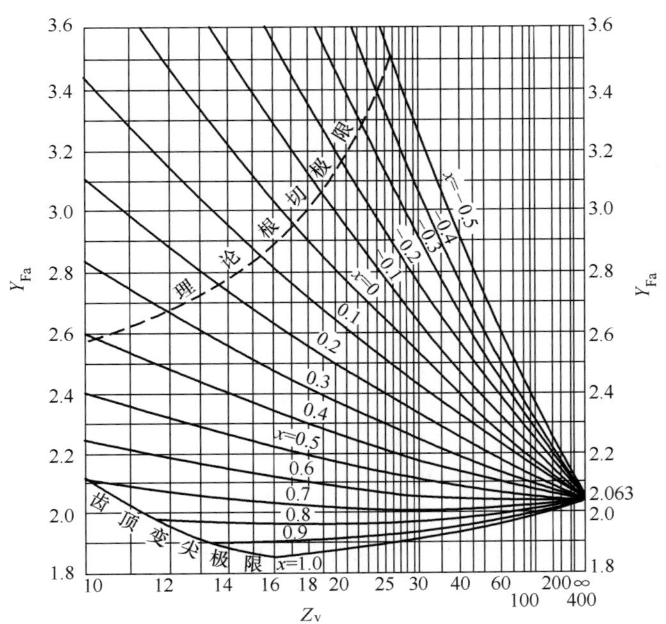

图 4.18 齿形系数 Y_{Fa}($\alpha_n=20°$，$h_a^*=1$，$c^*=0.25$，$\rho_f=0.38m$，斜齿圆柱齿轮取 $x=x_n$，斜齿圆柱齿轮当量齿数 $Z_v=Z/\cos^3\beta$，锥齿轮当量齿数 $Z_v=Z/\cos\delta$)

引入重合度系数 Y_ε 是将全部载荷作用于齿顶时的齿根应力折算为载荷作用于单对齿啮合区上界点时的齿根应力。

$Y_\varepsilon=0.25+\dfrac{0.75}{\varepsilon_\alpha}$，$\varepsilon_\alpha$ 可按式(4.7)近似计算。

故得齿根弯曲强度校核公式

$$\sigma_F=\frac{2KT_1}{bd_1m}Y_{Fa}Y_{Sa}Y_\varepsilon=\frac{2KT_1}{bm^2Z_1}Y_{Fa}Y_{Sa}Y_\varepsilon\leqslant[\sigma_F] \tag{4.10}$$

以 $\psi_d=\dfrac{b}{d_1}$、$d_1=mZ_1$ 代入式(4.10)，可以得到齿根弯曲疲劳强度的设计公式

$$m\geqslant\sqrt[3]{\frac{2KT_1}{\psi_dZ_1^2}\frac{Y_{Fa}Y_{Sa}Y_\varepsilon}{[\sigma_F]}} \tag{4.11}$$

应用齿根弯曲强度设计公式和校核公式的几点说明如下。

(1) 由于 Y_{Fa}、Y_{sa} 与 Z 有关，而相啮合的齿轮一般齿数不等，所以 $\sigma_{F1}\neq\sigma_{F2}$。

(2) 由于两齿轮的材料、热处理方法不同，因而其许用应力 $[\sigma_{F1}]$ 和 $[\sigma_{F2}]$ 一般也不相同。

(3) 按齿根弯曲强度设计时，应代入 $\dfrac{Y_{Fa1}Y_{Sa1}}{[\sigma_{F1}]}$ 和 $\dfrac{Y_{Fa2}Y_{Sa2}}{[\sigma_{F2}]}$ 中较大者，齿根弯曲强度校核时，也应同时满足 $\sigma_{F1}\leqslant[\sigma_{F1}]$ 和 $\sigma_{F2}\leqslant[\sigma_{F2}]$。

(4) 齿根弯曲应力的大小，主要取决于模数。计算出模数，应取标准值，对于传递动力的齿轮，模数不宜过小，一般应使 $m\geqslant1.5\sim2$mm。

需要指出的是，由于齿轮直径没定，无法确定圆周速度，动载荷系数 K_V 也不能确定，载荷系数试选值为 $K_t=1.2\sim2.5$。用式(4.9)及式(4.11)计算出的分度圆直径及模数只是一个估计值，分别记为 d_t 或 m_t。估算后，再计算 K，若 K 与 K_t 相差不大，可用原数值；若相差较大，可按式(4.12)修正。

$$d_1=d_{1t}\sqrt[3]{\frac{K}{K_t}}$$

$$m=m_t\sqrt[3]{\frac{K}{K_t}} \tag{4.12}$$

4.5.3 直齿圆柱齿轮的参数、精度选择和许用应力

1. 设计参数的选择

1) 齿数比 u 与传动比 i

齿数比 $u=\dfrac{Z_2}{Z_1}$，传动比 $i=\dfrac{n_1}{n_2}$，减速传动时，$u=i$；增速传动时，$u=1/i$。一般工程上允许传动比误差小于或等于3%。

单级闭式传动，一般常取 $i\leqslant5$，需要更大传动比时，可采用二级或二级以上的传动。单级开式传动或手动，一般取 $i\leqslant7$。

2) 齿数 Z_1

对于软齿面闭式传动，承载能力主要取决于齿面接触强度，其齿根弯曲强度往往比较富裕，这时，在传动尺寸不变并满足弯曲强度的条件下，齿数宜取多些，模数相应减少。齿数增多益处如下。

(1) 增大重合度，提高传动平稳性。

(2) 减小滑动系数，提高传动效率。

(3) 减小毛坯外径，减轻齿轮质量。

(4) 减少切削量，延长刀具使用寿命，减少加工工时等。一般可取 $Z_1=20\sim40$。

对于硬齿面闭式传动及开式传动，承载能力往往取决于齿根弯曲强度，故齿数不宜过多，推荐 $Z_1=17\sim20$。

3) 齿宽系数 ψ_d

齿宽系数选得越大，齿轮越宽。增大齿宽系数可使中心距 a 和模数 m 减小，从而缩小径向尺寸和减小齿轮的圆周速度，但轮齿过宽，会使载荷沿齿向分布不均程度严重。应严格按表 4－6 选取。

4) 中心距 a

中心距 a 按承载能力要求计算求出后，尽可能圆整成整数，最好个位数为“0”或“5”。

2. 齿轮传动的精度

在我国，渐开线圆柱齿轮和锥齿轮均已制定精度标准。标准中规定了 13 个精度等级，0 级精度最高，12 级精度最低，常用的是 6～9 级。齿轮副中两个齿轮的精度等级一般取成相同，也允许取成不同。

1) 精度等级

标准中规定，将影响齿轮传动的各项精度指标分为Ⅰ、Ⅱ、Ⅲ三个公差组精度等级。各公差组对传动性能的影响见表 4－7。

表 4－7　公差组对传动性能的影响

序　　号	公　差　组	主要影响
1	第Ⅰ公差组精度等级	传递运动的准确性
2	第Ⅱ公差组精度等级	传递运动的平稳性
3	第Ⅲ公差组精度等级	轮齿载荷分布的不均匀性

齿轮的制造精度及传动精度由规定的精度等级和齿侧间隙(简称侧隙)决定。

(1) 运动精度：传递运动的准确程度。它主要用来限制齿轮在一转内实际传动比的最大变动量，即要求齿轮在一转内最大传动比和最小传动比的变化不超过工作要求所允许的范围。运动精度等级的高低影响齿轮传递速度或分度的准确性。

(2) 工作平稳性精度：齿轮传动的平稳程度，冲击、振动及噪声的大小。它主要用来限制齿轮在传动中瞬时传动比的变化不超过工作要求所允许的范围。工作平稳性精度等级的高低影响齿轮传动的平稳、振动和噪声，以及机床的加工精度。

(3) 接触精度：啮合齿面沿齿宽和齿高的实际接触程度(影响载荷分布的均匀性)。它主要用来限制齿轮在啮合过程中的实际接触面积符合传递动力大小的要求，以保证齿轮传动的强度及磨损寿命。

由于齿轮传动的工作条件不同，对上述三方面的精度要求也不一样。因此在齿轮精度标准中规定，即便是同一齿轮传动，其运动精度、工作平稳性精度和接触精度也可按工作要求分别选择不同的等级。

选择精度等级时，应根据齿轮传动的用途、工作条件、传递功率及圆周速度的大小，以及其他技术要求进行选择，并以主要的精度要求作为选择的依据。例如，仪表及机床分度机构中的齿轮传动，以运动精度要求为主；机床齿轮箱中的齿轮传动，以工作平稳性精度要求为主；而轧钢机或锻压机械中的低速重载齿轮传动，则应以接触精度要求为主。所要求的主要精度可选取较其他精度为高的等级。具体选择时，可参考同类型、同工作条件的现用齿轮传动的精度等级进行选择。

确定精度等级时，还要考虑加工条件，正确处理精度要求与加工技术及经济的矛盾。

2）齿厚的极限偏差及侧隙

为了防止齿轮在运转中由于轮齿的制造误差、传动系统的弹性变形及热变形等因素使啮合轮齿卡死，同时为了在啮合轮齿之间存留润滑剂等，啮合齿对的齿厚与齿槽间应留有适当的间隙(即侧隙)。对高速、高温、重载工作的齿轮传动，应具有较大的侧隙；一般齿轮传动，应具有中等大小的侧隙；经常正反转、转速又不高的齿轮传动，应具有较小的侧隙。

3. 许用接触应力 $[\sigma_H]$

许用接触应力应按式(4.13)计算。

$$[\sigma_H]=\frac{\sigma_{Hlim}}{S_{Hmin}}Z_N \tag{4.13}$$

式中，σ_{Hlim}——齿轮材料接触疲劳极限。失效概率为1%时，试验齿轮的接触疲劳极限，可由图4.19查出。

Z_N——接触疲劳强度计算的寿命系数，可由图4.20查出。

S_{Hmin}——接触疲劳强度安全系数，可由表4-8选取。

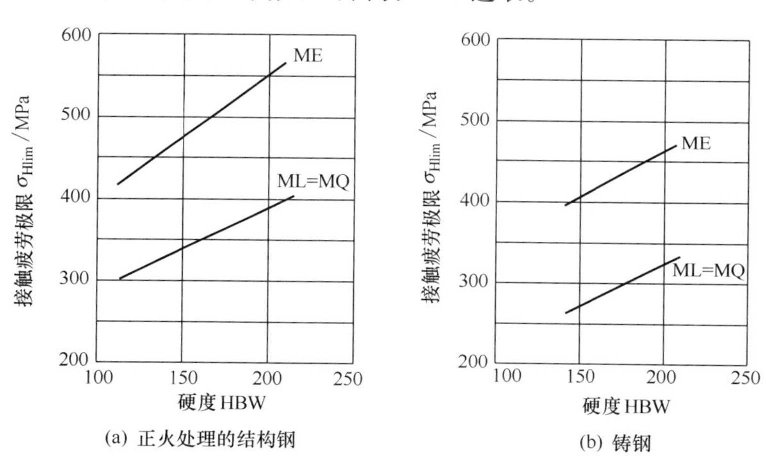

(a) 正火处理的结构钢　　(b) 铸钢

图4.19-1　正火处理的结构钢和铸钢的 σ_{Hlim}

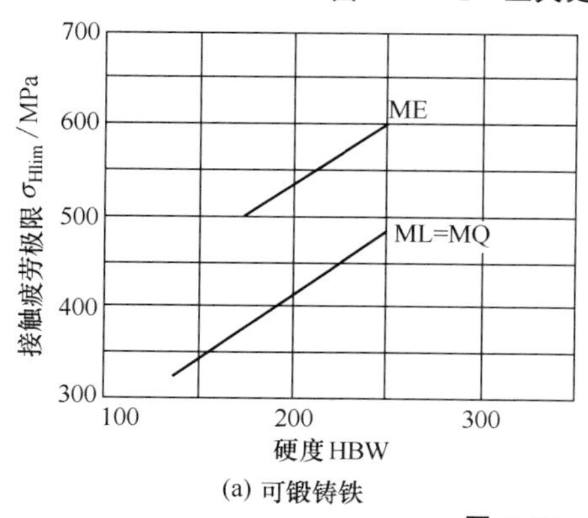

(a) 可锻铸铁

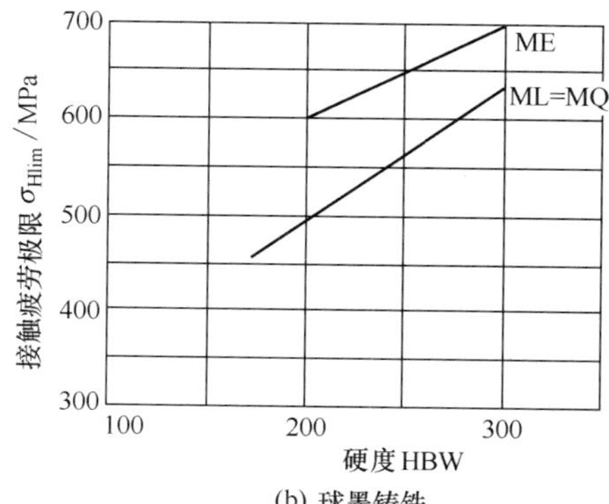

(b) 球墨铸铁

图4.19-2　铸铁的 σ_{Hlim}

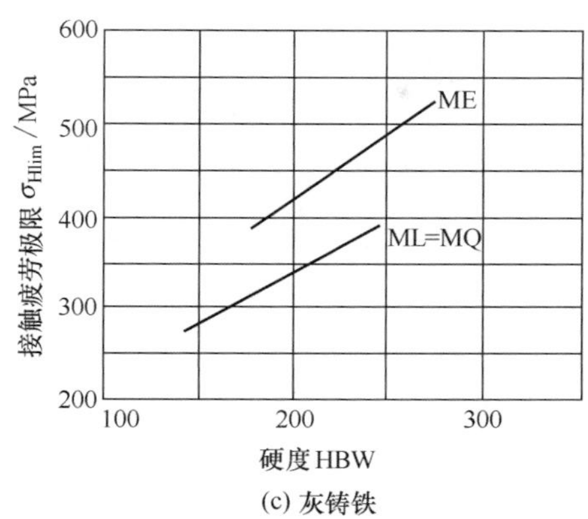

(c) 灰铸铁

图 4.19-2 铸铁的 σ_{Hlim} (续)

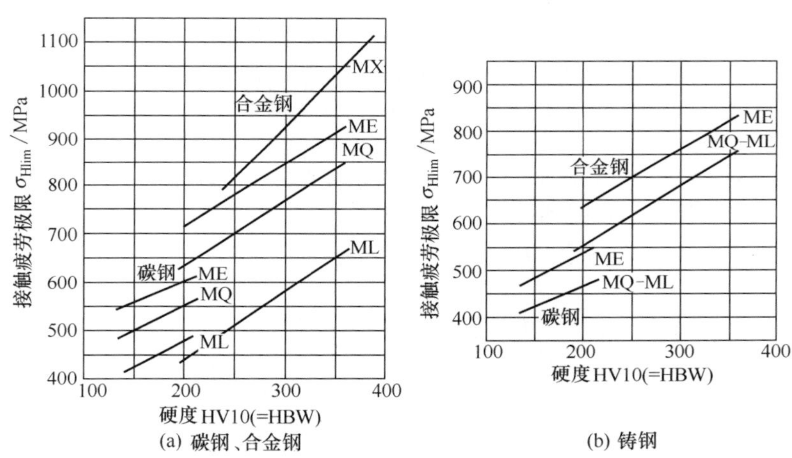

(a) 碳钢、合金钢 (b) 铸钢

图 4.19-3 调质处理的碳钢、合金钢及铸钢的 σ_{Hlim}

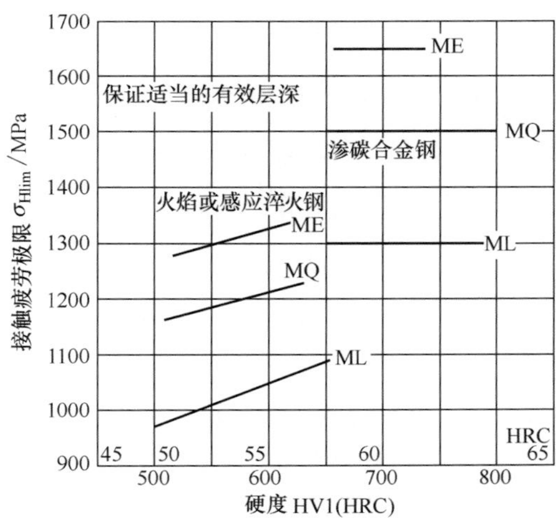

图 4.19-4 渗碳淬火钢和表面硬化(火焰或感应淬火)钢的 σ_{Hlim}

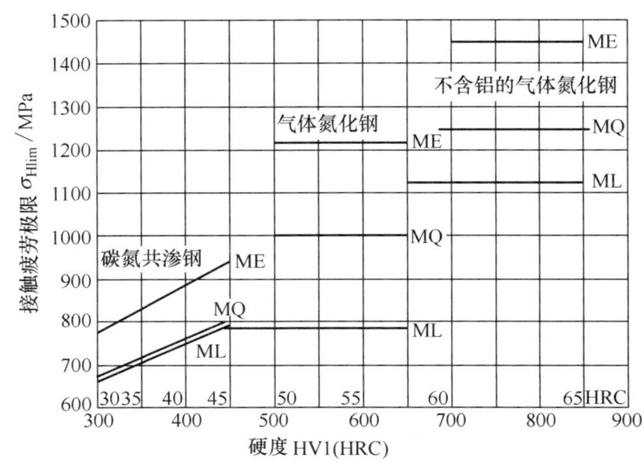

图 4.19－5　渗氮和碳氮共渗钢的 σ_{Hlim}

ML—齿轮材料质量和热处理质量达到最低要求时的疲劳极限取值线；

MQ—齿轮材料质量和热处理质量达到中等要求时的疲劳极限取值线，此要求是有经验的工业齿轮制造者以合理的生产成本所能达到的；

ME—齿轮材料质量和热处理质量达到很高要求时的疲劳极限取值线，这只是在具备高可靠度的制造过程可控能力时才能达到的；

MX—对淬透性及金相组织有特殊考虑的调质合金钢的取值线

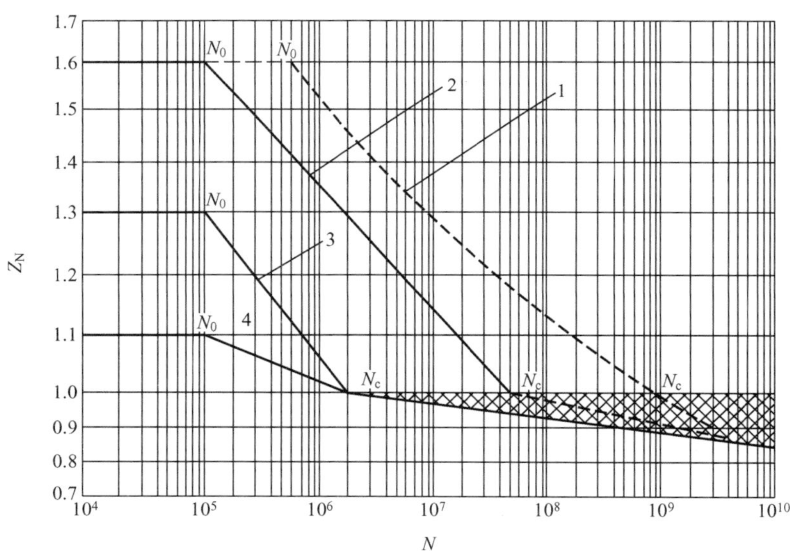

图 4.20　接触疲劳强度计算的寿命系数 Z_N(当 $N>N_c$ 时，可根据经验在网纹区内取 Z_N 值)

1—允许一定点蚀时的结构钢，调质钢，球墨铸铁(珠光体、贝氏体)，珠光体可锻铸铁，渗碳淬火的渗碳钢；2—结构钢，调质钢，渗碳淬火钢，火焰或感应淬火的钢、球墨铸铁，球墨铸铁(珠光体、贝氏体)，珠光体可锻铸铁；3—灰铸铁，球墨铸铁(铁素体)，渗氮的渗氮钢，调质钢、渗碳钢；4—氮碳共渗的调质钢、渗碳钢

表 4-8 接触疲劳强度和弯曲疲劳强度最小安全系数 S_{Hmin}、S_{Fmin} 的参考值

使用要求	最小安全系数	
	S_{Hmin}	S_{Fmin}
高可靠度(失效概率不大于 1/10000)	1.50～1.60	2.00
较高可靠度(失效概率不大于 1/1000)	1.25～1.30	1.60
一般可靠度(失效概率不大于 1/100)	1.00～1.10	1.25
低可靠度(失效概率不大于 1/10)	0.85	1.00

按图 4.20 查取寿命系数 Z_N 时，其应力循环次数 N 有以下两种情况。

载荷稳定时

$$N=60\gamma n t_h \tag{4.14}$$

式中，γ——齿轮每转一周，同一侧齿面的啮合次数；

n——齿轮转速(r/min)；

t_h——齿轮的设计寿命(h)。

载荷不稳定时

$$N=60\gamma\sum_{i=1}^{n} n_i t_{hi}\left(\frac{T_i}{T_{max}}\right)^m \tag{4.15}$$

式中，T_{max}——较长周期作用的最大转矩；

i——第 i 个循环；

m——指数。

4. 许用弯曲应力 $[\sigma_F]$

许用弯曲应力的计算公式为

$$[\sigma_F]=\frac{\sigma_{Flim}Y_N Y_X}{S_{Fmin}} \tag{4.16}$$

式中，σ_{Flim}——失效概率为 1%时，试验齿轮的齿根弯曲疲劳极限，可由图 4.21 查出；

Y_N——弯曲疲劳强度计算的寿命系数，可由图 4.22 查出；

Y_X——尺寸系数，可由图 4.23 查出；

S_{Fmin}——弯曲疲劳强度安全系数，可由表 4-8 选取。

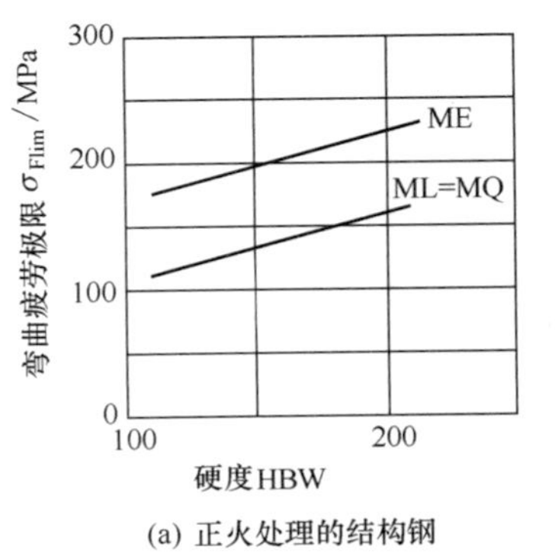

(a) 正火处理的结构钢

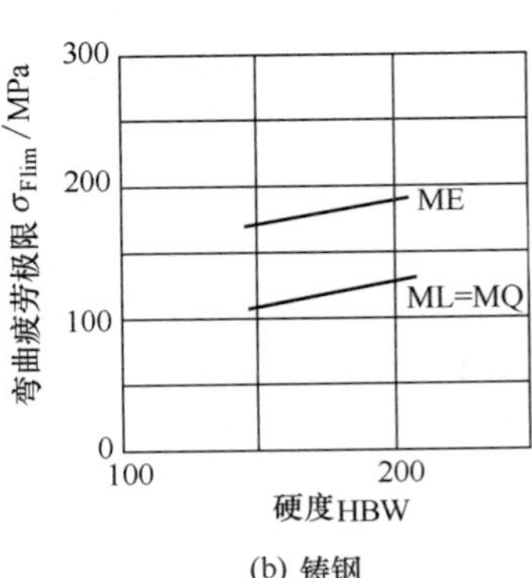

(b) 铸钢

图 4.21-1 正火处理的结构钢和铸钢的 σ_{Flim}

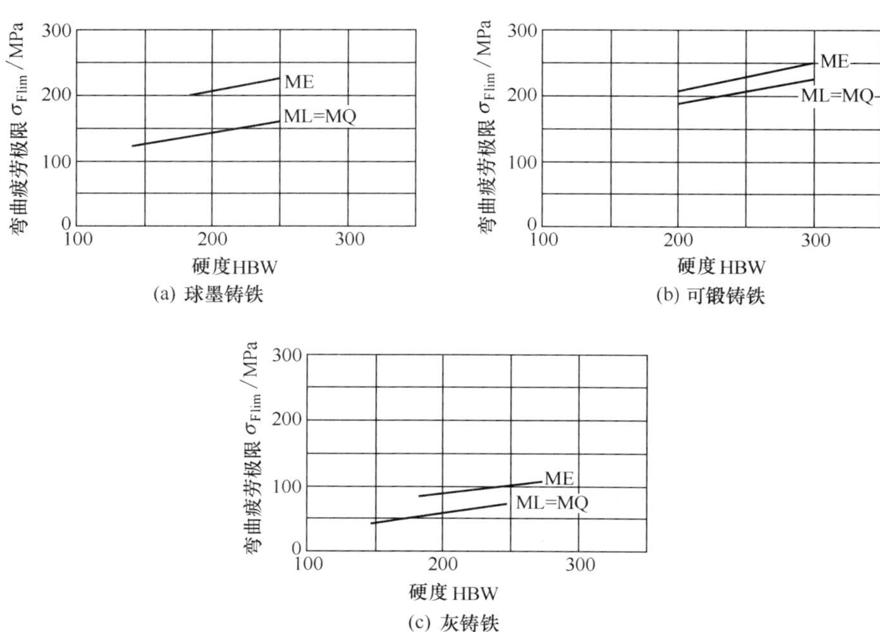

图 4.21-2 铸铁的 σ_{Flim}

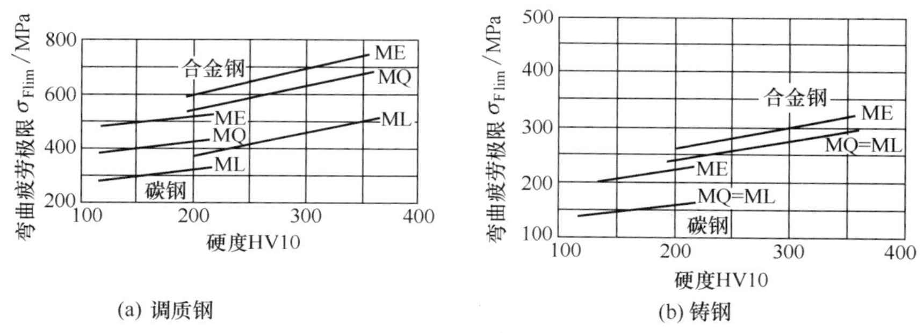

图 4.21-3 调质处理的碳钢、合金钢及铸钢的 σ_{Flim}

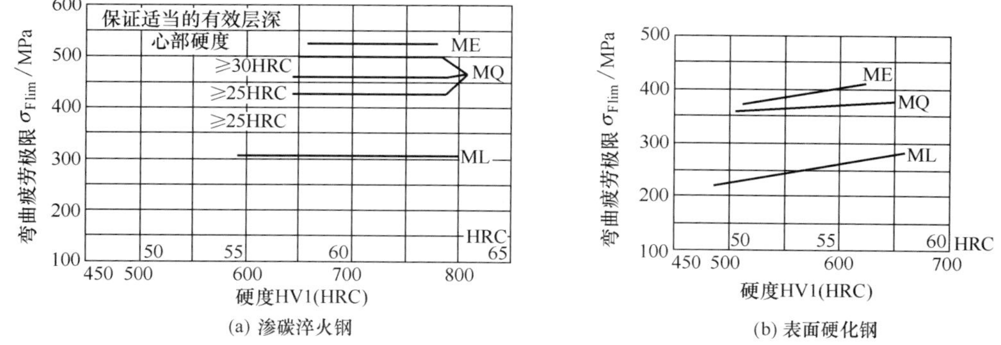

图 4.21-4 渗碳淬火钢和表面硬化(火焰或感应淬火)钢的 σ_{Flim}

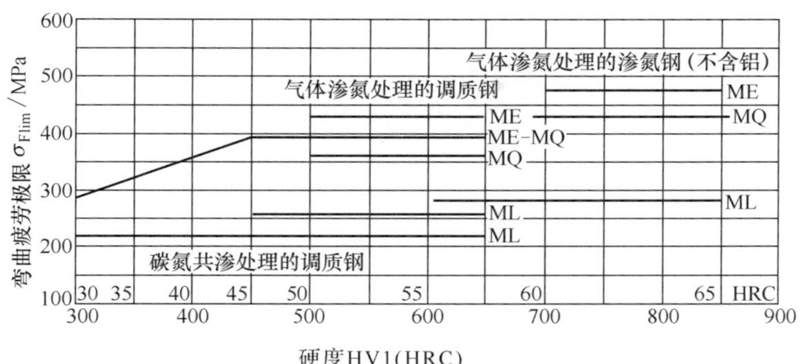

图 4.21－5 渗氮和碳氮共渗钢的 σ_{Flim}

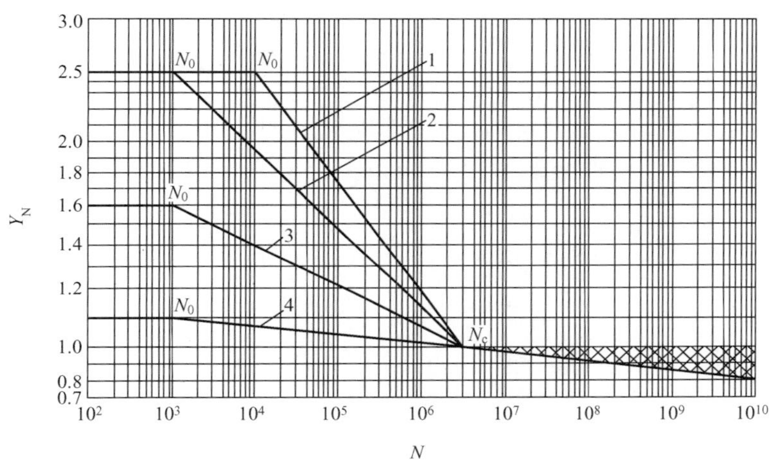

图 4.22 弯曲疲劳强度计算的寿命系数 Y_N（当 $N>N_c$ 时，可根据经验在网纹区内取 Y_N 值）

1—调质钢，球墨铸铁(珠光体、贝氏体)，珠光体可锻铸铁；2—渗碳淬火的渗碳钢，全齿廓火焰或感应淬火的钢、球墨铸铁；3—渗氮的渗氮钢，球墨铸铁(铁素体)，灰铸铁，结构钢；4—氮碳共渗的调质钢、渗碳钢

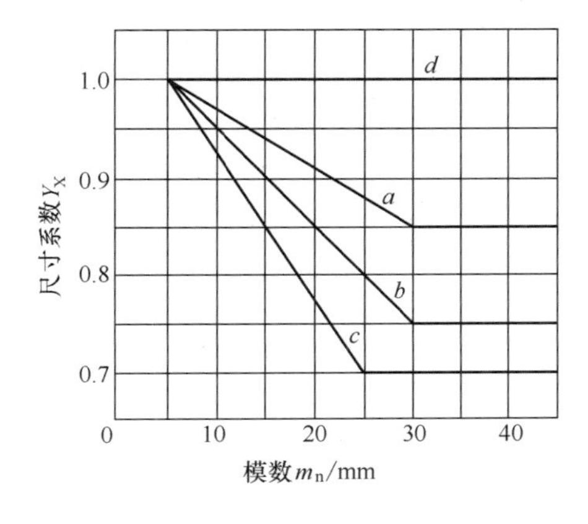

图 4.23 尺寸系数 Y_X

a—正火或调质钢；b—表面硬化钢；c—铸钢、铸铁；d—静载时的所有材料

【例 4.1】 设计一对闭式直齿圆柱齿轮传动，小齿轮转速 $n_1=970\mathrm{r/min}$，传动比 $i=3.6$，输入功率 $P_1=7.5\mathrm{kW}$，单向运转，每天工作 16h，使用寿命 5 年，每年工作 300 天。齿轮为对称布置，轴的刚性较大，原动机为电动机，工作机载荷为中等冲击，传动尺寸无严格限制。

解：设计步骤如下。

计算与说明	主要结果
1. 确定齿轮材料、热处理方式、精度等级和齿数 因为传动尺寸无严格限制，由表 4-2，小齿轮采用 40Cr 调质，齿面硬度为 241～286HBW，取为 260HBW；大齿轮采用 45 钢调质，齿面硬度为 197～255HBW，取为 220HBW；精度 7 级。 取 $Z_1=27$； $Z_2=Z_1 i=27\times 3.6=97.2$，取 $Z_2=97$	小齿轮 40Cr 调质 硬度为 260HBW 大齿轮 45 钢调质 硬度为 220HBW $Z_1=27$ $Z_2=97$
2. 确定许用应力 查图 4.19-3，得 $\sigma_{\mathrm{Hlim1}}=710\mathrm{MPa}$；$\sigma_{\mathrm{Hlim2}}=570\mathrm{MPa}$ 查图 4.21-3，得 $\sigma_{\mathrm{Flim1}}=600\mathrm{MPa}$；$\sigma_{\mathrm{Flim2}}=440\mathrm{MPa}$ 查表 4-8，取 $S_{\mathrm{Hmin}}=1.1$ $$S_{\mathrm{Fmin}}=1.25$$ $$u=\frac{Z_2}{Z_1}=3.6$$	$\sigma_{\mathrm{Hlim1}}=710\mathrm{MPa}$ $\sigma_{\mathrm{Hlim2}}=570\mathrm{MPa}$ $\sigma_{\mathrm{Flim1}}=600\mathrm{MPa}$ $\sigma_{\mathrm{Flim2}}=440\mathrm{MPa}$ $S_{\mathrm{Hmin}}=1.1$ $S_{\mathrm{Fmin}}=1.25$
由式(4.14)，得 $$N_1=60\times 970\times 5\times 300\times 16=13.97\times 10^8$$ $$N_2=N_1/u=13.97\times 10^8/3.6=3.88\times 10^8$$ 查图 4.20，得 $Z_{N1}=0.91$ $Z_{N2}=0.95$ 查图 4.22，得 $Y_{N1}=0.85$ $Y_{N2}=0.87$ 查图 4.23，得 $Y_{X1}=Y_{X2}=1$	$Z_{N1}=0.91$ $Z_{N2}=0.95$ $Y_{N1}=0.85$ $Y_{N2}=0.87$ $Y_{X1}=Y_{X2}=1$
由式(4.13)，得 $$[\sigma_{H1}]=\frac{\sigma_{\mathrm{Hlim1}}}{S_{\mathrm{Hmin}}}Z_{N1}=\frac{710\times 0.91}{1.1}\mathrm{MPa}=587.36\mathrm{MPa}$$ $$[\sigma_{H2}]=\frac{\sigma_{\mathrm{Hlim2}}}{S_{\mathrm{Hmin}}}Z_{N2}=\frac{570\times 0.95}{1.1}\mathrm{MPa}=492.27\mathrm{MPa}$$	$[\sigma_{H1}]=587.36\mathrm{MPa}$ $[\sigma_{H2}]=492.27\mathrm{MPa}$
由式(4.16)，得 $$[\sigma_{F1}]=\frac{\sigma_{\mathrm{Flim1}}}{S_{\mathrm{Fmin}}}Y_{N1}Y_{X1}=\left(\frac{600}{1.25}\times 0.85\times 1\right)\mathrm{MPa}=408\mathrm{MPa}$$ $$[\sigma_{F2}]=\frac{\sigma_{\mathrm{Flim2}}}{S_{\mathrm{Fmin}}}Y_{N2}Y_{X2}=\left(\frac{440}{1.25}\times 0.87\times 1\right)\mathrm{MPa}=306.24\mathrm{MPa}$$	$[\sigma_{F1}]=408\mathrm{MPa}$ $[\sigma_{F2}]=306.24\mathrm{MPa}$
3. 齿面接触疲劳强度计算 (1)计算工作转矩。 $$T_1=9.55\times 10^6\frac{P_1}{n_1}=9.55\times 10^6\times\frac{7.5}{970}\mathrm{N\cdot m}=73840.2\mathrm{N\cdot mm}$$	$T_1=73840.2\mathrm{N\cdot mm}$
(2)按齿面接触疲劳强度设计。 由式(4.9) $$d_1\geqslant\sqrt[3]{\frac{2KT_1}{\psi_d}\frac{u\pm 1}{u}\left(\frac{Z_E Z_H Z_\varepsilon}{[\sigma_H]}\right)^2}$$	

（续）

计算与说明	主要结果
载荷系数试选值为 $K_t=1.2\sim2.5$，选取 $K_t=1.8$	$K_t=1.8$
查图 4.14，$Z_H=2.5$	$Z_H=2.5$
查表 4-5，$Z_E=189.8\text{MPa}^{\frac{1}{2}}$	$Z_E=189.8\text{MPa}^{\frac{1}{2}}$
由式(4.7)，得	
$\varepsilon_\alpha=\left[1.88-3.2\left(\frac{1}{Z_1}+\frac{1}{Z_2}\right)\right]\cos\beta=\left[1.88-3.2\left(\frac{1}{27}+\frac{1}{97}\right)\right]\cos0°=1.729$	$\varepsilon_\alpha=1.729$
$Z_\varepsilon=\sqrt{\frac{4-\varepsilon_\alpha}{3}}=\sqrt{\frac{4-1.729}{3}}=0.87$	$Z_\varepsilon=0.87$
查表 4-6，取齿宽系数 $\psi_d=1$	$\psi_d=1$
$d_{1t}\geqslant\sqrt[3]{\frac{2KT_1}{\psi_d}\frac{u+1}{u}\left(\frac{Z_EZ_HZ_\varepsilon}{[\sigma_H]}\right)^2}$	
$=\sqrt[3]{\frac{2\times1.8\times73840.2\times(3.6+1)}{1\times3.6}\times\left(\frac{2.5\times189.8\times0.87}{492.27}\right)^2}\text{mm}=62.04\text{mm}$	$d_1=62.04\text{mm}$
因工作机有中等冲击，查表 4-4，$K_A=1.5$	$K_A=1.5$
设计齿轮精度为 7 级，$v=\frac{\pi d_1n_1}{60\times1000}=\frac{\pi\times62.04\times970}{60\times1000}\text{m/s}=3.15\text{m/s}$	
查图 4.9，取 $K_V=1.08$	$K_V=1.08$
齿轮对称布置，$\psi_d=1$，查图 4.12，取 $K_\beta=1.05$	$K_\beta=1.05$
取 $K_\alpha=1.2$	$K_\alpha=1.2$
$K=K_AK_VK_\beta K_\alpha=1.5\times1.08\times1.05\times1.2=2.04$	$K=2.04$
由式（4.12）修正后直径	
$d_{1\min}=d_{1t}\sqrt[3]{\frac{K}{K_t}}=\left(62.04\times\sqrt[3]{\frac{2.04}{1.8}}\right)\text{mm}=64.68\text{mm}$	
$m=\frac{d_1}{Z_1}=\frac{64.68}{27}\text{mm}=2.40\text{mm}$，取 $m=2.5\text{mm}$	$m=2.5\text{mm}$
则 $d_1=mZ_1=2.5\times27\text{mm}=67.5\text{mm}$	$d_1=67.5\text{mm}$
$b=\psi_dd_1=67.5\text{mm}$，取 $b_2=68\text{mm}$	$b_2=68\text{mm}$
$b_1=75\text{mm}$	$b_1=75\text{mm}$
4. 校核轮齿弯曲疲劳强度	
由图 4.18 查得，$Y_{Fa1}=2.6$；$Y_{Fa2}=2.17$	$Y_{Fa1}=2.6$ $Y_{Fa2}=2.17$
查图 4.16 得，$Y_{Sa1}=1.62$；$Y_{Sa2}=1.78$	$Y_{Sa1}=1.62$ $Y_{Sa2}=1.78$
因 $\varepsilon_\alpha=1.729$，所以得 $Y_\varepsilon=0.25+\frac{0.75}{\varepsilon_a}=0.684$	$Y_\varepsilon=0.684$
由式(4.10)，得	
$\sigma_{F1}=\frac{2KT_1}{bd_1m}Y_{Fa1}Y_{Sa1}Y_\varepsilon=\left(\frac{2\times2.04\times73840.2}{67.5\times68\times2.5}\times2.6\times1.62\times0.684\right)\text{MPa}$	
$=75.63\text{MPa}<[\sigma_{F1}]=408\text{MPa}$	
$\sigma_{F2}=\frac{2KT_1}{bd_1m}Y_{Fa2}Y_{Sa2}Y_\varepsilon=\sigma_{F1}\frac{Y_{Fa2}Y_{Sa2}}{Y_{Fa1}Y_{Sa1}}$	$\sigma_{F1}=75.63\text{MPa}<[\sigma_{F1}]$
$=\left(75.63\times\frac{2.17\times1.78}{2.6\times1.62}\right)\text{MPa}=69.36\text{MPa}<[\sigma_{F2}]=306.24\text{MPa}$	$\sigma_{F2}=69.36\text{MPa}<[\sigma_{F2}]$
大小轮齿弯曲疲劳强度均满足要求。	

（续）

计算与说明	主要结果
5. 确定传动主要尺寸 $d_1=67.5\text{mm}$ $d_2=mz_2=(2.5\times97)\text{mm}=242.5\text{mm}$ $a=\dfrac{d_1+d_2}{2}=\dfrac{67.5+242.5}{2}\text{mm}=155\text{mm}$ 6. 绘制齿轮零件工作图(略)	$d_1=67.5\text{mm}$ $d_2=242.5\text{mm}$ $a=155\text{mm}$

4.6　斜齿圆柱齿轮传动的强度计算

4.6.1　斜齿圆柱齿轮传动的受力分析

在斜齿圆柱齿轮传动中，不考虑摩擦力的影响，作用于齿面上的法向载荷 F_n仍垂直于齿面。如图 4.24 所示，F_n位于法向 $Pabc$ 内，与其在节圆柱的切面 $Pa'ae$ 内的投影夹角为法向啮合角 $\alpha_n=20°$，法向与端面的夹角为 β，其中 α_t为端面压力角，β_b为法向内的螺旋角，力 F_n可沿齿轮的周向、径向及轴向分解成三个相互垂直的分力，即周向的分力(圆周力)F_t、径向的分力(径向力)F_r及沿轴向的分力(轴向力)F_a。

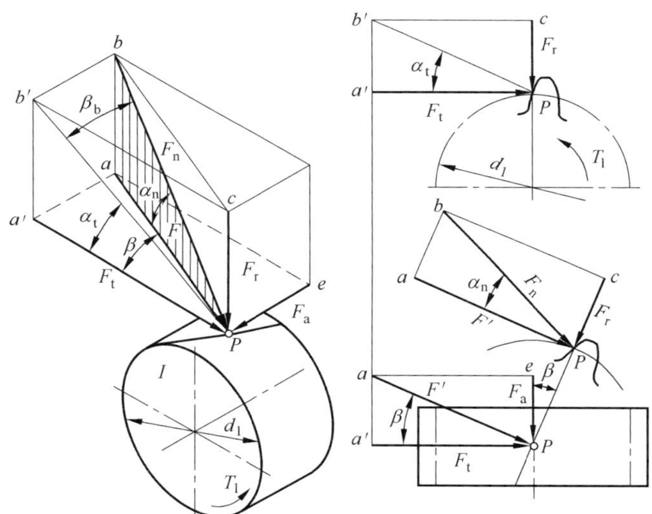

图 4.24　斜齿圆柱齿轮受力分析

1. 各力的大小

$$
\left.\begin{aligned}
&F_t=2T_1/d_1\\
&F'=F_t/\cos\beta\\
&F_r=F'\tan\alpha_n=F_t\tan\alpha_n/\cos\beta\\
&F_a=F_t\tan\beta\\
&F_n=F'/\cos\alpha_n=F_t/(\cos\alpha_n\cos\beta)=F_t/(\cos\alpha_t\cos\beta_b)
\end{aligned}\right\}\qquad(4.17)
$$

式中，β——节圆螺旋角，对标准斜齿轮即为分度圆螺旋角；

β_b——啮合平面的螺旋角，即基圆螺旋角；

α_t——端面压力角。

2. 力的方向

圆周力 F_t和径向力 F_r方向的确定与直齿圆柱齿轮传动相同。轴向力 F_a的方向与主动轮或从动轮的转向、轮齿的旋向有关。判断轴向力 F_a方向的关键是确定轮齿的工作面，F_a总是指向工作面的。也可以用主动轮左、右手定则判定。左旋齿轮用左手，右旋齿轮用右手，判定时四指方向与齿轮的转向相同，拇指的指向即为齿轮所受轴向力 F_{a1} 的方向。而从动轮轴向力的方向与主动轮的相反。斜齿圆柱齿轮传动中的轴向力随着螺旋角的增大而增大，故 β 角不宜过大；但 β 角过小，又失去了斜齿圆柱齿轮传动的优越性。所以，在设计中一般取$\beta=8°\sim20°$。

4.6.2 斜齿圆柱齿轮齿面接触疲劳强度计算

斜齿圆柱齿轮的接触疲劳强度计算物理模型和数学模型与直齿圆柱齿轮基本相同，不同的只是力作用在法平面内，按节点处的法平面内当量直齿圆柱齿轮传动进行计算分析。其基本原理与直齿圆柱齿轮传动相似，还利用式(4.5)赫兹公式

$$\sigma_H=\sqrt{\frac{F_n/L}{\pi\rho_\Sigma}\frac{1}{\frac{1-\mu_1^2}{E_1}+\frac{1-\mu_2^2}{E_2}}}$$

在斜齿圆柱齿轮中，$\frac{1}{\rho_\Sigma}=\frac{1}{\rho_{n1}}\pm\frac{1}{\rho_{n2}}$，其中 ρ_{n1}、ρ_{n2}分别为齿轮 1 和齿轮 2 节点处齿廓法向的曲率半径。

由图 4.25 可知，$\rho_n=\rho_t/\cos\beta_b$，而 $\rho_t=\frac{d\sin\alpha_t}{2}$，$u=\frac{Z_2}{Z_1}$，即齿数比，所以

$$\frac{1}{\rho_\Sigma}=\frac{2\cos\beta_b}{d_1\sin\alpha_t}\pm\frac{2\cos\beta_b}{ud_1\sin\alpha_t}=\frac{2\cos\beta_b}{d_1\sin\alpha_t}\left(\frac{u\pm1}{u}\right)$$

$$F_n=\frac{F_t}{\cos\alpha_t\cos\beta_b}=\frac{2T_1}{d_1}\frac{1}{\cos\alpha_t\cos\beta_b}$$

接触线总长度 $$L=\frac{x\varepsilon_\alpha b}{\cos\beta_b}=\frac{b}{Z_\varepsilon^2\cos\beta_b} \tag{4.18}$$

式中，b——齿宽；

Z_ε——重合度系数，$Z_\varepsilon=\sqrt{\frac{4-\varepsilon_\alpha}{3}(1-\varepsilon_\beta)+\frac{\varepsilon_\beta}{\varepsilon_\alpha}}$； (4.19)

x——接触线长度变化系数；

ε_α——端面重合度，由式(4.7)计算可得；

ε_β——纵向重合度，$\varepsilon_\beta=\frac{b\sin\beta}{\pi m_n}=0.318\psi_d Z_1\tan\beta$，如 $\varepsilon_\beta\geqslant1$，取 $\varepsilon_\beta=1$。

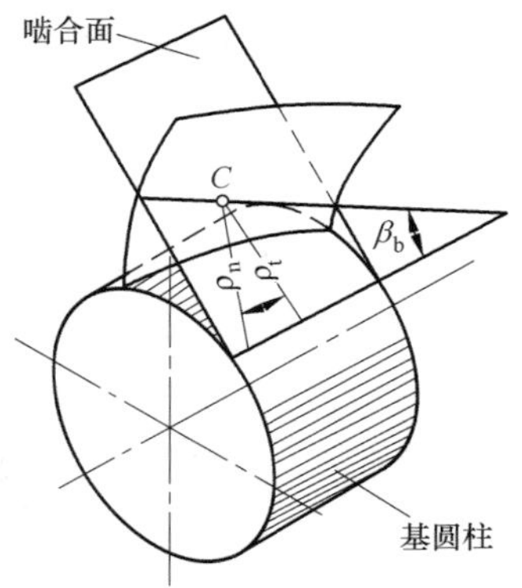

图 4.25 斜齿圆柱齿轮传动节点的曲率半径

将 L、$\frac{1}{\rho_\Sigma}$和 F_n代入式(4.5)并计载荷系数 K 和螺旋角系数 Z_β，螺旋角系数可按 $Z_\beta=\sqrt{\cos\beta}$ 计算，得斜齿圆柱齿轮齿面接触疲劳强度校核公式为

$$\sigma_H=\sqrt{\frac{1}{\pi\left(\frac{1-\mu_1^2}{E_1}+\frac{1-\mu_2^2}{E_2}\right)}}\sqrt{\frac{2\cos\beta_b}{\sin\alpha_t\cos\alpha_t}}Z_\varepsilon Z_\beta\sqrt{\frac{2KT_1}{bd_1^2}\times\frac{u\pm1}{u}}$$

$$\sigma_H=Z_E Z_H Z_\varepsilon Z_\beta\sqrt{\frac{2KT_1}{bd_1^2}\frac{u\pm1}{u}}\leqslant[\sigma_H] \tag{4.20}$$

节点区域系数 $Z_H=\sqrt{\frac{2\cos\beta_b}{\sin\alpha_t\cos\alpha_t}}$，也可由图 4.14 确定，其余参数同直齿圆柱齿轮。

引入齿宽系数 $\psi_d=b/d_1$，得斜齿圆柱齿轮齿面接触疲劳强度设计公式为

$$d_1\geqslant\sqrt[3]{\frac{2KT_1}{\psi_d}\frac{u\pm1}{u}\left(\frac{Z_E Z_H Z_\varepsilon Z_\beta}{[\sigma]_H}\right)^2} \tag{4.21}$$

4.6.3 斜齿圆柱齿轮齿根弯曲疲劳强度计算

如图 4.26 所示，斜齿圆柱齿轮齿面接触线为一斜线，轮齿折断为局部折断，但如按局部折断建立弯曲疲劳强度条件，则分析计算过程比较复杂。因此考虑将直齿圆柱齿轮传动的强度计算公式用于斜齿圆柱齿轮。因为 F_n作用于法平面内，按过节点处法向内当量直齿圆柱齿轮进行计算，受载时轮齿的齿厚也是在法向内的齿厚，其模数为法向模数 m_n，其齿数为当量齿数 Z_v。由于斜齿圆柱齿轮的接触线是倾斜的，有纵向重合度 ε_β，它的齿根弯曲应力比其当量齿轮小，因此引入螺旋角系数 Y_β以考虑纵向重合度的影响。这样，斜齿圆柱齿轮弯曲疲劳强度校核计算公式为

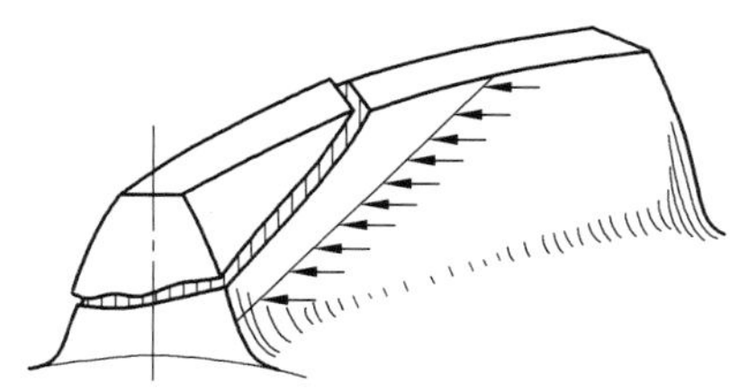

图 4.26 斜齿圆柱齿轮传动接触线

$$\sigma_F=\frac{2KT_1}{bd_1 m_n}Y_{Fa}Y_{Sa}Y_\varepsilon Y_\beta\leqslant[\sigma_F] \tag{4.22}$$

斜齿圆柱齿轮弯曲疲劳强度设计计算公式为

$$m_n\geqslant\sqrt[3]{\frac{2KT_1 Y_\beta Y_\varepsilon\cos^2\beta}{\psi_d Z_1^2}\frac{Y_{Fa}Y_{Sa}}{[\sigma_F]}} \tag{4.23}$$

式中，Y_ε——重合度系数，$Y_\varepsilon=0.25+\frac{0.75}{\varepsilon_a}$，其中 ε_α为斜齿圆柱齿轮的端面重合度，由式(4.7)计算。

Y_{Fa}——齿形系数，按当量齿数 $Z_v=Z/\cos^3\beta$，由图 4.18 查取。

Y_{Sa}——斜齿轮应力修正系数，按 $Z_v=Z/\cos^3\beta$，由图 4.16 查取。

Y_β——螺旋角影响系数，$Y_\beta=1-\varepsilon_\beta\frac{\beta}{120^\circ}\geqslant Y_{\beta\min}$，$Y_{\beta\min}=1-0.25\varepsilon_\beta\geqslant0.75$，若$Y_\beta<0.75$，则取 $Y_\beta=0.75$；当 $\beta>30^\circ$时，按 $\beta=30^\circ$计算。

ε_β——纵向重合度，$\varepsilon_\beta=b\sin\beta/(\pi m_n)=0.318\varphi_d Z_1\tan\beta$，当 $\varepsilon_\beta\geqslant1$ 时，按 $\varepsilon_\beta=1$ 计算。

【例 4.2】 将例 4.1 的设计标准直齿圆柱齿轮传动改为设计标准斜齿圆柱齿轮传动。已知条件、材料、热处理及精度等级等均不变。

解：设计步骤如下。

计算与说明	主要结果
1. 确定齿轮材料、热处理方式、精度等级和齿数 同例题 4.1 2. 确定许用应力 同例题 4.1 3. 齿面接触疲劳强度计算 计算工作转矩	$Z_1=27$ $Z_2=Z_1 i=27\times 3.6=97$ $[\sigma_{H1}]=587.36\text{MPa}$ $[\sigma_{H2}]=492.27\text{MPa}$ $[\sigma_{F1}]=408\text{MPa}$
$T_1=9.55\times 10^6\dfrac{P_1}{n_1}=\left(9.55\times 10^6\times\dfrac{7.5}{970}\right)\text{N}\cdot\text{mm}\approx 73840.2\text{N}\cdot\text{mm}$	$[\sigma_{F2}]=306.24\text{MPa}$
由式(4.21) $d_{1t}\geqslant\sqrt[3]{\dfrac{2KT_1}{\psi_d}\dfrac{u\pm 1}{u}\left(\dfrac{Z_E Z_H Z_\varepsilon Z_\beta}{[\sigma_H]}\right)^2}$	$T_1=73840.2\text{N}\cdot\text{mm}$
载荷系数试选值为 $K_t=1.2\sim 2.5$，选 $K_t=1.8$。 初取 $\beta=15°$ 由图 4.14，查得 $Z_H=2.44$ 由表 4-5，查得 $Z_E=189.8\text{MPa}^{\frac{1}{2}}$ 由式(4.7)，得	$K_t=1.8$ $\beta=15°$ $Z_H=2.44$ $Z_E=189.8\text{MPa}^{\frac{1}{2}}$
$\varepsilon_\alpha=\left[1.88-3.2\left(\dfrac{1}{Z_1}+\dfrac{1}{Z_2}\right)\right]\cos\beta=\left[1.88-3.2\times\left(\dfrac{1}{27}+\dfrac{1}{97}\right)\right]\cos 15°\approx 1.67$	$\varepsilon_\alpha\approx 1.67$
$\varepsilon_\beta=\dfrac{b\sin\beta}{\pi m_n}=0.318\psi_d Z_1\tan\beta=0.318\times 1\times 27\times\tan 15°\approx 2.3$ 取 $\varepsilon_\beta=1$	$\varepsilon_\beta=1$
$Z_\varepsilon=\sqrt{\dfrac{4-\varepsilon_\alpha}{3}(1-\varepsilon_\beta)+\dfrac{\varepsilon_\beta}{\varepsilon_\alpha}}=\sqrt{\dfrac{4-1.67}{3}\times(1-1)+\dfrac{1}{1.67}}\approx 0.77$	$Z_\varepsilon\approx 0.77$
$Z_\beta=\sqrt{\cos\beta}=\sqrt{\cos 15°}\approx 0.9828$	$Z_\beta\approx 0.9828$
$d_1\geqslant\sqrt[3]{\dfrac{2KT_1}{\psi_d}\dfrac{u\pm 1}{u}\left(\dfrac{Z_E Z_H Z_\varepsilon Z_\beta}{[\sigma_H]}\right)^2}$ $=\sqrt[3]{\dfrac{2\times 1.8\times 73840.2\times(3.6+1)}{1\times 3.6}\times\left(\dfrac{2.44\times 189.8\times 0.77\times 0.9828}{492.27}\right)^2}\text{mm}$ $\approx 55.63\text{mm}$	$d_1\approx 55.63\text{mm}$
确定载荷系数 因为工作机有中等冲击，由表 4-4，得 $K_A=1.5$	$K_A=1.5$
设计齿轮精度为 7 级，$v=\dfrac{\pi d_1 n_1}{60\times 1000}=\dfrac{\pi\times 55.63\times 970}{60\times 1000}\text{m/s}\approx 2.82\text{m/s}$	
由图 4.9 查得，$K_V=1.06$ 齿轮对称布置，$\psi_d=1$；由图 4.12 查得，$K_\beta=1.05$ 取 $K_\alpha=1.2$ $K=K_A K_V K_\alpha K_\beta=1.5\times 1.06\times 1.2\times 1.05\approx 2.0$	$K_V=1.06$ $K_\beta=1.05$ $K_\alpha=1.2$ $K\approx 2.0$
由式 (4.12) 修正后直径 $d_{1\min}=d_{1t}\sqrt[3]{\dfrac{K}{K_t}}=\left(55.63\times\sqrt[3]{\dfrac{2.0}{1.8}}\right)\text{mm}\approx 57.62\text{mm}$	

（续）

计算与说明	主要结果
取 $d_1=70\text{mm}$ $$m_t=\frac{d_1}{Z_1}=\frac{70}{27}\text{mm}\approx 2.59\text{mm}$$	$d_1=70\text{mm}$
取 $m_n=2.5\text{mm}$ $$\beta=\arccos\frac{m_n}{m_t}=\arccos\frac{2.5}{2.59}\approx 15.15°$$	$m_n=2.5\text{mm}$ $\beta\approx 15.15°$
则齿宽 $b=\psi_d d_1=70\text{mm}$ 取 $b_2=70\text{mm}$，$b_1=75\text{mm}$	$b_2=70\text{mm}$ $b_1=75\text{mm}$
$a=\frac{m_n(Z_1+Z_2)}{2\cos\beta}=\frac{2.5(27+97)}{2\times 0.9652}\text{mm}\approx 160.58\text{mm}$，圆整 $a=160\text{mm}$ $$\beta=\arccos\frac{m_n(Z_1+Z_2)}{2a}\approx 14.36°$$ $$d_1=\frac{m_n Z_1}{\cos\beta}\approx 69.68\text{mm};\ d_2=2a-d_1=250.32\text{mm}$$ $$a=\frac{d_1+d_2}{2}=\frac{69.68+250.32}{2}\text{mm}=160\text{mm}$$ （中心距最好选择 0、5 结尾的整数，如不符合则应重新进行计算）	$\beta\approx 14.36°$ $d_1\approx 69.68\text{mm}$ $d_2=250.32\text{mm}$ $a=160\text{mm}$
4. 校核轮齿弯曲疲劳强度 $$Z_{v1}=\frac{Z_1}{\cos^3\beta}=\frac{27}{\cos^3 14.36°}\approx 29.7$$ $$Z_{v2}=\frac{Z_2}{\cos^3\beta}=\frac{97}{\cos^3 14.36°}\approx 106.69$$	$Z_{v1}\approx 29.7$ $Z_{v2}\approx 106.69$
由图 4.18 查得，$Y_{Fa1}=2.53$；$Y_{Fa2}=2.16$ 由图 4.16 查得，$Y_{Sa1}=1.63$；$Y_{Sa2}=1.80$ 因 $\varepsilon_\alpha=1.67$，得 $Y_\varepsilon=0.25+\frac{0.75}{\varepsilon_a}\approx 0.70$	$Y_{Fa1}=2.53$　$Y_{Fa2}=2.16$ $Y_{Sa1}=1.63$　$Y_{Sa2}=1.80$ $Y_\varepsilon\approx 0.70$
$\varepsilon_\beta=\frac{b\sin\beta}{\pi m_n}=\frac{70\times\sin 14.36°}{\pi\times 2.5}\approx 2.21$，取 $\varepsilon_\beta=1$ $Y_{\beta\min}=1-0.25\varepsilon_\beta=0.75$ $Y_\beta=1-\varepsilon_\beta\frac{\beta}{120°}=1-1\times\frac{14.36°}{120°}\approx 0.88\geqslant Y_{\beta\min}$，取 $Y_\beta=0.88$	$Y_\beta\approx 0.88$
由式(4.22)，得 $\sigma_{F1}=\frac{2KT_1}{bd_1 m_n}Y_{Fa1}Y_{Sa1}Y_\varepsilon Y_\beta$ $=\left(\frac{2\times 2.0\times 73840.2}{70\times 69.68\times 2.5}\times 2.53\times 1.63\times 0.70\times 0.88\right)\text{MPa}$ $\approx 61.53\text{MPa}\leqslant[\sigma_{F1}]=408\text{MPa}$	$\sigma_{F1}\approx 61.53\text{MPa}\leqslant[\sigma_{F1}]$
$\sigma_{F2}=\frac{2KT_1}{bd_1 m_n}Y_{Fa2}Y_{Sa2}Y_\varepsilon Y_\beta=\sigma_{F1}\frac{Y_{Fa2}Y_{Sa2}}{Y_{Fa1}Y_{Sa1}}$ $=\left(61.53\times\frac{2.16\times 1.80}{2.53\times 1.63}\right)\text{MPa}\approx 58.01\text{MPa}\leqslant[\sigma_{F2}]=306.24\text{MPa}$ 大小轮齿弯曲疲劳强度满足要求。 5. 绘制齿轮零件图（略）	$\sigma_{F2}\approx 58.01\text{MPa}\leqslant[\sigma_{F2}]$

4.7 标准直齿锥齿轮传动的强度计算

由于工作要求的不同，锥齿轮传动可设计成不同形式。下面着重介绍最常用的、轴交角为 90°的直齿锥齿轮传动的强度计算。

4.7.1 几何参数

直齿锥齿轮传动是以大端参数为标准值的。在强度计算时，则以齿宽中点处的当量齿轮作为计算的依据。如图 4.27 所示，对轴交角 $\Sigma=90°$的直齿锥齿轮传动进行分析，其齿数比 u、锥距 R、分度圆直径 d_1 及 d_2、平均分度圆直径 d_{m1} 及 d_{m2}、当量齿轮的分度圆直径 d_{v1} 及 d_{v2}之间的关系分别为

$$u=\frac{Z_2}{Z_1}=\frac{d_2}{d_1}=\cot\delta_1=\tan\delta_2 \tag{4.24}$$

$$R=\sqrt{\left(\frac{d_1}{2}\right)^2+\left(\frac{d_2}{2}\right)^2}=d_1\ \frac{\sqrt{(d_2/d_1)^2+1}}{2}=d_1\ \frac{\sqrt{u^2+1}}{2} \tag{4.25}$$

$$\frac{d_{m1}}{d_1}=\frac{d_{m2}}{d_2}=\frac{R-0.5b}{R}=1-0.5\ \frac{b}{R}$$

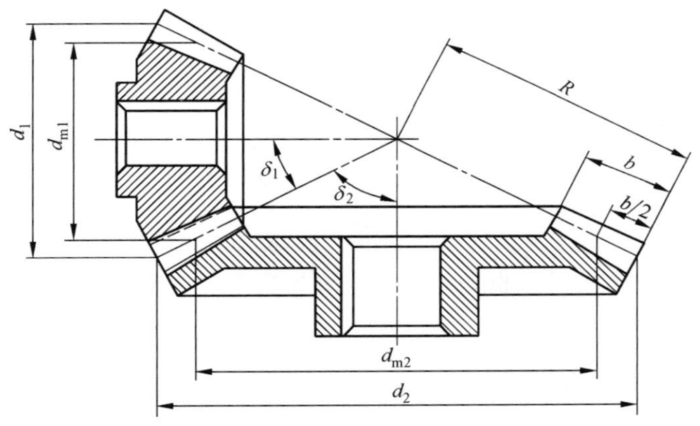

图 4.27 直齿锥齿轮几何尺寸

令 $\psi_R=\dfrac{b}{R}$，称为锥齿轮传动的齿宽系数，通常 $\psi_R=0.25\sim0.35$，最常用的值为 $\psi_R=1/3$。于是

$$\left.\begin{aligned}d_{m1}&=d_1(1-0.5\psi_R)\\d_{m2}&=d_2(1-0.5\psi_R)\end{aligned}\right\} \tag{4.26}$$

由图 4.28 可知，当量直齿圆柱齿轮的分度圆半径 $r_{v1}=\overline{O_{v1}K}$，$r_{v2}=\overline{O_{v2}K}$，它们与平均分度圆直径 d_{m1}、d_{m2}的关系分别为

$$\left.\begin{aligned} r_{v1} &= \frac{d_{m1}}{2\cos\delta_1} = \frac{d_1(1-0.5\psi_R)}{2\cos\delta_1} \\ r_{v2} &= \frac{d_{m2}}{2\cos\delta_2} = \frac{d_2(1-0.5\psi_R)}{2\cos\delta_2} \end{aligned}\right\} \tag{4.27}$$

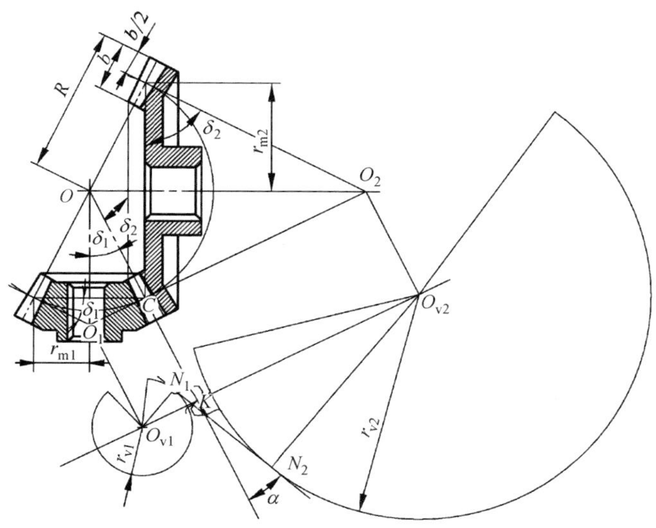

图 4.28　直齿锥齿轮齿宽中点的当量齿轮

现以 m_m 表示当量直齿圆柱齿轮的模数，即锥齿轮平均分度圆上轮齿的模数(简称平均模数)，则当量齿数 Z_v 为

$$\left.\begin{aligned} Z_{v1} &= \frac{d_{v1}}{m_m} = \frac{2r_{v1}}{m_m} = \frac{Z_1}{\cos\delta_1} \\ Z_{v2} &= \frac{d_{v2}}{m_m} = \frac{2r_{v2}}{m_m} = \frac{Z_2}{\cos\delta_2} \end{aligned}\right\} \tag{4.28}$$

$$u_v = \frac{Z_{v2}}{Z_{v1}} = \frac{Z_2}{Z_1} \times \frac{\cos\delta_1}{\cos\delta_2} = u^2 \tag{4.29}$$

显然，为使锥齿轮不致发生根切，应使当量齿数不小于直齿圆柱齿轮的根切齿数。

$$m_m = m(1-0.5\psi_R)$$

4.7.2　轮齿的受力分析

直齿锥齿轮传动中，作用于齿面上的法向载荷 F_n 通常都视为集中作用在平均分度圆上，如图 4.29 所示。与圆柱齿轮一样，将法向载荷 F_n 分解为切于分度圆锥面的周向分力(圆周力) F_t 及垂直于圆锥母线的分力 F'，再将力 F' 分解为径向分力 F_r 及轴向分力 F_a。

锥齿轮轮齿上所受各力的大小为

$$\left.\begin{aligned} & F_t = 2T_1/d_{m1} \\ & F' = F_t\tan\alpha \\ & F_{r1} = F'\cos\delta_1 = F_t\tan\alpha\cos\delta_1 = F_{a2} \\ & F_{a1} = F'\sin\delta_1 = F_t\tan\alpha\sin\delta_1 = F_{r2} \\ & F_n = F_t/\cos\alpha \end{aligned}\right\} \tag{4.30}$$

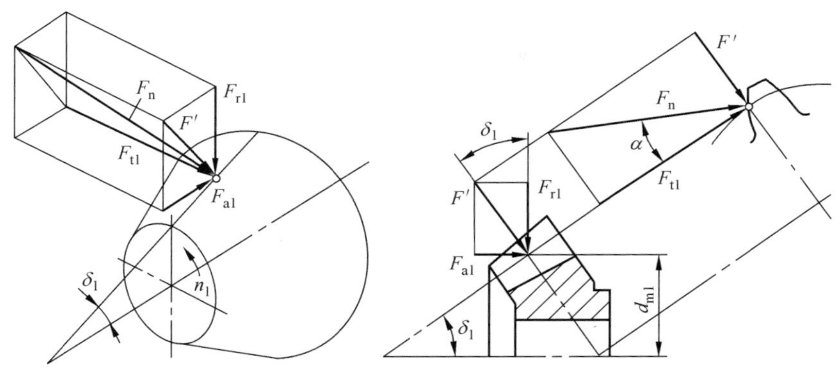

图 4.29 直齿锥齿轮受力分析

锥齿轮轮齿上所受各力的方向：主动锥齿轮的径向力与从动锥齿轮的轴向力大小相等，方向相反；主动锥齿轮的轴向力与从动锥齿轮的径向力大小相等，方向相反；锥齿轮轴向力的方向平行轴线并指向大端。主动锥齿轮的圆周力与转动方向相反，从动锥齿轮的圆周力与转动方向相同。

4.7.3 直齿锥齿轮齿面接触疲劳强度计算

可以近似认为，一对直齿锥齿轮传动的承载能力约为模数等于齿宽中点模数、齿宽等于锥齿轮轮宽的一对当量直齿圆柱齿轮的承载能力。考虑锥齿轮传动的接触情况不好，取有效接触线长度为 0.85b(齿宽)，利用直齿圆柱齿轮的接触疲劳强度计算公式(4.9)得

$$\sigma_H = Z_E Z_H Z_\varepsilon \sqrt{\frac{2KT_1}{bd_1^2} \cdot \frac{u \pm 1}{u}} \leqslant [\sigma_H]$$

则直齿锥齿轮齿面接触疲劳强度校核公式为

$$\sigma_H = Z_E Z_H Z_\varepsilon \sqrt{\frac{2KT_{v1}}{0.85bd_{v1}{}^2} \cdot \frac{u_v \pm 1}{u_v}} \leqslant [\sigma_H]$$

式中，$d_{v1} = 2r_{v1} = \dfrac{d_{m1}}{\cos\delta_1} = \dfrac{d_1(1-0.5\psi_R)}{\cos\delta_1}$；$u_v = u^2$。

因为 $F_{t1} = \dfrac{2T_1}{d_{m1}} = \dfrac{2T_1}{d_{v1}\cos\delta_1} = \dfrac{2T_{v1}}{d_{v1}}$，故 $T_{v1} = \dfrac{T_1}{\cos\delta_1}$。

按式(4.24)，$u = \dfrac{Z_2}{Z_1} = \dfrac{d_2}{d_1} = \cot\delta_1 = \tan\delta_2$，则

$$\cos\delta_1 = \frac{u}{\sqrt{u^2 \pm 1}},\quad T_{v1} = \frac{T_1}{\cos\delta_1} = T_1 \frac{\sqrt{u^2 \pm 1}}{u}$$

$$d_{v1} = 2r_{v1} = \frac{d_{m1}}{\cos\delta_1} = \frac{d_1(1-0.5\psi_R)}{\cos\delta_1} = \frac{d_1(1-0.5\psi_R)}{u}\sqrt{u^2 \pm 1}$$

因为 $b = \psi_R R$，按式(4.25)，$R = d_1 \dfrac{\sqrt{u^2 \pm 1}}{2}$，则 $b = \psi_R d_1 \dfrac{\sqrt{u^2 + 1}}{2}$。

对以上参数进行整理，则直齿锥齿轮齿面接触疲劳强度校核公式为

$$\sigma_H = Z_E Z_H Z_\varepsilon \sqrt{\frac{2KT_1 \frac{\sqrt{u^2 \pm 1}}{u}}{0.85\psi_R d_1 \frac{\sqrt{u^2 \pm 1}}{2} \frac{d_1^2 (1-0.5\psi_R)^2}{u^2} (u^2 \pm 1)} \frac{u^2 \pm 1}{u^2}}$$

$$= Z_E Z_H Z_\varepsilon \sqrt{\frac{4.7KT_1}{\psi_R (1-0.5\psi_R)^2 d_1^3 u}} \leqslant [\sigma_H] \quad (4.31)$$

直齿锥齿轮齿面接触疲劳强度设计公式为

$$d_1 \geqslant \sqrt[3]{\frac{4.7KT_1}{\psi_R (1-0.5\psi_R)^2 u} \left(\frac{Z_E Z_H Z_\varepsilon}{[\sigma_H]} \right)^2} \quad (4.32)$$

载荷系数 $K = K_A K_V K_\beta K_\alpha$；工作情况系数 K_A 查表 4-4；动载系数 K_V 查图 4.9(图中 v 为齿宽中点圆周速度)；齿向载荷分布不均系数 K_β 查表 4-9；啮合齿对间载荷分配系数参考 4.4 节确定；Z_E 为材料弹性系数，查表 4-5；Z_H 为节点区域系数，查图 4.14；Z_ε 为接触疲劳强度计算的重合度系数，其选取同直齿圆柱齿轮(计算 ε_α 时代入当量齿数 Z_v)。

表 4-9 齿向载荷分布不均系数 K_β

应　　用	支　承　情　况		
	两轮均为两端支承	一轮两端支承另一轮悬臂	两轮均为悬臂支承
飞机、车辆	1.50	1.65	1.88
工业机器、船舶	1.65	1.88	2.25

4.7.4 直齿锥齿轮齿根弯曲疲劳强度计算

按齿宽中点背锥展开的当量直齿圆柱齿轮进行弯曲强度计算，即直接由直齿圆柱齿轮的弯曲强度计算公式得

$$\sigma_F = \frac{2KT_{v1}}{bd_{v1} m_m} Y_{Fa} Y_{Sa} Y_\varepsilon = \frac{2KT_1 \frac{\sqrt{u^2+1}}{u}}{0.85 \frac{\psi_R d_1 \sqrt{u^2+1}}{2} (1-0.5\psi_R) d_1 \frac{\sqrt{u^2+1}}{u} (1-0.5\psi_R) m} Y_{Fa} Y_{Sa} Y_\varepsilon$$

经过整理可得直齿锥齿轮齿根弯曲疲劳强度校核公式为

$$\sigma_F = \frac{4.7KT_1}{\psi_R (1-0.5\psi_R)^2 Z_1^2 m^3 \sqrt{u^2+1}} Y_{Fa} Y_{Sa} Y_\varepsilon \leqslant [\sigma_F] \quad (4.33)$$

直齿锥齿轮齿根弯曲疲劳强度设计公式为

$$m \geqslant \sqrt[3]{\frac{4.7KT_1}{\psi_R (1-0.5\psi_R)^2 Z_1^2 \sqrt{u^2+1}} \frac{Y_{Fa} Y_{Sa} Y_\varepsilon}{[\sigma_F]}} \quad (4.34)$$

式中，Y_{Sa}——应力修正系数；

Y_{Fa}——齿形系数，按当量齿数 Z_v 分别由图 4.16 和图 4.18 查取；

Y_ε——重合度系数，其选取同直齿圆柱齿轮(计算 ε_α 时代入当量齿数 Z_v)。

4.8 齿轮传动的效率、润滑及结构

4.8.1 齿轮传动的效率

齿轮传动的功率损失主要如下。

(1) 啮合中的摩擦损失。

(2) 润滑油被搅动的油阻损失。

(3) 轴承中的摩擦损失。

闭式齿轮传动的效率为

$$\eta=\eta_1\eta_2\eta_3 \tag{4.35}$$

式中，η_1——考虑齿轮啮合损失时的效率；

η_2——考虑油阻损失时的效率；

η_3——轴承的效率。

满载时，采用滚动轴承的齿轮传动，平均效率见表4-10。

表4-10 采用滚动轴承时齿轮传动的平均效率

传动类型	精度等级和结构形式		
	6级或7级精度的闭式传动	8级精度的闭式传动	脂润滑的开式传动
圆柱齿轮传动	0.98	0.97	0.95
锥齿轮传动	0.97	0.96	0.94

4.8.2 齿轮传动的润滑

应用齿轮传动，就要润滑，特别是高速传动就更需要考虑齿轮的润滑。润滑可以避免金属直接接触，减少摩擦损失，还可以散热及防锈蚀。因此，对齿轮传动进行适当的润滑，可以大大改善轮齿的工作状况，确保运转正常及预期的寿命。

1. 润滑剂的选择

开式齿轮传动通常采用人工定期加润滑油或润滑脂(加润滑脂更常见)的方法。闭式齿轮传动一般用润滑油润滑。表征润滑油性能的主要指标是黏度。黏度高，可减轻齿面磨损，也可提高齿面抗点蚀和抗胶合的能力，但黏度过高，动力消耗大。温度高，油易氧化。因此，油的黏度要根据齿轮的载荷、圆周速度等条件进行选择。在恶劣的工作条件下，为提高抗点蚀和抗胶合的能力，往往还需要在润滑油中加入某种添加剂。

表4-11列出了润滑油的荐用值，根据查得的黏度选定润滑油的牌号，一般可根据齿轮的圆周速度选择润滑油的黏度。

表 4-11 齿轮传动荐用的润滑油运动黏度 γ (单位：mm^2/s)

齿轮材料	圆周速度 $v/(m/s)$						
	<0.5	0.5～1	1～2.5	2.5～5	5～12.5	12.5～25	>25
铸铁、青铜	320	220	150	100	80	60	—
钢 $\sigma_b=450MPa$	500	320	220	150	110	80	60
钢 $\sigma_b=1000～1250MPa$	500	500	320	220	150	100	80
铜 $\sigma_b=1250～1600MPa$	1000	500	500	320	220	150	100
渗碳或表面淬火钢	1000	500	500	320	220	150	100

注：多级减速器的润滑油黏度应按各级黏度的平均值选取。

2. 润滑方式

开式及半开式齿轮传动或速度较低的闭式齿轮传动通常采用人工做周期性加油润滑，所用润滑剂为润滑油或润滑脂。

闭式齿轮传动主要是根据齿轮的圆周速度确定润滑方式，如图 4.30 所示。

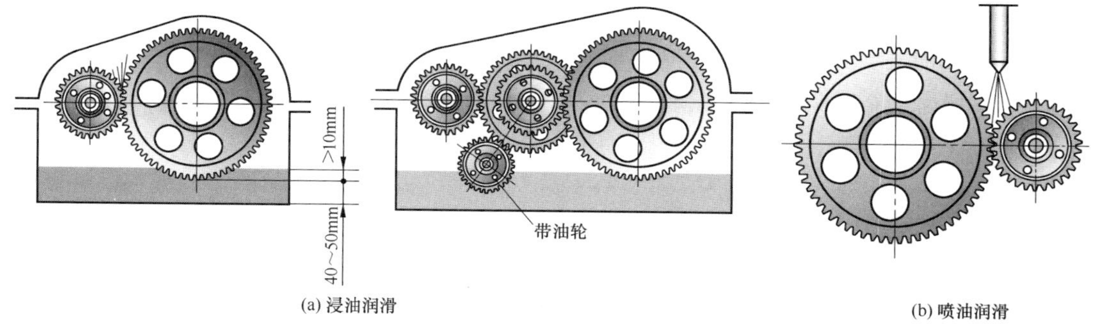

图 4.30 齿轮传动的润滑

1）浸油润滑

当齿轮的圆周速度 $v\leqslant12$ m/s 时，采用浸油润滑，即将大齿轮的轮齿浸入油池中，齿轮转动时将润滑油带入啮合处，同时也将油甩到箱壁上，借以散热。齿轮浸油深度可视齿轮的圆周速度大小而定，对于圆柱齿轮，以一个齿高为宜，但不小于 10mm；对于锥齿轮，应浸入全齿宽，至少应浸入齿宽的一半，当齿轮圆周速度很低时，浸油深度可达齿顶圆半径的 1/6～1/3。对于闭式多级齿轮传动，当几个大齿轮半径相差很大时，可采用惰轮蘸油润滑。

油池中油量的多少，取决于齿轮传递功率的大小。对于单级传动，每传递 1kW 的功率，需油量为 0.35～0.7L。对于多级传动，需油量按级数成倍地增加。

2）喷油润滑

当齿轮圆周速度 $v>12m/s$ 时，一般不宜采用浸油润滑，原因如下。

(1) 圆周速度过高，齿轮上的油大多被甩出去而达不到啮合区。

(2) 搅油过于激烈，使油的温升增加，并降低其润滑性能。

(3) 会搅起箱底沉积的杂质污物，加速齿轮磨损。

故此时最好采用喷油润滑，即用油泵将润滑油直接喷到齿轮啮合部位。喷油润滑方式也常用于齿轮速度不很高，但工作很繁重、散热条件不良的重要闭式齿轮传动中。

喷油润滑即由油泵或中心供油站以一定的压力供油，借喷嘴将润滑油喷到齿轮的啮合面上，当 $v \leqslant 25\mathrm{m/s}$ 时，喷嘴位于齿轮啮入边或啮出边均可；当 $v > 25\mathrm{m/s}$ 时，喷嘴位于齿轮啮出一边，以便借润滑油及时冷却刚啮合过的轮齿，同时也对齿轮进行润滑。

4.8.3 齿轮传动的结构

齿轮传动的强度计算，只能确定齿轮的主要参数和尺寸，如模数、齿数、螺旋角、中心距、分度圆直径及齿宽等，而轮缘、轮毂和轮辐的形状和尺寸则需要通过结构设计来确定。对结构设计的要求主要是既要工艺性好，又要有足够的强度和刚度，并尽可能减轻其质量。设计时根据齿轮尺寸大小、材料和加工方法等条件选择合理的结构形式，再根据经验计算式确定各部分尺寸。

常用的齿轮结构形式有以下几种。

1. 齿轮轴

对于齿根圆直径与轴径相差不大的齿轮，或从键槽底面到齿根的距离 e 过小(如圆柱齿轮 $e \leqslant 2.5m_n$，锥齿轮 $e \leqslant 1.6m$，m_n、m 为模数)，应将齿轮与轴做成一体，称为齿轮轴，如图 4.31 所示，齿轮与轴的材料相同。

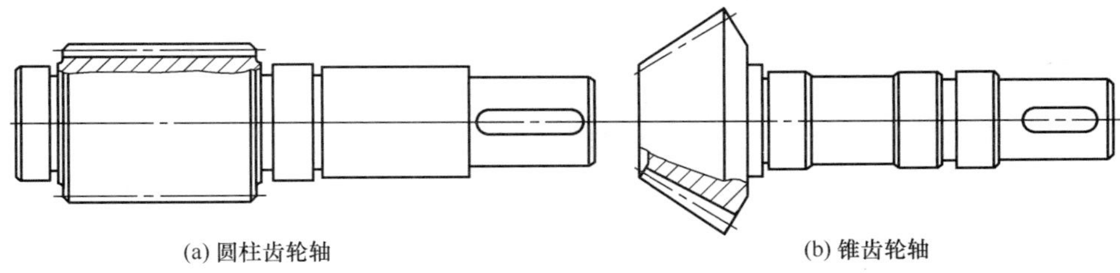

(a) 圆柱齿轮轴　　(b) 锥齿轮轴

图 4.31 齿轮轴

值得注意的是，齿轮轴虽简化了装配，但整体长度大，给轮齿加工带来不便，而且，齿轮损坏后，轴也随之报废。故当 $e > 2.5m_n$(圆柱齿轮)或 $e > 1.6m$(锥齿轮)时，应将齿轮与轴分开制造。

2. 实体式齿轮

对于齿顶圆直径 $d_a \leqslant 160 \sim 200\mathrm{mm}$ 的齿轮，可采用实体式齿轮，如图 4.32 所示。它结构简单、制造方便。

为便于装配和减少边缘应力集中，孔边及齿顶边缘应切制倒角。对于锥齿轮，轮毂的宽度应大于齿宽，以利于加工时装夹。

3. 腹板式齿轮

对于齿顶圆直径 $d_a > 160 \sim 200\mathrm{mm}$ 但 $d_a \leqslant 500\mathrm{mm}$ 的齿轮，常采用腹板式齿轮，腹板

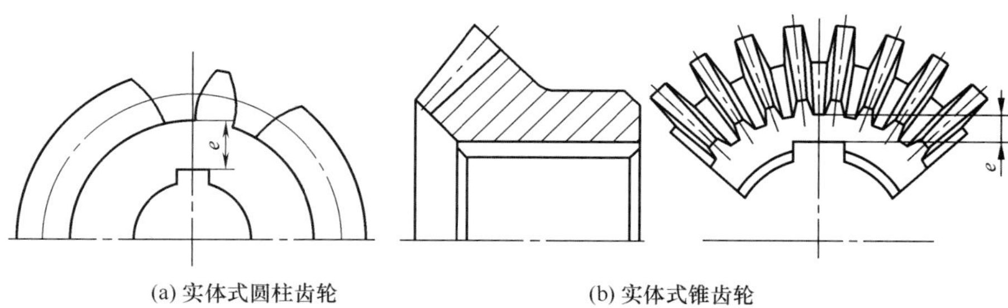

(a) 实体式圆柱齿轮　　(b) 实体式锥齿轮

图 4.32　实体式齿轮

上开孔的数目按结构尺寸大小及需要而定，如图 4.33 所示。航空产品中的齿轮，虽然 $d_a \leqslant 160\text{mm}$，但是也有做成腹板式的。

当齿顶圆直径 $d_a \leqslant 500\text{mm}$ 时，一般可采用锻造毛坯。

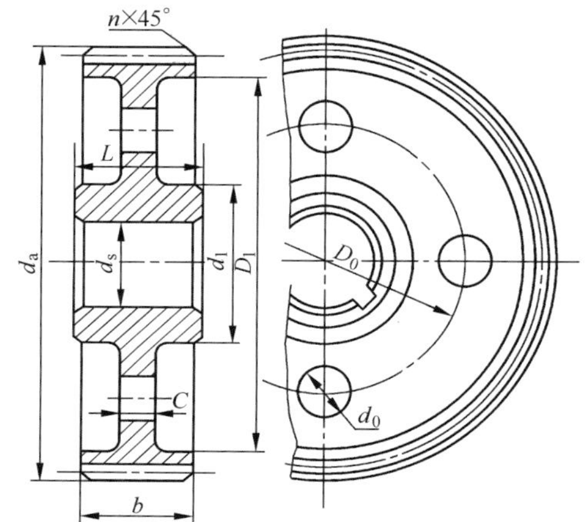

$d_1 = 1.6d_s$；

$D_1 = d_a - 10m_n$；

$D_0 = 0.5(d_1 + D_1)$；

$d_0 = 0.25(D_1 - d_1)$；

$C = 0.3b$；

$n = 0.5m_n \delta_0 = (2.5 \sim 4)m_n$，但不小于 10mm；

当 $b = (1 \sim 1.5)d_s$ 时，取 $L = b$，否则取 $L = (1.2 \sim 1.5)d_s$

(a) 圆柱齿轮

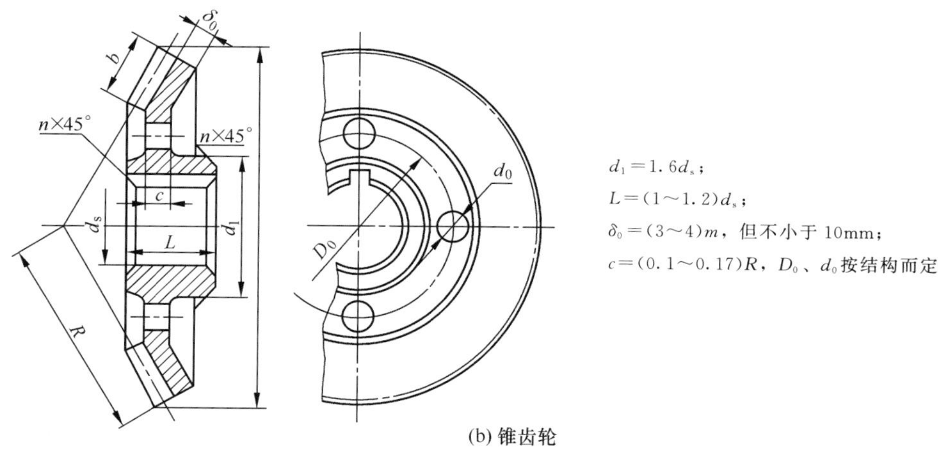

(b) 锥齿轮

图 4.33　腹板式齿轮

4. 轮辐式齿轮

对于齿顶圆直径 $d_a>500$mm 的齿轮，或者虽然 $d_a\leqslant 500$mm，但是形状复杂、不便于锻造的齿轮，常采用铸造毛坯(铸铁或铸钢)，而且采用轮辐式齿轮，如图 4.34 所示。

【参考图文】

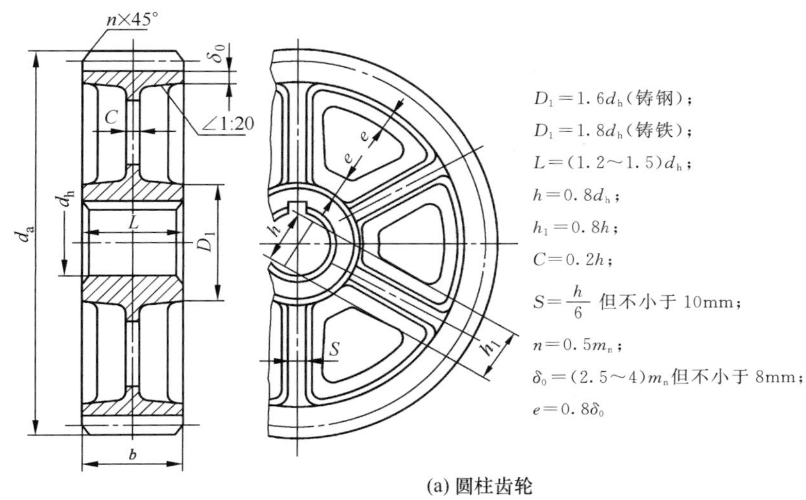

(a) 圆柱齿轮

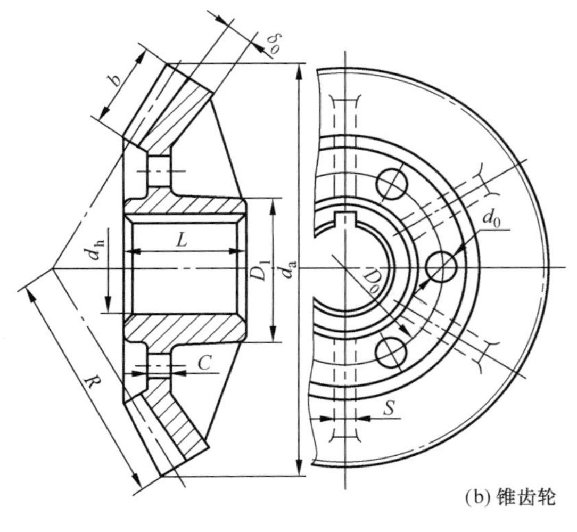

$D_1=1.6d_h$(铸钢)；

$D_1=1.8d_h$(铸铁)；

$L=(1.2\sim 1.5)d_h$；

$\delta_0=(3\sim 4)m$，但不小于 10mm；

$C=(0.1\sim 0.17)R$，但不小于 10mm；

$S=0.8c$，但不小于 10mm；

D_0、d_0按结构而定

(b) 锥齿轮

图 4.34 轮辐式齿轮

5. 焊接齿轮

单件或小批量生产大型齿轮可采用焊接结构，如图 4.35 所示。

6. 组装式齿轮

为了节约贵重金属，对于尺寸较大的圆柱齿轮，可做成组装齿圈式的结构，如图 4.36(a)所示。齿圈用钢制成，而轮芯则用铸铁或铸钢制成。

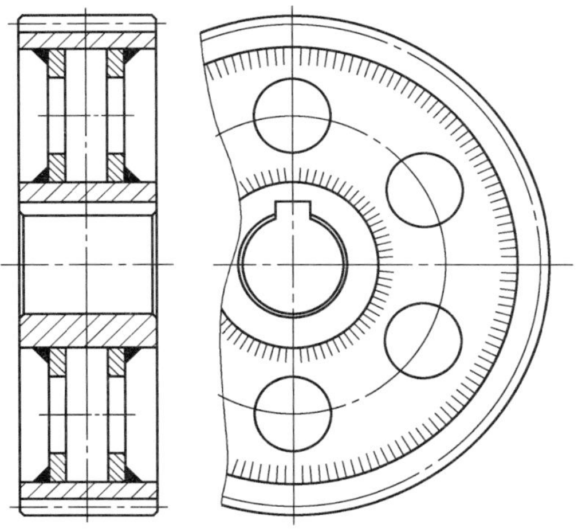

图 4.35　焊接齿轮

用尼龙等工程塑料模压出来的齿轮，也可参照实体式齿轮或腹板式齿轮的结构及尺寸进行结构设计。用夹布塑胶等非金属板材制造的齿轮组装结构如图 4.36(b)所示。

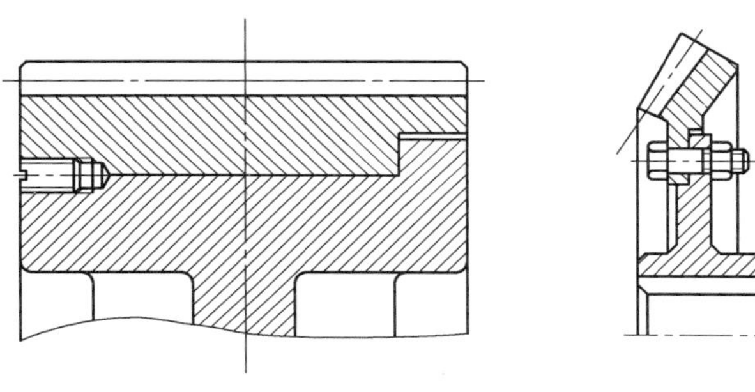

(a) 组装齿圈式的结构

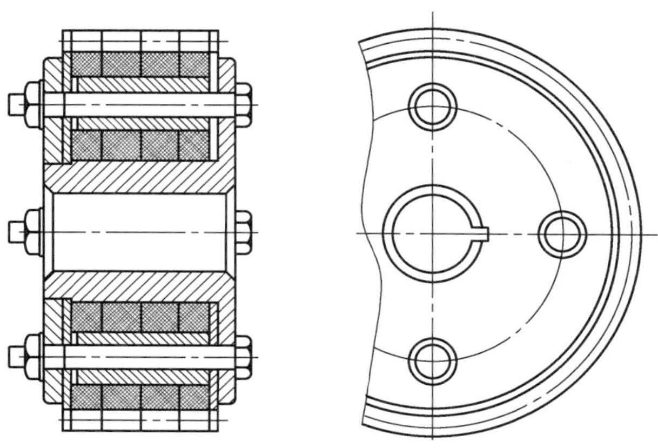

(b) 非金属板材制造的齿轮组装结构

图 4.36　组装齿轮

本章小结

本章主要介绍了齿轮传动的特点、材料及热处理、失效形式和计算准则，详细分析了直齿圆柱齿轮、斜齿圆柱齿轮和直齿锥齿轮的受力情况，并进行了接触疲劳强度和弯曲疲劳强度计算，同时对齿轮传动的效率、润滑及结构也作了简单说明。

习　题

1. 选择题

(1) 一般开式齿轮传动的主要失效形式是________。

A. 齿面胶合　　B. 齿面疲劳点蚀

C. 齿面磨损或轮齿疲劳折断　　D. 轮齿塑性变形

(2) 高速重载齿轮传动，当润滑不良时，最可能出现的失效形式是________。

A. 齿面胶合　　B. 齿面疲劳点蚀

C. 齿面磨损　　D. 轮齿疲劳折断

(3) 齿面硬度为56～62HRC的合金钢齿轮的加工工艺过程为________。

A. 齿坯加工→淬火→磨齿→滚齿　　B. 齿坯加工→淬火→滚齿→磨齿

C. 齿坯加工→滚齿→淬火→磨齿　　D. 齿坯加工→滚齿→磨齿→淬火

(4) 齿轮传动中齿面的非扩展性点蚀一般出现在________。

A. 跑合阶段　　B. 稳定性磨损阶段

C. 剧烈磨损阶段

(5) 对于开式齿轮传动，在工程设计中，一般________。

A. 按接触强度设计齿轮尺寸，再校核弯曲强度

B. 按弯曲强度设计齿轮尺寸，再校核接触强度

C. 只需按接触强度设计

D. 只需按弯曲强度设计

(6) 一对标准直齿圆柱齿轮，已知 $Z_1=18$，$Z_2=72$，则这对齿轮的接触应力________。

A. $\sigma_{H1}>\sigma_{H2}$　　B. $\sigma_{H1}<\sigma_{H2}$

C. $\sigma_{H1}=\sigma_{H2}$　　D. $\sigma_{H1}\leqslant\sigma_{H2}$

(7) 一对标准渐开线圆柱齿轮要正确啮合，它们的________必须相等。

A. 直径　　B. 模数

C. 齿宽　　D. 齿数

(8) 一对圆柱齿轮，常把小齿轮的宽度做得比大齿轮宽些，是为了________。

A. 使传动平稳　　B. 提高传动效率

C. 提高小轮的接触强度和弯曲强度　　D. 便于安装，保证接触线长

(9) 在直齿圆柱齿轮设计中，若中心距保持不变，而把模数增大，则可以________。

A. 提高齿面接触强度　　B. 提高轮齿的弯曲强度

C. 弯曲与接触强度均可提高　　D. 弯曲与接触强度均不变

(10) 若________，则齿面接触强度增大。

A. 模数不变，增多齿数　　B. 模数不变，减小中心距

C. 齿数不变，减小模数

(11) 轮齿弯曲强度计算中齿形系数与________无关。

A. 齿数　　B. 变位系数

C. 模数　　D. 斜齿轮的螺旋角

(12) 齿轮传动在________工况中的齿宽系数可取大些。

A. 悬臂布置　　B. 不对称布置

C. 对称布置

(13) 计算直齿锥齿轮传动强度时，是以________为计算依据的。

A. 大端当量直齿锥齿轮　　B. 齿宽中点处的直齿圆柱齿轮

C. 齿宽中点处的当量直齿圆柱齿轮　　D. 小端当量直齿锥齿轮

2. 思考题

(1) 齿轮传动有哪些主要优缺点？

(2) 轮齿的失效形式有哪些？闭式传动和开式传动的主要失效形式有哪些不同？其相应的设计准则是什么？

(3) 齿面点蚀通常发生在什么部位？如何提高抗点蚀的能力？

(4) 轮齿折断通常发生在什么部位？如何提高抗弯疲劳折断的能力？

(5) 齿面胶合通常发生在什么工况下？产生的原因是什么？可采取哪些预防措施？

(6) 软齿面和硬齿面的界限是如何划分的？设计中如何选择软、硬齿面？

(7) 齿轮传动中，为什么在软齿面的齿轮中，两齿面要有一定的硬度差？

(8) 什么是计算载荷？K_A、K_V、K_β 和 K_α 分别是考虑哪些影响因素引入的系数？

(9) 使用齿面接触疲劳强度设计公式和齿根弯曲疲劳强度设计公式计算得到的主要参数是什么？各应用在什么场合？

(10) 齿形系数 Y_{Fa} 与哪些因素有关？如两个齿轮的齿数和变位系数相同，而模数不同，齿形系数是否有变化？同一齿数的标准直齿圆柱齿轮、标准斜齿圆柱齿轮和标准直齿锥齿轮的齿形系数是否相同？为什么？

(11) 一对圆柱齿轮传动，小齿轮和大齿轮在啮合处的接触应力是否相等？如大、小齿轮的材料及热处理情况均相同，则其接触疲劳许用应力是否相等？如其接触疲劳许用应力相等，则大、小齿轮的接触疲劳强度是否相等？

(12) 一对圆柱齿轮传动，小齿轮和大齿轮的弯曲应力是否相等？如大、小齿轮的材料及热处理情况均相同，则其许用弯曲应力是否相等？如其许用弯曲应力相等，则大、小齿轮的弯曲疲劳强度是否相等？

3. 设计计算题

(1) 闭式双级斜齿圆柱齿轮减速器如图 4.37 所示，要求轴Ⅱ上的两齿轮产生的轴向力 F_{a2} 与 F_{a3} 相互抵消。设第一对齿轮的螺旋角 $\beta_1=15°$。

① 试确定第二对齿轮的螺旋角 β_2 及齿轮 3、齿轮 4 的螺旋线方向；

② 分析两处啮合点所受各力的方向。

(2) 图 4.38 所示为直齿锥齿轮和斜齿圆柱齿轮组成的二级减速装置，已知小锥齿轮 1 为主动轮，其转动方向如图所示。试求：

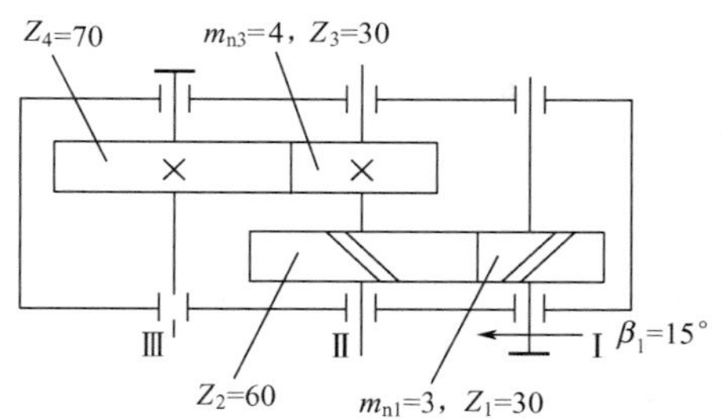

图 4.37　闭式双级斜齿圆柱齿轮减速器

① Ⅱ和Ⅲ轴的转向；

② 为有利于中间轴和轴承的受力，确定 3、4 齿轮的合理旋向；

③ 在图上标出锥齿轮 2 和斜齿轮 3 所受各力的方向。

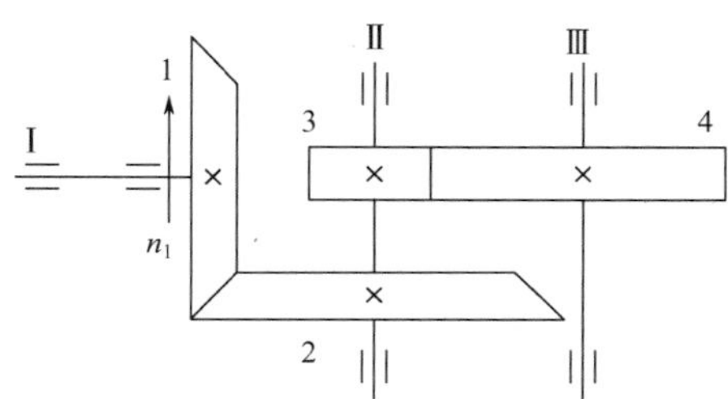

图 4.38　直齿锥齿轮和斜齿圆柱齿轮组成的二级减速装置

(3) 试设计提升机构上用的闭式直(斜)齿圆柱齿轮传动。已知：齿数比 u＝4.6，转速 n_1＝730r/min，传递功率 P_1＝10kW，双向传动，预期寿命 5 年，每天工作 16h，对称布置，原动机为电动机，载荷为中等冲击，大小齿轮材料均为 45 钢，小齿轮调质处理，大齿轮正火处理，齿轮精度等级为 8 级，可靠性要求一般。

(4) 试设计闭式双级圆柱齿轮减速器(图 4.37)中高速级斜齿圆柱齿轮传动。已知：传递功率 P_1＝20kW，转速 n_1＝1430r/min，齿数比 u＝4.3，单向传动，齿轮不对称布置，轴的刚性较小，载荷为轻微冲击，大、小齿轮材料均为 40Cr，表面淬火，齿面硬度为 48～55HRC，齿轮精度为 7 级，两班制工作，预期寿命 5 年，可靠性一般。

第5章 蜗杆传动

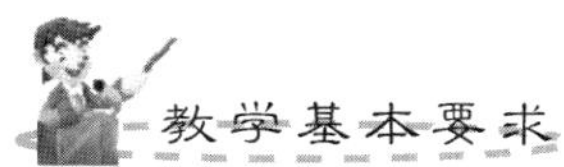

教学基本要求

1. 了解蜗杆传动的类型、特点，蜗轮蜗杆的结构和常用材料。
2. 掌握蜗杆传动的失效形式、设计准则及设计计算。
3. 了解蜗杆传动的效率及热平衡计算。

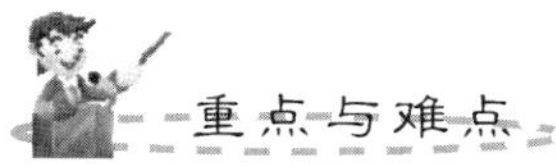

重点与难点

1. 蜗杆传动的失效形式及设计准则。
2. 蜗杆传动的受力分析及设计计算。

5.1 概　　述

蜗杆传动由蜗杆 1 和蜗轮 2 组成(图 5.1)，用于传递空间两交错轴之间的运动和动力，通常两轴交错角为 90°，一般以蜗杆为主动件做减速传动。如果蜗杆导程角较大，也可以用蜗轮为主动件做增速传动。蜗杆根据其螺旋线的旋向不同，有右旋和左旋之分，通常采用右旋蜗杆。蜗杆传动因具有传动比大、工作平稳、噪声小和蜗轮主动时可自锁等优点，得到了广泛的应用。

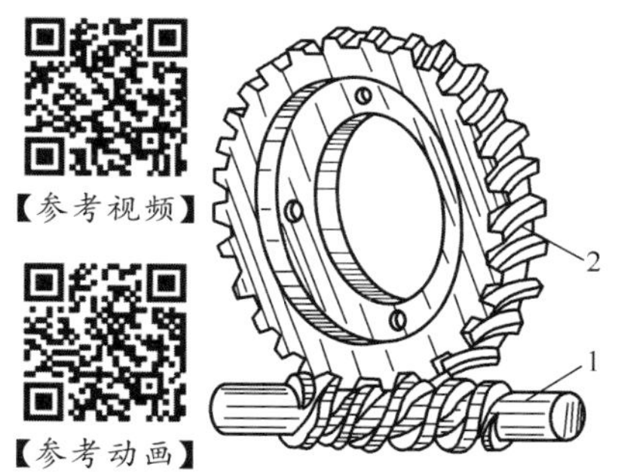

图 5.1　蜗杆传动

1—蜗杆；2—蜗轮

5.1.1　蜗杆传动的类型

按照蜗杆形状的不同，蜗杆传动可分为圆柱蜗杆传动［图 5.2(a)］、环面蜗杆传动［图 5.2(b)］和锥蜗杆传动［图 5.2(c)］。其中圆柱蜗杆传动在工程中应用最广。

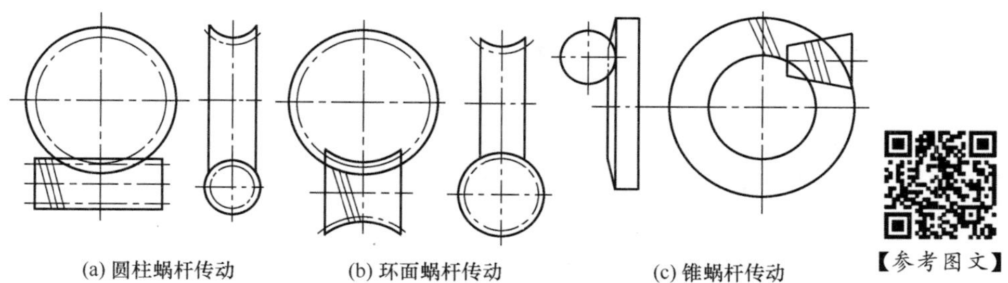

图 5.2 蜗杆传动的类型

圆柱蜗杆传动又分为普通圆柱蜗杆传动和圆弧齿圆柱蜗杆传动。普通圆柱蜗杆轴向截面上的齿形为直线(或近似为直线)，而圆弧齿圆柱蜗杆轴向截面上的齿形为内凹圆弧线。由于圆弧齿圆柱蜗杆传动的承载能力大，传动效率高，尺寸小，因此，目前动力传动的标准蜗杆减速器多采用圆弧齿圆柱蜗杆传动。普通圆柱蜗杆传动根据加工蜗杆时所用刀具及安装位置的不同，又可分为多种形式。根据不同的齿廓曲线，普通圆柱蜗杆可分为阿基米德蜗杆(ZA 蜗杆，如图 5.3 所示)、渐开线蜗杆(ZI 蜗杆，如图 5.4 所示)、法向直廓蜗杆(ZN 蜗杆，如图 5.5 所示)和锥面包络蜗杆(ZK 蜗杆，如图 5.6 所示)四种。其中阿基米德蜗杆传动最简单，也是认识其他蜗杆传动的基础。

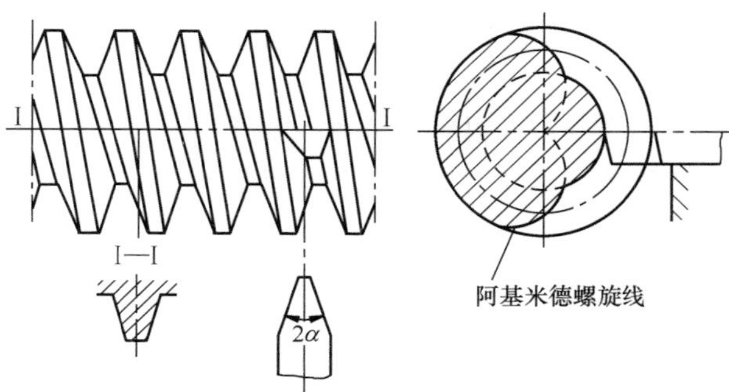

图 5.3 阿基米德蜗杆(ZA 蜗杆)

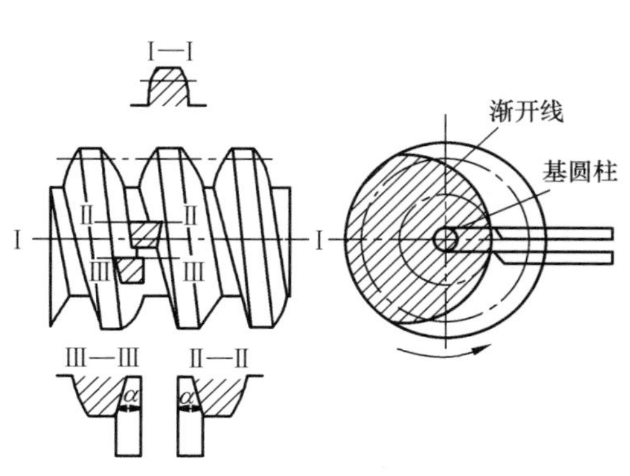

图 5.4 渐开线蜗杆(ZI 蜗杆)

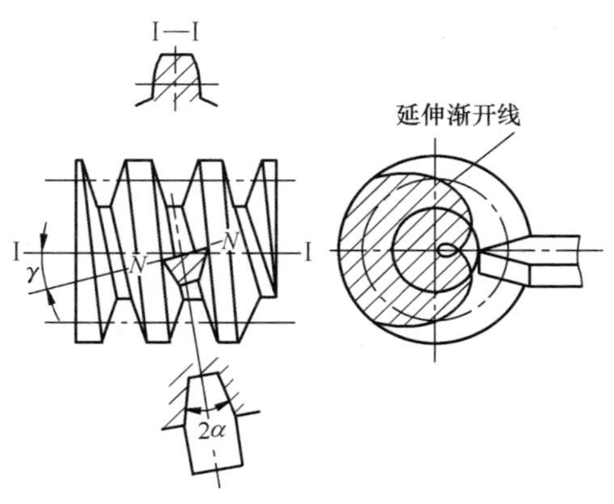

图 5.5 法向直廓蜗杆(ZN 蜗杆)

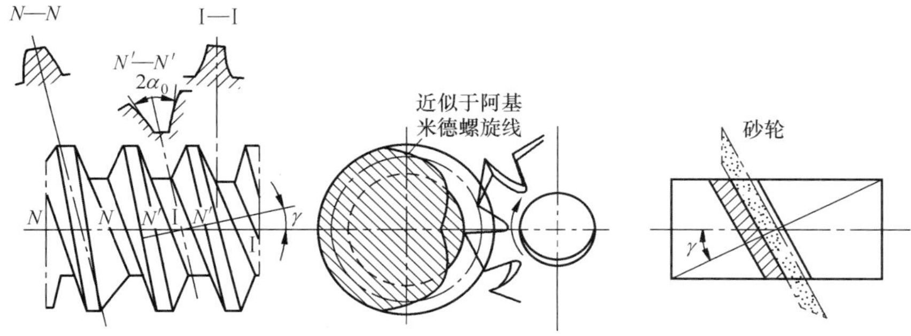

图 5.6 锥面包络蜗杆(ZK 蜗杆)

阿基米德蜗杆的螺旋齿由刀刃为直线的车刀车削而成。车制阿基米德蜗杆时，使刀刃顶平面通过蜗杆轴线，其轴面齿廓是直线，端面齿廓是阿基米德螺旋线。阿基米德蜗杆加工容易，但因不能磨削，所以难以获得高精度，一般用于低速、轻载或不太重要的传动。

加工渐开线蜗杆时，车刀刀刃顶平面切于蜗杆基圆柱。渐开线蜗杆端面齿廓为渐开线，切于基圆柱的轴向截面内时，齿形一侧为直线，另一侧为凸面曲线。该蜗杆可用滚铣刀滚铣，也可用平面砂轮磨削。

车制法向直廓蜗杆时，车刀刀刃置于垂直螺旋线的法向 N—N(图 5.5)内，切制出的蜗杆法向齿形为直边梯形，端面内的齿形为延伸渐开线。法向直廓蜗杆可用直母线砂轮磨齿。

锥面包络蜗杆采用直母线双锥面盘铣刀或砂轮置于蜗杆齿槽内加工制成，加工时盘铣刀或砂轮在蜗杆的法向内绕其轴线做回转运动，蜗杆做螺旋运动，这时铣刀或砂轮回转曲面的包络面即为蜗杆的螺旋齿面，在蜗杆的任意截面 N—N 及Ⅰ—Ⅰ(图 5.6)内，蜗杆的齿廓都是曲线。

5.1.2 蜗杆传动的特点

(1) 能实现大的传动比。在动力传动中，一般传动比 $i=10\sim80$；在分度机构或手动机构中，传动比可达 300；若只传递运动，传动比可达 1000。由于传动比大，零件数目又少，因而结构紧凑。

(2) 在蜗杆传动中，由于蜗杆齿是连续不断的螺旋齿，并且和蜗轮齿是逐渐进入啮合及逐渐退出啮合的，同时啮合的齿对又较多，因此冲击载荷小，传动平稳，噪声低。

(3) 当蜗杆的导程角小于啮合面的当量摩擦角时，蜗杆传动便具有自锁性。

(4) 蜗杆传动与螺旋齿轮传动相似，在啮合处有相对滑动。当滑动速度很大，工作条件较差时，会产生较严重的摩擦与磨损，从而引起过分发热，使润滑情况恶化。因此，蜗杆传动摩擦损失较大，效率低；当传动具有自锁性时，效率低于 0.5。

(5) 为了减轻齿面的磨损及防止胶合，蜗轮一般使用贵重的减摩材料制造，故成本高。

(6) 对制造和安装误差较敏感，安装时对中心距的尺寸精度要求较高。

5.1.3 普通圆柱蜗杆传动的精度

GB/T 10089—1988《圆柱蜗杆、蜗轮精度》对蜗杆、蜗轮和蜗杆传动规定了12个精度等级，1级精度最高，依次降低。与齿轮公差相仿，蜗杆、蜗轮和蜗杆传动的公差也分为三个公差组。

普通圆柱蜗杆传动的精度，一般以6～9级应用得最多。表5-1列出了6～9级精度等级的应用范围及蜗轮圆周速度。

表5-1 普通圆柱蜗杆传动的精度及应用

精度等级	蜗轮圆周速度 v_2/(m/s)	适用范围
6	>5	中等精度机床分度机构，发动机调节系统传动
7	$\leqslant 5$	中等精度、中等速度、中等功率减速器
8	$\leqslant 3$	不重要的传动，速度较低的间歇工作动力装置
9	$\leqslant 1.5$	一般手动、低速、间歇、开式传动

5.2 普通圆柱蜗杆传动的主要参数及几何尺寸计算

普通圆柱蜗杆传动中，通过蜗杆轴线并垂直于蜗轮轴线的平面称为蜗杆传动的中间平面。对于阿基米德蜗杆传动，在中间平面内，蜗杆相当于一个齿条，蜗轮的齿廓为渐开线。蜗轮与蜗杆的啮合就相当于渐开线齿轮与齿条的啮合，如图5.7所示。因此，蜗杆传动的设计计算都以中间平面为准。

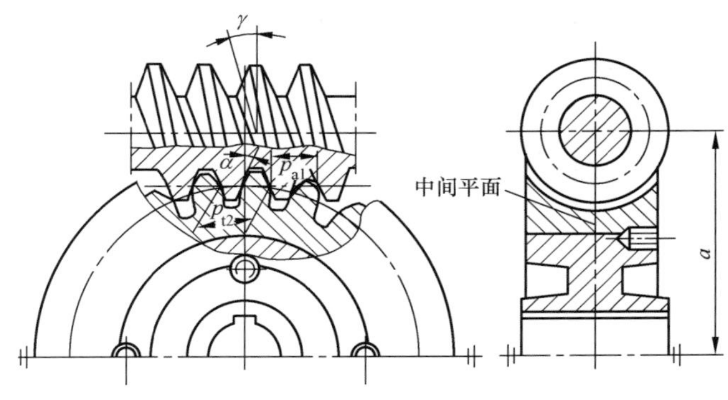

图5.7 普通圆柱蜗杆传动

5.2.1 普通圆柱蜗杆传动的主要参数及其选择

普通圆柱蜗杆传动的主要参数有模数m、压力角α、蜗杆的头数Z_1、蜗轮的齿数Z_2及蜗杆分度圆直径d_1等。进行蜗杆传动的设计时，首先要正确地选择参数。

1. 模数m和压力角α

由于中间平面为蜗杆的轴面和蜗轮的端面，因此蜗杆传动的正确啮合条件为

$$\left.\begin{aligned} m_{a1} &= m_{t2} = m \\ \alpha_{a1} &= \alpha_{t2} = \alpha \\ \gamma &= \beta \end{aligned}\right\} \tag{5.1}$$

式中，m_{a1}、α_{a1}——蜗杆的轴面模数和轴面压力角；

m_{t2}、α_{t2}——蜗轮的端面模数和端面压力角；

m——标准模数，见表 5-2；

γ——蜗杆的导程角；

β——蜗轮的螺旋角，γ 与 β 两者应大小相等，旋向相同。

阿基米德蜗杆的轴向压力角 $\alpha_a = 20°$ 为标准值，其余三种蜗杆的法向压力角 $\alpha_n = 20°$ 为标准值，蜗杆的轴向压力角与法向压力角的关系为

$$\tan\alpha_a = \frac{\tan\alpha_n}{\cos\gamma} \tag{5.2}$$

表 5-2　普通圆柱蜗杆基本尺寸和参数及其与蜗轮参数的匹配

中心矩 a/mm	模数 m/mm	分度圆直径 d_1/mm	蜗杆头数 Z_1	直径系数 q	$m^2 d_1$/mm^3	分度圆导程角 γ	蜗轮齿数 Z_2	变位系数 x_2
40 50	1	18	1	18.00	18	3°10′47″	62 82	0 0
40	1.25	20	1	16.00	31.25	3°34′35″	49	−0.500
50 63		22.4		17.92	35	3°11′38″	62 82	+0.040 +0.440
50	1.6	20	1	12.50	51.2	4°34′26″	51	−0.500
			2			9°05′25″		
			4			17°44′41″		
63 80		28	1		71.68	3°16′14″	61 82	+0.125 +0.250
40 (50) (63)	2	22.4	1	11.20	89.6	5°06′08″	29 (39) (51)	−0.100 (−0.100) (+0.400)
			2			10°07′29″		
			4			19°39′14″		
			6			28°10′43″		
80 100		35.5	1	17.75	142	3°13′28″	62 82	+0.125
50 (63) (80)	2.5	28	1	11.20	175	5°06′08″	29 (39) (53)	−0.100 (+0.100) (−0.100)
			2			10°07′29″		
			4			19°39′14″		
			6			28°10′43″		
100		45	1	18.00	281.25	3°10′47″	62	0

（续）

中心矩 a/mm	模数 m/mm	分度圆直径 d_1/mm	蜗杆头数 Z_1	直径系数 q	m^2d_1/mm^3	分度圆导程角 γ	蜗轮齿数 Z_2	变位系数 x_2
	3.15	35.5	1	11.27	352.25	5°04′15″		
63			2			10°03′48″	29	−0.1349
(80)			4			19°32′29″	(39)	(+0.2619)
(100)			6			28°01′50″	(53)	(−0.3889)
125		56	1	17.778	555.66	3°13′10″	62	−0.2063
	4	40	1	10.00	640	5°42′38″		
80			2			11°18′36″	31	−0.500
(100)			4			21°48′05″	(41)	(−0.500)
(125)			6			30°57′50″	(51)	(+0.750)
160		71	1	17.75	1136	3°13′28″	62	+0.125
100	5	50	1	10.00	1250	5°42′38″	31	−0.500
(125)			2			11°18′36″	(41)	(−0.500)
(160)			4			21°48′05″	(53)	(+0.500)
(180)			6			30°57′50″	(61)	(+0.500)
200		90	1	18.00	2250	3°10′47″	62	0
125	6.3	63	1	10.00	2500.47	5°42′38″	31	−0.6587
(160)			2			11°18′36″	(41)	(−0.1032)
(180)			4			21°48′05″	(48)	(−0.4286)
(200)			6			30°57′50″	(53)	(+0.2460)
250		112	1	17.778	4445.28	3°13′10″	61	+0.2937
160	8	80	1	10.00	5120	5°42′38″	31	−0.500
(200)			2			11°18′36″	(41)	(−0.500)
(225)			4			21°48′05″	(47)	(−0.375)
(250)			6			30°57′50″	(52)	(+0.250)

注：① 本表摘自 GB/T 10089—1988。

② 括号中的参数不适用于蜗杆头数 $Z_1=6$ 时。

2. 蜗杆的分度圆直径 d_1

在蜗杆传动中，为了保证蜗杆与配对蜗轮的正确啮合，常用与蜗杆具有同样直径和参数的蜗轮滚刀来加工与其配对的蜗轮。这样，只要有一种尺寸的蜗杆，就得有一种对应的蜗轮滚刀。对于同一模数，可以有很多不同直径的蜗杆，因而对每一模数就要配备很多蜗轮滚刀。显然，这样很不经济。为了限制蜗轮滚刀的数目及便于滚刀的标准化，就对每一标准模数规定了一定数量的蜗杆分度圆直径 d_1，而把比值

【参考视频】

$$q=\frac{d_1}{m} \tag{5.3}$$

称为蜗杆的直径系数。由于 d_1 与 m 值均为标准值，所以得出的 q 不一定是整数。

3. 蜗杆的头数 Z_1

蜗杆的头数 Z_1 通常为 1、2、4、6。当要求蜗杆传动具有大的传动比或蜗轮主动自锁时，取 $Z_1=1$，此时传动效率较低；当要求蜗杆传动具有较高的传动效率时，取 $Z_1=2$、4、6。一般情况下，蜗杆的头数 Z_1 可根据传动比按表 5－3 选取。

表 5－3　蜗杆头数选取

传动比 i	5～8	7～16	15～32	30～80
蜗杆头数 Z_1	6	4	2	1

4. 蜗轮的齿数 Z_2 和传动比 i_{12}

蜗轮的齿数主要由传动比来确定。蜗轮的齿数 $Z_2=i_{12}Z_1$。在蜗杆传动中，为了避免蜗轮轮齿发生根切，理论上应使 $Z_{2\min}\geqslant17$。但当 $Z_2<26$ 时，啮合区要显著减小，这将影响传动的平稳性，所以通常规定 $Z_{2\min}\geqslant28$。而当 $Z_2>80$ 时，由于蜗轮直径较大，蜗杆的支承跨度也相应增大，从而降低了蜗杆的刚度。故在动力蜗杆传动中，常取 $Z_2=28$～80。

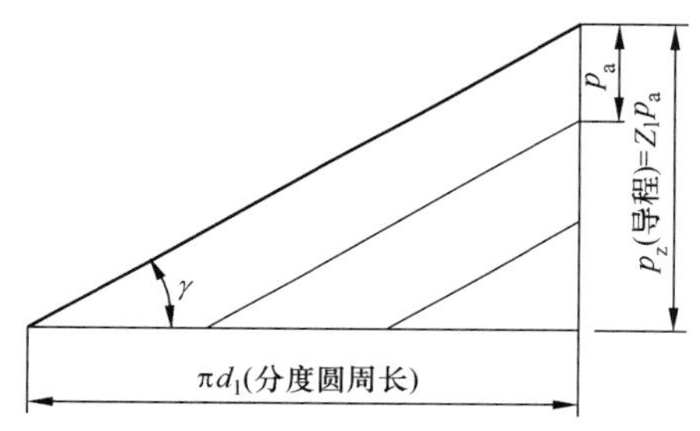

图 5.8　导程角与导程的关系

5. 蜗杆分度圆上的导程角 γ

蜗杆的直径系数 q 和蜗杆头数 Z_1 选定之后，蜗杆分度圆柱上的导程角 γ 也就确定了。由图 5.8 可知

$$\tan\gamma=\frac{p_z}{\pi d_1}=\frac{Z_1p_a}{\pi d_1}=\frac{Z_1m}{d_1}=\frac{Z_1}{q} \tag{5.4}$$

6. 蜗杆传动的标准中心距 a

蜗杆传动的标准中心距为

$$a=\frac{1}{2}(d_1+d_2)=\frac{1}{2}(q+Z_2)m \tag{5.5}$$

5.2.2　蜗杆传动的变位

为了配凑中心距或提高蜗杆传动的承载能力及传动效率，常采用变位蜗杆传动。变位方法与齿轮传动的变位方法相似，也是在切削时，通过利用刀具相对于蜗轮毛坯的径向位移来实现的。但是在蜗杆传动中，由于蜗杆的齿廓形状和尺寸要与加工蜗轮的滚刀形状与尺寸相同，因此为了保持刀具尺寸不变，蜗杆尺寸是不能变动的，因而只能对蜗轮进行变位。图 5.9 表示了几种变位情况(图中 a'、Z_2' 分别为变位后的中心距及蜗轮齿数，x_2 为蜗轮变位系数)。变位后，蜗轮的分度圆和节圆仍旧重合，只是蜗杆在中间平面上的节线有所改变，不再与其分度线重合。

蜗杆传动变位的目的一般为配凑中心距或配凑传动比，使之符合推荐值。图 5.9(b)所示为标准蜗杆传动，变位蜗杆传动根据传动使用场合的不同，可以在下述两种变位方式中选取一种。

(1) 变位前后，蜗轮的齿数不变($Z_2'=Z_2$)，蜗杆传动的中心距改变($a'\neq a$)，如图 5.9(a)和图 5.9(c)所示。其中心距为

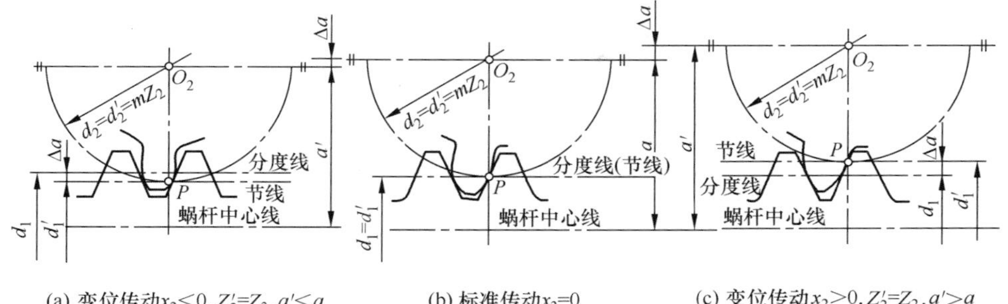

(a) 变位传动$x_2<0, Z_2'=Z_2, a'<a$　　(b) 标准传动$x_2=0$　　(c) 变位传动$x_2>0, Z_2'=Z_2, a'>a$

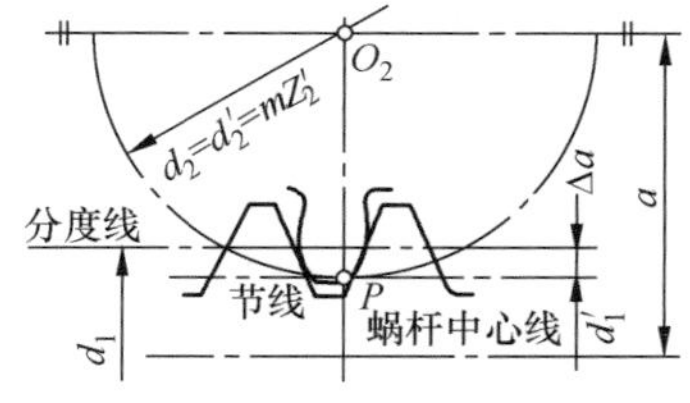

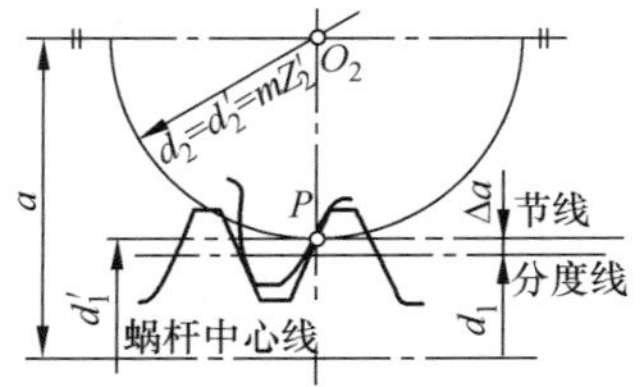

(d) 变位传动$x_2<0, a'=a, Z_2'>Z_2$　　(e) 变位传动$x_2>0, a'=a, Z_2'<Z_2$

图 5.9　蜗杆传动的变位

$$a'=a+x_2m=\frac{d_1+d_2+2x_2m}{2} \tag{5.6}$$

(2) 变位前后，蜗杆传动的中心距不变($a'=a$)，蜗轮的齿数变化($Z_2'\neq Z_2$)，如图 5.9(d)和图 5.9(e)所示。Z_2'的计算如下。

因
$$\frac{d_1+d_2+2x_2m}{2}=\frac{m}{2}(q+Z_2'+2x_2)=\frac{m}{2}(q+Z_2)$$

故
$$Z_2'=Z_2-2x_2$$

则
$$x_2=\frac{Z_2-Z_2'}{2} \tag{5.7}$$

5.2.3　普通圆柱蜗杆传动的几何尺寸计算

普通圆柱蜗杆传动的几何尺寸及其计算公式如图 5.10 和表 5-4 所示。

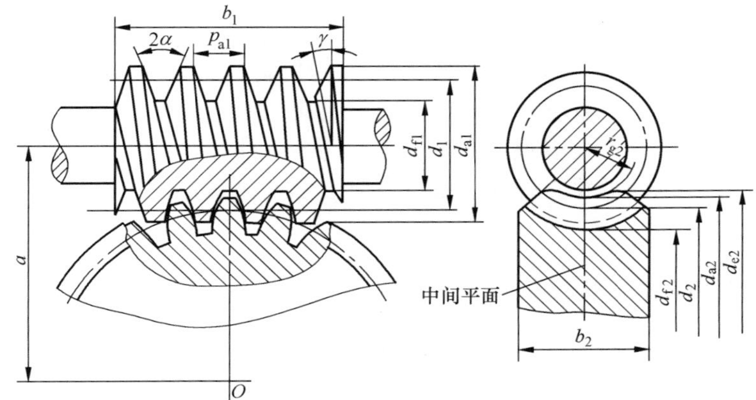

图 5.10　普通圆柱蜗杆传动的基本几何尺寸

表 5-4　蜗杆传动主要几何尺寸计算公式

名　称	代　号	计算公式
齿顶高	h_a	$h_a=h_a^* m=m(h_a^*=1)$
齿根高	h_f	$h_f=(h_a^*+c^*)m=1.2m(c^*=0.2)$
全齿高	h	$h=h_a+h_f=2.2m$
分度圆直径	d	d_1 由表 5-2 确定，$d_2=mZ_2$
齿顶圆直径	d_a	$d_{a1}=d_1+2h_a$，$d_{a2}=d_2+2h_a$
齿根圆直径	d_f	$d_{f1}=d_1-2h_f$，$d_{f2}=d_2-2h_f$
中心距	a	$a=(d_1+d_2)/2$
蜗轮咽喉母圆半径	r_{g2}	$r_{g2}=a-d_{a2}/2$
蜗轮外圆直径	d_{e2}	当 $Z_1=1$ 时，$d_{e2}\leqslant d_{a2}+2m$ 当 $Z_1=2$ 时，$d_{e2}\leqslant d_{a2}+1.5m$ 当 $Z_1=4$，6 时，$d_{e2}\leqslant d_{a2}+m$
蜗轮齿宽	b_2	当 $Z_1\leqslant 2$ 时，$b_2\leqslant 0.75d_{a1}$ 当 $Z_1>2$ 时，$b_2\leqslant 0.67d_{a1}$
蜗杆导程角	γ	$\tan\gamma=mZ_1/d_1$
蜗杆螺旋部分长度	b_1	当 $Z_1\leqslant 2$ 时，$b_1\geqslant(11+0.06Z_2)m$ 当 $Z_1>2$ 时，$b_1\geqslant(12.5+0.09Z_2)m$

5.3　圆柱蜗杆传动的失效形式、设计准则和材料选择

5.3.1　蜗杆传动的失效形式

与齿轮传动一样，蜗杆传动的失效形式也有轮齿折断、齿面点蚀、胶合及过度磨损等。由于蜗杆传动的相对滑动速度大、效率低、发热量大，因此其主要失效形式为轮齿的胶合、点蚀和磨损。但由于胶合和磨损尚未建立起简明而有效的计算方法，因此蜗杆传动目前常作齿面接触疲劳强度或齿根弯曲疲劳强度的条件性计算。

在蜗杆传动中，蜗轮的材料较弱，所以失效多发生在蜗轮轮齿上，故一般只对蜗轮轮齿进行承载能力计算。

5.3.2　蜗杆传动的设计准则

在开式传动中多发生齿面磨损和轮齿折断，因此应以保证齿根弯曲疲劳强度作为开式传动的主要设计准则。

在闭式传动中，蜗杆副多因齿面胶合或点蚀而失效。因此，通常是按蜗轮轮齿的齿面

接触疲劳强度进行设计，对 $Z_2 \geqslant 90$ 的蜗轮还应按蜗轮轮齿的齿根弯曲疲劳强度进行校核。此外，闭式蜗杆传动由于散热较困难，还应进行热平衡核算。

由上述蜗杆传动的失效形式可知，蜗杆、蜗轮的材料不仅要求具有足够的强度，更重要的是要具有良好的磨合和耐磨性能。

5.3.3 蜗杆传动的材料选择

针对蜗杆传动的主要失效形式，要求蜗杆蜗轮的材料组合具有良好的减摩性和耐磨性。对于闭式传动的材料，还要注意抗胶合性能，并满足强度要求。

蜗杆一般采用碳素钢或合金钢制造(表 5-5)，高速重载蜗杆常用 15Cr 或 20Cr，并经渗碳淬火，也可用 40 钢、45 钢或 40Cr 并经淬火。这样可以提高表面硬度，增加耐磨性。通常要求蜗杆淬火后的硬度为 40～55HRC，经氮化处理后的硬度为 55～62HRC。一般不太重要的低速中载的蜗杆，可采用 40 钢或 45 钢，并经调质处理，其硬度为 220～300HBW。

表 5-5 蜗杆材料及工艺要求

蜗杆材料	热处理	硬度	表面粗糙度/μm
40Cr、40CrNi、42SiMn、35CrMo	表面淬火	40～55HRC	1.6～0.80
20Cr、20CrMnTi、12CrNi3A	表面渗碳淬火	58～63HRC	1.6～0.80
45、40Cr、42CrMo、35SiMn	调质	<350HBW	6.3～3.2
38CrMoAlA、50CrV、35CrMo	表面渗氮	60～70HRC	3.2～1.6

常用的蜗轮材料为铸锡青铜(ZCuSn10P1、ZCuSn5Pb5Zn5)、铸铝铁青铜(ZCuAl10Fe3)及灰铸铁(HT150、HT200)等。铸锡青铜耐磨性最好，但价格较高，用于滑动速度 $v_s \geqslant 3\text{m/s}$ 的重要传动；铸铝铁青铜的耐磨性较锡青铜差一些，但价格较便宜，一般用于滑动速度 $v_s \leqslant 4\text{m/s}$ 的传动；如果滑动速度不高($v_s < 2\text{m/s}$)，可采用灰铸铁制造。

5.4 普通圆柱蜗杆传动承载能力计算

5.4.1 蜗杆传动的受力分析

蜗杆传动的受力分析和斜齿圆柱齿轮传动相似。为简化起见，受力分析时通常不考虑摩擦力的影响。

1. 力的大小

图 5.11 所示是以右旋蜗杆为主动件，并沿图示的方向旋转时，蜗杆螺旋面上的受力

情况。蜗杆与蜗轮啮合传动，轮齿间的相互作用力为法向力 F_n。它作用于法向截面内，如图 5.11(a)所示。法向力 F_n 分解为相互垂直的三个分力，即圆周力 F_{t1}、径向力 F_{r1} 和轴向力 F_{a1}。显然，在蜗杆和蜗轮间相互作用着 F_{t1} 和 F_{a2}、F_{a1} 和 F_{t2}、F_{r1} 和 F_{r2} 这三对大小相等、方向相反的力，如图 5.11(c)所示。

各力的大小分别为

$$F_{t1}=F_{a2}=\frac{2T_1}{d_1} \tag{5.8}$$

$$F_{a1}=F_{t2}=\frac{2T_2}{d_2} \tag{5.9}$$

$$F_{r1}=F_{r2}=F_{t2}\tan\alpha \tag{5.10}$$

$$F_n=\frac{F_{a1}}{\cos\alpha_n\cos\gamma}=\frac{F_{t2}}{\cos\alpha_n\cos\gamma}=\frac{2T_2}{d_2\cos\alpha_n\cos\gamma} \tag{5.11}$$

式中，T_1、T_2——作用在蜗杆和蜗轮上的公称转矩(N·mm)，$T_2=T_1 i_{12}\eta$，其中 i_{12} 为传动比，η 为蜗杆传动的效率；

d_1、d_2——蜗杆和蜗轮的分度圆直径(mm)。

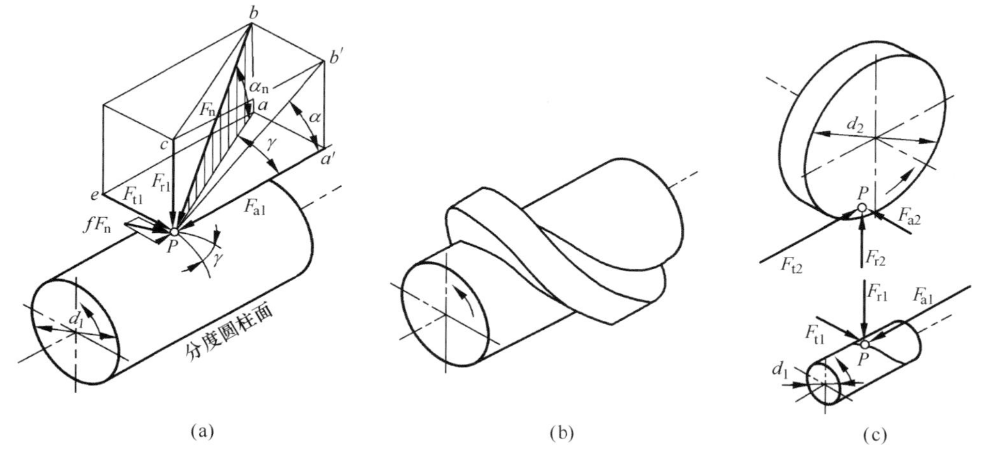

图 5.11 蜗杆传动的受力分析

2. 力的方向

蜗杆和蜗轮上各分力方向判别方法与斜齿轮传动相同。在确定各力的方向时，尤其需注意蜗杆所受轴向力方向的确定。因为轴向力的方向是由螺旋线的旋向和蜗杆的转向来决定的。右(左)旋蜗杆所受轴向力的方向可用右(左)手法则确定。所谓右(左)手法则，是指右(左)手握拳时，以四指所示的方向表示蜗杆的回转方向，则拇指伸直时所指的方向就表示蜗杆所受轴向力 F_{a1} 的方向。至于蜗杆圆周力 F_{t1} 的方向，总是与力作用点的线速度方向相反；径向力 F_{r1} 的方向则总是指向轴心，如图 5.11(b)和图 5.11(c)所示。关于蜗轮上各力的方向，可由图 5.11(c)所示的关系定出。

5.4.2 蜗杆传动的强度计算

由于材料和结构等因素，蜗杆螺旋齿的强度要比蜗轮轮齿的强度高，因而在强度计算中一般只计算蜗轮轮齿的强度。

1. 蜗轮齿面接触疲劳强度计算

蜗轮的齿面接触疲劳强度计算的原始公式仍来源于赫兹公式。接触应力 σ_H(MPa)为

$$\sigma_H=\sqrt{\frac{KF_n}{L_0\rho_\Sigma}}\cdot Z_E \tag{5.12}$$

式中，F_n——啮合齿面上的法向载荷(N)；

L_0——接触线总长(mm)；

K——载荷系数；

Z_E——材料的弹性系数（$MPa^{\frac{1}{2}}$），青铜或铸铁蜗轮与钢蜗杆配对时，取 $Z_E=160MPa^{\frac{1}{2}}$；

ρ_Σ——综合曲率半径。

将式(5.12)中的法向载荷 F_n用蜗轮分度圆直径 d_2(mm)与蜗轮转矩 T_2(N·mm)的关系式表示，再将 d_2、L_0、ρ_Σ等换算成中心矩 a(mm)的函数后，经过整理可得蜗轮齿面接触疲劳强度的校核公式为

$$\sigma_H=Z_EZ_\rho\sqrt{KT_2/a^3}\leqslant[\sigma_H] \tag{5.13}$$

式中，Z_ρ——蜗杆传动的接触线长度和曲率半径对接触强度的影响系数，简称接触系数，可从图5.12中查得。

K——载荷系数，$K=K_AK_VK_\beta$(其中 K_A为使用系数，查表5-6。K_V为动载荷系数，由于蜗杆传动一般较平稳，动载荷要比齿轮传动小得多，故 K_V值可取定如下：对于精确制造，并且蜗轮圆周速度 $v_2\leqslant3$m/s 时，取 $K_V=1.0\sim1.1$；$v_2>3$m/s 时，取 $K_V=1.1\sim1.2$。K_β为齿向载荷分布系数，当蜗杆传动在平稳载荷下工作时，载荷分布不均现象将由于工作表面良好的磨合而得到改善，此时可取 $K_\beta=1$；当载荷变化较大或有冲击振动时，可取 $K_\beta=1.3\sim1.6$)。

$[\sigma_H]$——蜗轮齿面的许用接触应力（MPa），见表5-7和表5-8。

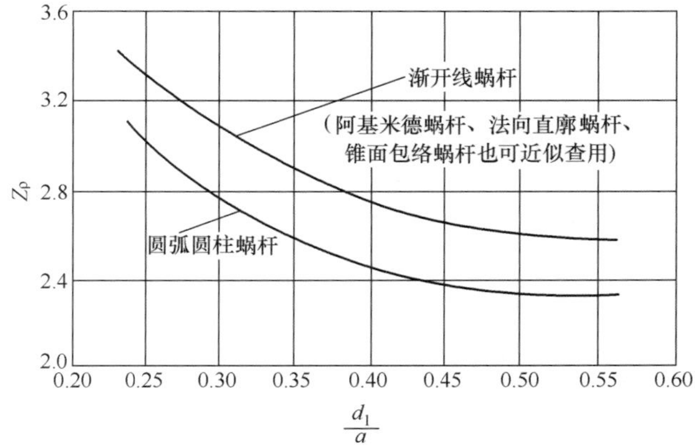

图5.12 圆柱蜗杆传动的接触系数 Z_ρ

表 5-6 使用系数 K_A

工作类型	Ⅰ	Ⅱ	Ⅲ
载荷性质	均匀、无冲击	不均匀、小冲击	不均匀、大冲击
每小时起动次数	<25	25~50	>50
起动载荷	—	较大	大
K_A	1	1.15	1.2

表 5-7 铸锡青铜蜗轮的基本许用接触应力 $[\sigma_H]'$ （单位：MPa）

蜗轮材料	铸造方法	蜗杆齿面硬度	
		≤45HRC	>45HRC
铸锡磷青铜 ZCuSn10P1	砂型铸造	150	180
	金属型铸造	220	268
铸锡锌铅青铜 ZCuSn5Pb5Zn5	砂型铸造	113	135
	金属型铸造	128	140

表 5-8 灰铸铁及铸铝铁青铜蜗轮的许用接触应力 $[\sigma_H]$ （单位：MPa）

蜗轮材料	蜗杆材料	滑动速度 v_s/(m/s)						
		<0.25	0.25	0.5	1	2	3	4
灰铸铁 HT150	20 钢或 20Cr 渗碳、淬火，45 钢淬火，齿面硬度大于 45HRC	206	166	150	127	95	—	—
灰铸铁 HT200		250	202	182	154	115	—	—
铸铝铁青铜 ZCuAl10Fe3		—	—	250	230	210	180	160
灰铸铁 HT150	45 钢或 Q275	172	139	125	106	79	—	—
灰铸铁 HT200		208	168	152	128	96	—	—

注：蜗杆未经淬火时，需将表中 $[\sigma_H]$ 值降低 20%。

当蜗轮材料为强度极限 $\sigma_b<300$MPa 的铸锡青铜时，因蜗轮主要为接触疲劳失效，故应先从表 5-7 中查出蜗轮的基本许用接触应力 $[\sigma_H]'$，再按 $[\sigma_H]=K_{HN}[\sigma_H]'$算出许用接触应力的值。式中 K_{HN}为接触强度的寿命系数，$K_{HN}=\sqrt[8]{\frac{10^7}{N}}$。其中，应力循环次数 $N=60jn_2L_h$（当 $N>25\times10^7$ 时，取 $N=25\times10^7$），此处 n_2 为蜗轮转速，单位为 r/min；L_h为工作寿命，单位为 h；j 为蜗轮每转一转每个轮齿啮合的次数。

若蜗轮材料为灰铸铁或高强度青铜($\sigma_b\geqslant300$MPa)，蜗杆传动的承载能力主要取决于齿面胶合强度。但因为目前尚无完善的胶合强度计算公式，所以采用接触疲劳强度计算是一种条件性计算，在查取蜗轮齿面的许用接触应力时，要考虑相对滑动速度的大小。由于胶合不属于疲劳失效，$[\sigma_H]$ 的值与应力循环次数 N 无关，因而可直接从表 5-8 中查出许用接触应力 $[\sigma_H]$ 的值。

从式(5.13)中可得到按蜗轮齿面接触疲劳强度条件设计计算的公式为

$$a \geqslant \sqrt[3]{KT_2\left(\frac{Z_E Z_\rho}{[\sigma_H]}\right)^2} \tag{5.14}$$

从式(5.14)算出蜗杆传动的中心距 a(mm)后，可根据预定的传动比 $i(Z_2/Z_1)$从表 5-2 中选择合适的 a 值，以及相应的蜗杆、蜗轮的参数。

2. 蜗轮齿根弯曲疲劳强度计算

在蜗轮齿数 $Z_2>90$ 或开式传动中，蜗轮轮齿常因弯曲强度不足而失效。在闭式蜗杆传动中通常只作弯曲强度的校核计算，但这种计算是必须进行的。因为校核蜗轮轮齿的弯曲强度不只是为了判别其弯曲断裂的可能性，对于承受重载的动力蜗杆副，蜗轮轮齿的弯曲变形量直接影响蜗杆副的运动平稳性精度。

由于蜗轮的形状较复杂，并且与中间平面平行的截面上的轮齿厚度是变化的，因此，蜗轮轮齿的弯曲疲劳强度难以精确计算，只能进行条件性的概略估算。按照斜齿圆柱齿轮的计算方法，经推导可得蜗轮齿根弯曲疲劳强度的校核公式为

【参考图文】

$$\sigma_F = \frac{1.53KT_2}{d_1 d_2 m} Y_{Fa2} Y_\beta \leqslant [\sigma_F] \tag{5.15}$$

将 $d_2 = mZ_2$ 代入式(5.15)并整理，得设计公式

$$m^2 d_1 \geqslant \frac{1.53KT_2}{Z_2[\sigma_F]} Y_{Fa2} Y_\beta \tag{5.16}$$

式中，$[\sigma_F]$——蜗轮的许用弯曲应力(MPa)，$[\sigma_F]=K_{FN}[\sigma_F]'$(其中 $[\sigma_F]'$为考虑齿根应力修正系数后的基本许用弯曲应力，见表 5-9；K_{FN}为寿命系数，$K_{FN}=\sqrt[9]{10^6/N}$，N 为应力循环次数，计算方法同前。当 $N>25\times10^7$时，取 $N=25\times10^7$；当 $N<10^5$时，取 $N=10^5$)。

Y_{Fa2}——齿形系数，按蜗轮当量齿数 $Z_{v2}=Z_2/\cos^3\gamma$ 及蜗轮的变位系数 x_2查图 5.13；

Y_β——螺旋角系数，$Y_\beta = 1-\gamma/140°$。

表 5-9　蜗轮材料的基本许用弯曲应力 $[\sigma_F]'$　(单位：MPa)

蜗轮材料		铸造方法	$[\sigma_F]'$	
			单侧工作	双侧工作
ZCuSn10P1		砂型铸造	40	29
		金属型铸造	56	40
ZCuSn5Pb5Zn5		砂型铸造	26	22
		金属型铸造	32	26
ZCuAl10Fe3		砂型铸造	80	57
		金属型铸造	90	64
灰铸铁	HT150	砂型铸造	40	28
	HT200	砂型铸造	48	34

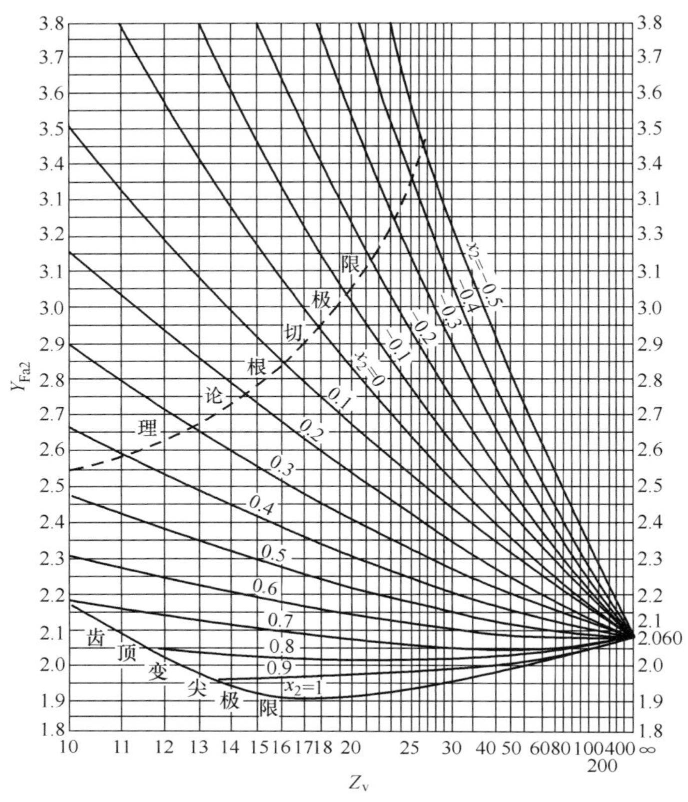

图 5.13 蜗轮齿形系数

5.4.3 蜗杆传动的刚度计算

蜗杆受力后如产生过大的变形，会造成轮齿上的载荷集中，影响蜗杆与蜗轮的正确啮合，所以蜗杆还需进行刚度校核。校核蜗杆的刚度时，通常把蜗杆螺旋部分看作以蜗杆齿根圆直径为直径的轴段，主要校核蜗杆的弯曲刚度，其最大挠度 y(mm)可按式(5.17)作近似计算，并得其刚度条件为

$$y=\frac{\sqrt{F_{t1}^2+F_{r1}^2}}{48EI}l^3\leqslant[y] \tag{5.17}$$

式中，y——蜗杆弯曲变形的最大挠度(mm)；

I——蜗杆危险截面的惯性矩(mm^4)，$I=\pi d_{f1}^4/64$，其中 d_{f1} 为蜗杆齿根圆直径(mm)；

E——蜗杆材料的拉、压弹性模量(MPa)，通常 $E=2.06\times10^5$ MPa；

l——蜗杆两端支承间的跨度(mm)，视具体结构而定，初步计算时可取 $l\approx0.9d_2$，其中 d_2 为蜗轮分度圆直径(mm)；

$[y]$——许用最大挠度值，$[y]=d_1/1000$，此处 d_1 为蜗杆分度圆直径(mm)。

5.5 蜗杆传动的相对滑动速度、效率及热平衡计算

5.5.1 蜗杆传动的相对滑动速度

蜗杆传动与螺旋传动相似，齿面相对滑动速度较大。齿面相对滑动速度(图5.14)为

$$v_s=\frac{v_1}{\cos\gamma}=\frac{\pi d_1 n_1}{60\times1000\cos\gamma} \tag{5.18}$$

式中，v_1——蜗杆分度圆的圆周速度(m/s)；

d_1——蜗杆分度圆直径(mm)；

n_1——蜗杆的转速(r/min)。

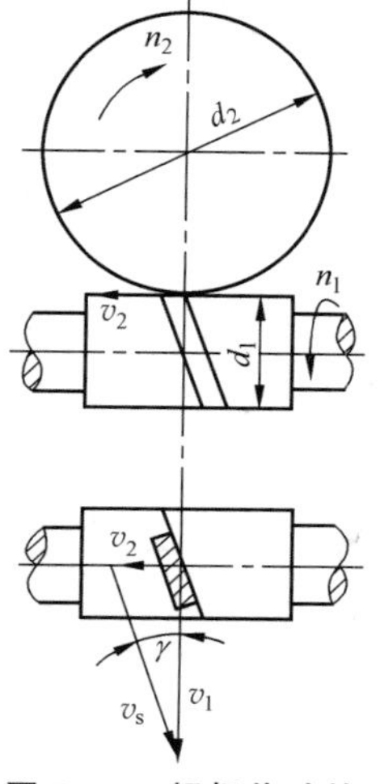

图5.14 蜗杆传动的相对滑动速度

5.5.2 蜗杆传动的效率

闭式蜗杆传动的功率损耗一般包括三部分，即啮合摩擦损耗、零件搅油时的溅油损耗和轴承摩擦损耗，因此总效率为

$$\eta=\eta_1\eta_2\eta_3 \tag{5.19}$$

式中，η_1、η_2、η_3——考虑啮合摩擦损耗、溅油损耗和轴承摩擦损耗的效率。

而蜗杆传动的总效率，主要取决于啮合摩擦损耗时的效率η_1。当蜗杆主动时，总效率为

$$\eta=(0.95\sim0.97)\frac{\tan\gamma}{\tan(\gamma+\rho_v)} \tag{5.20}$$

式中，γ——蜗杆导程角；

ρ_v——蜗杆与蜗轮轮齿齿面间的当量摩擦角，其值可根据滑动速度v_s由表5-10选取。

表5-10 圆柱蜗杆传动的 v_s、f_v、ρ_v

蜗轮齿圈材料	锡青铜				无锡青铜		灰铸铁			
蜗杆齿面硬度	≥45HRC		其他		≥45HRC		≥45HRC		其他	
滑动速度 v_s/(m/s)	f_v	ρ_v①	f_v	ρ_v	f_v	ρ_v①	f_v	ρ_v①	f_v	ρ_v
0.01	0.110	6°17′	0.120	6°51′	0.180	10°12′	0.180	10°12′	0.190	10°45′
0.05	0.090	5°09′	0.100	5°43′	0.140	7°58′	0.140	7°58′	0.160	9°05′
0.10	0.080	4°34′	0.090	5°09′	0.130	7°24′	0.130	7°24′	0.140	7°58′
0.25	0.065	3°43′	0.075	4°17′	0.100	5°43′	0.100	5°43′	0.120	6°51′
0.50	0.055	3°09′	0.065	3°43′	0.090	5°09′	0.090	5°09′	0.100	5°43′
1.0	0.045	2°35′	0.055	3°09′	0.070	4°00′	0.070	4°00′	0.090	5°09′

（续）

蜗轮齿圈材料	锡青铜				无锡青铜		灰铸铁			
蜗杆齿面硬度	≥45HRC		其他		≥45HRC		≥45HRC		其他	
滑动速度 $v_s/(m/s)$	f_v	ρ_v①	f_v	ρ_v	f_v	ρ_v①	f_v	ρ_v①	f_v	ρ_v
1.5	0.040	2°17′	0.050	2°52′	0.065	3°43′	0.065	3°43′	0.080	4°34′
2.0	0.035	2°00′	0.045	2°35′	0.055	3°09′	0.055	3°09′	0.070	4°00′
2.5	0.030	1°43′	0.040	2°17′	0.050	2°52′	—	—	—	—
3.0	0.028	1°36′	0.035	2°00′	0.045	2°35′	—	—	—	—
4.0	0.024	1°22′	0.031	1°47′	0.040	2°17′	—	—	—	—
5.0	0.022	1°16′	0.029	1°40′	0.035	2°00′	—	—	—	—
8.0	0.018	1°02′	0.026	1°29′	0.030	1°43′	—	—	—	—
10.0	0.016	0°55′	0.024	1°22′	—	—	—	—	—	—
15.0	0.014	0°48′	0.020	1°09′	—	—	—	—	—	—
24.0	0.013	0°45′	—	—	—	—	—	—	—	—

注：如滑动速度与表中数值不一致，可用插值法求得 f_v 和 ρ_v 值。

① 适用于蜗杆齿面经磨削或抛光，并仔细磨合、正确安装、采用黏度合适的润滑油进行充分润滑的情况。

当蜗杆为主动件时，蜗杆传动的效率可由表 5-11 近似选取。当蜗轮主动具有自锁性时，其正行程传动效率 $\eta<0.5$。

表 5-11　蜗杆传动的效率

蜗杆头数 Z_1	1	2	4	6
传动效率 η	0.7～0.8	0.8～0.86	0.86～0.91	0.90～0.92

注：当蜗杆转速高，齿面相对滑动速度大时，η 取较大值；反之，取较小值。

5.5.3　蜗杆传动的热平衡计算

由于蜗杆传动的效率低，因此工作时发热量大，在闭式传动中，如果产生的热量不能及时散逸，将因油温不断升高而使润滑油稀释，从而增大摩擦损失，甚至发生胶合破坏。因此，对于连续运转的动力蜗杆传动，还应进行热平衡计算，以保证油温处于规定的范围内。

在热平衡状态下，蜗杆传动单位时间内由摩擦功耗产生的热量等于箱体散发的热量，即

$$1000P(1-\eta)=K_sA(t_i-t_0)$$

$$t_i=\frac{1000P(1-\eta)}{K_sA}+t_0 \tag{5.21}$$

式中，P——蜗杆传递的功率(kW)；

K_s——箱体表面散热系数[W/(m² · ℃)]，可取 $K_s=8.15\sim17.45$W/(m² · ℃)，当周围空气流通良好时，取偏大值；

t_0——周围空气温度(℃)，常温可取 20℃；

t_i——热平衡时油的工作温度(℃)，一般限制在60～70℃，最高不超过80℃；

η——传动效率；

A——箱体有效散热面积(m^2)，即箱体外壁与空气接触而内壁被油飞溅到的箱体表面积。

若传动温升过高，在$t>80$℃时，说明有效散热面积不足，则需采取措施，以增大蜗杆传动的散热能力，常用方法有以下三种。

(1) 增加散热面积。采用在箱体外加散热片的方法，散热片表面积按总面积的50%计算，如图5.15所示。

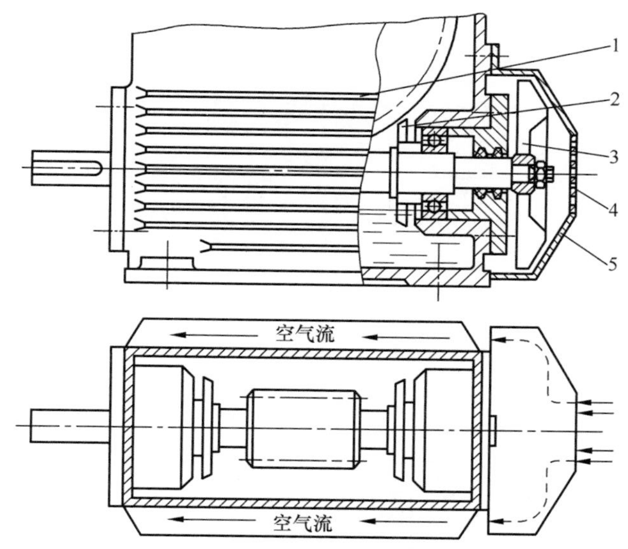

图5.15　加散热片和风扇的蜗杆传动

1—散热片；2—溅油轮；3—风扇；4—过滤网；5—集气罩

(2) 在蜗杆的端部加装风扇(图5.15)，加速空气流通，提高散热效率。

(3) 在传动箱内装循环冷却管路，如图5.16所示。

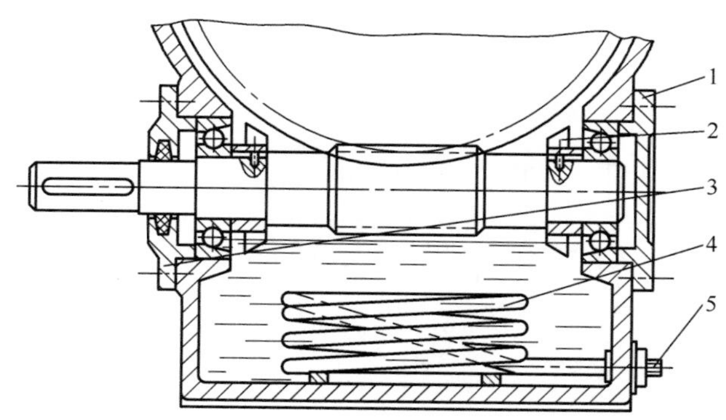

图5.16　装有循环冷却管路的蜗杆传动

1—闷盖；2—溅油轮；3—透盖；4—蛇形管；5—冷却水出、入接口

5.5.4 蜗杆传动的润滑

润滑对于蜗杆传动来说，具有特别重要的意义。因为当润滑不良时，传动效率将显著降低，并且会带来剧烈的磨损和产生胶合破坏的危险，所以往往采用黏度大的矿物油进行良好的润滑，在润滑油中还常加入添加剂，以提高抗胶合能力。

蜗杆传动所采用的润滑油、润滑方法及润滑装置与齿轮传动基本相同。

1. 润滑油

润滑油的种类很多，需根据蜗杆、蜗轮配对材料和运转条件合理选用。在钢蜗杆配青铜蜗轮时，常用的润滑油见表 5－12，也可参照有关资料进行选取。

表 5－12 蜗杆传动常用润滑油

CKE 轻负荷蜗轮蜗杆油	220	320	460	680
运动黏度 γ_{40}/cSt	198～242	288～352	414～506	612～748
闪点(开口)/℃	≥180			
倾点/℃	≥−6			

注：1. 其余指标参看 SH/T 0094—1991。
2. 1cSt＝10^{-6} m^2/s。

2. 润滑油黏度及给油方法

润滑油黏度及给油方法，一般根据相对滑动速度及载荷类型进行选择。对于闭式传动，常用的润滑油黏度及给油方法见表 5－13；对于开式传动，则采用黏度较高的齿轮油或润滑脂。

表 5－13 蜗杆传动的润滑油黏度荐用值及给油方法

蜗杆传动的相对滑动速度 v_s/(m/s)	0～1	0～2.5	0～5	＞5～10	＞10～15	＞15～25	＞25
载荷类型	重	重	中	(不限)	(不限)	(不限)	(不限)
运动黏度 γ_{40}/cSt	900	500	350	220	150	100	80
给油方法	油池润滑			喷油润滑或油池润滑	喷油润滑时的喷油压力/MPa		
					0.7	2	3

如果采用喷油润滑，喷油嘴要对准蜗杆啮入端。蜗杆正反转时，两边都要装有喷油嘴，而且要控制一定的油压。

3. 润滑油量

闭式蜗杆传动采用油池润滑时，在搅油损耗不致过大的情况下，应有适当的油量。这样不仅有利于动压油膜的形成，而且有助于散热。蜗杆下置式传动或蜗杆侧置式传动，浸油深度应为蜗杆的一个齿高；蜗杆上置式传动，浸油深度约为蜗轮外径的 1/3。

5.6 圆柱蜗杆和蜗轮的结构

5.6.1 蜗杆的结构

由于蜗杆螺旋部分的直径不大，因此通常和轴做成一体，称为蜗杆轴，其结构形式如图 5.17 所示。其中图 5.17(a)所示结构无退刀槽，加工螺旋部分时只能用铣制的办法；图 5.17(b)所示结构有退刀槽，螺旋部分可以车制，也可以铣制，但这种结构的刚度比前一种差。当蜗杆螺旋部分的直径较大时，可以将蜗杆与轴分开制作。

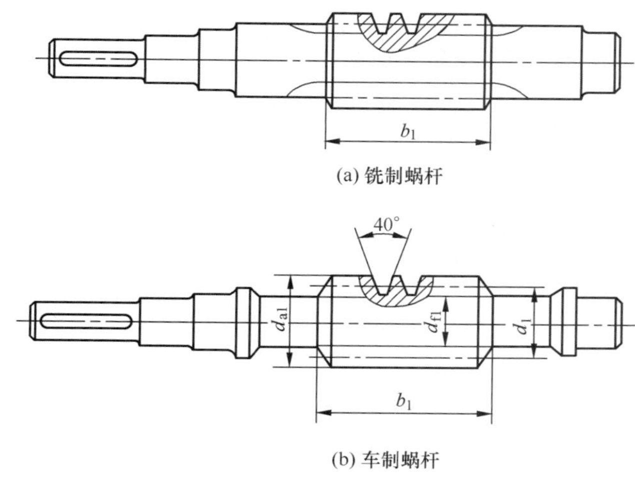

(a) 铣制蜗杆

(b) 车制蜗杆

图 5.17 蜗杆的结构

5.6.2 蜗轮的结构

蜗轮的结构形式取决于蜗轮所用的材料和蜗轮的尺寸大小。常用的结构形式有以下几种。

(1) 整体式［图 5.18(a)］：主要用于铸铁蜗轮或尺寸很小的青铜蜗轮。

(2) 齿圈式：为了节约贵重有色金属，尺寸较大的蜗轮通常采用组合式结构，即齿圈用有色金属制造，而轮芯用钢或铸铁制造，采用过盈连接［图 5.18(b)］、螺栓连接［图 5.18(c)］、拼铸［图 5.18(d)］等方式将其组合到一起。

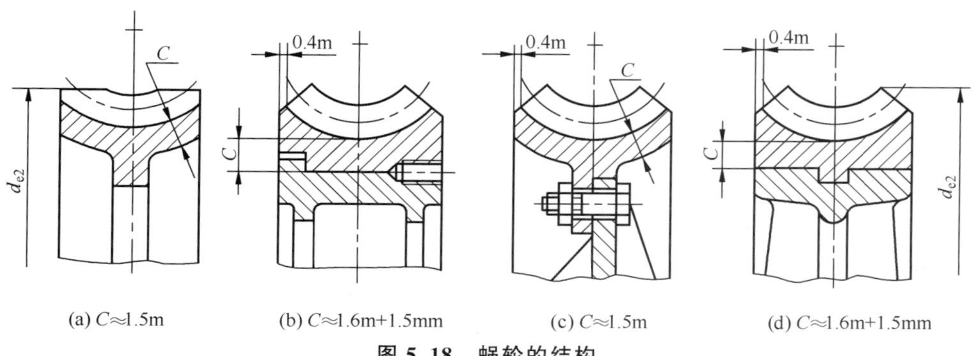

(a) $C\approx1.5m$　(b) $C\approx1.6m+1.5mm$　(c) $C\approx1.5m$　(d) $C\approx1.6m+1.5mm$

图 5.18 蜗轮的结构

【例 5.1】 试设计一个由电动机驱动的阿基米德单级闭式蜗杆减速器。已知电动机功率 $P_1=8.5\text{kW}$，转速 $n_1=1440\text{r/min}$，传动比 $i_{12}=21$，载荷较平稳，但有不大的冲击，单向传动，工作寿命 12000h。

解： 设计步骤如下。

计算与说明	主要结果
1. 选择蜗杆类型、材料和精度等级 1)类型选择 根据题目要求，选用阿基米德蜗杆传动。 2)材料选择 根据表 5-5 蜗杆选用 40Cr，表面淬火处理，表面硬度 40～55HRC。 查表 5-7 蜗轮选用 ZCuSn10P1，金属型铸造。 3) 精度选择 查表 5-1，选 8 级精度。	选用阿基米德蜗杆传动 蜗杆选用 40Cr，表面淬火处理，齿面硬度 40～55HRC 蜗轮选用 ZCuSn10P1，金属型铸造 8 级精度
2. 按齿面接触疲劳强度设计 由式(5.14)得，中心矩 a 为 $$a\geqslant\sqrt[3]{KT_2\left(\frac{Z_E Z_\rho}{[\sigma_H]}\right)^2}$$ 1)确定公式中的参数 (1)初选蜗杆头数 Z_1。 由传动比 $i_{12}=21$，查表 5-3，取 $Z_1=2$。	$Z_1=2$
(2)传动效率 η。 查表 5-11，由 $Z_1=2$，闭式传动，估取效率 $\eta=0.83$。	$\eta=0.83$
(3)计算作用在蜗轮上的转矩 T_2。 $$T_2=i_{12}\eta T_1=i_{12}\eta\frac{9.55\times10^6 P_1}{n_1}=\left(21\times0.83\times\frac{9.55\times10^6\times8.5}{1440}\right)\text{N}\cdot\text{mm}$$ $\approx98.26\times10^4\text{N}\cdot\text{mm}$	$T_2\approx982600\text{N}\cdot\text{mm}$
(4)确定载荷系数 K。 由表 5-6 选取使用系数 $K_A=1.15$；由于转速不高，冲击不大，可取动载荷系数 $K_V=1.1$；因为载荷较平稳，所以取载荷分布系数 $K_\beta=1$，则 $K=K_A K_V K_\beta=1.15\times1\times1.1\approx1.27$	$K\approx1.27$
(5)材料系数 Z_E。 青铜或铸铁蜗轮与钢蜗杆配对时，取 $Z_E=160\text{MPa}^{\frac{1}{2}}$。	$Z_E=160\text{MPa}^{\frac{1}{2}}$
(6)接触系数 Z_ρ。 假设蜗杆分度圆直径 d_1 和中心距 a 之比 $d_1/a=0.35$，查图 5.12 得，$Z_\rho=2.9$。	$Z_\rho=2.9$
(7)确定许用接触应力。 蜗轮材料的基本许用应力：查表 5-7，$[\sigma_H]'=268\text{MPa}$	$[\sigma_H]'=268\text{MPa}$
应力循环次数为 $$N=60jn_2L_h=60\times1\times\frac{1440}{21}\times12000\approx4.937\times10^7$$	$N\approx4.937\times10^7$
寿命系数为 $$K_{HN}=\sqrt[8]{\frac{10^7}{N}}=\sqrt[8]{\frac{10^7}{4.937\times10^7}}\approx0.819$$	$K_{HN}\approx0.819$

（续）

计算与说明	主 要 结 果
许用接触应力为 $[\sigma_H]=K_{HN}[\sigma_H]'=0.819\times268\text{MPa}\approx219.5\text{MPa}$	$[\sigma_H]\approx219.5\text{MPa}$
2)设计计算 (1)计算中心距。 $a\geqslant\sqrt[3]{KT_2\left(\frac{Z_E Z_\rho}{[\sigma_H]}\right)^2}\geqslant\sqrt[3]{1.27\times98.26\times10^4\left(\frac{160\times2.9}{219.5}\right)^2}\text{mm}\approx177\text{mm}$ 取 $a=200\text{mm}$。	$a=200\text{mm}$
(2)初选模数、蜗杆分度圆直径、分度圆导程角。 根据 $a=200\text{mm}$，$i_{12}=21$。 查表5-2，取 $m=8\text{mm}$，$d_1=80\text{mm}$，$\gamma=11°18'36''$。 (3)确定接触系数 Z_ρ。 根据 $d_1/a=80/200=0.4$，查图5.12得，$Z_\rho''=2.74$。 由于 $Z_\rho''=2.74<Z_\rho=2.9$，因此以上计算结果可用，满足齿面接触疲劳强度的要求。	$m=8\text{mm}$ $d_1=80\text{mm}$ $\gamma=11°18'36''$ $Z_\rho=2.74$
3. 热平衡计算 (1)计算滑动速度。 $v_s=\frac{\pi d_1 n_1}{60\times1000\cos\gamma}=\frac{\pi\times80\times1440}{60\times1000\times\cos11°18'36''}\text{m/s}\approx6.15\text{m/s}$	$v_s=6.15\text{m/s}$
(2)当量摩擦角 ρ_v。 查表5-10，$\rho_v=1°16'$	$\rho_v=1°16'$
(3)计算啮合效率 η_1。 $\eta_1=\frac{\tan\gamma}{\tan(\gamma+\rho_v)}=\frac{\tan11°18'36''}{\tan(11°18'36''+1°16')}\approx0.90$	$\eta_1=0.90$
(4)传动效率。 $\eta=(0.95\sim0.97)\eta_1=(0.95\sim0.97)\times0.9=0.855\sim0.873$，取 $\eta=0.87$。	$\eta=0.87$
(5)求散热面积。 根据式(5.21)，得 $A=\frac{1000P(1-\eta)}{K_s(t_i-t_0)}$ 取 $t_0=20℃$，$t_i=70℃$，$K_s=13\text{W}/(\text{m}^2\cdot℃)$ 所需散热面积 $A=\frac{1000P(1-\eta)}{K_s(t_i-t_0)}=\frac{1000\times8.5\times(1-0.87)}{13\times(70-20)}\text{m}^2\approx1.7\text{m}^2$	$A\approx1.7\text{m}^2$
4. 主要几何尺寸计算 查表5-2，得 $m=8\text{mm}$，$d_1=80\text{mm}$，$\gamma=11°18'36''$，$Z_1=2$，$Z_2=41$，$x_2=-0.5$。 1)蜗杆 (1)齿数 $Z_1=2$。 (2)分度圆直径 $d_1=80\text{mm}$。 (3)齿顶圆直径 $d_{a1}=d_1+2h_{a1}=(80+2\times8)\text{mm}=96\text{mm}$。 (4)齿根圆直径 $d_{f1}=d_1-2h_{f1}=(80-2\times1.2\times8)\text{mm}=60.8\text{mm}$。	$d_1=80\text{mm}$ $d_{a1}=96\text{mm}$ $d_{f1}=60.8\text{mm}$

（续）

计算与说明	主要结果
(5)蜗杆的分度圆导程角 $\gamma=11°18'36''$。	$\gamma=11°18'36''$
2)蜗轮	
(1)齿数 $Z_2=41$。	$Z_2=41$
(2)变位系数 $x_2=-0.5$。	$x_2=-0.5$
(3)验算传动比误差。	
传动比 $i=Z_2/Z_1=41/2=20.5$	$i=20.5$
传动比相对误差 $\left\lvert\dfrac{21-20.5}{21}\right\rvert\approx2.38\%<5\%$，在允许范围内。	
(4)蜗轮分度圆直径 $d_2=mZ_2=8\times41\text{mm}=328\text{mm}$。	$d_2=328\text{mm}$
(5)蜗轮齿顶圆直径 $d_{a2}=d_2+2h_{a2}=[328+2\times8\times(1-0.5)]\text{mm}=336\text{mm}$。	$d_{a2}=336\text{mm}$
(6)齿根圆直径 $d_{f2}=d_2-2h_{f2}=[328-2\times8\times(1.2+0.5)]\text{mm}=300.8\text{mm}$。	$d_{f2}=300.8\text{mm}$ $\beta=11°18'36''$
(7)蜗轮螺旋角 $\beta=11°18'36''$。	
其余几何尺寸计算从略	
5. 校核齿根弯曲疲劳强度(略)	
6. 绘制工作图(略)	

本 章 小 结

本章主要介绍了蜗杆传动几何参数的计算及选择方法，蜗杆传动的失效形式及设计准则，蜗杆传动的受力分析及强度计算，蜗杆传动的效率及热平衡计算。本章重点是蜗杆传动的受力分析、强度计算、热平衡计算及蜗杆传动的设计方法。本章对蜗杆蜗轮结构设计也进行了说明。

习 题

1. 选择题

(1) 阿基米德蜗杆的________模数，应符合标准数值。

A. 法向　　B. 端面　　C. 轴面

(2) 与齿轮传动相比较，________不能作为蜗杆传动的优点。

A. 传动平稳，噪声小　　B. 传动效率高

C. 可产生自锁　　D. 传动比大

(3) 蜗杆传动的当量摩擦因数随齿面滑动速度的增大而________。

A. 增大　　B. 减小

C. 不变　　D. 可能增大也可能减小

(4) 对闭式蜗杆传动进行热平衡计算，其主要目的是防止温升过高导致________。

A. 材料的力学性能下降　　B. 蜗杆热变形过小

C. 润滑条件恶化而产生胶合

(5) 计算蜗杆传动的传动比时，公式________是错误的。

A. $i=\omega_1/\omega_2$　　B. $i=n_1/n_2$

C. $i=Z_2/Z_1$　　D. $i=d_2/d_1$

(6) 蜗杆传动中较理想的材料组合是________。

A. 钢和铸铁　　B. 钢和青铜

C. 钢和钢　　D. 钢和铝合金

(7) 为了减少蜗轮滚刀型号，有利于刀具标准化，规定________为标准值。

A. 蜗轮齿数　　B. 蜗轮分度圆直径

C. 蜗杆头数　　D. 蜗杆分度圆直径

2. 思考题

(1) 蜗杆传动的失效形式及设计准则是什么？

(2) 阿基米德蜗杆传动正确啮合的条件是什么？

(3) 闭式蜗杆传动为什么要进行热平衡计算？如热平衡不能满足要求，应采用什么措施？

(4) 蜗杆传动为什么效率低？影响蜗杆传动效率的主要因素有哪些？

3. 设计计算题

(1) 如图 5.19 所示，蜗杆主动，$T_1=20\text{N}\cdot\text{m}$，$m=4\text{mm}$，$Z_1=2$，$d_1=50\text{mm}$，蜗轮齿数 $Z_2=50$，传动的啮合效率 $\eta=0.75$，试确定：

① 蜗轮的转向；

② 蜗杆和蜗轮上作用力的大小和方向。

(2) 图 5.20 所示为蜗杆传动与锥齿轮传动的组合。已知输出轴上的锥齿轮 Z_4 的转向。

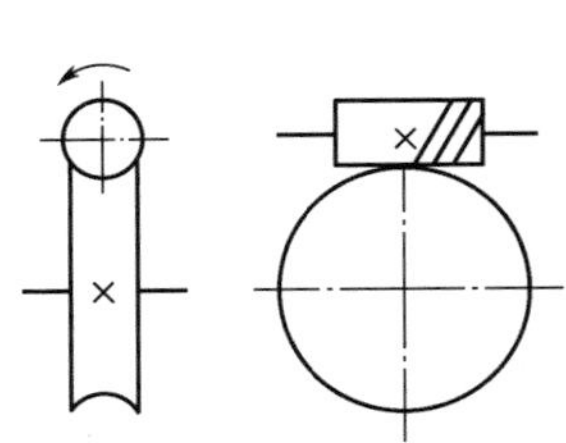

图 5.19　蜗杆传动

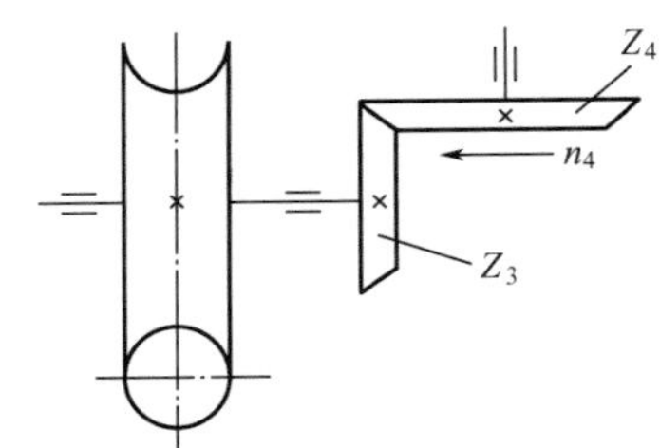

图 5.20　蜗杆与锥齿轮传动

① 欲使中间轴上的轴向力能部分抵消，试确定蜗杆传动的螺旋线方向和蜗杆的转向；

② 在图中标出各轮轴向力的方向。

(3) 设计用于带式运输机的单级蜗杆传动。已知蜗轮需传递转矩 $T_2=1000\text{N}\cdot\text{m}$，蜗杆转速 $n_1=1460\text{r/min}$，传动比 $i=20$，工作载荷较平稳，单向连续运转。要求润滑情况良好，寿命 15000h。

第6章 轴和轴毂连接

1. 了解轴的功用、类型及材料。
2. 掌握轴的结构设计。
3. 掌握轴的失效形式及设计计算。
4. 了解轴毂连接的类型，掌握键连接的失效形式、设计准则及强度计算。

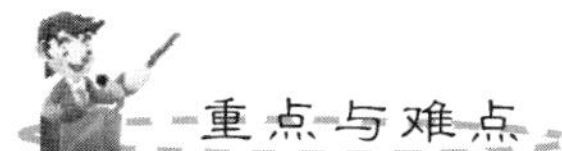

1. 轴的结构设计及强度计算。
2. 平键连接的失效形式、设计准则及强度计算。

6.1 概　　述

6.1.1 轴的功用和分类

轴是机器中的重要零件之一，用来支承旋转的机械零件，如齿轮、蜗轮、带轮等，并传递运动和动力。

根据承受载荷的不同，轴可分为转轴、心轴和传动轴三种。转轴既传递转矩又承受弯矩，如齿轮减速器中的轴(图 6.1)。心轴则只承受弯矩而不传递转矩，如铁路车辆的轴(图 6.2)、自行车的前轴(图 6.3)。传动轴只传递转矩而不承受弯矩或弯矩很小，如汽车的传动轴(图 6.4)。

按轴线的形状，轴还可分为直轴(图 6.1～图 6.4)、曲轴(图 6.5)和挠性钢丝轴(图 6.6)。直轴根据外形的不同，可分为光轴和阶梯轴两种。曲轴常用于往复式机械中。挠性钢丝轴是由几层紧贴在一起的钢丝层构成的，可以把转矩和旋转运动灵活地传到任何位置。

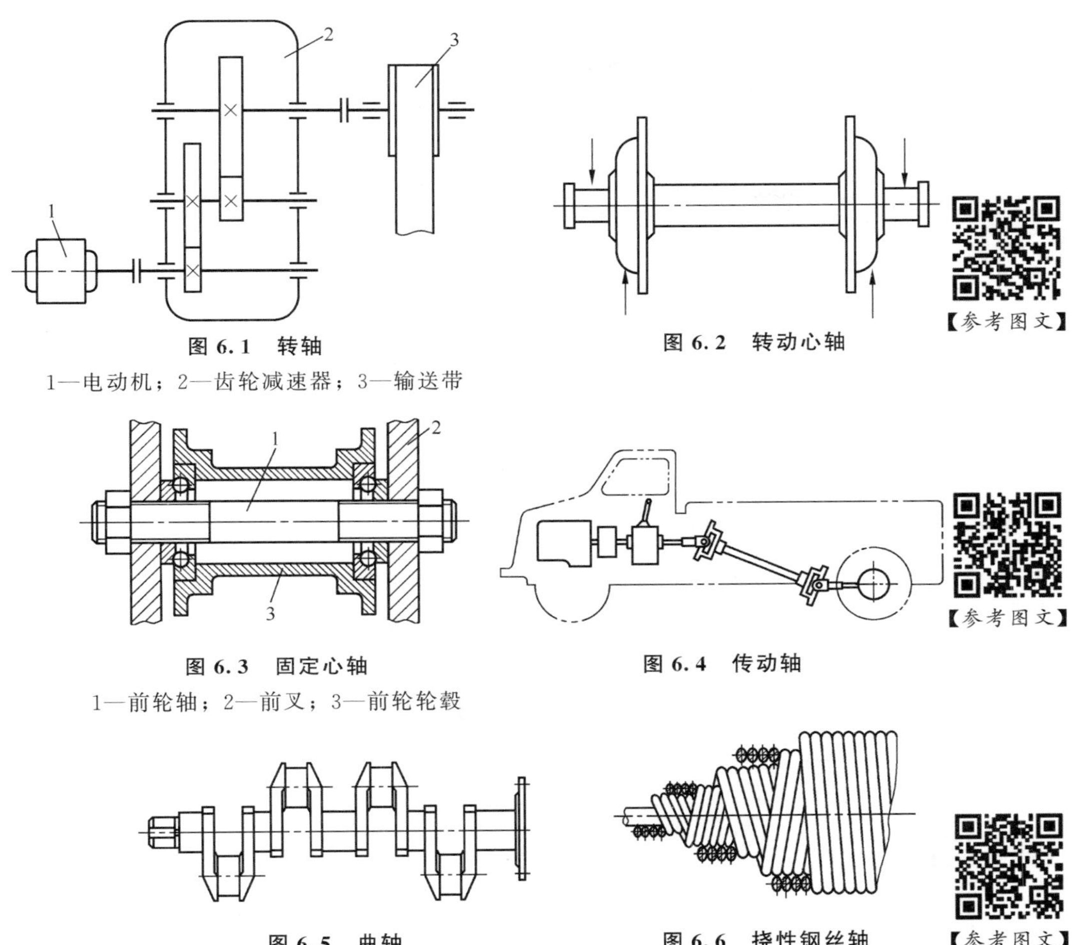

图 6.1 转轴

1—电动机；2—齿轮减速器；3—输送带

图 6.2 转动心轴

图 6.3 固定心轴

1—前轮轴；2—前叉；3—前轮轮毂

图 6.4 传动轴

图 6.5 曲轴

图 6.6 挠性钢丝轴

6.1.2 轴设计时应满足的要求

轴的失效形式有断裂、磨损、振动和变形。为了保证轴具有足够的工作能力和可靠性，设计轴时应满足下列要求：具有足够的强度和刚度、良好的振动稳定性和合理的结构。由于轴的工作条件不同，对轴的要求也不同，如机床主轴，对于刚度要求严格，主要应满足刚度要求；对于一些高速轴，如高速磨床主轴、汽轮机主轴等，对振动稳定性的要求应特别加以考虑，以防止共振造成机器的严重破坏。一般情况下的转轴，其失效形式为交变应力下的疲劳断裂，因此轴的工作能力主要取决于疲劳强度。

轴的设计，主要是根据工作要求并考虑制造工艺等因素，选用合适的材料，初算轴径进行轴的结构设计，定出轴的结构形状和尺寸，再进行轴的工作能力计算。

6.1.3 轴的材料

轴的常用材料种类很多，选择时应主要考虑以下因素：轴的强度、刚度及耐磨性要求；轴的热处理方法；机械加工工艺要求；材料的来源和价格等。

轴的材料常采用碳素钢和合金钢。

碳素钢比合金钢价廉，对应力集中的敏感性低，35 钢、45 钢、50 钢等优质碳素结构钢因具有较高的综合力学性能，应用较多，其中以 45 钢应用最广泛。为了改善其力学性能，应进行正火或调质处理。不重要或受力较小的轴，则可采用 Q235、Q275 等普通碳素结构钢。

合金钢比碳素钢具有更好的力学性能和热处理性能，但价格较高，多用于承载很大而尺寸、质量受限或有较高耐磨性、防腐性要求的轴。例如，滑动轴承的高速轴，常用 20Cr、20CrMnTi 等低碳合金结构钢，经渗碳淬火后可提高轴颈的耐磨性；汽轮发电机转子轴在高温、高速和重载条件下工作，必须具有良好的高温力学性能，常采用 40CrNi、40MnB 等合金结构钢。值得注意的是，钢材的种类和热处理对其弹性模量的影响甚小，因此，如欲采用合金钢或通过热处理来提高轴的刚度并无实效。此外，合金钢对应力集中的敏感性较高，因此设计合金钢轴时，更应从结构上避免或减小应力集中，并减小其表面结构中的粗糙度值。

轴的毛坯一般用圆钢或锻钢，有时也可采用铸钢或球墨铸铁。例如，用球墨铸铁制造曲轴、凸轮轴，具有成本低廉、吸振性较好、对应力集中的敏感性较低和强度较好等优点。

表 6－1 列出了轴的常用材料及其主要力学性能。

表 6－1　轴的常用材料及其主要力学性能

材料及热处理	毛坯直径/mm	硬度/HBW	强度极限 σ_b	屈服极限 σ_s	弯曲疲劳极限 σ_{-1}	应用说明
			MPa			
Q235	≤100		400～420	225	170	用于不重要或载荷不大的轴
	100～250		375～390	215		
35 钢正火	≤100	149～187	520	270	250	塑性好，强度适中，可做一般曲轴、转轴等
45 钢正火	≤100	170～217	590	295	255	用于较重要的轴，应用最为广泛
45 钢调质	≤200	217～255	640	355	275	
40Cr 调质	25		1000	800	500	用于载荷较大，而无很大冲击的重要的轴
	≤100	241～286	735	540	355	
	100～300		685	490	335	
40MnB 调质	25		1000	800	485	性能接近于 40Cr，用于重要的轴
	≤200	241～286	750	500	335	
35CrMo 调质	≤100	207～269	750	550	390	用于重载荷的轴
20Cr 渗碳淬火回火	15	表面 56～62 HRC	640	390	305	用于要求强度、韧性及耐磨性均较高的轴
	≤60					
QT400－15	—	156～197 HRC	400	300	145	结构复杂的轴
QT600－3	—	197～269 HRC	600	420	215	结构复杂的轴

6.2 轴的结构设计

轴的结构设计就是确定轴的合理外形和全部结构尺寸。

轴的结构设计的主要要求包括：①满足制造安装要求，轴应便于加工，轴上零件要方便装拆；②满足零件定位要求，轴和轴上零件有准确的工作位置，各零件要牢固而可靠地相对固定；③改善受力状况，减少应力集中。由于影响轴的结构的因素较多，而且其结构形式又随着具体情况不同而异，因此轴没有标准的结构形式。设计时，必须针对不同情况进行具体分析。下面讨论轴的结构设计中要解决的几个主要问题。

6.2.1 拟订轴上零件的装配方案

拟订轴上零件的装配方案是进行轴的结构设计的前提，它决定着轴的基本形式。所谓装配方案，就是预定出轴上主要零件的装配方向、顺序和相互关系。为了方便轴上零件的装拆，常将轴做成阶梯形。例如，图 6.7 所示轴的结构的装配方案是依次将齿轮、套筒、右端滚动轴承、轴承端盖和半联轴器从轴的右端安装，另一滚动轴承从左端安装。这样就对各轴段的尺寸作了初步确定。拟订装配方案时，一般应考虑几个方案，进行分析比较与选择。

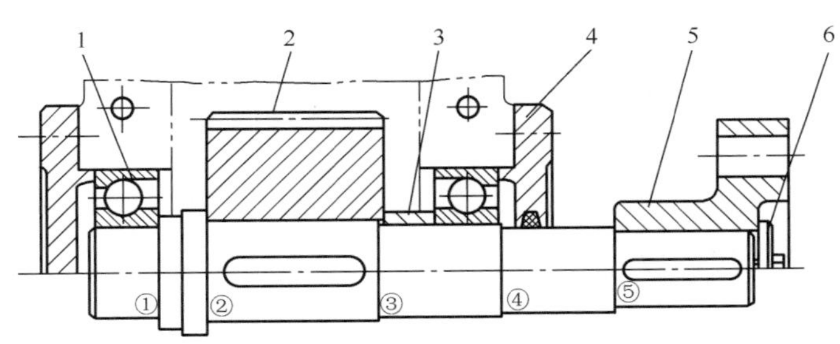

图 6.7 轴的结构

1—滚动轴承；2—齿轮；3—套筒；4—轴承端盖；
5—半联轴器；6—轴端挡圈

6.2.2 轴上零件轴向和周向定位

1. 轴上零件的轴向定位和固定

阶梯轴上截面尺寸变化的部位称为轴肩或轴环，利用轴肩和轴环进行轴向定位，其结构简单、可靠，并能承受较大轴向力。轴肩分为定位轴肩(图 6.7 中的①处轴肩使左端轴承内圈定位；②处轴肩使齿轮在轴上定位；⑤处轴肩使右端半联轴器定位)和非定位轴肩(图 6.7 中的③处和④处的轴肩)。

常见的轴向固定方法、特点与应用见表 6－2。其中轴肩、轴环、套筒、轴端挡圈及圆螺母应用更广泛。为保证轴上零件沿轴向固定，可将表 6－2 中的各种方法联合使用；为确保固定可靠，与轴上零件相配合的轴段长度应比轮毂宽度略短，如表 6－2 中的套筒结构图所示，$l=B-(1\sim3)$mm。

2. 轴上零件的周向固定

轴上零件周向固定的目的是使其能同轴一起转动并传递转矩。轴上零件的周向固定，大多采用平键、花键、销、紧定螺钉或过盈配合等连接形式，常见的固定方法如图 6.8 所示。

表 6-2　轴上零件的轴向固定方法及应用

轴向固定方法及结构简图		特点和应用	设计注意要点
轴肩与轴环	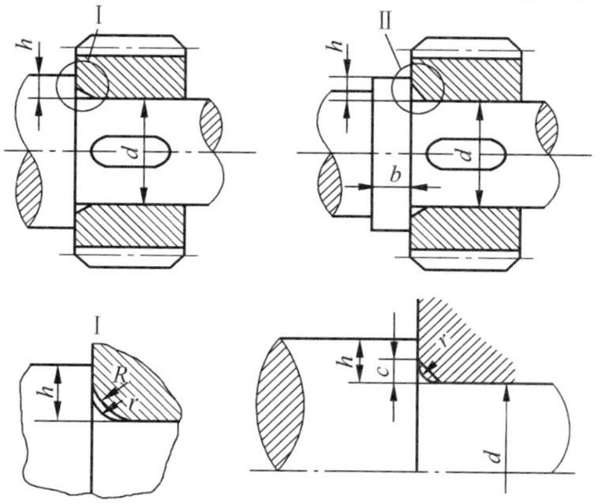	简单可靠，不需附加零件，能承受较大的轴向力。广泛应用于各种轴上零件的固定。 该方法会使轴径增大，阶梯处形成应力集中，而且阶梯过多将不利于加工	为保证零件与定位面靠紧，轴上过渡圆角半径 r 应小于零件圆角半径 R 或倒角尺寸 c，即 $r<c<h$，$r<R<h$。 一般取定位轴肩高度 $h=(0.07\sim0.1)d$，轴环宽度 $b\geqslant1.4h$
套筒	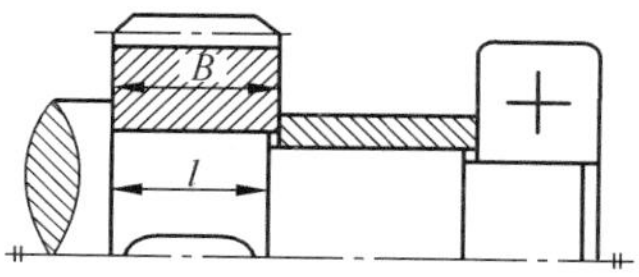	简单可靠，简化了轴的结构且不削弱轴的强度。 常用于轴上两个近距离零件间的相对固定。 不宜用于高转速轴	套筒内径与轴一般为动配合，套筒结构、尺寸可视需要灵活设计，但一般套筒壁厚大于 3mm
轴端挡圈	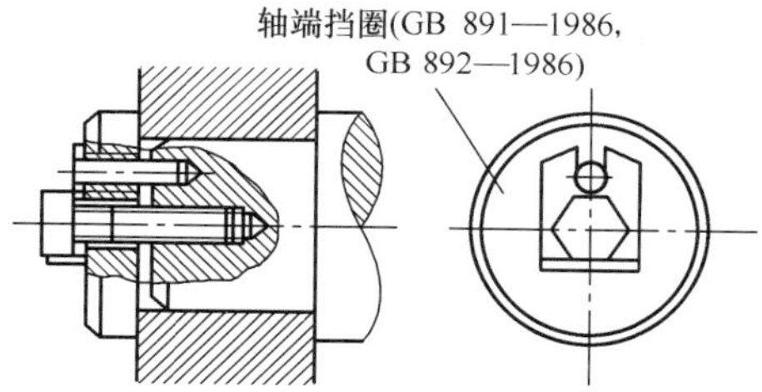 轴端挡圈(GB 891—1986，GB 892—1986)	工作可靠，能承受较大的轴向力，应用广泛	只用于轴端。 应采用止动垫片等防松措施
圆锥面	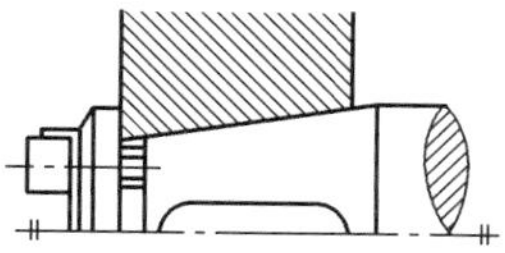	装拆方便，并且可兼作周向固定。 宜用于高速、冲击及对中性要求高的场合	只用于轴端。 常与轴端挡圈联合使用，实现零件的双向固定
圆螺母	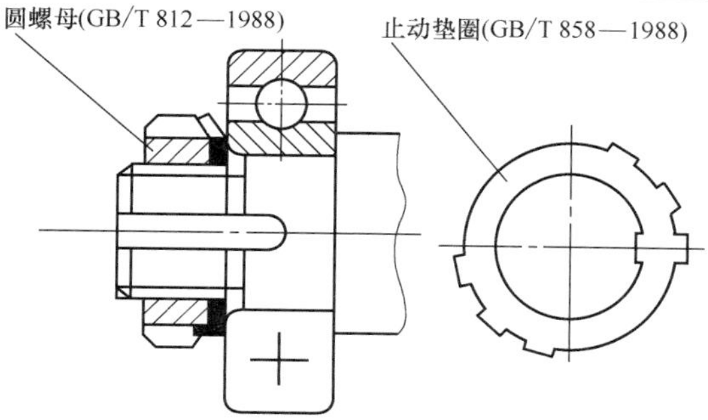 圆螺母(GB/T 812—1988) 止动垫圈(GB/T 858—1988)	固定可靠，可承受较大轴向力，能实现轴上零件的间隙调整。 常用于轴上两零件间距较大处，也可用于轴端	为减小对轴强度的削弱，常用细牙螺纹。 为防松，需加止动垫圈或使用双螺母

（续）

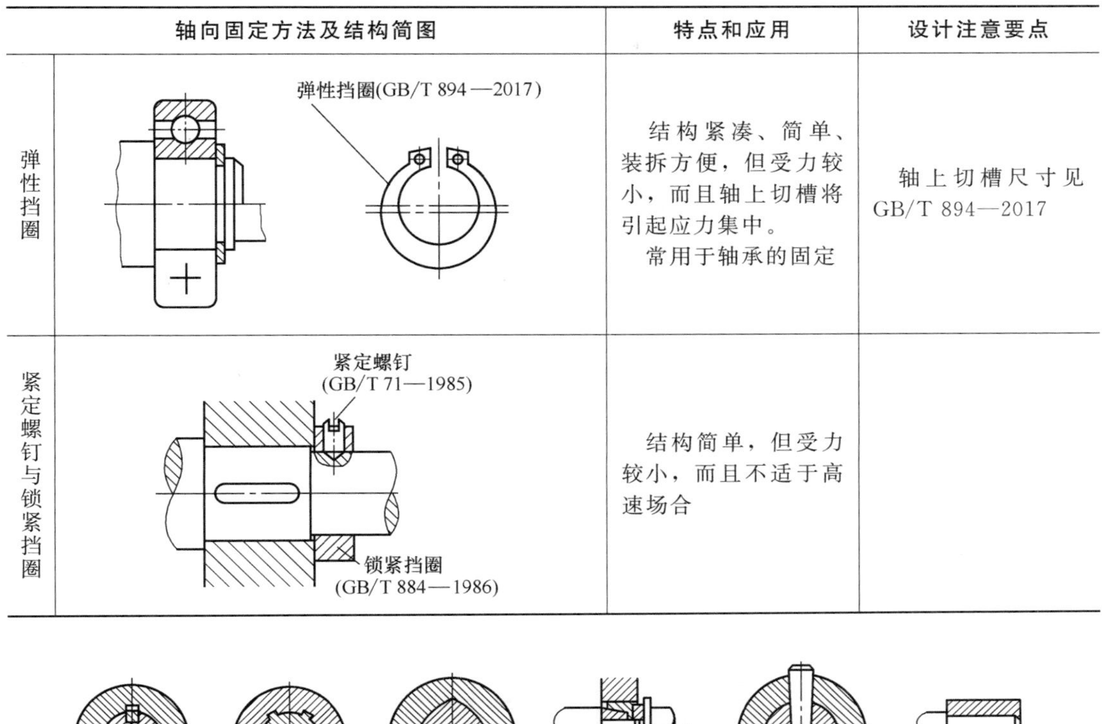

轴向固定方法及结构简图		特点和应用	设计注意要点
弹性挡圈		结构紧凑、简单、装拆方便，但受力较小，而且轴上切槽将引起应力集中。 常用于轴承的固定	轴上切槽尺寸见GB/T 894—2017
紧定螺钉与锁紧挡圈		结构简单，但受力较小，而且不适于高速场合	

(a) 键连接　(b) 花键连接　(c) 成型连接　(d) 弹性套连接　(e) 销连接　(f) 过盈连接

图 6.8　轴上零件的周向固定方法

6.2.3　各轴段直径和长度的确定

零件在轴上的装配方案及定位方式确定后，轴的形状便大体确定。各轴段所需的直径与轴上的载荷大小有关。初步确定轴的直径时，通常还不知道支反力的作用点，不能确定弯矩的大小和分布情况，因而还不能按轴所受的实际载荷及其引起的应力来确定轴的直径。但在进行轴的结构设计前，通常已能求得轴所受的扭矩。因此，可按轴所受的扭矩初步估算轴所需的直径(见 6.3 节轴的工作能力计算)。将初步求出的直径作为承受扭矩的轴段的最小直径 d_{min}，然后按轴上零件的装配方案和定位要求，从 d_{min} 处逐一确定各段的直径。在实际设计中，轴的最小直径 d_{min} 也可凭设计者的经验确定，或参考同类机器用类比的方法确定。

有配合要求的轴段，应尽量采用标准直径。安装标准件(如滚动轴承、联轴器和密封圈等)部位的轴径，应取为相应的标准件的孔径值及所选配合的公差。其他轴段直径应考虑轴上零件的定位、安装和拆卸等需要来确定。

确定各轴段长度时，应尽可能使结构紧凑，同时还要保证零件所需的装配或调整空间，一般先从与传动件轮毂相配轴段开始，然后分别确定各轴段的长度。轴的各段长度主要是根据各零件与轴配合部分的轴向尺寸和相邻零件间必要的空间来确定的。为了保证轴向定位可靠，与齿轮和联轴器等零件相配合部分的轴段长度一般应比轮毂宽度短 2～3mm。

6.2.4 提高轴的强度的常用措施

轴和轴上零件的结构工艺及轴上零件的安装布置等对轴的强度有很大的影响，所以应在这些方面进行充分考虑，以提高轴的承载能力，减小轴的尺寸和机器的质量，降低制造成本。

1. 改进轴上零件的结构以减小轴的载荷

通过改进轴上零件的结构可以减小轴的载荷。例如，在起重机卷筒的两种不同方案中，图 6.9(a)所示的方案是大齿轮和卷筒联成一体，转矩经大齿轮直接传给卷筒，卷筒轴只受弯矩而不传递转矩；而图 6.9(b)的方案是大齿轮将转矩通过轴传到卷筒，因而卷筒轴既受弯矩又受扭矩。这样，起重同样载荷 Q，图 6.9(a)中轴的直径显然可以比图 6.9(b)中的轴径小。

2. 合理布置轴上的零件以减小轴的载荷

当动力需要从两个轮输出时，为了减小轴上的载荷，应尽量将输入轮放在中间[图 6.10(a)]，当输入转矩为 T_1+T_2 且 $T_1>T_2$ 时，轴的最大转矩为 T_1；而将输入轮放在一侧时 [图 6.10(b)]，轴的最大转矩为 T_1+T_2。

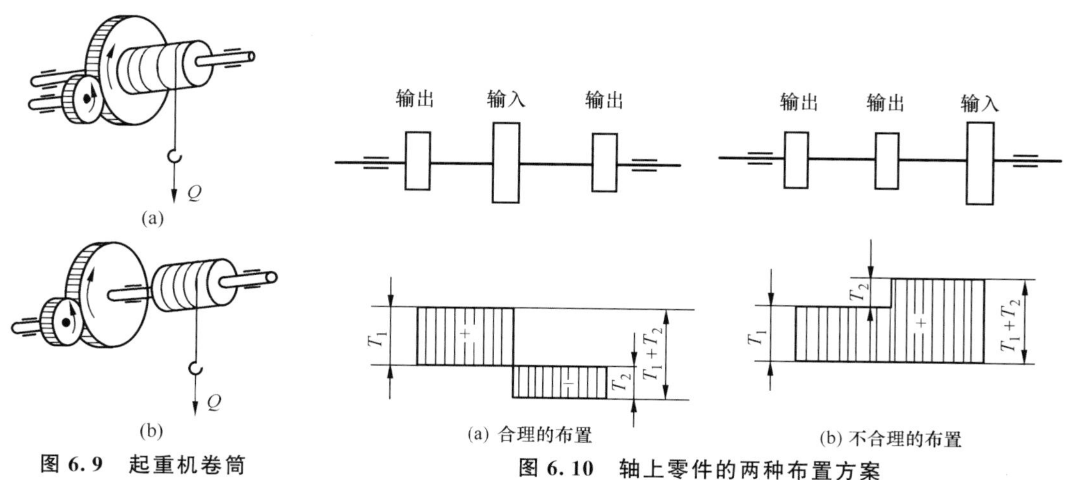

图 6.9 起重机卷筒

图 6.10 轴上零件的两种布置方案

此外，在车轮轴中，如把轴毂配合面分为两段 [图 6.11(b)]，可以减小轴的弯矩，从而提高其强度和刚度。把转动的心轴 [图 6.11(a)] 改成固定的心轴 [图 6.11(b)]，可使轴不承受交变应力。

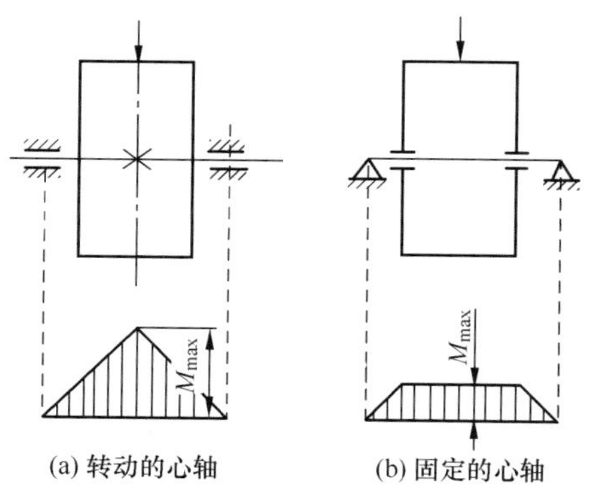

图 6.11 两种不同结构产生的轴弯矩

3. 减小轴的应力集中

在零件截面尺寸发生变化处会产生应力集中现象，从而削弱零件的强度。因此，进行结构设计时，应尽量减小应力集中，特别是合金材料对应力集中比较敏感，应当特别注意。在阶梯轴的截面尺寸变化处应采用圆角过渡且圆角半径不宜过小。另外，设计时尽量不要在轴上开横孔、切口或凹槽，必须开横孔时须将边倒圆。在重要轴的结构中，可采用卸载槽 B [图 6.12(a)]、过渡肩环［图 6.12(b)］或凹切圆角［图 6.12(c)］增大轴肩圆角半径，以减小局部应力。在轮毂上做出卸载槽 B［图 6.12(d)］，也能减小过盈配合处的局部应力。

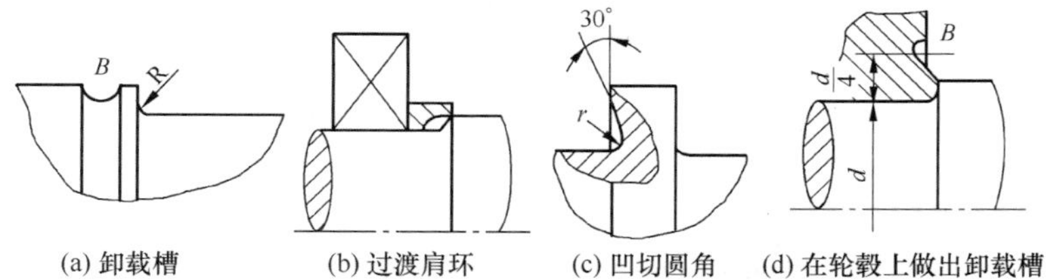

图 6.12 减小应力集中的措施

4. 改进轴的表面质量，提高轴的疲劳强度

轴表面结构中的粗糙度和表面强化处理方法也会对轴的疲劳强度产生影响。轴的表面越粗糙，疲劳强度越低。因此，应尽量减小轴的表面及圆角处的加工粗糙度值。当采用对应力集中甚为敏感的高强度材料制作轴时，表面质量尤应予以注意。

表面强化处理的方法有表面高频淬火等热处理；表面渗碳、氰化、氮化等化学热处理；碾压、喷丸等强化处理。通过碾压或喷丸进行表面强化处理时，可使轴的表面产生预压应力，从而提高轴的抗疲劳能力。

6.2.5 结构工艺性要求

从满足强度和节省材料角度考虑，轴的形状最好是等强度的抛物线回转体，但这种形状的轴既不便于加工，也不便于轴上零件的固定。从加工考虑，最好是直径不变的光轴，但光轴不利于轴上零件的定位和装拆。由于阶梯轴接近于等强度，而且便于加工及轴上零件的定位和装拆，因此实际上轴的形状多呈阶梯形。

为了便于切削加工，一根轴上的圆角应尽可能取相同的半径，退刀槽取相同的宽度，倒角尺寸相同；一根轴上各键槽应开在轴的同一轴线上(图 6.13)，若开有键槽的轴段直径相差不大，应尽可能采用相同宽度的键槽，以减少换刀的次数；需要磨削的轴段，应留有砂轮越程槽［图 6.14(a)］；需切削螺纹的轴段，应留有退刀槽［图 6.14(b)］。为了便于加工和检验，轴的直径应取圆整值；与滚动轴承相配合的轴颈直径应符合滚动轴承内径标准；有螺纹的轴段直径应符合螺纹标准直径。为了便于装配零件并去掉飞边，轴端应加工出 45°倒角［图 6.14(c)］；过盈配合零件装入端常加工出导向锥面［图 6.14(d)］，以使零件能较顺利地压入。

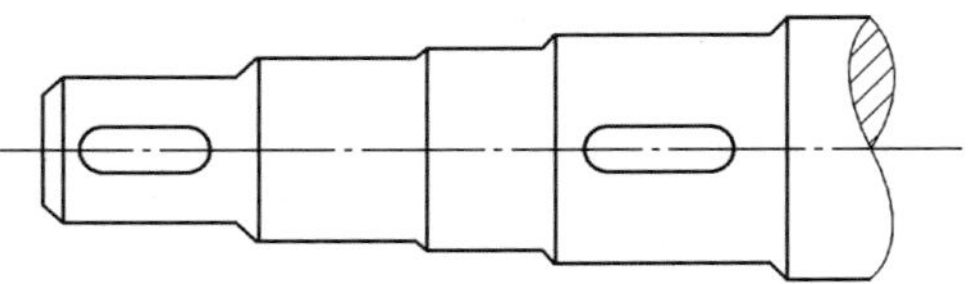

图 6.13 键槽应在同一母线上

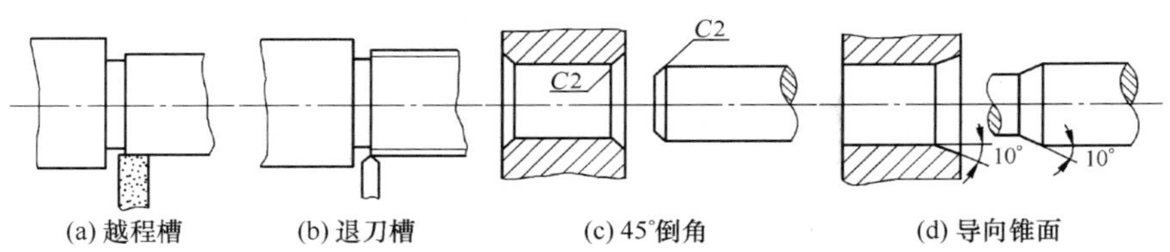

图 6.14 越程槽、退刀槽、倒角和锥面

6.3 轴的工作能力计算

轴的工作能力计算主要包括强度计算、刚度计算和振动稳定性计算。

6.3.1 轴的强度计算

轴的强度计算应根据轴的承载情况，采用相应的计算方法。常见的轴的强度计算有以下两种。

1. 按扭转强度计算

对于传递转矩的圆截面轴，其强度条件为

$$\tau=\frac{T}{W_T}=\frac{9.55\times10^6P}{0.2d^3n}\leqslant[\tau] \tag{6.1}$$

式中，τ——轴上的扭转剪应力(MPa)；

$[\tau]$——材料的许用剪切应力(MPa)；

T——转矩(N·mm)；

W_T——抗扭截面系数(mm^3)，对于圆截面轴 $W_T=\frac{\pi d^3}{16}\approx0.2d^3$；

P——轴所传递的功率(kW)；

d——轴的直径(mm)；

n——轴的转速(r/min)。

对于既传递转矩又承受弯矩的轴，也可用式(6.1)初步估算轴的直径，但必须把轴的许用剪切应力 $[\tau]$（表6-3)适当降低，以补偿弯矩对轴的影响。将降低后的许用剪切应力代入式(6.1)，并改写为设计公式

$$d\geqslant\sqrt[3]{\frac{9.55\times10^6}{0.2[\tau]}}\cdot\sqrt[3]{\frac{P}{n}}=C\cdot\sqrt[3]{\frac{P}{n}} \tag{6.2}$$

式中，C——由轴的材料和承载情况确定的系数(表6-3)。

应用式(6.2)求出的 d 值作为轴最细处的直径。

表6-3 常用材料的 $[\tau]$ 值和 C 值

轴的材料	Q235、20钢	Q275、35钢	45钢	40Cr、35SiMn
$[\tau]$/MPa	15～25	20～35	25～45	35～55
C	149～126	135～112	126～103	112～97

注：当作用在轴上的弯矩比转矩小或只传递转矩时，C 取较小值；否则取较大值。

当轴截面上开有键槽时，应增大轴径以考虑键槽对轴的强度的削弱。有一个键槽时，轴径增大3%～5%；有两个键槽时，应增大7%～10%。然后圆整轴径。应当注意，这样求出的直径，只能作为承受扭矩作用的轴段的最小直径 d_{min}。

此外，也可采用经验公式来估算轴的直径。例如，在一般减速器中，高速输入轴的直

径可按与其相连的电动机轴的直径 D 估算，$d=(0.8\sim1.2)D$；各级低速轴的轴径可按同级齿轮中心距 a 估算，$d=(0.3\sim0.4)a$。

2. 按弯扭合成强度计算

通过轴的结构设计，轴的主要结构尺寸、轴上零件的位置，以及外载荷和支承反力的作用位置均已确定，轴上的载荷(弯矩和扭矩)已可以求得，因而可按弯扭合成强度条件对轴进行强度校核计算。一般的轴用这种方法计算即可。现以图 6.15 所示的输出轴为例来介绍轴的许用弯曲应力校核轴强度的方法，其计算步骤如下。

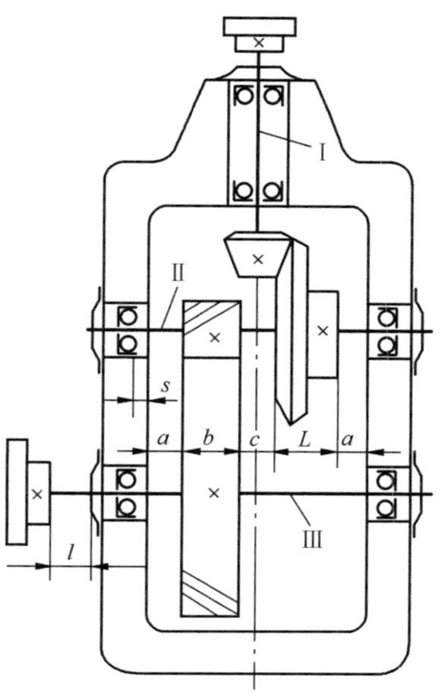

图 6.15 圆锥-圆柱齿轮减速器简图

(1) 绘制轴的计算简图(即力学模型)。轴所受的载荷是从轴上零件传来的。计算时，常将轴上的分布载荷简化为集中力，其作用点取为载荷分布段的中点。作用在轴上的扭矩，一般从传动件轮毂宽度的中点算起。通常把轴当作置于铰链支座上的梁，支承反力的作用点与轴承的类型和布置方式有关，可按图 6.16 所示来确定。图 6.16(b)中的 a 值可查滚动轴承样本或手册，图 6.16(d)中的 e 值与滑动轴承的宽径比 B/d 有关。当 $B/d\leqslant1$ 时，取 $e=0.5B$；当 $B/d>1$ 时，取 $e=0.5d$，但不小于$(0.25\sim0.35)B$；对于调心轴承，$e=0.5B$。

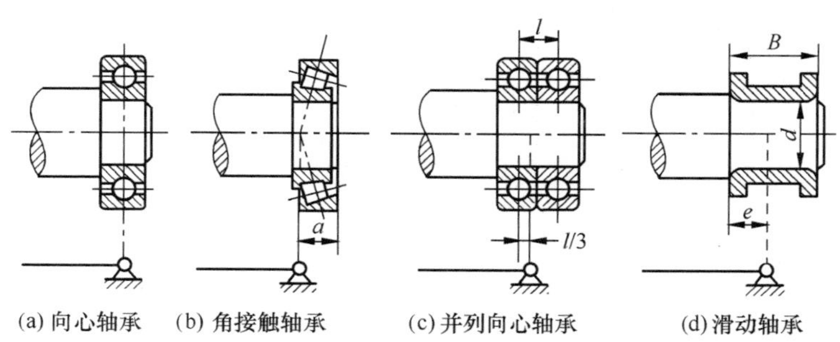

图 6.16 轴的支承反力作用点

在绘制计算简图时，应先求出轴上受力零件的载荷(若为空间力系，应把空间力系分解为圆周力、径向力和轴向力，再把它们全部转化到轴上)，如图 6.17(a)所示。然后求出各支承处的水平反力 F_{NH} 和垂直反力 F_{NV}。

(2) 绘制弯矩图。根据上述简图，分别按水平面和垂直面计算各力产生的弯矩，并按计算结果分别绘制水平面上的弯矩图 M_H［图 6.17(b)］和垂直面上的弯矩图 M_V［图 6.17(c)］；然后按式(6.3)计算合成弯矩并绘制合成弯矩图 M［图 6.17(d)］。

$$M=\sqrt{M_H^2+M_V^2} \tag{6.3}$$

(3) 绘制扭矩图。扭矩图 T 如图 6.17(e)所示。

(4) 求当量弯矩。做出合成弯矩图 M 和扭矩图 T 后，求出当量弯矩。对于一般钢制的轴，可用第三强度理论推出。

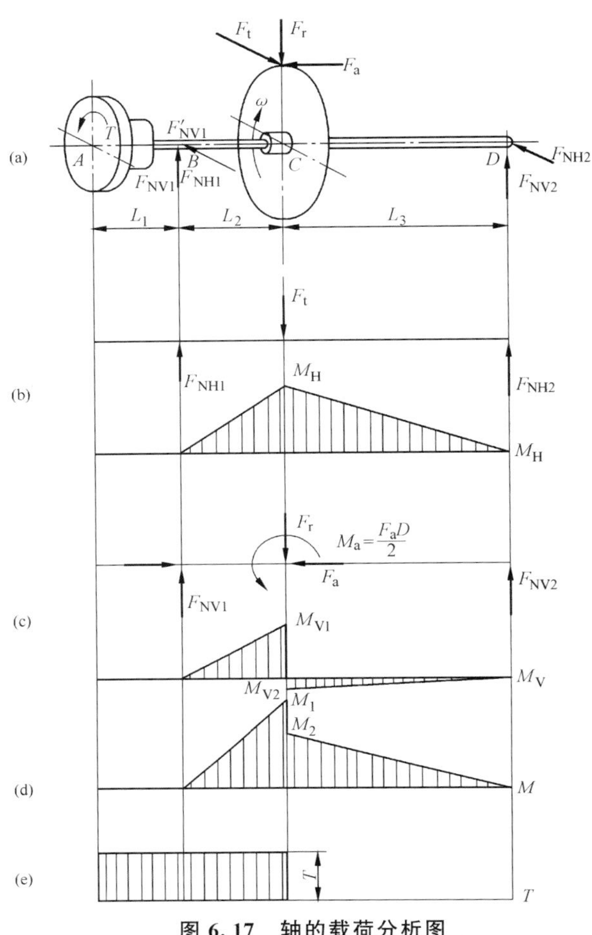

图 6.17　轴的载荷分析图

$$M_e = \sqrt{M^2+(\alpha T)^2} \tag{6.4}$$

式中，M_e——当量弯矩(N·mm)。

α——根据转矩性质而定的折算系数。对于不变的转矩，$\alpha\approx0.3$；当转矩脉动循环变化时，$\alpha\approx0.6$；对于频繁正反转的轴，τ可看作对称循环变应力，$\alpha=1$。若转矩变化规律不清楚，一般也按脉动循环处理。

(5) 选危险截面，进行轴的强度校核。

① 确定危险剖面。根据弯矩、扭矩最大或弯矩、扭矩较大而相对直径较小的原则和考虑应力集中对轴的影响选一个或几个危险截面。

② 轴的强度校核。针对某些危险截面，做弯扭合成强度校核计算。其强度条件为

$$\sigma_e=\frac{M_e}{W}=\frac{\sqrt{M^2+(\alpha T)^2}}{W}\leqslant[\sigma_{-1b}] \tag{6.5}$$

式中，$[\sigma_{-1b}]$——材料在对称循环状态下的许用弯曲应力(MPa)，见表 6-4。

计算轴的直径时，$W=\frac{\pi d^3}{32}\approx0.1d^3$，则式(6.5)可写成

$$d\geqslant\sqrt[3]{\frac{M_e}{0.1[\sigma_{-1b}]}} \tag{6.6}$$

表 6-4 轴的许用弯曲应力 （单位：MPa）

材　　料	σ_b	$[\sigma_{-1b}]$
碳素钢	400	40
	500	45
	600	55
	700	65
合金钢	800	75
	900	80
	1000	90
铸　　钢	400	30
	500	40

由于心轴工作时只承受弯矩而不承受扭矩，所以在应用式(6.5)时，应取 $T=0$。转动心轴的弯矩在轴截面所引起的应力是对称循环变应力。对于固定心轴，考虑起动、停车等的影响，弯矩在轴截面上所引起的应力可视为脉动循环变应力，所以在应用式(6.5)时，固定心轴的许用弯曲应力为 $[\sigma_{0b}]$（$[\sigma_{0b}]$ 为脉动循环变应力时的许用弯曲应力），$[\sigma_{0b}]\approx 1.7[\sigma_{-1b}]$。

3. 按疲劳强度条件进行精确校核

这种校核计算的实质在于确定变应力情况下轴的安全程度。在已知轴的外形、尺寸及载荷的基础上，即可通过分析确定出一个或几个危险截面(这时不仅要考虑弯曲应力和扭转剪应力的大小，而且要考虑应力集中和绝对尺寸等因素影响的程度)，求出计算安全系数 S_{ca} 并应使其大于或等于许用安全系数，即

$$S_{ca}=\frac{S_\sigma S_\tau}{\sqrt{S_\sigma^2+S_\tau^2}}\geqslant [S] \tag{6.7}$$

$$S_\sigma=\frac{\sigma_{-1}}{\dfrac{K_\sigma}{\beta\varepsilon_\sigma}\sigma_a+\varphi_\sigma\sigma_m} \tag{6.8}$$

$$S_\tau=\frac{\tau_{-1}}{\dfrac{K_\tau}{\beta\varepsilon_\tau}\tau_a+\varphi_\tau\tau_m} \tag{6.9}$$

式中，S_{ca}——计算安全系数；

S_σ、S_τ——仅受弯矩、扭矩作用时的安全系数；

σ_{-1}、τ_{-1}——对称循环应力时试件材料的弯曲、扭转的疲劳极限(MPa)，见附表 8；

K_σ、K_τ——受弯曲、扭转时轴的有效应力集中系数；

β——轴的表面质量系数，见附表 4；

ε_σ、ε_τ——受弯曲、扭转时轴的尺寸系数，见附表 6；

σ_a、τ_a——弯曲、扭转的应力幅(MPa)；

φ_σ、φ_τ——弯曲、扭转时平均应力折合为应力幅的等效系数；

σ_m、τ_m——弯曲、扭转的平均应力(MPa)；

[S]——许用安全系数。

[S]=1.3～1.5，用于材料均匀，载荷与应力计算精确时；[S]=1.5～1.8，用于材料不够均匀，计算精确度较低时；[S]=1.8～2.5，用于材料均匀性及计算精确度很低，或轴的直径 d>200mm 时。

4. 按静强度条件进行校核

静强度校核的目的在于评定轴对塑性变形的抵抗能力。这对那些瞬时过载很大，或应力循环的不对称性较严重的轴是很必要的。轴的静强度是根据轴上作用的最大瞬时载荷来校核的。静强度校核时的强度条件为

$$S_0=\frac{S_{0\sigma}S_{0\tau}}{\sqrt{S_{0\sigma}^2+S_{0\tau}^2}}\geqslant[S_0]$$

$$S_{0\sigma}=\frac{\sigma_s}{\sigma_{max}} \tag{6.10}$$

$$S_{0\tau}=\frac{\tau_s}{\tau_{max}}$$

式中，S_0——静强度计算安全系数。

$S_{0\sigma}$、$S_{0\tau}$——弯曲和扭转作用的静强度安全系数。

[S_0]——静强度许用安全系数，若轴的材料塑性高($\sigma_s/\sigma_b\leqslant0.6$)，取[$S_0$]=1.2～1.4；若轴的材料塑性中等($\sigma_s/\sigma_b=0.6\sim0.8$)，取[$S_0$]=1.4～1.8；若轴的材料塑性较低，取[$S_0$]=1.8～2；对于铸造的轴，取[$S_0$]=2～3。

σ_s、τ_s——材料抗弯、抗扭屈服极限(MPa)。

σ_{max}、τ_{max}——尖峰载荷所产生的弯曲、扭转应力(MPa)。

6.3.2 轴的刚度计算

轴受弯矩作用会产生弯曲变形(图 6.18)，受转矩作用会产生扭转变形(图 6.19)。如果轴的刚度不够，就会影响轴的正常工作。例如，电动机转子轴的挠度过大，会改变转子与定子的间隙而影响电动机的性能。又如机床主轴的刚度不够，将会影响加工精度。

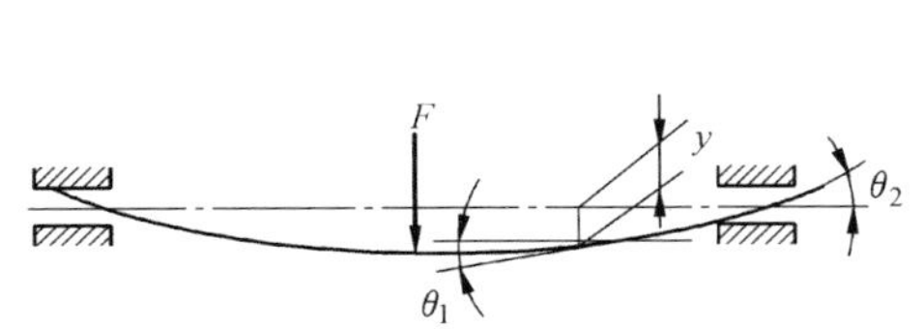

图 6.18 轴的挠度和偏转角

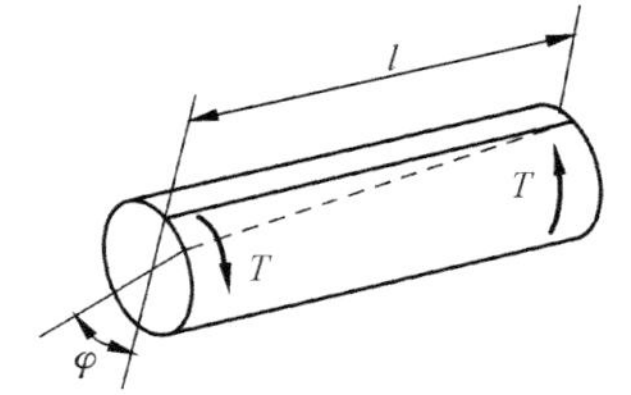

图 6.19 轴的扭转角

1. 刚度条件

为了使轴不致因刚度不足而失效，设计时必须根据轴的工作条件限制其变形量，即

挠度 $y\leqslant[y]$

偏转角 $\theta\leqslant[\theta]$

扭转角 $$\varphi \leqslant [\varphi] \tag{6.11}$$

式中，$[y]$、$[\theta]$、$[\varphi]$——许用挠度、许用偏转角和许用扭转角，其值见表6-5。

表6-5 轴的许用挠度 $[y]$、许用偏转角 $[\theta]$ 和许用扭转角 $[\varphi]$

变形种类	适用场合	许用值	变形种类	适用场合	许用值
许用挠度 $[y]$/mm	一般用途的轴	$(0.0003\sim0.0005)l$	许用偏转角 $[\theta]$/rad	滑动轴承	0.001
	刚度要求较高的轴	$0.0002l$		径向球轴承	0.005
	感应电动机轴	0.1Δ		调心球轴承	0.05
	安装齿轮的轴	$(0.01\sim0.05)m_n$		圆柱滚子轴承	0.0025
	安装蜗轮的轴	$(0.02\sim0.05)m_t$		圆锥滚子轴承	0.0016
	l——支承间跨距 Δ——电动机定子与转子间的空隙 m_n——齿轮法向模数 m_t——蜗轮端面模数			安装齿轮处的截面	$0.001\sim0.002$
			每米长的许用扭转角 $[\varphi]$/(°/m)	一般传动	$0.5\sim1$
				较精密的传动	$0.25\sim0.5$
				重要传动	0.25

2. 弯曲变形计算

计算轴在弯矩作用下所产生的挠度 y 和偏转角 θ 的方法很多。在材料力学课程中已介绍过两种：①按挠曲线的近似微分方程式积分求解；②变形能法。对于等直径轴，用前一种方法较简便；对于阶梯轴，用后一种方法较适宜。

3. 扭转变形的计算

等直径的轴受转矩 T 作用时，其扭转角 φ(rad)可按材料力学中的扭转变形公式求出，即

$$\varphi=\frac{Tl}{GI_p} \tag{6.12}$$

式中，T——转矩(N·mm)；

l——轴受转矩作用的长度(mm)；

G——材料的切变模量(MPa)；

I_p——轴截面的极惯性矩(mm^4)。

$$I_p=\frac{\pi d^4}{32}$$

对于阶梯轴，其扭转角 φ(rad)的计算式为

$$\varphi=\frac{1}{G}\sum_{i=1}^{n}\frac{T_i l_i}{I_{pi}} \tag{6.13}$$

式中，T_i、l_i、I_{pi}——阶梯轴第 i 段上所传递的转矩、长度和极惯性矩，单位同式(6.12)。

6.3.3 轴的振动稳定性计算

受周期性载荷作用的轴，如果外载荷的频率与轴的自振频率相同或接近，就会发生共

振。发生共振时的转速，称临界转速。如果轴的转速与临界转速接近或成整数倍关系，轴的变形将迅速增大，导致轴或轴上零件甚至整个机械发生破坏。

大多数机械中的轴，虽然不受周期性载荷的作用，但轴上零件材质不均，制造、安装误差等使回转零件重心偏移，回转时会产生离心力，使轴受到周期性载荷作用。因此，对于高转速的轴和受周期性外载荷作用的轴，都必须进行振动稳定性计算。所谓轴的振动稳定性计算，就是计算其临界转速，并使轴的工作转速远离临界转速，避免共振。

轴的临界转速可以有多个，最低的一个称为一阶临界转速 n_{cr1}，其余为二阶临界转速 n_{cr2}、三阶临界转速 n_{cr3}……在一阶临界转速下，振动激烈，最危险，所以通常主要计算一阶临界转速。工作转速 n 低于一阶临界转速的轴称为刚性轴，对于刚性轴，通常使 $n \leqslant (0.75 \sim 0.8) n_{cr1}$；工作转速 n 超过一阶临界转速的轴称为挠性轴，对于挠形轴，通常使 $1.4 n_{cr1} \leqslant n \leqslant 0.7 n_{cr2}$。

【例 6.1】 试设计图 6.15 所示的带式运输机二级圆锥-圆柱齿轮减速器输出轴(Ⅲ轴)，输入轴与电动机相连，输出轴与工作机相连，该运输机为单向转动(从Ⅲ轴左端看为逆时针方向)。已知该轴传递功率 $P=9.4\text{kW}$，转速 $n=93.6\text{r/min}$；大齿轮分度圆直径 $d_2=383.84\text{mm}$，齿宽 $b_2=80\text{mm}$，螺旋角 $\beta=8°6'34''$，减速器长期工作，载荷平稳。

解：设计步骤如下。

计算与说明	主要结果
1. 初估轴的最小直径 轴的材料选用 45 钢，调质处理，由表 6-1 查得 $\sigma_b=640\text{MPa}$。查表 6-3，取 $C=103$，由式(6.2)得 $$d \geqslant C \cdot \sqrt[3]{\frac{P}{n}} = \left(103 \times \sqrt[3]{\frac{9.4}{93.6}}\right)\text{mm} \approx 47.88\text{mm}$$ 所求 d 应为受扭部分的最细处，即装联轴器处的轴径(图 6.20)。但因该处有一个键槽，故轴径应增大 4%，即 $d_{min}=1.04\times 47.88\text{mm}\approx 49.80\text{mm}$，则 $d_{Ⅰ-Ⅱ}=49.80\text{mm}$。	$\sigma_b=640\text{MPa}$ $C=103$ $d \geqslant 47.88\text{mm}$
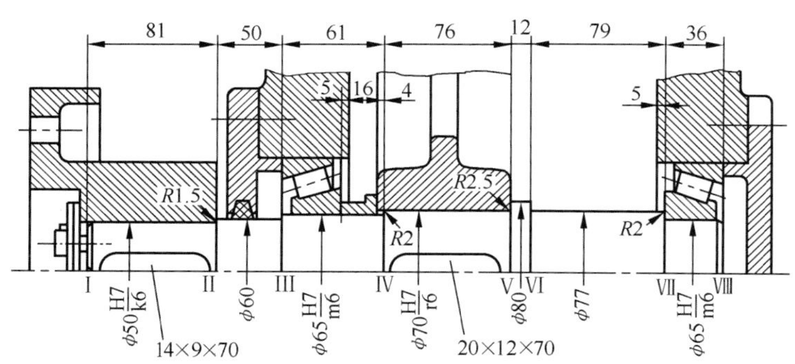 **图 6.20 轴的结构与装配**	
为了使所选的直径 $d_{Ⅰ-Ⅱ}$ 与联轴器的孔径相适应，需同时选联轴器。从设计手册中查得采用 LX4 型弹性柱销联轴器，该联轴器传递的公称力矩为 2500N·m；取与轴配合的半联轴器孔径 $d_1=50\text{mm}$，故轴径 $d_{Ⅰ-Ⅱ}=50\text{mm}$；与轴配合部分的长度 $L_1=84\text{mm}$。	$d_{Ⅰ-Ⅱ}=50\text{mm}$ $L_1=84\text{mm}$

（续）

计 算 与 说 明	主 要 结 果

2. 轴的结构设计

1）拟定轴上零件装配方案

根据减速器的安装要求，图 6.15 中给出了减速器中主要零件的相互关系；圆柱齿轮端面距箱体内壁的距离 a，锥齿轮与圆柱齿轮之间的轴向距离 c 及滚动轴承内侧端面与箱体内壁间的距离 s 等，设计时选择合适的尺寸，确定轴上主要零件的相互位置［图 6.21(a)］。图 6.21(b)和图 6.21(c)分别为输出轴的两种装配方案。图 6.21(b)所示为圆柱齿轮、套筒、左端轴承及轴承盖和联轴器依次由轴的左端装入，而右轴承从轴的右端装入。图 6.21(c)所示为短套筒、左轴承及轴承盖和联轴器从轴的左端装入，而圆柱齿轮、长套筒和右轴承则从右端装入。比较两个方案，后者增加了一个作为轴向定位的长套筒，使机器的零件增多，而且质量增大。相比之下，前一方案较合理，故选用图 6.21(b)所示的方案。

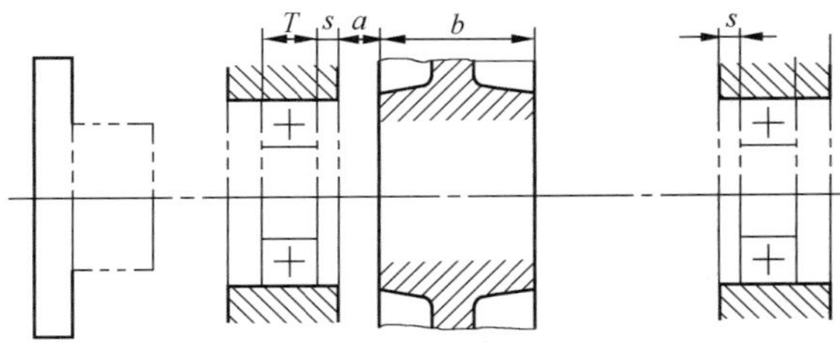

(a)轴上零件的轴向位置

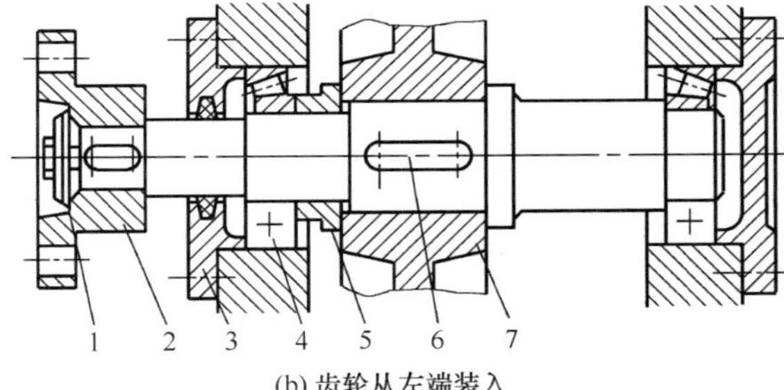

(b) 齿轮从左端装入

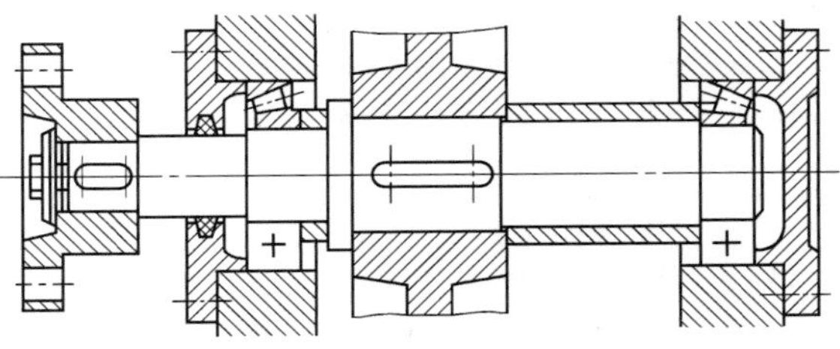

(c) 齿轮从右端装入

图 6.21　轴上零件的装入方案

1—轴端挡圈；2—联轴器；3—轴承端盖；4—轴承；5—套筒；6—键；7—圆柱齿轮

选用图 6.21(b)所示的方案

（续）

计算与说明			主要结果
2）初定各段直径			
位　置	轴径/mm	说　明	
装联轴器轴端 Ⅰ－Ⅱ	$d_{Ⅰ\text{-}Ⅱ}=50$	已在步骤1中说明	$d_{Ⅰ\text{-}Ⅱ}=50\text{mm}$
装左轴承端盖轴段 Ⅱ－Ⅲ	$d_{Ⅱ\text{-}Ⅲ}=60$	联轴器右端用轴肩定位，同时还应考虑毛毡圈标准，故取 $d_{Ⅱ\text{-}Ⅲ}=60\text{mm}$	$d_{Ⅱ\text{-}Ⅲ}=60\text{mm}$
装轴承轴段 Ⅲ－Ⅳ Ⅶ－Ⅷ	$d_{Ⅲ\text{-}Ⅳ}=65$ $=d_{Ⅶ\text{-}Ⅷ}$	这两段直径由滚动轴承内孔决定，由于圆柱斜齿轮有轴向力及 $d_{Ⅱ\text{-}Ⅲ}=60\text{mm}$，初选圆锥滚子轴承，型号为30313，其尺寸 $d\times D\times T=65\text{mm}\times140\text{mm}\times36\text{mm}$(Ⅲ处为非定位轴肩)	$d_{Ⅲ\text{-}Ⅳ}=65\text{mm}=d_{Ⅶ\text{-}Ⅷ}$
装齿轮轴段 Ⅳ－Ⅴ	$d_{Ⅳ\text{-}Ⅴ}=70$	考虑齿轮装拆方便，应使 $d_{Ⅳ\text{-}Ⅴ}>d_{Ⅲ\text{-}Ⅳ}$，取 $d_{Ⅳ\text{-}Ⅴ}=70\text{mm}$	$d_{Ⅳ\text{-}Ⅴ}=70\text{mm}$
轴环段 Ⅴ－Ⅵ	$d_{Ⅴ\text{-}Ⅵ}=80$	考虑齿轮右端用轴环进行轴向定位，故取 $d_{Ⅴ\text{-}Ⅵ}=80\text{mm}$	$d_{Ⅴ\text{-}Ⅵ}=80\text{mm}$
自由段 Ⅵ－Ⅶ	$d_{Ⅵ\text{-}Ⅶ}=77$	考虑右轴承用轴肩定位，由30313轴承查手册得轴肩处安装尺寸 $d_a=77\text{mm}$，取 $d_{Ⅵ\text{-}Ⅶ}=77\text{mm}$	$d_{Ⅵ\text{-}Ⅶ}=77\text{mm}$
3）确定各段长度			
位　置	轴段长度/mm	说　明	
装联轴器轴端 Ⅰ－Ⅱ	$l_{Ⅰ\text{-}Ⅱ}=81$	因半联轴器与轴配合部分的长度 $L_1=84\text{mm}$，为保证轴端挡板压紧联轴器，而不会压在轴的端面上，使 $l_{Ⅰ\text{-}Ⅱ}$ 略小于 L_1，取 $l_{Ⅰ\text{-}Ⅱ}=81\text{mm}$	$l_{Ⅰ\text{-}Ⅱ}=81\text{mm}$
装左轴承端盖轴段 Ⅱ－Ⅲ	$l_{Ⅱ\text{-}Ⅲ}=50$	轴段Ⅱ－Ⅲ的长度由轴承端盖宽度及其固定螺钉所需拆装空间要求决定。这里取 $l_{Ⅱ\text{-}Ⅲ}=50\text{mm}$(轴承端盖的宽度由减速器及轴承端盖的结构设计而定，本题取为30mm)	$l_{Ⅱ\text{-}Ⅲ}=50\text{mm}$
装轴承轴段 Ⅲ－Ⅳ Ⅶ－Ⅷ	$l_{Ⅲ\text{-}Ⅳ}=61$	轴Ⅲ－Ⅳ段的长度由滚动轴承宽度 $T=36\text{mm}$，轴承与箱体内壁距离 $s=5\sim10\text{mm}$(取 $s=5\text{mm}$)，箱体内壁与齿轮距离 $a=(10\sim20)\text{mm}$(取 $a=16\text{mm}$)及大齿轮轮毂与装配轴段的长度差(此例取4mm)等尺寸决定，$l_{Ⅲ\text{-}Ⅳ}=T+s+a+4=(36+5+16+4)\text{mm}=61\text{mm}$	$l_{Ⅲ\text{-}Ⅳ}=61\text{mm}$
	$l_{Ⅶ\text{-}Ⅷ}=36$	轴段Ⅶ－Ⅷ的长度，即为滚动轴承的宽度 $T=36\text{mm}$	$l_{Ⅶ\text{-}Ⅷ}=36\text{mm}$

（续）

计算与说明			主要结果
位 置	轴段长度/mm	说 明	
装齿轮轴段 Ⅳ-Ⅴ	$l_{Ⅳ-Ⅴ}=76$	轴段Ⅳ-Ⅴ的长度由齿轮轮毂宽度$b_2=80$mm决定，为保证套筒紧靠齿轮左端，使齿轮轴向固定，$l_{Ⅳ-Ⅴ}=76$mm应略小于b_2，故取$l_{Ⅳ-Ⅴ}=76$mm	$l_{Ⅳ-Ⅴ}=76$mm
轴环段 Ⅴ-Ⅵ	$l_{Ⅴ-Ⅵ}=12$	轴环宽度一般为轴肩高度的1.4倍，即$l_{Ⅴ-Ⅵ}=1.4h=1.4\times(80-70)/2mm=7$mm，取$l_{Ⅴ-Ⅵ}=12$mm	$l_{Ⅴ-Ⅵ}=12$mm
自由段 Ⅵ-Ⅶ	$l_{Ⅵ-Ⅶ}=79$	轴段Ⅵ-Ⅶ的长度由锥齿轮轮毂长$L=50$mm、锥齿轮与圆柱斜齿轮之间的距离$c=20$mm、齿轮距箱体内壁的距离$a=16$mm和轴承与箱体内壁距离$s=5$mm等尺寸决定，$l_{Ⅵ-Ⅶ}=L+c+a+s-l_{Ⅴ-Ⅵ}=(50+20+16+5-12)mm=79$mm	$l_{Ⅵ-Ⅶ}=79$mm

4）轴上零件的周向固定

齿轮、半联轴器与轴的周向定位均采用普通平键连接。按$d_{Ⅳ-Ⅴ}$由手册查得普通平键剖面$b\times h=20$mm$\times12$mm(GB/T 1096—2003)，键槽用键槽铣刀加工，长为70mm。为了保证齿轮与轴配合良好，选择齿轮轮毂与轴的配合代号为H7/r6；同样，半联轴器与轴连接，选用普通平键为14mm×9mm×70mm，半联轴器与轴的配合代号为H7/k6。滚动轴承与轴的周向定位靠过盈配合来保证，此处选H7/m6。

5）考虑轴的结构工艺性

考虑轴的结构工艺性，轴肩处的圆角半径R的值如图6.20所示，轴端倒角$C=2$mm；为便于加工，齿轮和半联轴器处的键槽布置在同一轴面上。

3. 轴的受力分析

先作轴的受力计算简图(即力学模型)，如图6.22(a)所示。

(1) 求轴传递的转矩(T)：

$$T=9.55\times10^6\ \frac{P}{n}=9.55\times10^6\times\frac{9.4}{93.6}\text{N}\cdot\text{mm}\approx959\times10^3\text{N}\cdot\text{mm}$$

主要结果： $T=959\times10^3$N·mm

(2) 求轴上作用力。

齿轮上的圆周力为

$$F_{t2}=\frac{2T}{d_2}=\frac{2\times959\times10^3}{383.84}\text{N}\approx5000\text{N}$$

主要结果： $F_{t2}\approx5000$N

齿轮上的径向力为

$$F_{r2}=\frac{F_{t2}\tan\alpha_n}{\cos\beta}=\frac{5000\times\tan20°}{\cos8°6'34''}\text{N}\approx1840\text{N}$$

主要结果： $F_{r2}\approx1840$N

齿轮上的轴向力：

$$F_{a2}=F_{t2}\tan\beta=(5000\times\tan8°06'34'')\text{N}\approx715\text{N}$$

主要结果： $F_{a2}\approx715$N

圆周力、径向力及轴向力方向如图6.22(a)所示。

（续）

计 算 与 说 明	主 要 结 果
4. 校核轴的强度 (1) 作轴的空间受力简图［图 6.22(a)］。 (2) 作水平面受力图［图 6.22(b)］。 $R_{HD}=\frac{F_{t2}L_2}{L_2+L_3}=\frac{5000\times 79}{79+149}\text{N}\approx 1730\text{N}$ $R_{HB}=F_{t2}-R_{HD}=3270\text{N}$	$R_{HD}\approx 1730\text{N}$ $R_{HB}=3270\text{N}$
(3) 作垂直面受力图［图 6.22(d)］。 $R_{VB}=\frac{F_{r2}L_3-F_{a2}\frac{d_2}{2}}{L_2+L_3}=\frac{1840\times 149-715\times\frac{384}{2}}{79+149}\text{N}\approx 600\text{N}$ $R_{VD}=\frac{F_{r2}L_2+F_{a2}\frac{d_2}{2}}{L_2+L_3}=\frac{1840\times 79+715\times\frac{384}{2}}{79+149}\text{N}\approx 1240\text{N}$	$R_{VB}\approx 600\text{N}$ $R_{VD}\approx 1240\text{N}$
(4) 作弯矩图，求截面 C 处的弯矩。 ① 水平面上的弯矩图［图 6.22(c)］。 $M_{HC}=258000\text{N}\cdot\text{mm}$ ② 垂直面上的弯矩图［图 6.22(e)］。 $M_{VC1}=47400\text{N}\cdot\text{mm}\qquad M_{VC2}=184760\text{N}\cdot\text{mm}$ ③ 合成弯矩 M［图 6.22(f)］。 $M_{C1}=\sqrt{M_{HC}^2+M_{VC1}^2}=\sqrt{258000^2+47400^2}\text{N}\cdot\text{mm}\approx 262318\text{N}\cdot\text{mm}$ $M_{C2}=\sqrt{M_{HC}^2+M_{VC2}^2}=\sqrt{258000^2+184760^2}\text{N}\cdot\text{mm}\approx 317333\text{N}\cdot\text{mm}$	$M_{HC}=258000\text{N}\cdot\text{mm}$ $M_{VC1}=47400\text{N}\cdot\text{mm}$ $M_{VC2}=184760\text{N}\cdot\text{mm}$ $M_{C1}=262318\text{N}\cdot\text{mm}$ $M_{C2}=317333\text{N}\cdot\text{mm}$
(5) 作转矩 T 图［图 6.22(g)］。 $T=959\times 10^3\text{N}\cdot\text{mm}$	$T=959\times 10^3\text{N}\cdot\text{mm}$
(6) 作当量弯矩图［图 6.22(h)］。因单向回转，视扭矩为脉动循环，$\alpha\approx 0.6$，则截面 C 处的当量弯矩为 $M_{e1}=\sqrt{M_{C1}^2+(\alpha T)^2}=\sqrt{262318^2+(0.6\times 959000)^2}\text{N}\cdot\text{mm}\approx 632373\text{N}\cdot\text{mm}$ $M_{e2}=M_{C2}=317333\text{N}\cdot\text{mm}$	$M_{e1}\approx 632373\text{N}\cdot\text{mm}$ $M_{e2}=317333\text{N}\cdot\text{mm}$
(7) 按当量弯矩校核轴的强度。由图 6.22(h)可见，截面 C 处当量弯矩最大，故应对此截面校核。截面 C 处的强度按式(6.5)得 $\sigma_e=\frac{M_{e1}}{W}=\frac{632373}{0.1\times 70^3}\text{MPa}\approx 18.4\text{MPa}$ 由表 6-4 查得，对于 45 钢，$[\sigma_{-1b}]=60\text{MPa}$，$\sigma_e<[\sigma_{-1b}]$，故轴的强度足够。	$\sigma_e=18.4\text{MPa}$ $[\sigma_{-1b}]=60\text{MPa}$
(8) 判断危险截面。图 6.20 和图 6.22 中的截面 A、Ⅱ、Ⅲ、B 只受扭矩作用，虽然键槽、轴肩及过渡配合所引起的应力集中均将削弱轴的疲劳强度，但由于轴的最小直径是按扭转强度较为宽裕地确定的，所以截面 A、Ⅱ、Ⅲ、B 均无需校核。	$\sigma_e<[\sigma_{-1b}]$，故轴的强度足够
从应力集中对轴的疲劳强度的影响来看，截面Ⅳ和Ⅴ处过盈配合引起的应力集中最严重；从受载的情况来看，截面 C 上 M_e 最大。截面Ⅴ的应力集中的影响和截面Ⅳ的相近，但截面Ⅴ不受扭矩作用，同时轴径也较大，故不必作强度校核。截面 C 上 M_e 最大但应力集中不大(过盈配合及键槽引起应力集中均在两端)，而且这里轴的直径最大，故截面 C 也不必校核。截面Ⅵ显然更不必校核。又由于键槽的应力集中系数比过盈配合的小，因而该轴只需校核截面Ⅳ即可。	该轴只需校核截面Ⅳ

（续）

计 算 与 说 明	主 要 结 果
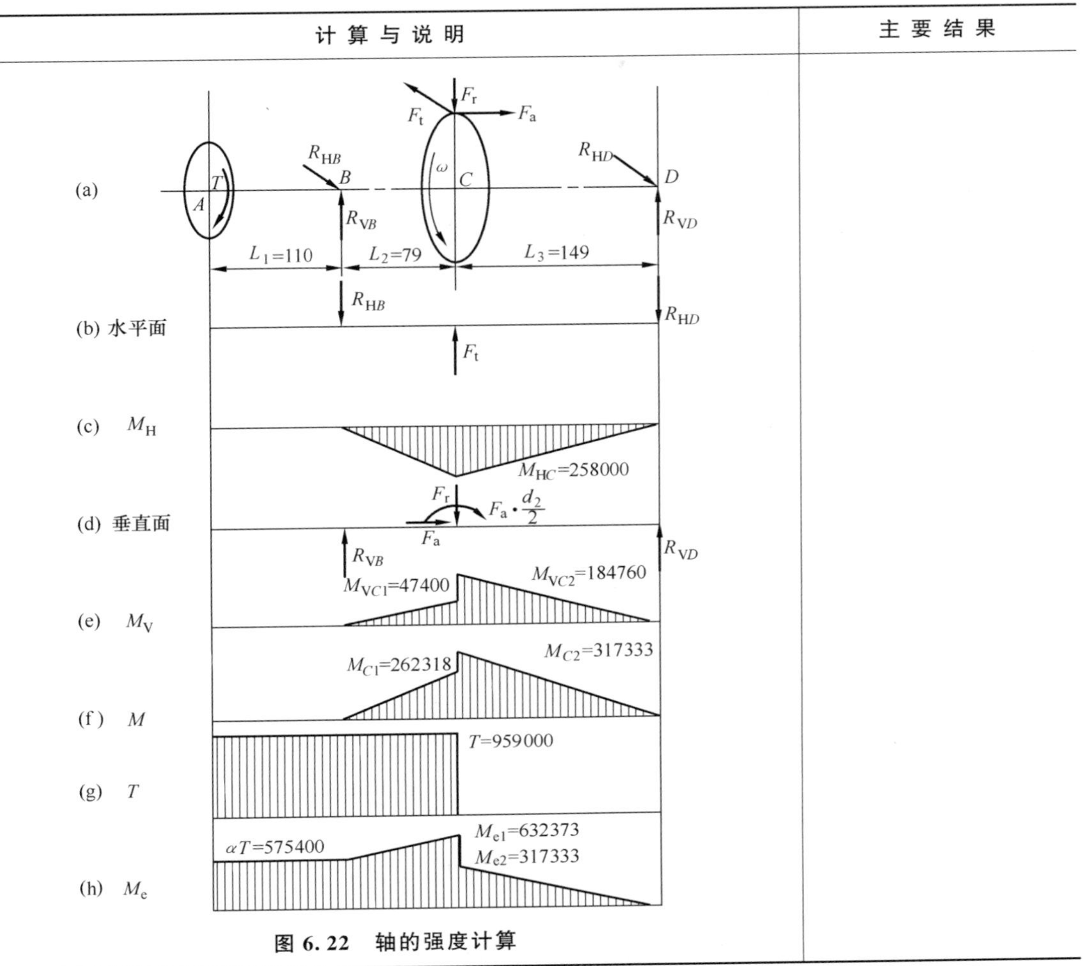 **图 6.22 轴的强度计算**	

【例 6.2】 用安全系数法校核例 6.1 中的输出轴。

解： 计算步骤如下。

计 算 与 说 明	主 要 结 果
1. 确定危险截面 由于Ⅳ截面有应力集中且当量弯矩较大，比较危险，下面对此截面进行安全系数校核。 2. 用安全系数法校核 (1)疲劳极限及等效系数。 ① 对称循环疲劳极限。由附表 8 得	
$\sigma_{-1b}=0.44\sigma_b=0.44\times640\text{MPa}\approx282\text{MPa}$	$\sigma_{-1b}\approx282\text{MPa}$
$\tau_{-1}=0.30\sigma_b=0.30\times640\text{MPa}=192\text{MPa}$	$\tau_{-1}=192\text{MPa}$
② 脉动循环疲劳极限。由附表 8 得	
$\sigma_{0b}=1.7\sigma_{-1b}=1.7\times282\text{MPa}=479.4\text{MPa}$	$\sigma_{0b}=479.4\text{MPa}$
$\tau_0=1.6\tau_{-1}=1.6\times192\text{MPa}=307.2\text{MPa}$	$\tau_0=307.2\text{MPa}$

（续）

计算与说明	主要结果
③ 等效系数。 $$\varphi_\sigma=\frac{2\sigma_{-1b}-\sigma_{0b}}{\sigma_{0b}}=\frac{2\times 282-479.4}{479.4}\approx 0.18$$ $$\varphi_\tau=\frac{2\tau_{-1}-\tau_0}{\tau_0}=\frac{2\times 192-307.2}{307.2}=0.25$$	$\varphi_\sigma\approx 0.18$ $\varphi_\tau=0.25$
(2)Ⅳ截面上的应力。 ① 弯矩。由线性插值得出 $$M_{\mathrm{IV}}=262318\times\frac{79-36}{79}\mathrm{MPa}\approx 142780.7\mathrm{MPa}$$	$M_{\mathrm{IV}}\approx 142780.7\mathrm{MPa}$
② 弯曲应力幅。 $$\sigma_a=\sigma=\frac{M_{\mathrm{IV}}}{W}=\frac{142780.7}{0.1\times 65^3}\mathrm{MPa}\approx 5.2\mathrm{MPa}$$	$\sigma_a\approx 5.2\mathrm{MPa}$
③ 平均弯曲应力。 $$\sigma_m=0$$	$\sigma_m=0$
④ 扭转切应力。 $$\tau=\frac{T}{W_T}=\frac{959000}{0.2\times 65^3}\mathrm{MPa}=17.46\mathrm{MPa}$$	$\tau=17.46\mathrm{MPa}$
⑤ 扭转切应力幅和平均扭转切应力。 $$\tau_a=\tau_m=\frac{\tau}{2}=\frac{17.46}{2}\mathrm{MPa}=8.73\mathrm{MPa}$$	$\tau_a=8.73\mathrm{MPa}$
(3)应力集中等系数。 ① 有效应力集中系数。因为该截面有轴径变化，过渡圆角半径 $R=2\mathrm{mm}$，则 $$\frac{D}{d}=\frac{70}{65}\approx 1.08,\ \frac{r}{d}=\frac{2}{65}\approx 0.03,\ \sigma_b=640\mathrm{MPa}$$ 由附表1得，$K_\sigma=1.84$，$K_\tau=1.3$。 如果一个截面上有多种产生应力集中的结构，则分别求出其有效应力集中系数，从中取大值。	$K_\sigma=1.84$ $K_\tau=1.3$
② 表面状态系数。该截面表面粗糙度 $Ra=3.2\mu\mathrm{m}$，$\sigma_b=640\mathrm{MPa}$，由附表5得，$\beta=0.92$。	$\beta=0.92$
③ 尺寸系数。由附表6得，$\varepsilon_\sigma=0.78$，$\varepsilon_\tau=0.74$。	$\varepsilon_\sigma=0.78$ $\varepsilon_\tau=0.74$
(4)安全系数。 由式(6.7)～式(6.9)得 $$S_\sigma=\frac{\sigma_{-1}}{\frac{K_\sigma}{\beta\varepsilon_\sigma}\sigma_a+\varphi_\sigma\sigma_m}=\frac{282}{\frac{1.84}{0.92\times 0.78}\times 5.2+0}\approx 21.15$$	$S_\sigma\approx 21.15$
$$S_\tau=\frac{\tau_{-1}}{\frac{K_\tau}{\beta\varepsilon_\tau}\tau_a+\varphi_\tau\tau_m}\approx 10.18$$	$S_\tau=10.18$
$$S_{ca}=\frac{S_\sigma S_\tau}{\sqrt{S_\sigma^2+S_\tau^2}}=\frac{21.15\times 10.18}{\sqrt{21.15^2+10.18^2}}\approx 9.17>1.5=[S]$$	$S_{ca}=9.17>1.5$
所以Ⅳ截面安全，其他截面的安全系数法校核读者可按上述分析过程自行完成。 3. 绘制轴的工作图(略)	Ⅳ截面安全

【例 6.3】 一钢制等直径轴，传递的转矩 $T=6500\text{N}\cdot\text{m}$。已知轴的许用剪切应力 $[\tau]=55\text{MPa}$，轴的长度 $l=2200\text{mm}$，轴在全长上的扭转角 φ 不得超过 1°，钢的切变模量 $G=8\times10^4\text{MPa}$，试求该轴的直径。

解：设计步骤如下。

计 算 与 说 明	主 要 结 果
1. 按强度要求，应使 $\tau=\dfrac{T}{W_T}=\dfrac{T}{0.2d^3}\leqslant[\tau]$， 故轴的直径 $d\geqslant\sqrt[3]{\dfrac{T}{0.2[\tau]}}=\sqrt[3]{\dfrac{6500\times10^3}{0.2\times55}}\text{mm}\approx83.92\text{mm}$	$d\geqslant83.92\text{mm}$
2. 按扭转刚度要求，应使 $\varphi=\dfrac{Tl}{GI_p}=\dfrac{32Tl}{G\pi d^4}\leqslant[\varphi]$， 按题意 $l=2200\text{mm}$，在轴的全长上，$[\varphi]=1°=\dfrac{\pi}{180}\text{rad}$，故 $d\geqslant\sqrt[4]{\dfrac{32Tl}{\pi G[\varphi]}}=\sqrt[4]{\dfrac{32\times6500\times10^3\times2200}{\pi\times8\times10^4\times\dfrac{\pi}{180}}}\text{mm}\approx101.09\text{mm}$	$d\geqslant101.09\text{mm}$
故该轴的直径取决于刚度要求。圆整后可取 $d=105\text{mm}$。	取 $d=105\text{mm}$

6.4 轴毂连接

6.4.1 键连接

键主要用来实现轴和轴上零件之间的周向固定以传递转矩。有些类型的键还可实现轴上零件的轴向固定或轴向移动。

键是标准件，分为平键、半圆键、楔键和切向键等。设计时应根据各类键的结构和应用特点进行选择。

1. 平键连接

平键连接属于松连接。平键的两侧面是工作面，平键的上表面与轮毂键槽的底面有间隙，如图 6.23 所示。

这种键连接定心性较好、装拆方便。常用的平键有普通平键、导向平键和滑键三种。其中普通平键应用最广。

1）普通平键

普通平键连接属于静连接，静连接的含义是指轴与轮毂间无轴向相对移动，即轴在运转过程中，轴与轴上零件在轴向方向是静止不动的。普通平键的端部形状可制成圆头(A 型)、方头(B 型)或单圆头(C 型)。圆头平键［图 6.23(b)］的轴槽用指形铣刀加工［图 6.24(a)］，键在槽中固定良好，但轴上键槽端部的应力

【参考图文】

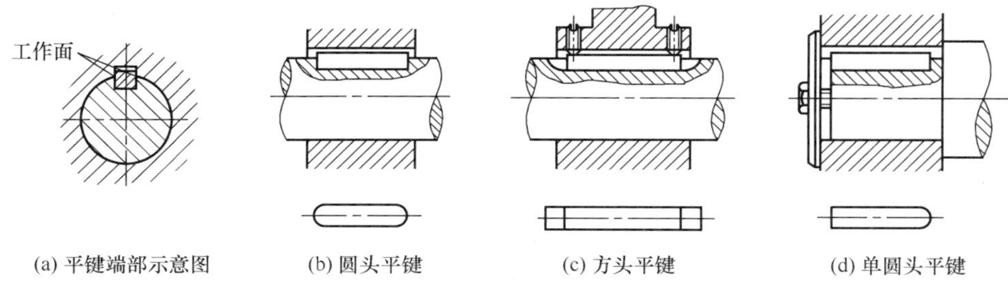

(a) 平键端部示意图　(b) 圆头平键　(c) 方头平键　(d) 单圆头平键

图 6.23　普通平键连接

集中较大。方头平键［图 6.23(c)］的轴槽用盘形铣刀加工［图 6.24(b)］，轴的应力集中较小。单圆头平键［图 6.23(d)］常用于轴端。

2）导向平键和滑键

当传动零件在工作时需要做轴向移动时(如变速箱中的滑移齿轮)，可用导向平键或滑键连接(图 6.25)。导向平键和滑键属于松连接，又属于动连接。导向平键是一种较长的平键，用螺钉固定在轴上的键槽中，为了便于拆卸，在键的中部制有起键螺孔，轴上的传动件可沿键做轴向滑动［图 6.25(a)］。当键要求滑移的距离较大时，因为所需导向平键的长度过大，制造困难，所以宜采用滑键［图 6.25(b)］。滑键的特点是键固定在轮毂上，而轴上键槽较长，工作时轮毂与滑键一起在轴槽上滑动。

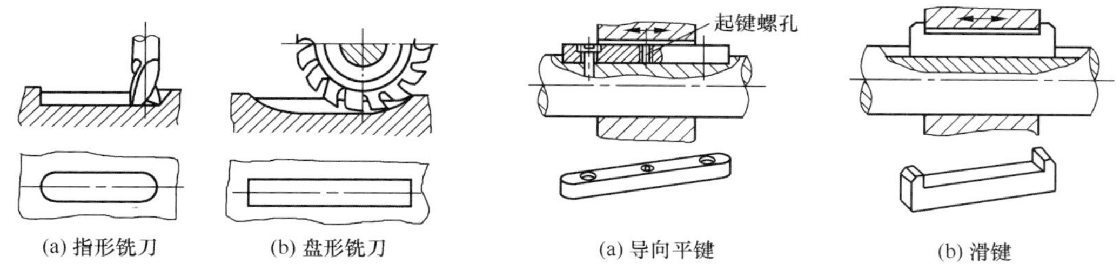

(a) 指形铣刀　(b) 盘形铣刀

图 6.24　轴上键槽的加工

(a) 导向平键　(b) 滑键

图 6.25　导向平键和滑键连接

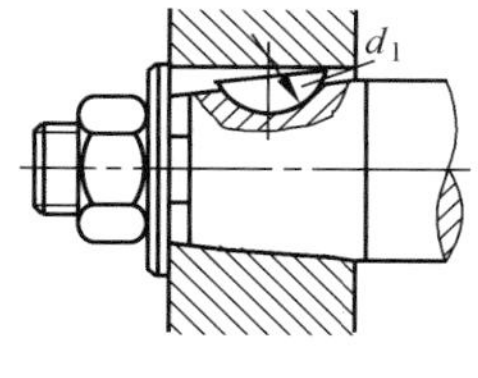

图 6.26　半圆键连接

2. 半圆键连接

半圆键连接属于松连接，同时又属于静连接。半圆键也是以两侧面为工作面，与平键一样具有装配方便的优点。半圆键能在轴槽中摆动，对中性好。它的缺点是键槽对轴的强度削弱较大，只适用于轻载连接。

锥形轴端采用半圆键连接(图 6.26)，在工艺上较方便。

3. 楔键连接和切向键连接

楔键连接属于紧连接，只能用于静连接。楔键的上、下两面是工作面［图 6.27(a)］，键的上表面和轮毂键槽的底面均有 1∶100 的斜度，把楔键打入轴和毂槽内时，其工作面上产生很大的预紧力。工作时，主要靠摩擦力传递转矩，并能承受单方向的轴向力。当需要两个楔键时，其安装位置最好相隔 90°～120°。

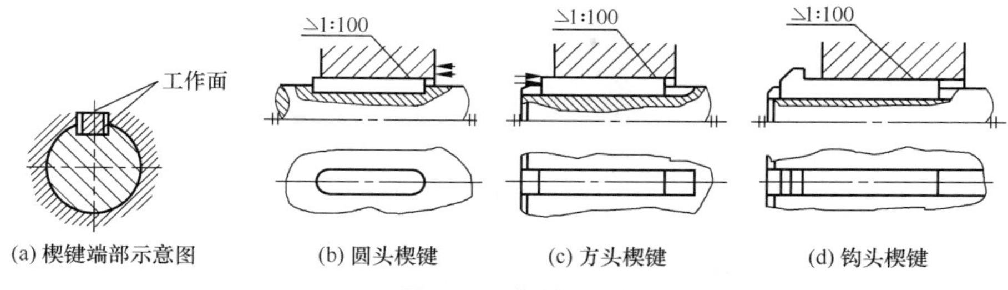

(a) 楔键端部示意图　(b) 圆头楔键　(c) 方头楔键　(d) 钩头楔键

图 6.27　楔键连接

由于楔键打入时，迫使轴和轮毂产生偏心，因此楔键仅适用于定心精度要求不高、载荷平稳和低速的连接。

楔键分为普通楔键和钩头楔键两种。普通楔键有圆头［图 6.27(b)］和方头［图 6.27(c)］之分，钩头楔键［图 6.27(d)］的钩头用于拆键。

此外，在重型机械中常采用切向键连接［图 6.28(a)］。切向键是由一对楔键组成的，装配时将两键楔紧，这样两个楔键组合体上、下表面便形成相互平行的两个平面，这两个平面便是工作面，工作面上的压力沿轴的切线方向作用，能传递很大的转矩。当双向传递转矩时，需用两对切向键并按 120°～130°分布［图 6.28(b)］。

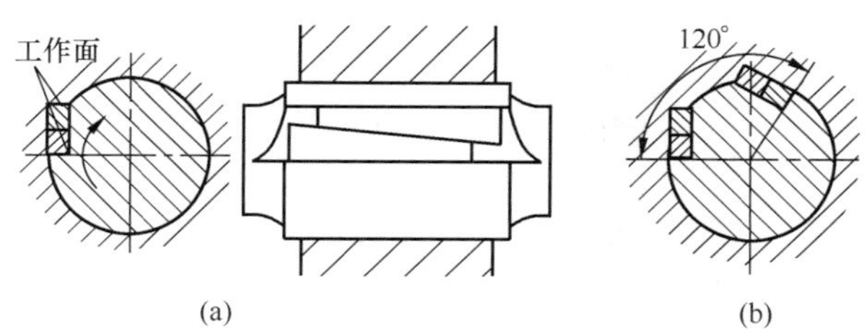

(a)　(b)

图 6.28　切向键连接

6.4.2　键的选用和强度计算

1. 键的选用

键的选用包括类型的选用和规格尺寸的选用。类型的选用可根据轴和轮毂的结构特点、使用要求和工作条件来确定。键的规格尺寸的选用则根据轴的直径 d 按标准确定键宽 b 和键高 h。键的长度 L 可参照轮毂长度从标准中选取(表 6－6)。

表 6－6　普通平键和普通楔键的主要尺寸　（单位：mm）

轴的直径 d	6～8	>8～10	>10～12	>12～17	>17～22	>22～30	>30～38	>38～44
键宽 b×键高 h	2×2	3×3	4×4	5×5	6×6	8×7	10×8	12×8
轴的直径 d	>44～50	>50～58	>58～65	>65～75	>75～85	>85～95	>95～110	>110～130
键宽 b×键高 h	14×9	16×10	18×11	20×12	22×14	25×14	28×16	32×18

L 系列：6，8，10，12，14，16，18，20，22，25，28，32，36，40，45，50，56，63，70，80，90，100，110，125，140，160，180，200，250…

键的材料采用强度极限σ_b不小于600MPa的碳素钢，通常用45钢。

2. 平键连接的强度计算

平键连接的主要失效形式是工作面的压溃(对于静连接)和磨损(对于动连接)。除非有严重过载，一般不会出现键的剪断(图6.29中沿a—a面剪断)。

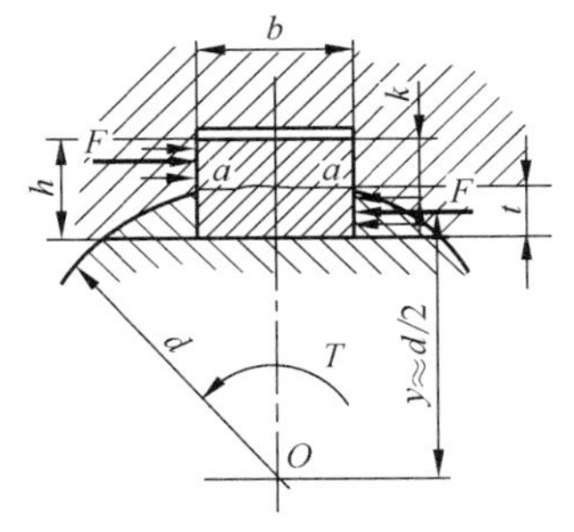

图6.29 平键连接受力情况

假设工作面上的载荷沿键的长度和高度均匀分布，则平键连接的挤压强度条件为

$$\sigma_p=\frac{2T\times10^3}{kdl}\leqslant[\sigma_p] \tag{6.14}$$

对于导向平键和滑键连接，应限制工作面上的压强，即

$$p=\frac{2T\times10^3}{kdl}\leqslant[p] \tag{6.15}$$

式中，T——转矩(N·m)；

k——键与轮毂键槽的接触高度，$k=0.5h$；

d、h——分别为轴径和键的高度(mm)；

l——键的工作长度(mm)，圆头平键$l=L-b$，平头平键$l=L$，单圆头平键$l=L-0.5b$，这里L为键的公称长度(mm)，b为键的宽度(mm)；

$[\sigma_p]$——键、轮毂、轴三者中较弱材料的许用挤压应力(MPa)，见表6-7；

$[p]$——键、轮毂、轴三者中较弱材料的许用压强(MPa)，见表6-7。

表6-7 键连接的许用挤压应力和许用压强 (单位：MPa)

许用值	键或毂、轴的材料	载荷性质		
		静载荷	轻微冲击	冲击
$[\sigma_p]$	钢	125～150	100～120	60～90
	铸铁	70～80	50～60	30～45
$[p]$	钢	50	40	30

若强度不够，可采用两个键按180°布置(图6.30)。考虑到载荷分布的不均匀性，在强度校核中可按1.5个键计算。

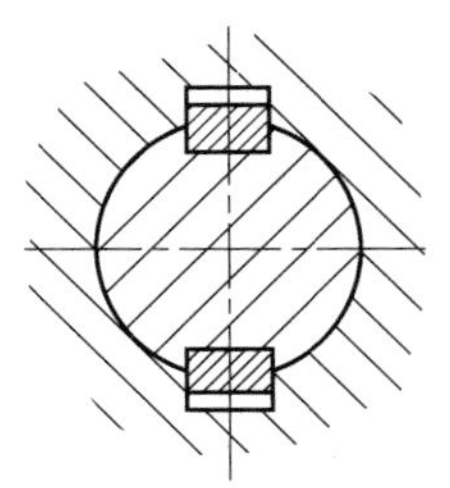

图6.30 双平键连接布置

6.4.3 花键连接

1. 花键连接的特点

花键连接由周向均布的多个键齿的花键轴与带有相应键齿槽的轮毂相配合而成，花键齿的侧面是工作面。由于是多齿传递载荷，因此花键连接比平键连接具有承载能力强、对轴削弱程度小(齿浅、应力集中小)、定心好和导向性能好等优点。花键连接由内花键和外花键组成(图6.31)。外花键可以用铣床或齿轮加工机床进行加工，需要专用的加工设备、刀具和量具，所以花键连接成本较高。它适用于定心精度要求高、载荷大或需要经常滑移的连接。

【参考图文】

2. 花键类型选择

花键连接按其齿形不同，可分为矩形花键(图 6.32)和渐开线花键(图 6.33)两类。花键连接可以做成静连接，也可以做成动连接。花键连接一般只验算挤压强度和耐磨性，其计算方法与平键相似。

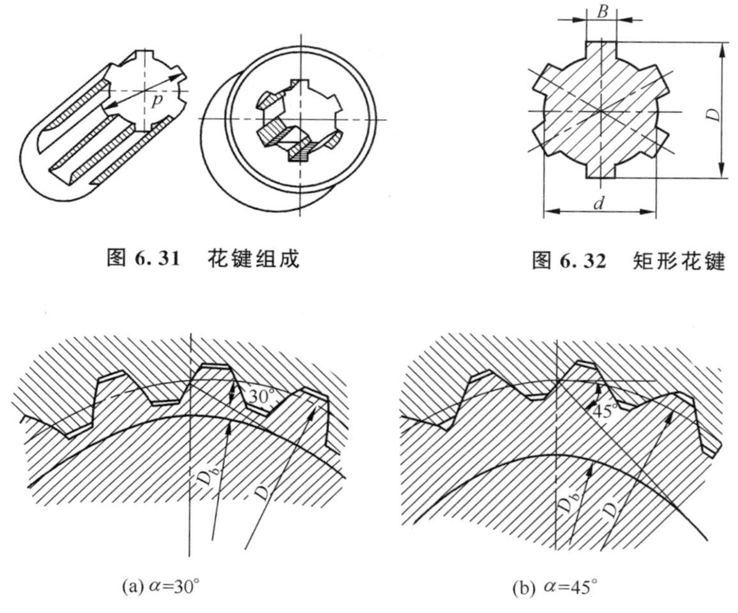

图 6.31　花键组成

图 6.32　矩形花键

(a) α=30°　　(b) α=45°

图 6.33　渐开线花键

矩形花键形状简单，加工方便。矩形花键连接定心方式为小径定心，即外花键和内花键的小径为配合面，由于外花键和内花键的小径易于磨削，因此矩形花键连接的定心精度较高。国家标准规定矩形花键的表示方法为 $N \times d \times D \times B$，表示键齿数×小径×大径×键齿宽。花键通常要进行热处理，表面硬度一般应高于 40HRC。

渐开线花键的齿廓为渐开线，可以利用渐开线齿轮切制的加工方法来加工，工艺性较好。按分度圆压力角进行分类，渐开线花键分为 30°压力角渐开线花键和 45°压力角渐开线花键两种。压力角为 45°的渐开线花键与压力角为 30°的渐开线花键相比，齿数多、模数小、齿形短，对连接件强度的削弱小，但承载能力也较低，多用于轻载和直径小的静连接。

6.4.4　销连接

销连接主要用于固定零件之间的相对位置，并传递较小的载荷，还可以用于过载保护。按形状的不同，销可分为圆柱销、圆锥销和槽销等。

圆柱销［图 6.34(a)］靠过盈配合固定在销孔中，如果多次装拆，其定位精度会降低。圆锥销和销孔均有 1∶50 的锥度［图 6.34(b)］，因此安装方便，定位精度高，多次装拆不影响定位精度。在盲孔或装拆困难的场合，可采用端部带螺纹的圆锥销［图 6.34(c)］。开口销［图 6.34(d)］适用于有冲击、振动的场合。槽销［图 6.34(e)］上有三条纵向沟槽，将槽销压入销孔后，它的凹槽即产生收缩变形，借助材料的弹性而固定在销孔中，故多用于传递载荷，对于受振动载荷的连接也适用，而且销孔无需铰制，加工方便，可多次装拆。

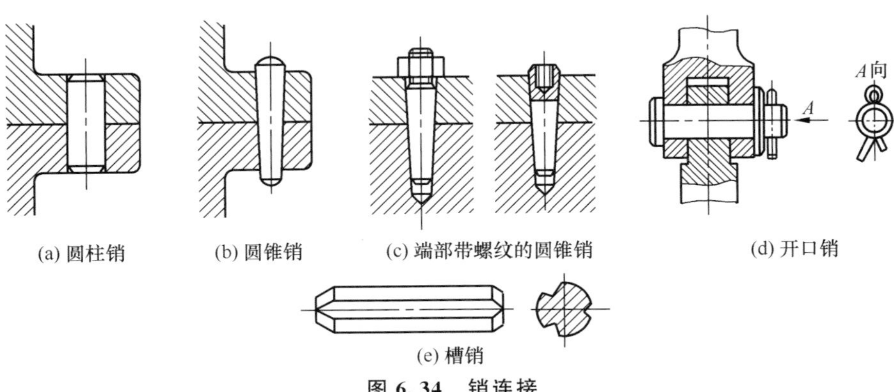

图 6.34　销连接

6.4.5　无键连接

常用的无键连接包括过盈连接和成形连接，这两种连接主要用于轴和毂孔的连接。由于轴和毂孔配合面均为光滑表面，因此，应力集中小，对中性好，承载能力大。

1. 过盈连接

过盈连接利用轴和毂孔本身的过盈配合实现连接。轴和毂孔装配后，由于过盈而在配合面间产生压力，工作时靠此压力形成的摩擦力传递转矩 T 和轴向力 F_a(图 6.35)。其承载能力主要取决于过盈量的大小。这种连接结构简单，在振动下也能可靠地工作，但装拆困难，对配合表面和尺寸的加工精度要求较高，因此，多用于载荷较大或有冲击的连接。

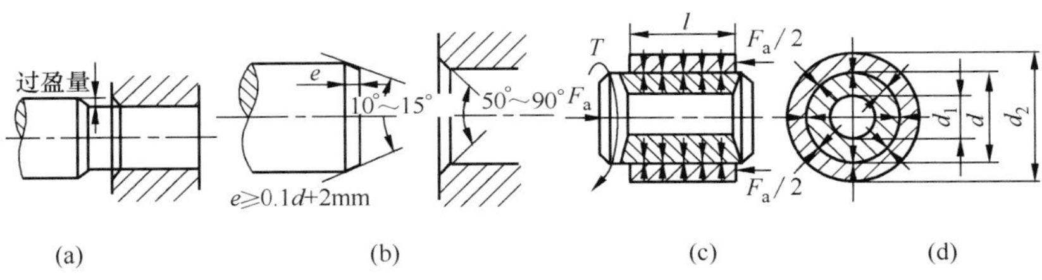

图 6.35　过盈连接

2. 成形连接

成形连接利用非圆截面的轴与相应的毂孔构成连接，轴和毂孔可做成柱形或锥形，常用柱形型面，如图 6.36 所示。这种连接装拆方便，但型面加工较复杂，特别是为了保证配合精度，最后一道工序多在专用机床上磨削，故目前应用得还不广泛。

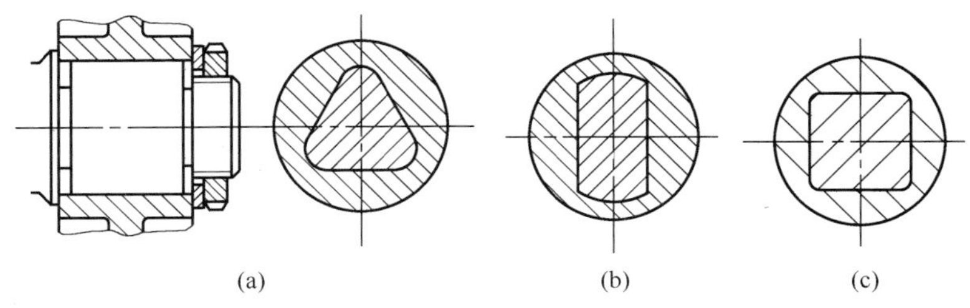

图 6.36　成形连接型面

【例 6.4】 已知减速器中某直齿圆柱齿轮安装在轴的两支承点间，齿轮和轴的材料都是锻钢，用键构成静连接。齿轮的精度为 7 级，装齿轮处的轴径 $d=70$mm，齿轮轮毂宽度为 100mm，需传递的转矩 $T=2200$N·m，载荷有轻微冲击。试设计此键连接。

解：设计步骤如下。

计算与说明	主要结果
1. 选择键连接的类型和尺寸 一般 8 级以上精度的齿轮有定心精度要求，应选用平键连接。由于齿轮不在轴端，故选用圆头普通平键(A 型)。 根据 $d=70$mm 从表 6-6 中查得键的截面尺寸：宽度 $b=20$mm，高度 $h=12$mm。由轮毂宽度并参考键的长度系列，取键长 $L=90$mm(比轮毂宽度小些)。	圆头普通平键(A 型) $d=70$mm $b=20$mm $h=12$mm $L=90$mm
2. 校核键连接的强度 键、轴和轮毂的材料都是钢，由表 6-7 查得，许用挤压应力 $[\sigma_p]=100\sim120$MPa，取其平均值 $[\sigma_p]=110$MPa。键的工作长度 $l=L-b=(90-20)$mm$=70$mm，键与轮毂键槽的接触高度 $k=0.5h=0.5\times12$mm$=6$mm。由式(6.14)可得 $\sigma_p=\frac{2T\times10^3}{kdl}=\frac{2\times2200\times10^3}{6\times70\times70}MPa\approx149.7MPa>[\sigma_p]=110$MPa 可见连接的挤压强度不够。考虑到相差较大，因此改用双键，相隔 180°布置。双键的工作长度 $l=1.5\times70$mm$=105$mm。由式(6.14)可得 $\sigma_p=\frac{2T\times10^3}{kdl}=\frac{2\times2200\times10^3}{6\times105\times70}MPa\approx99.8MPa<[\sigma_p]$ 键的标记为：键 20×90 GB/T 1096—2003。	$[\sigma_p]=110$MPa 改用双键，相隔 180°布置 $\sigma_p\approx99.8$MPa$<[\sigma_p]$(合适)

本章小结

本章主要介绍了轴的功用、类型及材料，轴的结构设计，轴的失效形式及强度、刚度计算，轴毂连接的类型和键连接的失效形式、设计准则及平键的强度计算。本章重点是轴的结构设计及强度计算方法，平键连接的失效形式、选用原则及强度计算。

习　　题

1. 选择题

(1) 工作中只承受弯矩，不传递转矩的轴，称为________。

A. 心轴　　B. 转轴　　C. 传动轴　　D. 曲轴

(2) 转轴设计中在初估轴径时，轴的直径是按________来初步确定的。

A. 弯曲强度　　B. 扭转强度　　C. 弯扭组合强度　　D. 轴段上零件的孔径

(3) 轴的常用材料主要是________。

A. 铸铁　　B. 球墨铸铁　　C. 碳钢　　D. 陶瓷

(4) 对轴进行表面强化处理，可以提高轴的________。

A. 疲劳强度　　B. 柔韧性　　C. 刚度

(5) 为了保证轴上零件定位可靠，应使其轮毂长度________安装轮毂的轴头长度。

A. 大于　　B. 小于　　C. 等于　　D. 大于或等于

(6) 用安全系数法精确校核轴的疲劳强度时其危险剖面的位置取决于________。

A. 轴的弯矩图和扭矩图　　B. 轴的弯矩图和轴的结构

C. 轴的扭矩图和轴的结构　　D. 轴的弯矩图、扭矩图和轴的结构

(7) 平键长度主要根据________进行选择，然后按失效形式校核强度。

A. 传递转矩大小　　B. 轴的直径

C. 轮毂长度　　D. 传递功率大小

2. 思考题

(1) 心轴、转轴、传动轴的区别是什么？试各举一实例。

(2) 轴上零件的轴向固定有哪些方法？各有何特点？轴上零件的周向固定有哪些方法？各有何特点？

(3) 轴的失效形式及设计准则是什么？

(4) 若轴的强度不足或刚度不足，应分别采取哪些措施？

(5) 在轴的弯扭合成强度计算公式 $M_e=\sqrt{M^2+(\alpha T)^2}$ 中，α 的含义是什么？其大小如何确定？

(6) 键连接的功用是什么？

(7) 平键的尺寸($b\times h\times L$)如何确定？

(8) 平键连接的失效形式及设计准则是什么？

3. 设计计算题

(1) 设计某搅拌机用的单级斜齿圆柱齿轮减速器中的低速轴，如图 6.37 所示。已知电动机功率 $P=4\text{kW}$，转速 $n_1=750\text{r/min}$；低速轴的转速 $n_2=130\text{r/min}$；大齿轮节圆直径 $d_2=300\text{mm}$，宽度 $B_2=90\text{mm}$，轮齿螺旋角 $\beta=12°$，法面压力角 $\alpha=20°$。要求：

① 完成轴的全部结构设计；

② 根据弯扭合成理论验算轴的强度。

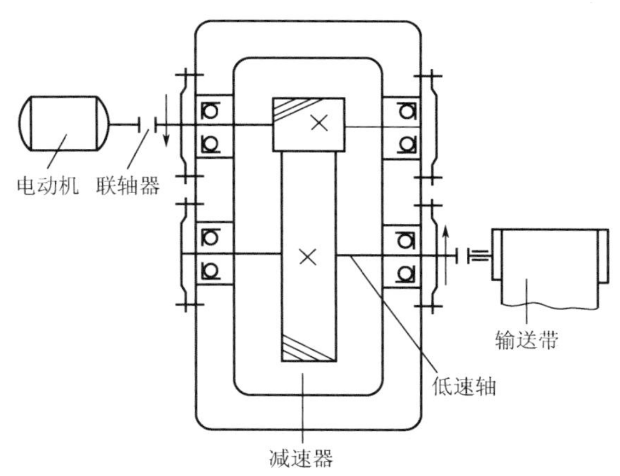

图 6.37　设计计算题 (1) 图

(2) 一齿轮与轴采用平键连接，材料均为 45 钢，轴径 $d=80\text{mm}$，齿轮轮毂宽 $B=150\text{mm}$，传递转矩 $T=2000\text{N}\cdot\text{m}$，载荷有轻微冲击。试确定平键的类型及尺寸，并校核其强度。

(3) 用平键连接蜗轮与轴，已知传递转矩 $T=1580\text{N}\cdot\text{m}$，轴径 $d=70\text{mm}$，蜗轮轮毂宽 $B=150\text{mm}$，轴的材料为 45 钢，蜗轮轮毂材料为铸铁，工作时有轻微振动。试选择平键尺寸并校核强度。如强度不够可采取哪些措施?

4. 结构改错题

指出图 6.38 的结构错误，用序号标出，说明理由，并将正确的结构画在轴心线的另一侧。

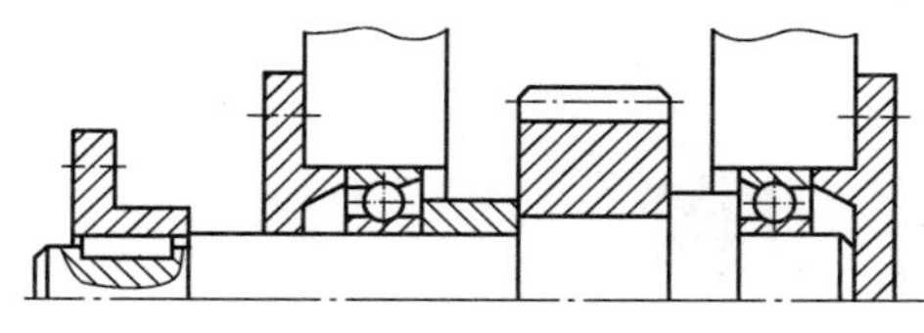

图 6.38　结构改错题图

第7章 滚动轴承

1. 了解滚动轴承的结构、材料、特点和应用。
2. 掌握滚动轴承的类型、代号和选择。
3. 掌握滚动轴承的失效形式、设计准则及校核计算方法。
4. 能正确进行滚动轴承的组合设计。

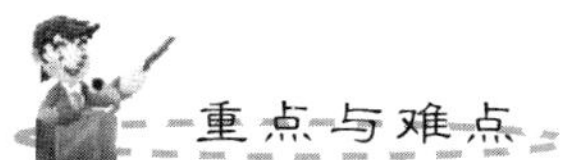

1. 滚动轴承的失效形式、设计准则及滚动轴承的选择。
2. 角接触球轴承和圆锥滚子轴承轴向载荷的计算及滚动轴承基本额定寿命的计算。
3. 滚动轴承的组合设计。

7.1 概　　述

轴承是支承轴颈的部件，有时也用来支承轴上的回转零件。根据工作时接触面间的摩擦性质，可将轴承分为滑动轴承和滚动轴承两大类。本章只讨论滚动轴承。

滚动轴承是现代机器中广泛应用的部件之一，是依靠元件间的滚动接触来承受载荷的。滚动轴承为标准部件，由专业工厂大批生产，使用者只需熟悉标准，合理选用。

滚动轴承设计的内容一般包括：①根据工作条件合理选用滚动轴承的类型和尺寸，验算轴承的承载能力；②综合考虑滚动轴承的定位、装拆、调整、润滑和密封等问题，进行轴承的组合结构设计。

7.1.1 滚动轴承的构造

滚动轴承的基本结构如图 7.1 所示，通常由内圈 1、外圈 2、滚动体 3 和保持架 4 组成。滚动体是滚动轴承中不可缺少的重要元件。内圈与轴颈配合，外圈与轴承座配合。通常内圈随轴回转，外圈固定不动，但也有外圈回转而内圈不动，或是内、外圈分别按不同转速回转等。当内、外圈相对转动时，滚动体在内、外圈的滚道间滚动，使相对运动表面间的滑动摩擦变为滚动摩擦。常用滚动体的基本类型有球、圆柱滚子、圆锥滚子、滚针、球面滚子等，如图7.2所示。滚动体的大小和数量直接影响滚动轴承的承载能力。在球轴承的内、外圈上都有凹槽滚道，起着降低接触应力和限制滚动体轴向移动的作用。保持架的作用是均匀分布滚动体，避免相邻的滚动体直接接触，减小磨损及噪声。

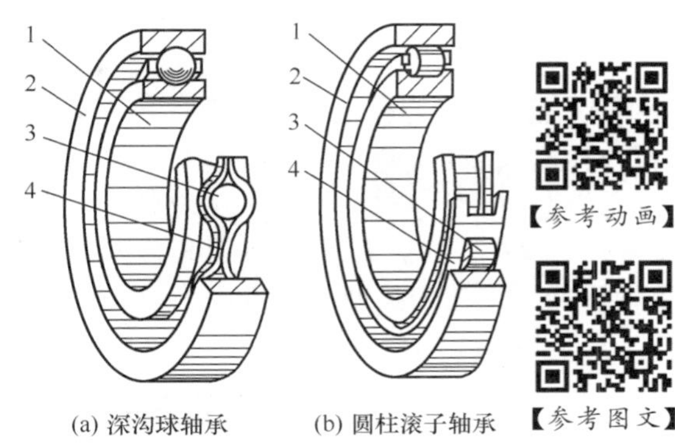

【参考动画】

【参考图文】

(a) 深沟球轴承　(b) 圆柱滚子轴承

图7.1　滚动轴承的基本结构

1—内圈；2—外圈；3—滚动体；4—保持架

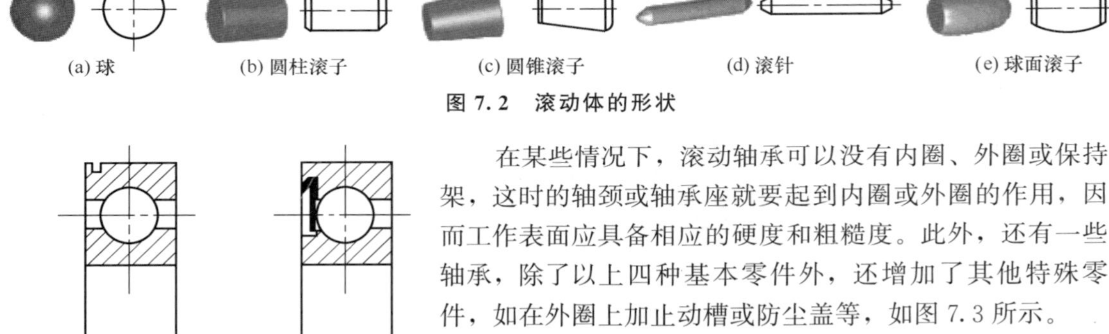

(a) 球　(b) 圆柱滚子　(c) 圆锥滚子　(d) 滚针　(e) 球面滚子

图7.2　滚动体的形状

(a) 外圈带有止动槽的深沟球轴承　(b) 一面带有防尘盖的深沟球轴承

图7.3　滚动轴承的特殊结构

在某些情况下，滚动轴承可以没有内圈、外圈或保持架，这时的轴颈或轴承座就要起到内圈或外圈的作用，因而工作表面应具备相应的硬度和粗糙度。此外，还有一些轴承，除了以上四种基本零件外，还增加了其他特殊零件，如在外圈上加止动槽或防尘盖等，如图7.3所示。

7.1.2　轴承的材料

轴承内、外圈和滚动体的材料应具有较高的接触疲劳强度和硬度、良好的耐磨性和冲击韧性。一般用特殊轴承钢如GCr15、GCr15SiMn等制造，热处理后硬度一般不低于60HRC，工作表面要求磨削和抛光。保持架选用较软材料制造，有冲压式［图7.1(a)］和实体式［图7.1(b)］两种形式。冲压式保持架一般用低碳钢板冲压制成，与滚动体间有较大的间隙；实体式保持架常用铜合金、铝合金或工程塑料等制成，有较好的定心准确度。

【参考图文】

7.1.3　滚动轴承的优缺点及应用

与滑动轴承相比，滚动轴承的主要优点是摩擦力矩和发热较小，在通常的速度范围内，摩擦力矩很少随速度而改变；起动转矩比滑动轴承小；消耗润滑剂少，便于密封，易于维护；大大减少了有色金属的消耗；轴承单位宽度的承载能力较大；标准化程度高，成批生产，成本较低。

滚动轴承的缺点是接触应力高，承受冲击载荷的能力较差，高速重载荷下轴承的寿命较低；径向尺寸比滑动轴承大；减振性能比滑动轴承差，工作时振动和噪声较大；小批生产特殊的滚动轴承时成本较高。

【参考图片】【参考图片】

滚动轴承是标准件，在使用、安装、更换等方面很方便，因此在中速、中载和一般条件下运转的机器中应用非常广泛。在一些特殊的工作条件下，如高速、重载、精密、高温、低温、防腐、防磁、微型和特大型等场合，也可以采用滚动轴承，但需要在材料、结构、加工工艺和热处理等方面采取一些特殊的技术措施。

7.2 滚动轴承的类型、代号和选择

7.2.1 滚动轴承的主要类型、性能与特点

按滚动体的形状，滚动轴承可分为球轴承［图 7.1(a)］和滚子轴承［图 7.1(b)］。

按公称接触角的大小和所能承受载荷的方向，滚动轴承可分为向心轴承和推力轴承。

公称接触角是滚动轴承的一个主要参数，是指滚动轴承中滚动体与外圈接触处的法线和垂直于轴承轴心线的平面间的夹角，用 α 表示，如图 7.4 所示。公称接触角影响承载能力，公称接触角越大，轴承承受轴向载荷的能力也越强。

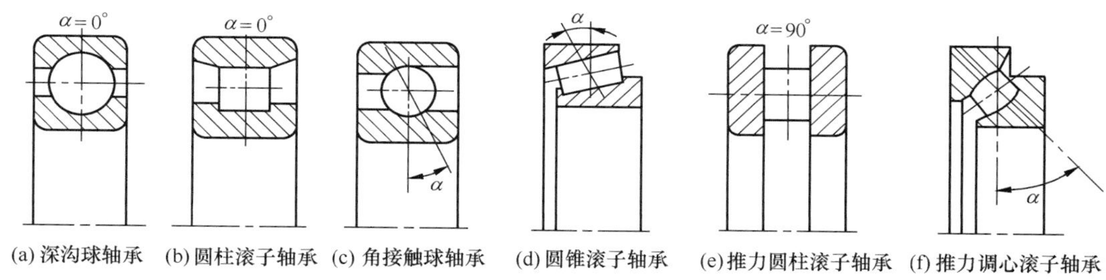

(a) 深沟球轴承　(b) 圆柱滚子轴承　(c) 角接触球轴承　(d) 圆锥滚子轴承　(e) 推力圆柱滚子轴承　(f) 推力调心滚子轴承

图 7.4　滚动轴承的公称接触角

1. 向心轴承

向心轴承的公称接触角为 0°～45°，可分为以下两种。

1）径向接触轴承

公称接触角 $\alpha=0°$的向心轴承，主要用于承受径向载荷，如图 7.4(b)所示的圆柱滚子轴承。其中，公称接触角 $\alpha=0°$的球轴承［图 7.4(a)］除主要承受径向载荷外，还能承受较小的轴向载荷。

2）向心角接触轴承

公称接触角为 $0°<\alpha\leqslant 45°$的向心轴承，可同时承受径向载荷和单向轴向载荷，如图 7.4(c)所示的角接触球轴承和图 7.4(d)所示的圆锥滚子轴承。

2. 推力轴承

推力轴承的公称接触角为 45°～90°，可分为以下两种。

1）轴向接触轴承

公称接触角 $\alpha=90°$的推力轴承，只能承受轴向载荷，如图 7.4(e)所示的推力圆柱滚子轴承。

2）推力角接触轴承

公称接触角为 45°<α<90°的推力轴承，主要用于承受轴向载荷，但也能承受一定的径向载荷，如图 7.4(f)所示的推力调心滚子轴承。

滚动轴承的类型很多，表 7－1 给出了常用滚动轴承的类型、结构、代号和性能特点，可供选用时参考。

表 7－1　常用滚动轴承的类型和性能特点

轴承名称	结构简图、承受载荷方向	类型代号	极限转速	允许角偏差	性能特点
调心球轴承	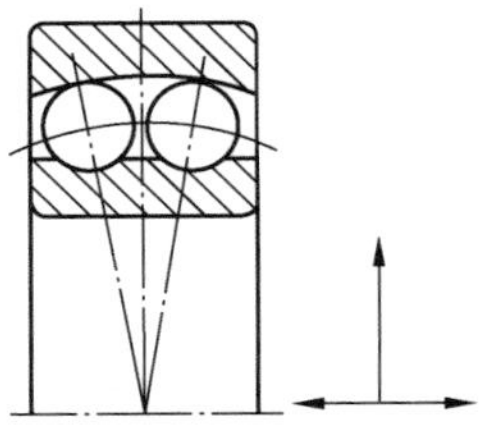	1	中	3°	主要承受径向载荷，也可同时承受少量的双向轴向载荷；外圈滚道为球面，具有自动调心性能；适用于弯曲刚度小的轴
调心滚子轴承	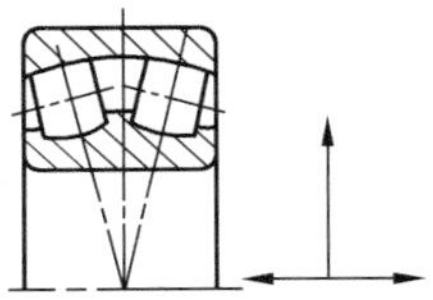	2	低	1°～2.5°	用于承受径向载荷，其承载能力比调心球轴承大，也能承受少量的双向轴向载荷；外圈滚道为球面，具有调心性能；适用于弯曲刚度小的轴
推力调心滚子轴承	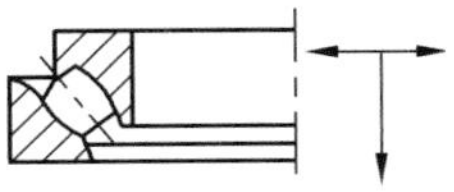	2	中	1.5°～2.5°	承受轴向载荷为主的径向、轴向联合载荷；外圈滚道为球面，调心性能好；常用于水轮机轴和起重机转盘等重型机械部件中
圆锥滚子轴承 【参考图文】	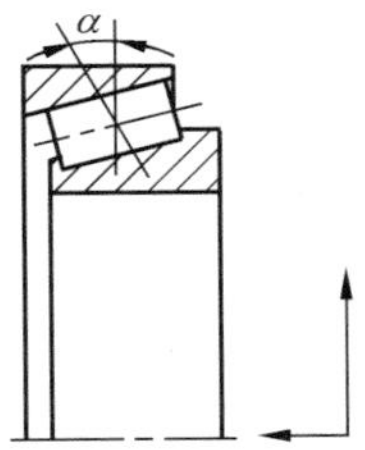 α	3	中	2′	能承受较大的径向载荷和单向轴向载荷；内、外圈可分离，故轴承游隙可在安装时调整；通常成对使用，对称安装；适用于转速不太高，轴的刚性较好的场合
双列深沟球轴承	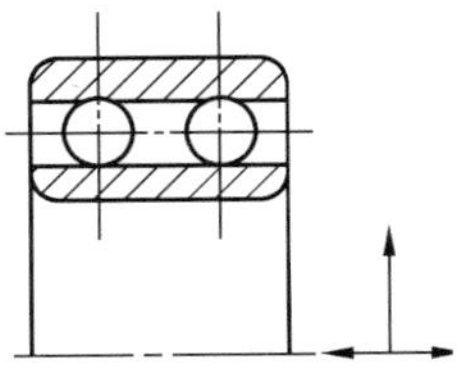	4	中	8′～16′	主要承受径向载荷，也能承受一定的双向轴向载荷；比深沟球轴承具有更大的承载能力
推力球轴承	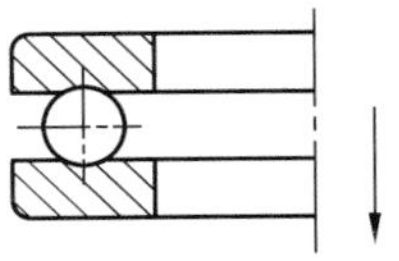	5	低	≈0°	只能承受单向的轴向载荷；极限转速低，套圈可分离

（续）

轴承名称	结构简图、承受载荷方向	类型代号	极限转速	允许角偏差	性能特点
深沟球轴承 【参考图文】		6	高	8′～16′	主要承受径向载荷，也可承受一定的双向轴向载荷；摩擦阻力小，极限转速高，结构简单，价格便宜，应用范围最广
角接触球轴承 【参考图文】	α	7	高	2′～10′	能同时承受径向载荷和单向的轴向载荷；接触角 α 有 15°、25°和 40°三种，轴向承载能力随接触角增大而提高；极限转速较高，通常成对使用
推力圆柱滚子轴承		8	低	≈0′	能承受较大单向轴向载荷，但不能承受径向载荷；轴向刚性高，极限转速低，不允许轴与外圈轴线有倾斜；适用于低速、重载荷的场合
外圈无挡边的圆柱滚子轴承		N	高	2′～4′	能承受较大的径向载荷，不能承受轴向载荷；内、外圈间可做自由轴向移动
滚针轴承 【参考图文】		NA	低	不允许	只能承受径向载荷，承载能力大；一般无保持架，价格低廉；常用于转速较低而径向尺寸受限制的场合。内、外圈可分离

7.2.2 滚动轴承的代号

滚动轴承的类型很多，而各类轴承在结构、尺寸、精度和技术要求等方面又各不相同，为了便于组织生产和合理选用，国家标准 GB/T 272—2017《滚动轴承　代号方法》规定了滚动轴承的代号及表示方法。滚动轴承的代号用字母和数字表示，由前置代号、基本代号和后置代号构成。滚动轴承代号的构成见表 7－2。

表 7-2　滚动轴承代号的构成

前置代号	基本代号					后置代号							
轴承分部件代号	五	四	三	二	一	内部结构代号	密封和防尘结构代号	保持架及其材料代号	特殊轴承材料代号	公差等级代号	游隙代号	多轴承配置代号	其他代号
	类型代号	尺寸系列代号		内径系列代号									
		宽度系列代号	直径系列代号										

1. 基本代号

基本代号用来表示轴承的类型和尺寸，是轴承代号的基础。基本代号由类型代号、尺寸系列代号和内径系列代号组成，按顺序自左向右依次排列。

1）类型代号

用数字或字母表示不同类型的轴承，见表 7-1。

2）尺寸系列代号

由两位数字组成。前一位数字表示宽度系列(向心轴承)或高度系列(推力轴承)，后一位数字表示直径系列。宽度系列或高度系列是指结构、内径和直径系列都相同的轴承，在宽度或高度方面的变化系列。当宽度系列代号为 0 时，多数轴承在代号中不标出，但圆锥滚子轴承和调心滚子轴承的宽度系列代号 0 应标出。直径系列是指结构相同、内径相等的轴承在外径方面的变化系列。各直径系列轴承的尺寸对比如图 7.5 所示。常用的向心轴承和推力轴承的尺寸系列代号见表 7-3。

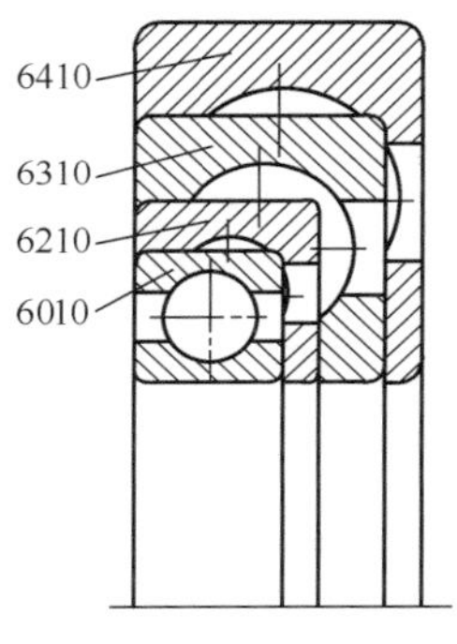

图 7.5　直径系列对比图

表 7-3　滚动轴承尺寸系列代号表示法

直径系列代号	向心轴承								推力轴承			
	宽度系列代号								高度系列代号			
	8	0	1	2	3	4	5	6	7	9	1	2
	特窄	窄	正常	宽	特宽				特低	低	正常	正常
	尺寸系列代号											
7(超特轻)	—	—	17	—	37	—	—	—	—	—	—	—
8(超轻)	—	08	18	28	38	48	58	68	—	—	—	—
9(超轻)	—	09	19	29	39	49	59	69	—	—	—	—
0(特轻)	—	00	10	20	30	40	50	60	70	90	10	—
1(特轻)	—	01	11	21	31	41	51	61	71	91	11	—
2(轻)	82	02	12	22	32	42	52	62	72	92	12	22
3(中)	83	03	13	23	33	—	—	63	73	93	13	23
4(重)	—	04	—	24	—	—	—	—	74	94	14	24

3）内径系列代号

用数字表示轴承的内径大小，见表 7-4。

表 7-4　滚动轴承的内径系列代号

<table>
<tr><th colspan="2">轴承公称内径/mm</th><th>内径系列代号</th><th>示　　例</th></tr>
<tr><td colspan="2">0.6～10(非整数)</td><td rowspan="2">用公称内径毫米数直接表示，在其与尺寸系列代号之间用“/”分开</td><td>深沟球轴承 618/2.5
d=2.5mm</td></tr>
<tr><td colspan="2">1～9(整数)</td><td>深沟球轴承 619/5
d=5mm</td></tr>
<tr><td>10～17</td><td>10
12
15
17</td><td>00
01
02
03</td><td>深沟球轴承 6200
d=10mm</td></tr>
<tr><td colspan="2">20～480
(22、28、32 除外)</td><td>公称内径除以 5 的商数，商数为个位数，需在商数左边加“0”，如 06</td><td>调心滚子轴承 23106
d=30mm</td></tr>
<tr><td colspan="2">≥500，以及
22、28、32</td><td>用公称内径毫米数直接表示，在其与尺寸系列代号之间用“/”分开</td><td>调心滚子轴承 231/500
d=500mm
深沟球轴承 62/28
d=28mm</td></tr>
</table>

2. 前置代号

前置代号用于表示轴承的分部件，用字母表示，具体见表 7-5。

表 7-5　前置代号及其含义

<table>
<tr><th>代号</th><th>含　　义</th><th>示　例</th><th>代号</th><th>含　　义</th><th>示例</th></tr>
<tr><td rowspan="2">L</td><td rowspan="2">可分离轴承的可分离内圈或外圈</td><td rowspan="2">LNU207
LN207</td><td>K</td><td>滚子和保持架组件</td><td>K81107</td></tr>
<tr><td>WS</td><td>推力圆柱滚子轴承轴圈</td><td>WS81107</td></tr>
<tr><td>R</td><td>不带可分离内圈或外圈的轴承
(滚针轴承仅适用于 NA 型)</td><td>RNU207
RNA6904</td><td>GS</td><td>推力圆柱滚子轴承座圈</td><td>GS81107</td></tr>
</table>

3. 后置代号

后置代号用字母和数字等表示轴承的结构、公差及材料等的特殊要求。后置代号的内容很多，其顺序见表 7-2，下面介绍几个常用代号。

1）内部结构代号

内部结构代号表示同一类型轴承的不同内部结构，紧跟基本代号后，用字母表示，具体含义见表 7-6。

表 7-6 轴承内部结构代号

代　　号	含　　义	示　　例
B	角接触球轴承公称接触角 $\alpha=40°$	7208B
C	角接触球轴承公称接触角 $\alpha=15°$	7208C
AC	角接触球轴承公称接触角 $\alpha=25°$	7208AC
E	结构改进加强型	NU207E

注：NU 为内圈无挡边圆柱滚子轴承。

2）公差等级代号

轴承的公差等级分为 2 级、4 级、5 级、6 级(或 6x 级)和 0 级，共 5 个级别，依次由高级到低级，其代号分别为/P2、/P4、/P5、/P6(或/P6x)和/P0。其中 0 级为普通级，在轴承代号中不标出；6x 级仅适用于圆锥滚子轴承。例如，6203 公差等级为 0 级，6203/P6 公差等级为 6 级。

3）游隙代号

常用轴承径向游隙系列分为 1 组、2 组、0 组、3 组、4 组和 5 组，共 6 个组别，径向游隙依次由小到大。0 组游隙是常用的游隙组别，在轴承代号中不标出。其余的游隙组别在轴承代号中分别用/C1、/C2、/C3、/C4、/C5 表示。例如，6210 径向游隙为 0 组，代号省略，6210/C4 径向游隙为 4 组。公差等级和游隙代号同时表示时，符号 C 可以省略，例如，6210/P63 公差等级为 6 级，径向游隙为 3 组。

4）多轴承配置代号

多轴承配置代号表示成对使用的角接触轴承的配置形式，如图 7.6 所示。其中，/DF 表示面对面安装，/DB 表示背对背安装，/DT 表示串联安装。例如，32208/DF、7210C/DB。

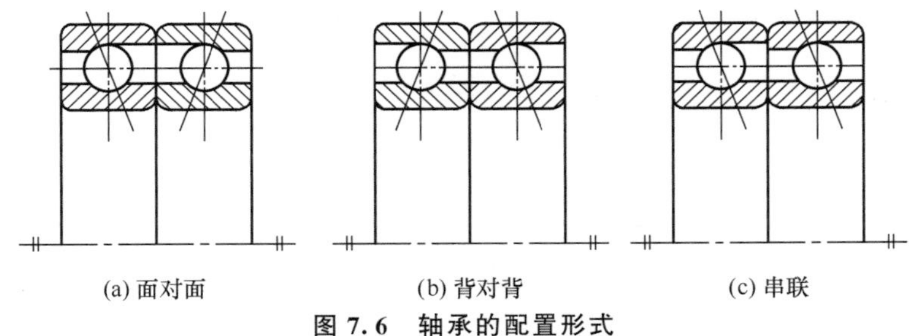

图 7.6 轴承的配置形式

实际应用的滚动轴承类型很多，相应的轴承代号也比较复杂。上述介绍的是轴承代号中最基本、最常用的部分。有关滚动轴承更详细的表示方法，可查阅 GB/T 272—2017。

【例 7.1】 试说明滚动轴承代号 7310 AC/DB、6208/P4 的含义。

解：(1) 7310 AC/DB

7：类型代号　角接触球轴承

3：尺寸系列代号(0)3　宽度系列代号 0 省略，直径系列代号 3

10：内径代号　轴承内径　$d=(10\times5)\text{mm}=50\text{mm}$

AC：内部结构代号　公称接触角 $\alpha=25°$

公差等级为普通级，省略

DB：配置代号　两轴承背对背安装

(2) 6208/P4

6：类型代号　深沟球轴承

2：尺寸系列代号(0)2　宽度系列代号0省略，直径系列代号2

08：内径代号　轴承内径 $d=40\text{mm}$

P4：公差等级代号　公差等级为4级

7.2.3 滚动轴承的选择

滚动轴承的选择包括轴承类型、尺寸系列、内径及公差等级等。

1. 类型选择

选用轴承时，首先是选择轴承类型，所考虑的主要因素如下。

1）轴承所受载荷的大小、方向和性质

这是选择轴承类型的主要依据。

(1) 载荷的大小与性质。通常球轴承适用于中、小载荷及载荷变动较小的场合；滚子轴承则可用于重载荷及载荷变动较大的场合。

(2) 载荷的方向。轴承受纯轴向载荷，可选用推力轴承。较小的纯轴向载荷可选用推力球轴承；较大的纯轴向载荷可选用推力滚子轴承。轴承受纯径向载荷，可选用深沟球轴承、圆柱滚子轴承或滚针轴承。当轴承在承受径向载荷的同时，还有不大的轴向载荷时，可选用深沟球轴承、角接触球轴承；当轴向载荷较大时，可选用圆锥滚子轴承，或者向心轴承和推力轴承组合在一起使用，分别承担径向载荷和轴向载荷。

2）轴承的转速

通常转速较高、载荷较小或旋转精度要求较高时，宜选用球轴承；转速较低、载荷较大或有冲击载荷时，选用滚子轴承。

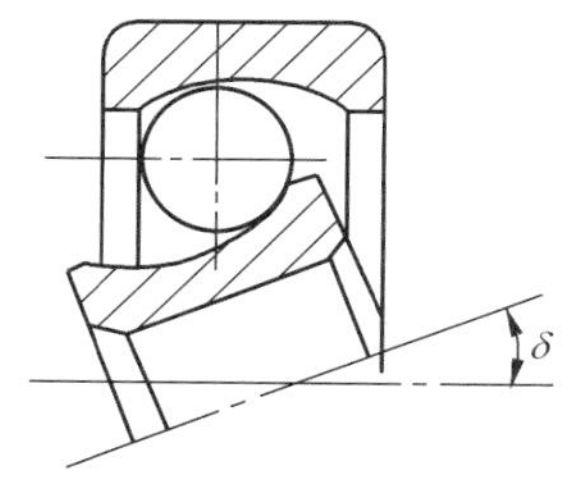

图 7.7　角偏位和偏位角

3）轴承的调心性能

当轴的中心线与轴承座中心线不重合而有较大的角度误差时，或因轴受力而弯曲或倾斜时，会造成轴承的内、外圈轴线发生偏斜，如图7.7所示。这时，应采用有一定调心性能的调心球轴承或调心滚子轴承。

值得注意的是，各类滚动轴承内圈轴线相对外圈轴线的倾斜角度是有限的，见表7-1，超过限制角度，会降低轴承的寿命。

4）轴承的安装和拆卸

当轴承座没有剖分面而必须沿轴向安装和拆卸轴承部件时，常选用内、外圈可分离的轴承(如圆锥滚子轴承)、具有内锥孔的轴承或带紧定套的轴承。

5）轴承的经济性

特殊结构轴承比普通结构轴承价格高。通常，滚子轴承比球轴承价格高。轴承精度越高，则价格越高，而且高精度轴承对轴和轴承座的精度要求也高，所以选用轴承时，应在满足使用要求的前提下，尽可能地降低成本。若无特殊要求，公差等级通常选用0级；若有特殊要求，可根据具体情况选用其他公差等级。

2. 尺寸系列代号、内径等选择

选择轴承的尺寸系列代号时，主要考虑轴承承受载荷的大小，但也要考虑结构的要求。就直径系列代号而言，当载荷很小时，通常可以选择超轻或特轻系列的轴承；当载荷很大时，可考虑选择重系列的轴承。高速时，宜选用超轻、特轻及轻系列的轴承。重及特重系列的轴承，只用于低速、重载的场合。通常情况下，可以选择轻系列或中系列的轴承，待校核后再根据具体情况进行调整。对于宽度系列代号而言，通常情况下可以选用正常系列的轴承，若有特殊要求，可根据具体情况选用其他系列。

轴承的内径通常可根据轴颈直径确定。

轴承的选择不应指望一次成功，必须在选择、校核乃至结构设计的全过程中，经过反复分析、比较和修改，才能获得满足设计要求的较好的方案。

7.3 滚动轴承的受力分析、失效形式和计算准则

所选的轴承是否能满足设计要求，还需要做进一步的验算。为此，必须了解滚动轴承工作时的受力情况、失效形式和应满足的计算准则。

7.3.1 滚动轴承的受力分析

1. 向心轴承中载荷的分布

滚动轴承在中心轴向载荷 F_a(通过轴心线的轴向载荷)的作用下，可认为载荷由各滚动体平均分担；在纯径向载荷 F_r 作用下的滚动轴承则不然，当轴承工作的某一瞬间，滚动体处于图 7.8 所示的位置时，径向载荷 F_r 通过轴颈作用于内圈，位于上半圈的滚动体不受此载荷作用，而由下半圈的滚动体将此载荷传到外圈上。假设内、外圈除了与滚动体接触处共同产生的局部接触变形外，它们的几何形状并不改变。这时在载荷 F_r 的作用下，内圈的下沉量 δ_0 就是在 F_r 作用线上的接触变形量。按变形协调关系，不在载荷 F_r 作用线上的其他各点的径向变形量为

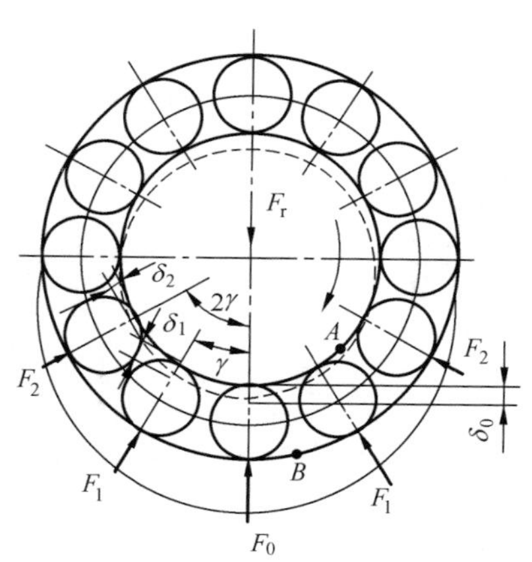

图 7.8 向心轴承中径向载荷的分布

$$\delta_i=\delta_0\cos(i\gamma)\quad i=1,\ 2\cdots \tag{7.1}$$

也就是说，真实变形量的分布是中间最大，向两边逐渐减小，如图 7.8 所示。可以进一步判断，接触载荷也是处于 F_r 作用线上的接触点处最大，向两边逐渐减小。各滚动体从开始受载到受载终止所对应的区域为承载区。

根据力的平衡原理，所有滚动体作用于内圈上的反力 F_i 的向量和必定等于径向载荷 F_r。

2. 轴承元件上载荷及应力的变化

对承受径向载荷 F_r，外圈固定，内圈随轴转动的滚动轴承，工作时，由滚动轴承的载荷分布可知，各滚动体所受的载荷将由小逐渐增大，直到最大值 F_0，再逐渐减小。因此，滚动体承受的载荷是变化的，受到脉动循环的接触应力作用。

转动内圈上各点的受载情况类似于滚动体的受载情况。它的任一点 A 在开始进入承载区后，当该点与某一滚动体接触时，载荷由零变到某一数值，继而变到零。当该点下次与

另一滚动体接触时，载荷就由零变到另一数值，故同一点上的载荷及应力是周期性不稳定变化的，如图 7.9(a)所示。

对于固定外圈上处在承载区内的一个具体的点 B，每当一个滚动体滚过时，便承受一次载荷，其大小是不变的，也就是承受稳定的脉动循环载荷的作用，如图 7.9(b)所示。载荷变动的频率快慢取决于滚动体中心的圆周速度。

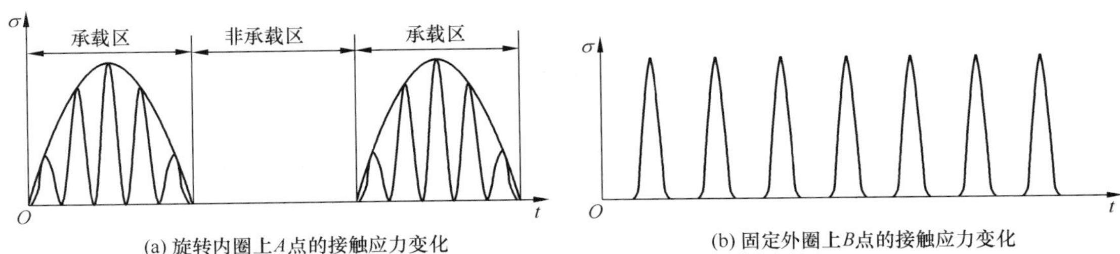

(a) 旋转内圈上A点的接触应力变化　　(b) 固定外圈上B点的接触应力变化

图 7.9　滚动轴承元件上应力变化情况

7.3.2　滚动轴承的失效形式

根据工作情况，滚动轴承的失效形式主要有以下几种。

1. 疲劳点蚀

【参考图文】

滚动轴承工作过程中，滚动体和内、外圈滚道分别受到脉动循环变应力的作用，在载荷的反复作用下，首先在表面下一定深度处产生疲劳裂纹，继而扩展到接触表面，形成疲劳点蚀，使轴承不能正常工作。通常，疲劳点蚀是滚动轴承最主要的失效形式。

2. 塑性变形

当轴承转速很低或间歇摆动时，一般不会产生疲劳破坏。但在很大的静载荷或冲击载荷作用下，轴承滚道和滚动体接触处会产生永久变形(滚道表面形成塑性变形凹坑)，而使轴承在运转中产生剧烈的振动和噪声，运转精度下降，以致轴承不能正常工作。

3. 磨损

由于润滑不充分、密封不好或润滑油不清洁，以及工作环境多尘，一些金属屑或磨粒性灰尘进入轴承的工作部位，使轴承发生严重的磨损，导致轴承因内、外圈与滚动体间的间隙增大、振动加剧及旋转精度降低而报废。

4. 胶合

【参考图文】

通常在滚动体和套圈之间，特别是滚动体和保持架之间有滑动摩擦，如果润滑不充分，发热严重，可能使滚动体回火，甚至产生胶合现象。转速越高，发热越严重，发生胶合的可能性就越高。

另外，还有锈蚀、电腐蚀和由于操作、维护不当而引起的元件破裂等失效形式。

7.3.3　滚动轴承的计算准则

确定轴承尺寸时，要针对其主要失效形式进行必要的计算。其计算准则如下：对于一般工作条件的回转滚动轴承，疲劳点蚀是其主要失效形式，因而主要进行基本额定寿命的计算，必要时再做静强度校核；对于不转动、摆动或转速低的滚动轴承，局部塑性变形是其主要失效形式，因此要求控制塑性变形，需要进行静强度计算；对于高速轴承，由于发热而造成的胶合和烧伤常是其主要失效形式，因此除进行基本额定寿命的计算外，还应校验其极限转速。

7.4 滚动轴承的校核计算

滚动轴承的校核计算主要有基本额定寿命的校核计算、静强度和极限转速的校核计算。

7.4.1 滚动轴承的基本额定寿命计算

1. 基本额定寿命和基本额定动载荷

大部分滚动轴承是由于疲劳点蚀而失效的。所谓轴承的疲劳寿命，对于单个滚动轴承来说，是指轴承中任意元件出现疲劳点蚀之前所运转的总转数或一定转速下的工作小时数。

由于材料、热处理和制造工艺等很多随机因素的影响，即使是同一型号、同一批生产出来的轴承，在完全相同的条件下进行寿命试验，滚动轴承的疲劳寿命也是相当离散的，最高寿命与最低寿命可能相差几倍，甚至几十倍。可用数理统计的方法求出其寿命分布规律，得到在一定可靠度 R 下的轴承寿命曲线，以可靠度为 90%的基本额定寿命作为选择轴承的标准。基本额定寿命是指一批相同的轴承，在相同的条件下运转，其中 90%的轴承不发生疲劳点蚀以前能运转的总转数(以 10^6 转为单位)或在一定转速下工作的小时数，用 L_{10}(或 L_{10h})表示。对于每个轴承来说，它能在基本额定寿命期内正常工作的概率为 90%，而在基本额定寿命期未结束之前即发生疲劳点蚀的概率为 10%。

轴承的基本额定寿命与所受载荷的大小有关，工作载荷越大，引起的接触应力也就越大，因而在发生疲劳点蚀前能经受的应力变化次数也就越少，即轴承的基本额定寿命越短。轴承的基本额定动载荷，就是指轴承的基本额定寿命为 10^6 转时，轴承所能承受的载荷值，用字母 C 代表。这个基本额定动载荷，对于向心轴承，指的是纯径向载荷，并称为径向基本额定动载荷，以 C_r 表示；对于推力轴承，指的是纯轴向载荷，并称为轴向基本额定动载荷，以 C_a 表示；对于角接触轴承，指的是使套圈产生纯径向位移的载荷的径向分量。不同型号的轴承有不同的基本额定动载荷值，它表征了不同型号轴承的承载能力，C 值越大，承载能力越强。

2. 滚动轴承基本额定寿命计算

滚动轴承的基本额定寿命随载荷增大而降低。图 7.10 所示为在大量试验研究基础上得出的轴承载荷-寿命曲线。该曲线表示这类轴承的载荷 P 与基本额定寿命 L_{10}之间的关系。其方程式为

$$P^{\varepsilon}L_{10}=\text{常数}$$

在寿命 $L_{10}=1(10^6$ 转)时，轴承能承受的载荷为基本额定动载荷 C，故 $P^{\varepsilon}L_{10}=C^{\varepsilon}\times 1$，由此可得出基本额定寿命计算公式

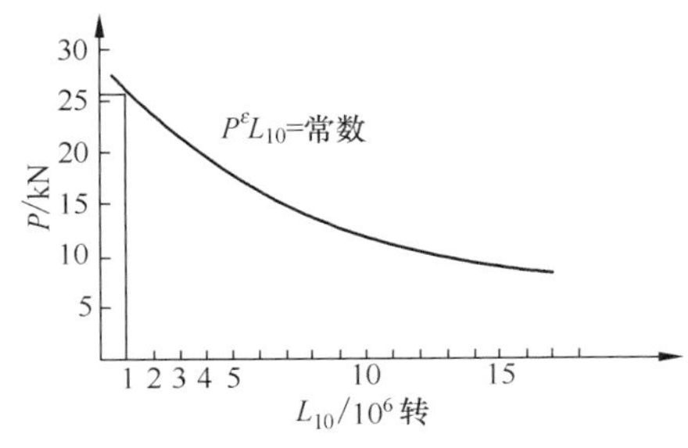

图 7.10　滚动轴承(6208)的载荷-寿命曲线

$$L_{10}=\left(\frac{C}{P}\right)^{\varepsilon}\quad(10^6\text{ 转})\tag{7.2}$$

式中，ε——寿命指数，对于球轴承 $\varepsilon=3$，对于滚子轴承 $\varepsilon=10/3$；

P——当量动载荷(N)；

L_{10}——基本额定寿命，以 10^6 转为单位。

实际计算时，用小时表示轴承的寿命比较方便。如用 n 代表轴承的转速(r/min)，则以小时数表示的轴承基本额定寿命 L_{10h} 为

$$L_{10h}=\frac{10^6}{60n}\left(\frac{C}{P}\right)^{\varepsilon}\quad(\text{h})\tag{7.3}$$

轴承样本中列出的基本额定动载荷值 C 仅适用于一般工作温度，如果轴承在温度高于120℃的环境下工作，轴承的基本额定动载荷值会有所降低，因此引用温度系数 f_t 予以修正。f_t 可查表 7-7。

表 7-7　温度系数 f_t

工作温度/℃	≤120	125	150	200	250	300	350
温度系数 f_t	1	0.95	0.9	0.8	0.7	0.6	0.5

进行上述修正后，基本额定寿命计算公式为

$$L_{10h}=\frac{10^6}{60n}\left(\frac{f_tC}{P}\right)^{\varepsilon}\quad(\text{h})\tag{7.4}$$

如果载荷 P 和转速 n 已知，滚动轴承的预期寿命 L'_h 已取定，则所选轴承应能承受的基本额定动载荷 C' 可按式(7.5)计算

$$C'=\frac{P}{f_t}\left(\frac{60nL'_h}{10^6}\right)^{1/\varepsilon}\tag{7.5}$$

以上两式是设计计算时经常用到的计算公式，由此可确定轴承的基本额定寿命或尺寸型号。在选取滚动轴承时，必须使其基本额定寿命 L_{10h} 大于轴承的预期寿命 L'_h。各类机器中轴承预期寿命 L'_h 列于表 7-8 中，可供参考。

表 7-8　轴承预期寿命的参考值

机器种类		预期寿命/h
不经常使用的仪器或设备		500
航空发动机		500～2000
间断使用的机器	中断使用不致引起严重后果的手动机械、农业机械等	4000～8000
	中断使用会引起严重后果的机械设备，如升降机、输送机、吊车等	8000～12000
每日工作8h的机器	利用率不高的齿轮传动、电机等	12000～20000
	利用率较高的通风设备、机床等	20000～30000
连续工作24h的机器	一般可靠性的空气压缩机、电机、水泵等	50000～60000
	高可靠性的电站设备、给水排水装置等	>100000

3. 滚动轴承的当量动载荷

在轴承的基本额定寿命计算中所用的载荷，对于只承受纯径向载荷 F_r 的向心轴承或只承受纯轴向载荷 F_a 的推力轴承来说，即为载荷 F_r 或 F_a。因此，对于向心圆柱滚子轴承、滚针轴承，$P=F_r$；对于推力轴承，$P=F_a$。但是，对于那些同时承受径向载荷 F_r 和轴向载荷 F_a 的轴承(如深沟球轴承、角接触球轴承、圆锥滚子轴承等)来说，为了能和基本额定动载荷进行比较，必须把实际作用的复合外载荷折算成基本额定动载荷实验条件下的一假想载荷，在该假想载荷作用下轴承的寿命与在实际的复合外载荷作用下轴承的寿命相同，则称该假想载荷为当量动载荷，用 P 表示。它的计算公式为

$$P=XF_r+YF_a \tag{7.6}$$

式中，F_r——轴承所受的径向载荷(N)；

F_a——轴承所受的轴向载荷(N)；

X——径向载荷系数；

Y——轴向载荷系数。

径向载荷系数 X 和轴向载荷系数 Y 可分别按 $F_a/F_r>e$ 或 $F_a/F_r\leqslant e$ 两种情况，由表7-9查取。表7-9中参数 e 反映了轴向载荷对轴承承载能力的影响，其值与轴承类型和 F_a/C_{0r} 有关(C_{0r} 是轴承的径向基本额定静载荷)。

表7-9　径向载荷系数 X 和轴向载荷系数 Y

轴承类型		相对轴向载荷 F_a/C_{0r}	e	$F_a/F_r>e$		$F_a/F_r\leqslant e$	
				X	Y	X	Y
深沟球轴承		0.014	0.19	0.56	2.30	1	0
		0.028	0.22		1.99		
		0.056	0.26		1.71		
		0.084	0.28		1.55		
		0.11	0.30		1.45		
		0.17	0.34		1.31		
		0.28	0.38		1.15		
		0.42	0.42		1.04		
		0.56	0.44		1.00		
角接触球轴承	$\alpha=15°$	0.015	0.38	0.44	1.47	1	0
		0.029	0.40		1.40		
		0.058	0.43		1.30		
		0.087	0.46		1.23		
		0.12	0.47		1.19		
		0.17	0.50		1.12		
		0.29	0.55		1.02		
		0.44	0.56		1.00		
		0.58	0.56		1.00		
	$\alpha=25°$	—	0.68	0.41	0.87	1	0
	$\alpha=40°$	—	1.14	0.35	0.57	1	0
圆锥滚子轴承		—	轴承手册	0.40	轴承手册	1	0
调心球轴承		—	轴承手册	0.65	轴承手册	1	轴承手册

注：1. C_{0r} 为径向基本额定静载荷，单位为N。

2. 对于表中未列出的相对轴向载荷值，可按线性插值法求出相应的 e、X、Y 值。

按式(7.6)求得的当量动载荷只是一个理论值。实际上，在许多支承中还会出现一些附加载荷，如冲击力、惯性力，以及轴挠曲或轴承座变形产生的附加力等，这些因素很难从理论上精确计算。为了计及这些影响，应对当量动载荷乘上一个根据经验而定的载荷系数 f_P，其值见表 7-10。故实际计算时，轴承的当量动载荷应为

$$P=f_P(XF_r+YF_a) \tag{7.7}$$

表 7-10　载荷系数 f_P

载荷性质	f_P	举　　例
无冲击或轻微冲击	1.0～1.2	电机、汽轮机、通风机等
中等冲击	1.2～1.8	车辆、动力机械、起重机、造纸机、冶金机械、选矿机、卷扬机、木材加工机械、传动装置、机床等
强大冲击	1.8～3.0	破碎机、轧钢机、钻探机、振动筛等

在按式(7.7)计算各轴承的当量动载荷 P 时，径向载荷 F_r 为轴上的外载荷作用在轴承上的径向载荷。对于深沟球轴承，其轴向载荷 F_a 由外界作用在轴上的总轴向力 F_A 确定，F_A 所指向的轴承，其承受的轴向力 F_a 为外界作用在轴上的总的轴向载荷 F_A，即 $F_a=F_A$，而另一轴承不承受轴向力；对于角接触球轴承和圆锥滚子轴承，确定其轴向力 F_a 时，不仅要考虑作用在轴上的总的轴向载荷 F_A，还要考虑因径向载荷 F_r 而产生的内部轴向力 S。

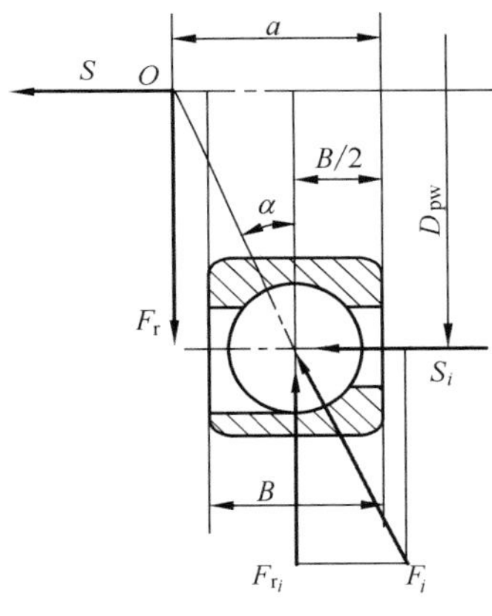

图 7.11　角接触球轴承的内部轴向力和载荷作用中心

4. 角接触轴承轴向载荷 F_a 的计算

角接触轴承承受径向载荷 F_r 时，因其结构特点使滚动体和座圈滚道接触处存在公称接触角 α，要产生内部轴向力 S。内部轴向力 S 等于轴承承受载荷的各滚动体产生的轴向分力 $F_i\sin\alpha$ 之和，如图 7.11 所示。其值见表 7-11。为了使内部轴向力得到平衡，以免轴产生窜动，通常轴承是成对使用的。图 7.12 所示为两种不同的安装方式。其中，图 7.12(a)所示为正装(或称面对面安装)；图 7.12(b)所示为反装(或称背对背安装)。不同的安装方式所产生的内部轴向力 S 的方向不同，但其方向总是由轴承外圈的宽边一端指向窄边一端，有迫使轴承内圈与外圈脱开的趋势。

表 7-11　角接触球轴承和圆锥滚子轴承内部轴向力 S

轴承类型	角接触球轴承 70000 型			圆锥滚子轴承 30000 型
	$\alpha=15°$	$\alpha=25°$	$\alpha=40°$	
S	$0.4F_r$	$0.68F_r$	$1.14F_r$	$\frac{F_r}{2Y}$(Y 是 $F_a/F_r>e$ 时的轴向载荷系数)

图 7.13(a)所示为一面对面安装的角接触球轴承，F_R 和 F_A 分别为作用于轴上的径向外载荷和轴向外载荷。根据力的径向平衡条件，由径向外载荷 F_R 计算出作用在两个轴承

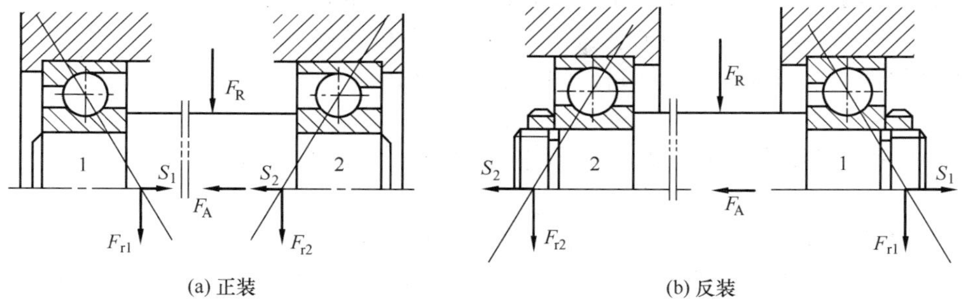

(a) 正装　　(b) 反装

图 7.12　角接触球轴承的内部轴向力方向分析

上的径向载荷 F_{r1}、F_{r2}，当 F_R 的大小及作用位置固定时，径向载荷 F_{r1}、F_{r2} 也就固定。由径向载荷相应产生的内部轴向力则为 S_1、S_2。

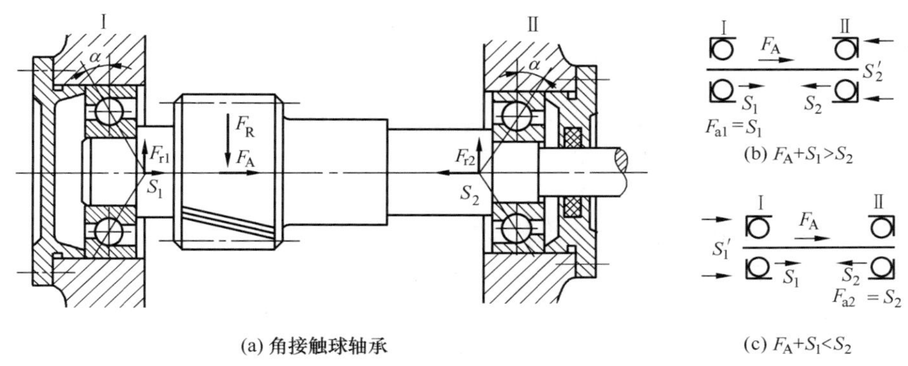

(a) 角接触球轴承　　(c) $F_A+S_1<S_2$

图 7.13　角接触球轴承的轴向载荷分析

根据轴的平衡关系按下列两种情况分析轴承Ⅰ、Ⅱ所受的轴向力。

(1) 如果 $F_A+S_1>S_2$，如图 7.13(b)所示，轴有向右移动的趋势，轴承Ⅱ被“压紧”，轴承Ⅰ被“放松”。但实际上轴并没有移动。轴的右端将通过轴承Ⅱ受一平衡反力 S_2'，即 $F_A+S_1=S_2+S_2'$，由此可求出轴承Ⅱ上的轴向力

$$F_{a2}=S_2+S_2'=F_A+S_1 \tag{7.8}$$

轴承Ⅰ上的轴向力

$$F_{a1}=S_1 \tag{7.9}$$

(2) 如果 $F_A+S_1<S_2$，如图 7.13(c)所示，轴有向左移动的趋势，轴承Ⅰ被“压紧”，轴承Ⅱ被“放松”。此时轴的左端将通过轴承Ⅰ受一平衡反力 S_1'，即 $S_1'+S_1+F_A=S_2$，故轴承Ⅰ的轴向力

$$F_{a1}=S_1+S_1'=S_2-F_A \tag{7.10}$$

轴承Ⅱ上的轴向力

$$F_{a2}=S_2 \tag{7.11}$$

当轴向外载荷 F_A 与图示方向相反时，F_A 应取负值，其他计算步骤相同。

综上可知，角接触轴承所受轴向力的计算方法可归纳如下。

(1) 根据轴承的安装方式及轴承类型，确定轴承内部轴向力的方向和大小。

(2) 确定作用于轴上的轴向外载荷的合力的大小和方向。

(3) 判明轴上全部轴向载荷的合力指向，再根据轴承的布置方式判定被“压紧”和“放松”的轴承。

(4)“压紧”端轴承的轴向力等于除本身内部轴向力外，轴上其他所有轴向力的代数和。

(5)“放松”端轴承的轴向力等于本身的内部轴向力。

【例 7.2】 某减速器的输入轴用一对深沟球轴承支承。已知轴的转速 $n=960\text{r/min}$，轴承径向载荷 $F_r=2180\text{N}$，轴向载荷 $F_a=1100\text{N}$，轴颈的直径 $d=50\text{mm}$，工作中有中等冲击，工作温度低于 120℃，轴承预期使用寿命为 5000h。试选择轴承型号。

解： 1) 初选轴承型号

根据已知条件，初选其型号为 6210，由手册查得

$$C_r=35000\text{N},\quad C_{0r}=23200\text{N}$$

2) 计算当量动载荷

因为 $$F_a/C_{0r}=1100/23200\approx 0.047$$

由表 7-9，用线性插值法可求得 $e\approx 0.25$。

由于 $$F_a/F_r=1100/2180\approx 0.51>e\approx 0.25$$

查表 7-9，由 e 并用线性插值法可求得 $X=0.56$，$Y=1.78$。

考虑轴承工作中有中等冲击，由表 7-10 查得 $f_P=1.5$。由此可求得

$$P=f_P(XF_r+YF_a)=1.5\times(0.56\times 2180+1.78\times 1100)\text{N}=4768.2\text{N}$$

3) 轴承的基本额定寿命计算

由于轴承的工作温度低于 120℃，由表 7-7 查取 $f_t=1$。由此可求得

$$L_{10h}=\frac{10^6}{60n}\left(\frac{C}{P}\right)^{\varepsilon}=\frac{10^6}{60\times 960}\times\left(\frac{35000}{4768.2}\right)^3\text{h}\approx 6866\text{h}$$

因为 $L_{10h}>5000\text{h}$，满足寿命要求，故选用轴承 6210 合适。

【例 7.3】 某齿轮减速器的主动轴，选用一对圆锥滚子轴承支承，如图 7.14 所示。两个轴承承受的径向力分别为 $F_{r1}=3551\text{N}$，$F_{r2}=1168\text{N}$，作用于轴上的轴向载荷 $F_A=292\text{N}$，轴的转速 $n=620\text{r/min}$，轴颈的直径 $d=30\text{mm}$，工作中有轻微冲击，工作温度低于 120℃，要求轴承寿命不低于 50000h。试选择轴承型号。

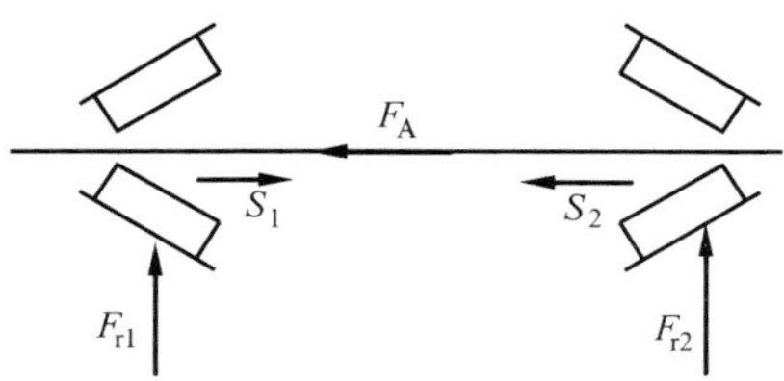

图 7.14　轴系部件受载荷示意图

解： 计算步骤如下。

计算与说明	主要结果
1. 初选轴承型号	
根据工作条件和轴颈直径，初选30206型轴承。由手册查得	30206
$C_r=43200\text{N},\quad e=0.37,\quad Y=1.6$	$C_r=43200\text{N}$
2. 计算内部轴向力	$e=0.37$
由表7-11查得30206型轴承内部轴向力 $S=\dfrac{F_r}{2Y}$，则可求得轴承1、2的内部轴向力分别为	$Y=1.6$
$S_1=\dfrac{F_{r1}}{2Y}=\dfrac{3551}{2\times1.6}\text{N}\approx1110\text{N}$	$S_1\approx1110\text{N}$
$S_2=\dfrac{F_{r2}}{2Y}=\dfrac{1168}{2\times1.6}\text{N}\approx365\text{N}$	$S_2=365\text{N}$
3. 计算轴承所受的轴向载荷	
因为 $S_2+F_A=(365+292)\text{N}=657\text{N}<S_1=1110\text{N}$	
并由图7.14可知，两个轴承正装，即“面对面”布置，所以轴承2被“压紧”，轴承1被“放松”。由此可得	轴承2被“压紧” 轴承1被“放松”
$F_{a2}=S_1-F_A=(1110-292)\text{N}=818\text{N}$	$F_{a2}=818\text{N}$
$F_{a1}=S_1=1110\text{N}$	$F_{a1}=1110\text{N}$
4. 计算轴承的当量动载荷	
对于轴承1	
$F_{a1}/F_{r1}=1110/3551\approx0.31<e=0.37$	
由表7-9查得 $X_1=1$，$Y_1=0$。	$X_1=1$，$Y_1=0$
考虑轴承工作中有轻微冲击，由表7-10取 $f_P=1.2$。由此可求得	$f_P=1.2$
$P_1=f_P(X_1F_{r1}+Y_1F_{a1})=1.2\times(1\times3551+0\times1110)\text{N}=4261.2\text{N}$	$P_1=4261.2\text{N}$
对于轴承2	
$F_{a2}/F_{r2}=818/1168\approx0.7>e=0.37$	
由表7-9和手册查得 $X_2=0.4$，$Y_2=1.6$。由此可得	$X_2=0.4$，$Y_2=1.6$
$P_2=f_P(X_2F_{r2}+Y_2F_{a2})=1.2\times(0.4\times1168+1.6\times818)\text{N}=2131.2\text{N}$	$P_2=2131.2\text{N}$
5. 轴承寿命的计算	
由于 $P_1>P_2$，故按轴承1计算轴承的寿命。	$P_1>P_2$
由于工作温度低于120℃，由表7-7查取 $f_t=1$。由此可求得	$f_t=1$
$L_{10h}=\dfrac{10^6}{60n}\left(\dfrac{f_tC}{P_1}\right)^{10/3}=\left[\dfrac{10^6}{60\times620}\times\left(\dfrac{43200}{4261.2}\right)^{10/3}\right]\text{h}\approx60622\text{h}$	$L_{10h}\approx60622\text{h}$
因为 $L_{10h}=60622\text{h}>50000\text{h}$，故选用轴承30206能满足工作要求。	轴承30206合适

【例7.4】 图7.15所示轴用一对7310AC轴承支承(反装)，轴向外载荷 $F_A=1800\text{N}$，轴承1所受的径向载荷 $F_{r1}=945\text{N}$，轴承2所受径向载荷 $F_{r2}=5445\text{N}$，轴的转速 $n=960\text{r/min}$，载荷系数 $f_P=1.2$，常温下工作，预期寿命 $L'_h=10000\text{h}$。试求：

(1) 轴承所受的轴向力 F_{a1}、F_{a2}；

(2) 该轴承的寿命 L_h。

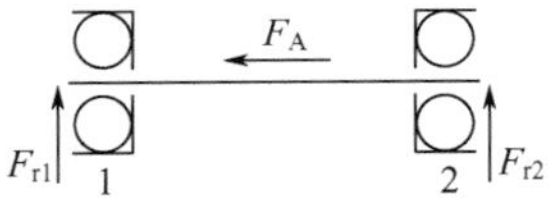

解： 计算步骤如下。

图7.15 轴系受力图

计算与说明	主要结果
1. 计算轴承内部轴向力 S_1、S_2 查表 7-11 得 7310AC 轴承内部轴向力的计算公式为 $S=0.68F_r$，故有 $S_1=0.68F_{r1}=0.68\times945N=642.6N$ $S_2=0.68F_{r2}=0.68\times5445N=3702.6N$ 绘出计算简图。 S_1 F_A S_2 F_{r1} 1 2 F_{r2}	$S_1=642.6N$ $S_2=3702.6N$
2. 计算轴承轴向力 F_{a1}、F_{a2} 因为 $S_1+F_A=(624.6+1800)N=2424.6N<S_2$ 所以可以判定轴承 1 被“压紧”，轴承 2 被“放松”，两轴承的轴向支反力分别为 $F_{a2}=S_2=3702.6N$ $F_{a1}=S_2-F_A=1902.6N$	轴承 1 被“压紧” 轴承 2 被“放松” $F_{a2}=3702.6N$ $F_{a1}=1902.6N$
3. 计算当量动载荷 P_1、P_2 由表 7-9 查得 $e=0.68$，而 $\frac{F_{a1}}{F_{r1}}\approx\frac{1902.6}{945}\approx2.01>e$ $\frac{F_{a2}}{F_{r2}}=\frac{3702.6}{5445}=0.68=e$ 查表 7-9 得 $X_1=0.41$，$Y_1=0.87$；$X_2=1$，$Y_2=0$，则轴承的当量动载荷为 $P_1=f_P(X_1F_{r1}+Y_1F_{a1})$ $=1.2\times(0.41\times945+0.87\times1902.6)N\approx2451.3N$ $P_2=f_P(X_2F_{r2}+Y_2F_{a2})=1.2\times5445N=6534N$	$X_1=0.41$ $Y_1=0.87$ $X_2=1$ $Y_2=0$ $P_1\approx2451.3N$ $P_2=6534N$
4. 计算轴承寿命 L_h 因为 $P_2>P_1$ 且两轴承型号相同，所以只计算轴承 2 寿命。7310AC 轴承的基本额定动载荷 $C=55500N$，取 $f_t=1$，$\varepsilon=3$，则 $L_h=\frac{10^6}{60n}\left(\frac{f_tC}{P}\right)^{\varepsilon}=\left[\frac{10^6}{60\times960}\times\left(\frac{1\times55500}{6534}\right)^3\right]h$ $\approx10639h>[L_h]=10000h$ 故选用轴承 7310AC 能满足工作要求。	$P_2>P_1$ $L_h>[L_h]=10000h$ 轴承 7310AC 满足要求

7.4.2 滚动轴承的静强度计算

对于那些在工作载荷下缓慢地摆动及转速极低的轴承或者基本不旋转的轴承(如起重机吊钩上用的推力轴承)，一般不会发生疲劳点蚀失效，其主要失效形式是产生过大的塑性变形，使轴承旋转的灵活性和旋转精度受到影响。滚动轴承静强度计算的目的是防止轴承元件在静载荷和冲击载荷的作用下产生过大的塑性变形，以保证轴承正常工作，因此，这时应按轴承的静强度来选择轴承的尺寸。

国家标准中，对每个型号的轴承规定了一个不能超过的静载荷界限。在该静载荷的作用下，受载最大的滚动体与套圈滚道接触中心处的接触应力达到某一特定值(对于调心球轴承为 4600MPa，对于所有其他的向心球轴承为 4200MPa)，该静载荷称为轴承的基本额定静载荷。用 C_0(C_{0r}或 C_{0a})表示。在滚动轴承的样本中列有各种型号轴承的基本额定静载荷值，供选择轴承时查用。实践证明，在此接触应力作用下产生的永久变形量，一般不会影响轴承的正常工作。但对于要求转动灵活平稳的轴承，应考虑永久变形量的影响。

按静强度选择轴承的公式为

$$\frac{C_{0r}}{P_{0r}} \geqslant S_0 \quad \text{或} \quad \frac{C_{0a}}{P_{0a}} \geqslant S_0 \tag{7.12}$$

式中，S_0——轴承静强度安全系数，其值见表 7-12；

C_{0r}——径向基本额定静载荷，见轴承样本或设计手册；

C_{0a}——轴向基本额定静载荷，见轴承样本或设计手册；

P_{0r}——径向当量静载荷；

P_{0a}——轴向当量静载荷。

表 7-12 静强度安全系数

轴承使用情况	使用要求、载荷性质或使用场合	S_0	
		球轴承	滚子轴承
旋转轴承	旋转精度及平稳性要求较高，或受冲击载荷	1.5～2	2.5～4
	正常使用	0.5～2	1～3.5
	旋转精度及平稳性要求较低，没有冲击或振动	0.5～2	1～3
静止或摆动的轴承	水坝闸门装置、大型起重吊钩(附加载荷小)	≥1	
	吊桥、小型起重吊钩(附加载荷大)	≥1.5～1.6	

当轴承上同时作用径向载荷 F_r 和轴向载荷 F_a 时，应折合成一个当量静载荷 P_0，其作用方向与基本额定静载荷相同。P_0 为一假想的载荷，含义与 P 相似。在当量静载荷的作用下，轴承受载最大的滚动体和套圈滚道接触中心处产生的接触应力与实际载荷作用下产生的接触应力相同。当量静载荷计算公式为

$$P_0 = X_0 F_r + Y_0 F_a \tag{7.13}$$

式中，X_0——径向静载荷系数，可查取相关手册；

Y_0——轴向静载荷系数，可查取相关手册。

7.4.3 滚动轴承的极限转速计算

滚动轴承转速过高会使摩擦面间产生高温，影响润滑剂性质，破坏油膜，从而导致滚动体回火或元件胶合失效。因此，对于高速滚动轴承，除应满足基本额定寿命的要求外，还应满足转速的要求，其条件为

$$n_{max} \leqslant f_1 f_2 n_{lim} \tag{7.14}$$

式中，n_{lim}——滚动轴承的极限转速，见轴承标准和手册；

n_{max}——滚动轴承的最大工作转速；

f_1——载荷系数，如图 7.16 所示；

f_2——载荷分布系数，如图 7.17 所示。

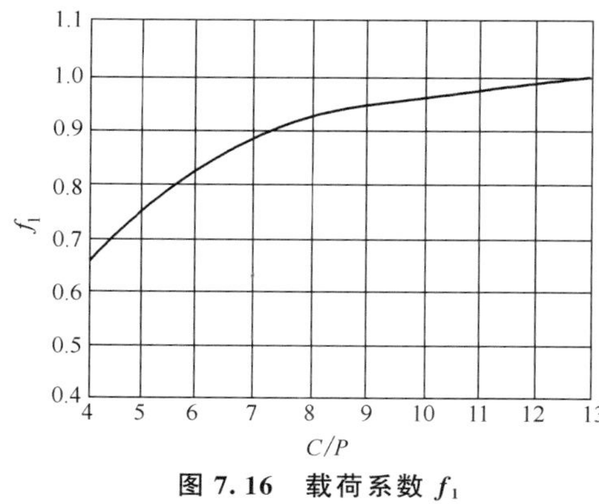

图 7.16 载荷系数 f_1

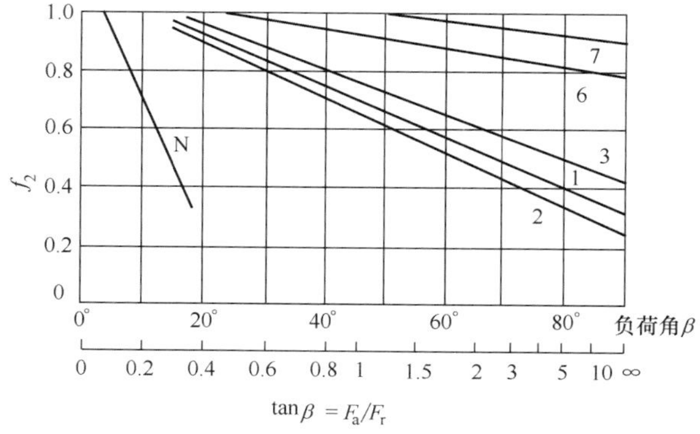

图 7.17 载荷分布系数 f_2

1—调心球轴承；2—调心滚子轴承；3—圆锥滚子轴承；6—深沟球轴承；7—角接触球轴承；N—圆柱滚子轴承

滚动轴承的极限转速是指轴承在一定工作条件下，达到所能承受最高热平衡温度时的转速值。轴承工作转速应低于其极限转速。滚动轴承手册中所给出的极限转速分别是在脂润滑和油润滑的条件下确定的，仅适用于0级公差、润滑冷却正常、与刚性轴承座和轴配合、轴承载荷 $P \leqslant 0.1C$(C 为轴承的基本额定动载荷，向心轴承只受径向载荷，推力轴承只受轴向载荷)的轴承。当轴承的工作条件不同时，要用载荷系数 f_1 和载荷分布系数 f_2 对极限转速值进行修正。

如果轴承的转速不能满足使用要求，可采取一些改进措施，如改变润滑方式，改善冷却条件，提高轴承精度，适当增加轴承间隙，改用特殊轴承材料和特殊结构保持架等，都能有效地提高轴承的极限转速。

7.5 滚动轴承的组合结构设计

为保证轴承能够正常工作，除合理选择轴承类型、尺寸外，还应正确进行轴承的组合结构设计。也就是要解决轴系的轴向位置固定、轴承与相关零件的配合、间隙的调整、装拆、润滑和密封等几个方面的问题。

7.5.1 滚动轴承轴系支点固定

为保证滚动轴承轴系能正常传递轴向力，防止轴向窜动及轴受热膨胀后将轴承卡死，在轴上各零件定位固定的基础上，必须合理地设计轴系支点的轴向固定结构。常用的结构形式有三种。

1. 双支点单向固定

普通工作温度($t \leqslant 70℃$)的短轴(跨距 $L \leqslant 400$mm)，常采用双支点单向固定的形式，即两端支点中的每个支点分别承受一个方向的轴向力，限制轴一个方向的运动，两个支点合起来就限制了轴的双向移动。轴向力不大时，可采用深沟球轴承，如图 7.18(a)所示；轴向力较大时，可选用一对角接触球轴承［图 7.18(b)］或一对圆锥滚子轴承。考虑到轴工作时因受热而伸长，在轴承盖与外圈端面之间应留出 0.25～0.4mm 热补偿间隙(间隙很小，结构图上不必画出)，间隙或游隙的大小，常用垫片或调整螺钉调节，如图 7.18(c)所示。

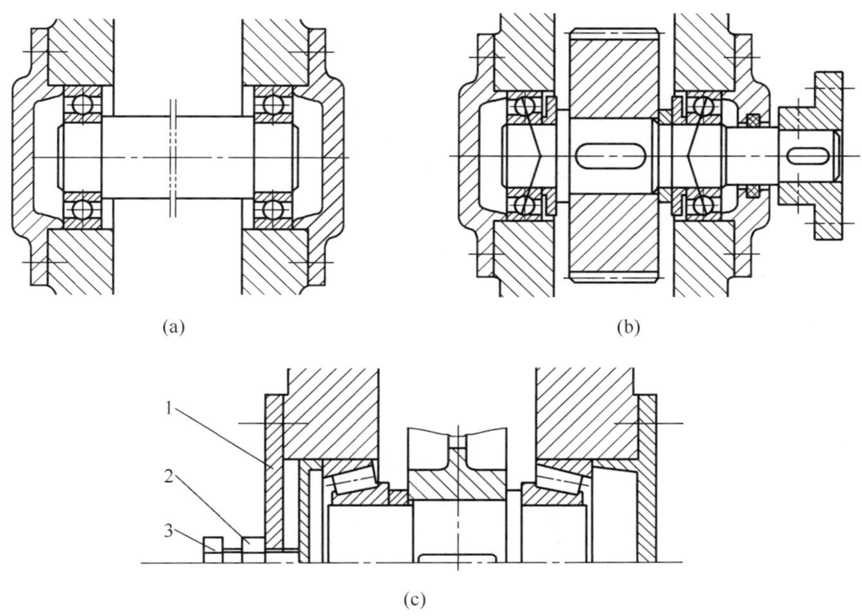

图 7.18 双支点单向固定

1—压盖；2—锁紧螺母；3—螺钉

2. 单支点双向固定

当支承跨距较长或工作温度较高时，轴有较大的热膨胀伸缩量，这时应采用单支点双向固定的轴承组合结构。单支点双向固定的轴系结构特点是两个方向的轴向力由同一支点上的轴承承受，这个支点上的轴承应是可以承受双向轴向载荷的轴承或轴承组合，这一端称为固定端。固定端上的轴承(或轴承组合)相对于轴和箱体孔应双向固定，当轴受热伸长时，另一端上的轴承应能够沿轴向自由移动，不产生附加载荷，不使轴系卡死，称为游动端。如图 7.19(a)所示的结构中左支点为固定端，所选轴承为可以承受少量双向轴向载荷的深沟球轴承。轴承内、外圈均被固定，当轴受到任何方向的轴向力时都通过这一支点传递到箱体，另一端(游动端)也选择深沟球轴承，由于其内、外圈不可分离，因此，只需固定内圈，其外圈在座孔内两个方向上均不固定，使得当轴受热伸长时轴承外圈可相对箱体自由移动，不受限制。图 7.19(b)所示结构中两端均采用圆柱滚子轴承。通常这种轴承不具有轴向承载能力，但是左端的圆柱滚子轴承在内、外圈上均有挡边，当轴系偶尔有少量轴向力时可以依靠这些挡边限制左支点轴承的双向位置。右支点采用的是外圈双向均无挡边的圆柱滚子轴承，虽然轴承内、外圈相对于轴和孔双向固定，但由于轴承结构的关系，轴承内圈可以相对于外圈自由移动，形成游动端。

当轴向载荷较大时固定支点可采用两个圆锥滚子轴承(或角接触球轴承)“背对背”或“面对面”组合在一起的结构，如图 7.20(a)所示；也可采用推力轴承和向心轴承组合在一起的结构，如图 7.20(b)所示。

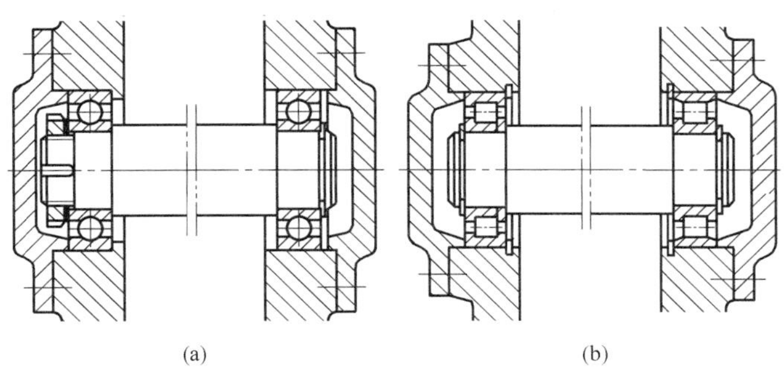

图 7.19 单支点双向固定(一)

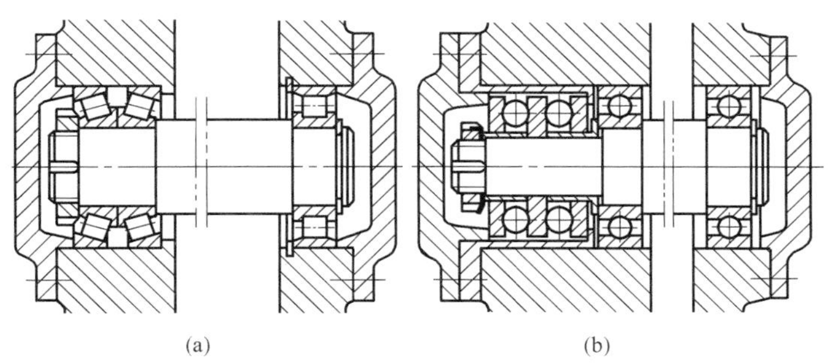

图 7.20 单支点双向固定(二)

3. *两端游动*

这种轴系结构两端均采用完全不具有定位能力的轴承，整个轴系的轴向位置处于完全浮动状态。

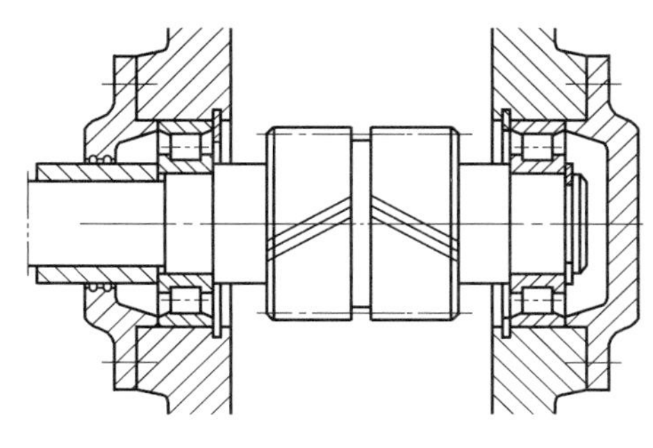

图 7.21 两端游动

两端游动轴系的轴向位置在工作中是依靠传动零件确定的。一般这种轴系结构应用在双斜齿轮轴系或人字齿轮轴系中。在人字齿轮传动中，为避免人字齿轮两半齿圈受力不均匀或卡死，常将小齿轮做成可以两端游动的轴系结构，如图 7.21 中左、右两端的轴承均不限制轴的轴向游动。

这种轴系的传动零件具有双向轴向定位能力，如果轴承也具有轴向定位能力则构成过定位的轴系，这是不允许的。

7.5.2 滚动轴承的轴向定位与固定

滚动轴承的轴向定位与固定是指轴承的内圈与轴颈、外圈与座孔间的轴向定位与固定。由于轴系结构多种多样，对定位与固定的要求也各不相同，因此，轴承的轴向定位与固定的方法有很多种，如图 7.22 和图 7.23 所示。

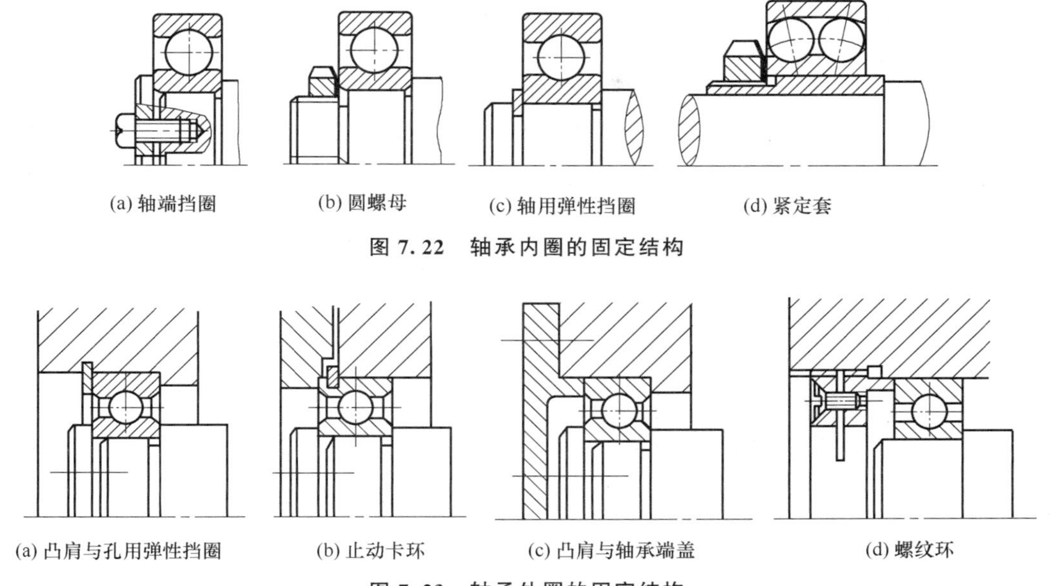

(a) 轴端挡圈　(b) 圆螺母　(c) 轴用弹性挡圈　(d) 紧定套

图 7.22　轴承内圈的固定结构

(a) 凸肩与孔用弹性挡圈　(b) 止动卡环　(c) 凸肩与轴承端盖　(d) 螺纹环

图 7.23　轴承外圈的固定结构

7.5.3　轴承游隙及轴上零件位置的调整

轴承游隙的大小对轴承的寿命、效率、旋转精度、温升及噪声等都有很大的影响。游隙过大，则轴承的旋转精度降低，噪声增大；游隙过小，则轴的热膨胀使轴承受的载荷加大，寿命缩短，效率降低。因此，轴承组合装配时应根据实际的工作状况适当地调整游隙，并从结构上保证能方便地进行调整。

图 7.18(b)所示的角接触轴承组合要保证正常的轴向间隙，是通过改变轴承盖与箱体之间的垫片厚度来实现的。装配中首先在不装垫片的情况下测量端盖与箱体之间的间隙，将这个间隙与轴系所需的工作游隙相加，就是所需的垫片总厚度。

图 7.24(a)所示轴系的轴向间隙是靠轴上的圆螺母来调整的，操作不甚方便，而且螺纹为应力集中源，削弱了轴的强度。

图 7.24(b)所示为嵌入式轴承端盖结构，在端盖与轴承之间有一个垫圈，在装配中可以通过调整(或选配)这个垫圈的厚度实现正确的轴向间隙。

以上介绍的调整方法都是在轴系装配过程中进行调整，实际机器在工作中会因磨损而使轴系的轴向间隙发生变化，需要在使用过程中不断对其进行调整，以补偿磨损造成

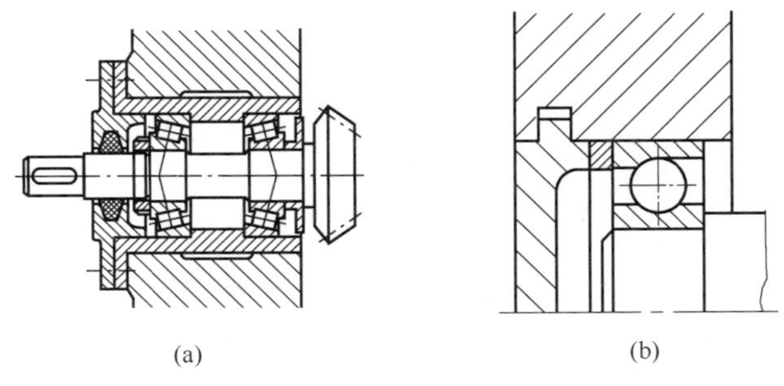

(a)　(b)

图 7.24　轴承游隙的调整(一)

的间隙变化，保持正确的轴向间隙。图 7.23(d)所示的结构通过螺纹环进行调整，通过螺钉实现防松。图 7.25(a)所示的结构通过螺钉进行调整，通过螺母实现防松。

有些传动零件对轴系的轴向位置有严格要求，如锥齿轮传动要求两齿轮节锥顶点重合[图 7.25(b)]，蜗杆传动要求蜗轮的中间平面通过蜗杆轴线，这些要求都要通过调整轴系的轴向位置来实现。当同一轴系有两个参数需要调整时应至少设置两个调整环节，如图 7.25(b)所示的锥齿轮轴系中的轴承间隙和节锥点位置这两个参数需要调整，在该轴系中设置了两组调整垫片。其中，轴系的轴承间隙通过改变套杯与端盖之间的垫片 1 的厚度来调整，节锥点位置通过改变套杯与箱体之间的垫片 2 的厚度来调整。

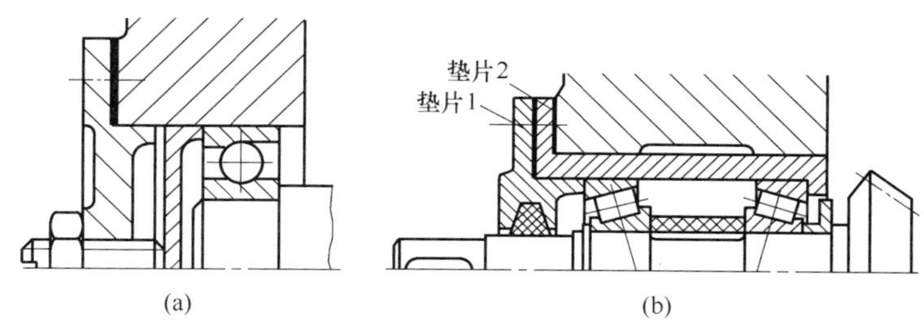

图 7.25　轴承游隙的调整(二)

7.5.4　滚动轴承的配合

滚动轴承的配合是指滚动轴承内圈与轴的配合及滚动轴承外圈与座孔的配合。滚动轴承的配合直接影响轴承的定位与固定效果，影响轴承的径向游隙。径向游隙的大小对滚动轴承元件的受力、轴系的旋转精度、轴承的寿命及温升都有很大的影响，因此必须合理地选择滚动轴承的配合来改善轴承的径向游隙。

由于滚动轴承是标准组件，因此，轴承内圈与轴的配合采用基孔制，轴承外圈与孔的配合采用基轴制。滚动轴承的公差标准中，规定其内径和外径的公差带均为单向制，而且统一采用上偏差为零，下偏差为负值的分布。而普通圆柱公差标准中基准孔的尺寸公差带采用下偏差为零，上偏差为正值的分布，故滚动轴承内圈与轴颈的配合，比圆柱公差标准中规定的基孔制同名配合要紧一些。轴承外圈与轴承孔的配合与圆柱公差标准中规定的基轴制同名配合相比较，配合性质的类别基本一致，但由于轴承外径的公差值较小，因而比同名配合也稍紧一些。图 7.26 所示为滚动轴承内、外圈的公差带位置及与之配合的轴和孔的公差带位置关系。

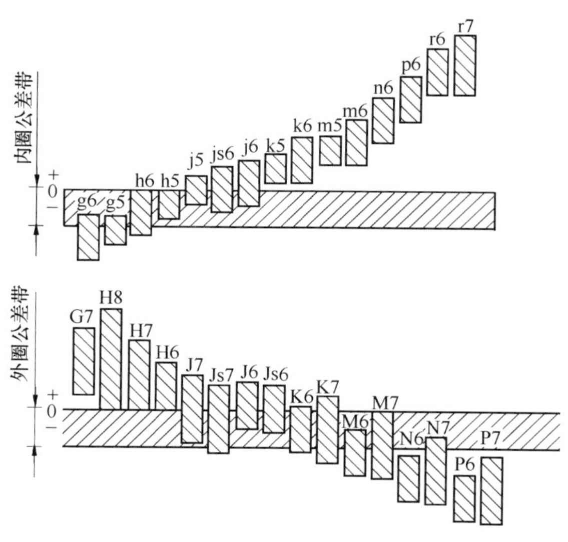

图 7.26　滚动轴承与轴及外壳孔的配合

在装配图中进行尺寸标注时不需要标注滚动轴承的公差符号，只标注与之配合的轴和孔的公差符号，如图 7.27 所示。

轴承配合种类的选取，应根据轴承的类型和尺寸，载荷的大小、方向和性质，转速的高低，工作温度的变化和拆装条件等来决定。一般原则是回转套圈应选较紧配合，不回转套圈应选较松配合；载荷大、振动大、转速高或工作温度高等情况下应选紧一些的配合；需经常拆卸或游动套圈则应采用较松的配合。与较高公差等级轴承配合的轴与孔，对其加工精度、表面结构中的粗糙度及几何公差都有相应的较高要求，可查阅有关的标准和手册。轴承内圈与轴的配合，常采用的公差代号为 n6、m6、k6、js6 等。轴承外圈与轴承座孔的配合，常采用的公差代号为 K7、J7、H7、G7 等。

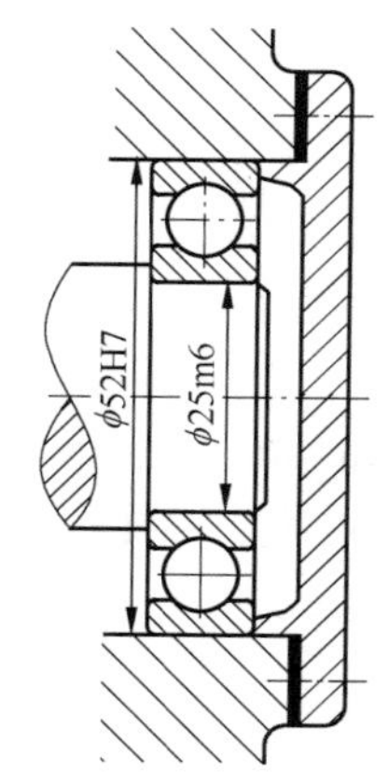

图 7.27　滚动轴承配合的标注

7.5.5　滚动轴承的预紧

为了提高轴承的旋转精度，增加轴承装置的刚性，减小机器工作时轴的振动，常采用预紧的滚动轴承。例如，机床的主轴轴承，常用预紧来提高其旋转精度与轴向刚度。

所谓预紧，就是在安装时给予一定的轴向预紧力，以消除轴承中的游隙，并在滚动体和内、外圈接触处产生弹性预变形。预紧后的轴承受到工作载荷时，其内、外圈的径向及轴向相对移动量要比未预紧的轴承大幅减少。

图 7.28(a)和图 7.28 (b)所示为利用磨窄套圈预紧，夹紧一对磨窄了套圈的轴承实现预紧。图 7.28(c)和图 7.28 (d)所示为利用加金属垫圈的方法来实现预紧。图 7.28(e)和图 7.28(f)所示为用不同长度的套筒预紧，预紧力的大小可以通过两个套筒的长度差加以控制。而图 7.28(g)所示为通过外圈压紧预紧，利用夹紧一对圆锥滚子轴承的外圈而将轴承预紧。

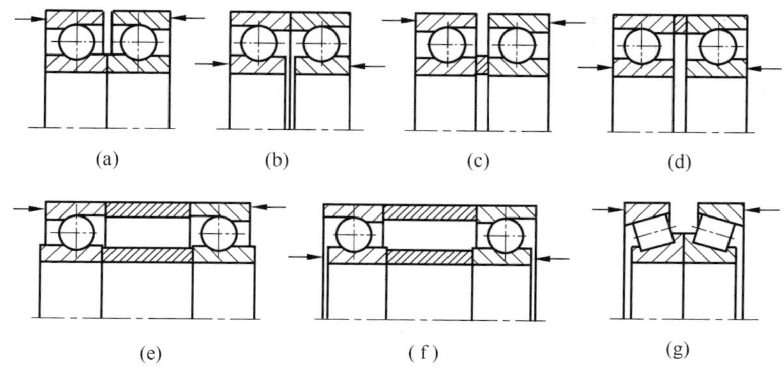

图 7.28　滚动轴承预紧

7.5.6 滚动轴承的润滑

润滑对于滚动轴承具有重要意义，轴承中的润滑剂不仅可以降低摩擦阻力，还起着散热、减小接触应力、吸收振动、防止锈蚀等作用。合理的润滑能够提高轴承性能，延长轴承使用寿命。

轴承常用的润滑剂有润滑油和润滑脂两类。此外，也有使用固体润滑剂的。润滑剂与润滑方式的选用与轴承的速度有关，一般高速时采用润滑油，低速时采用润滑脂，可根据滚动轴承的速度因数 dn 值(d 为滚动轴承内径，单位为 mm；n 为轴承转速，单位为 r/min)由表 7－13 选择。

表 7－13 滚动轴承润滑剂和润滑方式适用的 dn 值界限

(单位：10^4 mm·r/min)

轴承类型	脂润滑	油润滑			
		油浴	滴油	循环油(喷油)	油雾
深沟球轴承	≤16	25	40	60	>60
调心球轴承	≤16	25	40	50	
角接触球轴承	≤16	25	40	60	>60
圆柱滚子轴承	≤12	25	40	60	>60
圆锥滚子轴承	≤10	16	23	30	
调心滚子轴承	≤8	12	20	25	
推力球轴承	≤4	6	12	15	

润滑油的流动性好，润滑性能好。影响其流动性和润滑性能的重要参数是黏度，由于油的黏度会随着温度的升高而降低，因此选择润滑油的种类时应考虑工作温度，工作温度高时应选择黏度高的油。工作温度与滚动轴承的线速度有关，通常按照轴承的速度因数 dn 值选择润滑油黏度，可查阅相关手册。

润滑脂是半固态、半液态的物质，流动性差，容易保持，适用于保养不方便的润滑位置。脂润滑能承受较大的载荷，而且其润滑装置结构简单，易于密封。但由于润滑脂的黏度较大，如果滚动轴承中的润滑脂量过多，会使搅动润滑脂所消耗的能量过大，引起摩擦发热，因此通常润滑脂的装填量一般以轴承空间容积的 1/3～2/3 为宜。

7.5.7 滚动轴承的密封

密封是为了防止润滑剂从轴承中流失，也为了阻止外界灰尘、水分等进入轴承。按照密封结构的工作原理不同，密封可分为接触式密封和非接触式密封两大类。接触式密封通过阻断被密封物质泄漏通道的方法实现密封功能，只能用在线速度较低的场合。非接触式密封不受速度的限制。为了保证密封装置的寿命及减少轴的磨损，轴的接触部分的硬度大于 40HRC，表面结构中的粗糙度 Ra 值宜小于 1.6～0.8μm。

各种密封装置的结构和特点见表 7－14。

表 7-14　滚动轴承的密封方法

密封类型		图　例	特　点
接触式密封	毛毡圈密封		矩形断面的毛毡圈被安装在梯形槽内，它对轴产生一定的压力而起到密封作用。 结构简单，压紧力不能调整，用于脂润滑。要求轴颈圆周速度不大于 5m/s
	密封圈密封		密封圈是标准件。密封唇朝里，目的是防漏油；密封唇朝外，防灰尘、杂质进入。 使用方便，密封可靠。耐油橡胶和塑料密封有 O、J、U 等形式，有弹性箍的密封性能更好，用于脂润滑或油润滑。若轴颈是精车的，要求接触面滑动速度小于 10m/s；若轴颈是磨光的，要求接触面滑动速度小于 15m/s
非接触式密封	油沟密封		靠轴与盖间的细小环形间隙密封，间隙越小越长，效果越好，间隙为 0.1～0.3mm。 结构简单，沟内添脂，用于脂润滑或低速油润滑。要求轴颈圆周速度小于 6m/s
	迷宫式密封	轴向曲路（只用于端盖为剖分结构） 径向曲路	将旋转件与静止件之间间隙做成迷宫形式，在间隙中充填润滑脂可以加强密封效果。 脂润滑或油润滑，缝隙中添脂。密封效果可靠，要求轴颈圆周速度小于 30m/s
	挡圈密封		挡圈随轴旋转，可利用离心力甩去油和杂物，最好与其他密封联合使用

（续）

密封类型		图例	特点
非接触式密封	立轴综合密封		为防止立轴漏油，一般需要采用两种以上的综合密封形式
组合密封			这是组合密封的一种形式，把毛毡和迷宫组合在一起密封，可充分发挥各自优点，提高密封效果。多用于密封要求较高的场合。 脂润滑或油润滑

7.5.8 轴系结构设计中的工艺性问题

结构设计的结果要通过必要的工艺手段去实现，设计中应充分考虑实现的可能性和方便程度，这就是结构设计的工艺性原则。

1. 加工工艺性

为减少镗孔的难度，通常将同一轴系中的两端轴承孔设计为相同直径，这样可以将两个孔作为一个几何要素进行加工，虽然通常两端轴承所承受的载荷不同，但是一般将两轴承选为相同型号。当由于结构的原因使得这样做有困难时，可以采用套杯结构［图 7.20(b)］。

2. 装配与拆卸工艺性

在进行轴承的组合结构设计时，应充分考虑轴承安装与拆卸，以便在装拆过程中不损坏轴承和其他零件。滚动轴承的装拆以压力法最常用，此外还有温差法和液压配合法等。温差法是将轴承放进烘箱或热油中，使轴承的内圈受热膨胀，然后将轴承装在轴上。液压配合法是通过将压力油打入环形油槽拆卸轴承。图 7.29 和图 7.30 所示分别为常见的安装和拆卸滚动轴承的情况。注意，装拆时不允许通过滚动体来传递装拆压力，以免损伤轴承

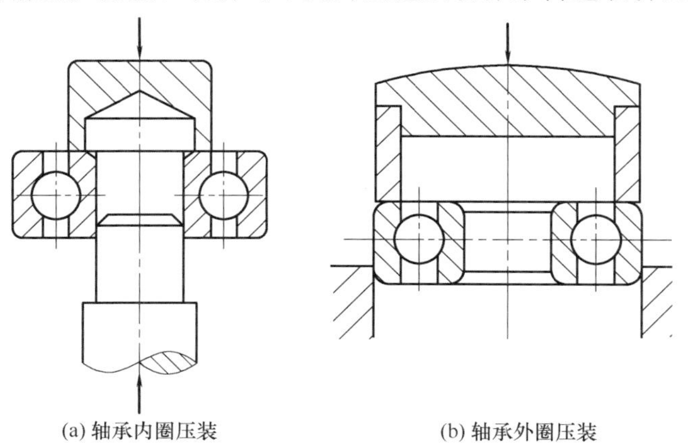

(a) 轴承内圈压装　　(b) 轴承外圈压装

图 7.29　轴承的装配

和其他零件。若轴肩的高度大于轴承内圈外径，则难以放置拆卸工具的钩头，所以轴肩的高度通常不大于内圈高度的3/4。

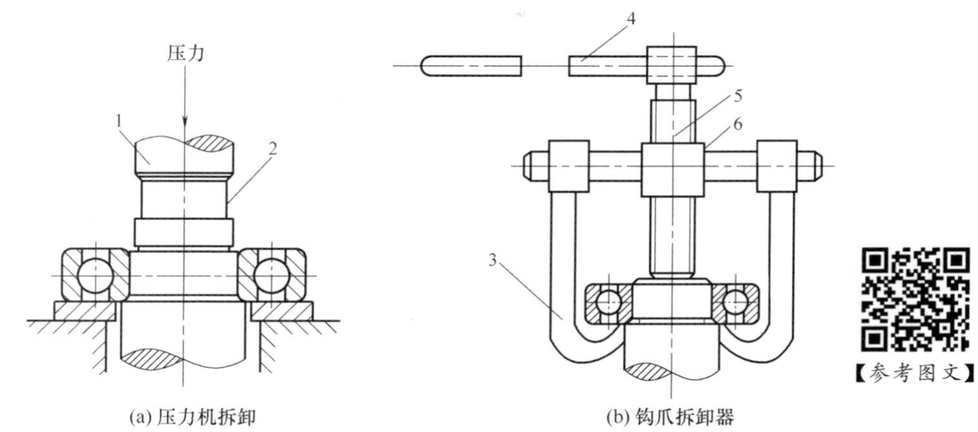

(a) 压力机拆卸　　(b) 钩爪拆卸器

图 7.30　轴承的拆卸

1—压头；2—轴；3—钩爪；4—手柄；5—螺杆；6—螺母

本 章 小 结

本章主要介绍了滚动轴承的构造、类型、特点及选择，同时阐述了滚动轴承的代号、失效形式、滚动轴承承载能力的校核计算(基本额定寿命计算、静强度计算和转速的校核)及滚动轴承部件的组合设计。

习　　题

1. 选择题

(1) 下列滚动轴承中，________只能承受径向载荷，________只能承受轴向载荷，________能自动调心。

A. 1205　　B. 30205　　C. 5205　　D. N205

(2) 滚动轴承内圈与轴的配合及外圈与座孔的配合________。

A. 全部采用基轴制

B. 内圈与轴采用基轴制,外圈与座孔采用基孔制

C. 全部采用基孔制

D. 内圈与轴采用基孔制,外圈与座孔采用基轴制

(3) 滚动轴承中，________轴承和________轴承在承受径向载荷 F_r 后会产生附加内部轴向力 S，故常成对使用。

A. 1205　　B. 30205　　C. 5205　　D. 7205

(4) 各类滚动轴承的润滑方式，通常可根据轴承的________来选择。

A. 转速 n　　B. 当量动载荷 P

C. 轴颈圆周速度 v　　D. 内径与转速的乘积 dn

(5) 采用滚动轴承轴向预紧措施的主要目的是________。

A. 提高轴承的旋转精度　　B. 提高轴承的承载能力

C. 降低轴承的运转噪声　　D. 提高轴承的使用寿命

(6) 中速旋转正常润滑的滚动轴承的失效形式是________。

A. 滚动体破裂　　B. 滚动体与滚道产生疲劳点蚀

C. 滚道磨损　　D. 滚道压坏

(7) 不宜用来同时承受径向载荷和轴向载荷的是________。

A. 圆锥滚子轴承　　B. 角接触球轴承

C. 深沟球轴承　　D. 圆柱滚子轴承

(8) 对温升较高，两轴承距离较大的轴系应采用________支承。

A. 一端双向固定，一端游动　　B. 两轴承各单向固定

C. 两轴承都游动

(9) 滚动轴承工作时，承载区固定套圈上某点的应力变化特征为 ________。

A. 对称循环　　B. 脉动循环　　C. 恒定不变　　D. 随机变化

(10) 角接触球轴承承受轴向载荷的能力，随接触角 α 的增大而________。

A. 增大　　B. 减小　　C. 不变　　D. 不定

(11) 滚动轴承的接触密封是________。

A．毡圈密封　　B. 油沟式密封　　C. 迷宫式密封

2. 思考题

(1) 当滚动轴承采用脂润滑时，装脂量一般为多少？

(2) 滚动轴承常见的失效形式有哪些？公式 $L_{10}=\left(\frac{C}{P}\right)^{\varepsilon}$ 是针对哪种失效形式建立的？

(3) 简述滚动轴承 6215 代号的含义。

(4) 选择滚动轴承类型时应考虑的主要因素有哪些？

(5) 什么是轴承基本额定寿命和基本额定动载荷？

(6) 什么是轴承的当量动载荷？

(7) 什么是滚动轴承的预紧？为什么滚动轴承需要预紧？

(8) 滚动轴承为什么需要采用密封装置？常用密封装置有哪些？

3. 分析计算题

(1) 某水泵的轴颈直径 $d=30\text{mm}$，转速 $n=1450\text{r/min}$，轴承所受的径向载荷 $F_r=1320\text{N}$，轴向载荷 $F_a=600\text{N}$。若载荷系数 $f_P=1$，常温下工作，要求寿命$[L_h]=5000\text{h}$，试选择轴承型号。

(2) 如图 7.31 所示，轴系采用一对 7312AC 轴承支承。已知轴的转速为 $n=1460\text{r/min}$，两个轴承受到的径向载荷分别为 $F_{r1}=2400\text{N}$，$F_{r2}=1000\text{N}$，轴向外载荷 $F_A=800\text{N}$，取 $f_P=f_t=1$。尝试：

① 说明该轴承代号的意义；

② 计算各轴承所受轴向载荷 F_a；

③ 确定轴承的寿命(以 h 为单位)。

(轴承参数：基本额定动载荷 $C=32.8\text{kN}$，$e=0.68$，当 $F_a/F_r\leqslant e$ 时，$X=1$，$Y=0$；当 $F_a/F_r>e$ 时，$X=0.41$，$Y=0.87$，内部轴向力 $S=0.68F_r$。)

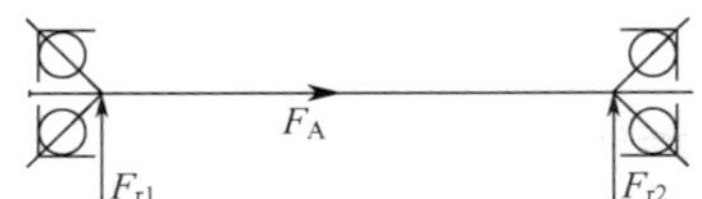

图 7.31 轴系受载示意图

(3) 如图 7.32 所示，轴由一对 30307 圆锥滚子轴承支承(反装)。已知 $F_{r1}=2500\text{N}$，$F_{r2}=5000\text{N}$，作用在轴上的外加轴向载荷 $F_{A1}=400\text{N}$，$F_{A2}=2400\text{N}$，方向如图所示。若载荷系数 $f_P=1$，轴在常温下工作。试计算轴承的当量动载荷，并判断哪个轴承的寿命短些？(该轴承 $e=0.37$，当 $F_a/F_r\leqslant e$ 时，$X=1$，$Y=0$；当 $F_a/F_r>e$ 时，$X=0.4$，$Y=1.6$，轴承内部附加轴向力 $F_s=F_r/2Y$。)

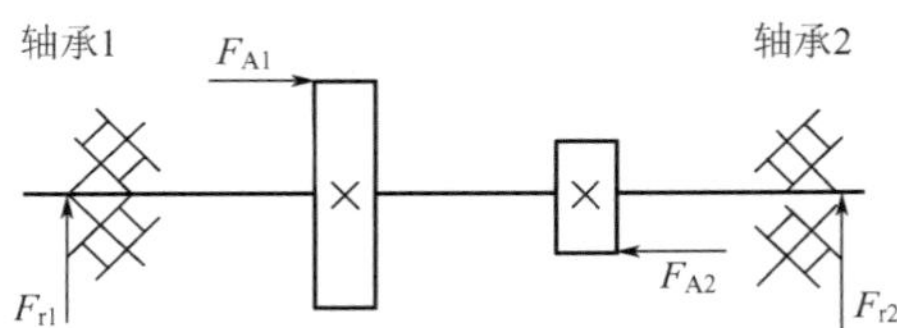

图 7.32 轴系受载示意图

4. 结构改错题

分析图 7.33 所示齿轮轴系上的错误结构并改正(轴承采用油润滑)。

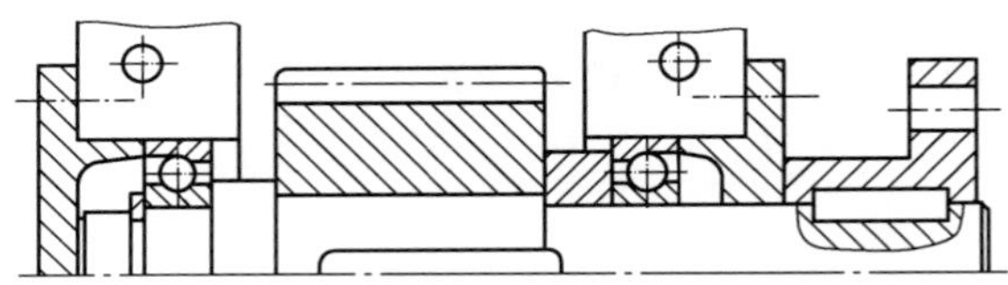

图 7.33 轴系结构

第 8 章 滑动轴承

1. 了解摩擦状态、滑动轴承的类型、特点和应用。
2. 了解滑动轴承的结构、材料及润滑。
3. 掌握滑动轴承的失效形式及设计准则。
4. 掌握油膜承载机理及滑动轴承的设计计算方法。

1. 滑动轴承的失效形式及设计准则。
2. 压力油膜承载机理。

8.1 概 述

8.1.1 摩擦、磨损与润滑简介

摩擦是自然界普遍存在的物理现象，在正压力作用下相互接触的两个物体受切向外力的影响而发生相对滑动或有相对滑动趋势时，在接触表面上就会产生抵抗滑动的阻力，此阻力即为摩擦力。摩擦会导致能量损耗和摩擦表面物质的丧失或转移，即磨损。磨损会使零件的表面形状和尺寸遭到缓慢而连续的破坏，使机器的效率及可靠性逐渐降低，从而丧失原有的工作性能，最终可能导致零件的失效。

1. 摩擦的分类

摩擦可分为两大类：一类是发生在物质内部，阻碍分子间相对运动的内摩擦；另一类是当相互接触的两个物体发生相对滑动或有相对滑动的趋势时，在接触表面上产生的阻碍相对滑动的外摩擦。根据摩擦表面间存在润滑剂的情况，又可将摩擦分为干摩擦、边界摩擦(边界润滑)、流体摩擦(流体润滑)及混合摩擦(混合润滑)。其中边界摩擦和混合摩擦也称为非流体摩擦。

1）干摩擦

干摩擦是指表面间无任何润滑剂或保护膜的纯金属接触时的摩擦［图 8.1(a)］。此时，摩擦因数最大，通常摩擦因数 $f>0.3$，会产生大的摩擦功损耗及严重的磨损，在滑动轴承中表现为强烈的升温，甚至把轴瓦烧毁，所以在滑动轴承中不允许出现干摩擦。

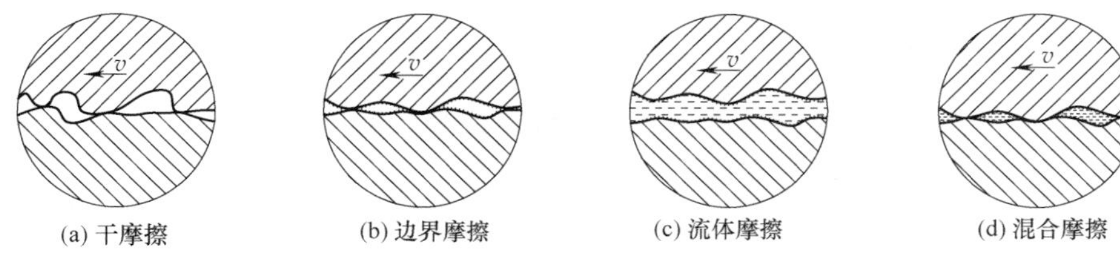

图 8.1　摩擦状态

2）边界摩擦

两摩擦面间加入润滑油后，在金属表面会形成一层边界膜，它可能是物理吸附膜，也可能是化学反应膜。边界油膜很薄(厚度小于 1μm)，不足以将两金属表面分隔开来，在相互运动时，两金属表面微观的凸峰部分仍将相互接触，这种状态称为边界摩擦［图 8.1(b)］。由于边界膜也有一定的润滑作用，摩擦因数 $f=0.1\sim0.3$，磨损也较轻。但边界膜强度不高，在较大压力作用下容易破坏，而且温度高时强度显著降低，所以，使用中对压力和温度及运动速度要加以限制，否则边界膜破坏，将会出现干摩擦状态，进而产生严重磨损。

3）流体摩擦

两摩擦表面被流体(液体或气体)完全隔开［图 8.1(c)］，此时，只有流体之间的摩擦，这种摩擦称为流体摩擦，属于内摩擦。此时不会发生金属表面的磨损，是理想的摩擦状态。但实现流体摩擦必须具备一定的条件。

4）混合摩擦

两摩擦面间同时存在干摩擦、边界摩擦和流体摩擦的现象称为混合摩擦［图 8.1(d)］。

2. 磨损

运动副之间的摩擦导致零件表面材料的逐渐丧失或转移，即形成磨损。磨损会降低零件工作的可靠性，甚至使机器提前报废。因此，在设计时预先考虑如何避免或减轻磨损，以保证机器达到设计寿命，就具有很大的现实意义。

根据磨损机理，可将磨损分为黏着磨损、磨料磨损、疲劳磨损及腐蚀磨损。磨损的机理及影响因素如下。

1）黏着磨损

相对运动的两表面经常处于混合摩擦或边界摩擦状态。当载荷较大，相对运动速度较高时，边界膜可能破坏，金属直接接触，形成黏结点。继续运动时会发生材料在表面间的转移、表面刮伤以致胶合，这种现象称为黏着磨损。黏着磨损与材料的硬度、相对滑动速度、工作温度及载荷大小等因素有关。

2）磨料磨损

从外部进入摩擦面间的游离硬颗粒(如空气中的尘土或磨损造成的金属微粒)，其硬的微凸峰尖在较软材料的表面上犁刨出很多沟纹，被移去的材料，一部分滑移至沟纹的两旁，一部分则形成一连串的碎片，脱落下来后成为新的游离颗粒，这样的微切削过程就称为磨料磨损。影响磨料磨损的因素主要有材料的硬度和磨粒的大小。一般情况下，材料的硬度越高，耐磨性越好；金属的磨损量随磨粒平均尺寸的增加而增大，随磨粒硬度的增高而加大。

3）疲劳磨损

在循环接触应力作用下，零件表面会形成疲劳裂纹，随着应力循环次数的增加，裂纹逐步扩展进而表面金属脱落，致使表面上出现许多凹坑，这种现象称为疲劳磨损，又称点蚀。疲劳磨损使零件不能正常工作而导致失效。

4）腐蚀磨损

摩擦副受到空气中的酸或润滑油、燃油中残存的少量无机酸(如硫酸)及水分的化学作用或电化学作用，在相对运动中造成表面材料的损失称为腐蚀磨损。

人们为了控制摩擦磨损，提高机器效率，减小能量损失，降低材料消耗，保证机器工作的可靠性，已经找到了一个有效的手段——润滑。

3. 润滑

在相对运动摩擦面间加入润滑剂可以降低摩擦，减少磨损，提高效率，同时还有冷却、减振、防锈和排污等作用。机械中所用的润滑剂有气体、液体、半固体和固体物质，其中液体的润滑油和半固体的润滑脂被广泛采用。

1）润滑油

润滑油可分为三类。一是有机油(动物油、植物油)。动物油和植物油中含有较多的硬脂酸，在边界润滑时有很好的润滑性能，但稳定性差且来源有限，所以使用不多。二是矿物油。主要是石油产品，因其来源充足，成本低廉，适用范围广且稳定性好，故应用最多。三是化学合成油。合成油多是针对某种特定需要而制，适用面窄且费用极高，故应用很少。润滑油的性质主要用黏度、油性、闪点、凝点、极压性等几个性能指标来衡量。

(1) 黏度。黏度是表示润滑油黏性的指标，即流体抵抗变形的能力，表征油层间内摩擦阻力的大小。如图 8.2(a)所示，在两个平行的平板间充满具有一定黏度的润滑油，若平板 A 以速度 v 移动，另一平板 B 静止不动，则润滑油呈层流流动，在各层间存在剪应力。根据牛顿的黏性液体摩擦定律(黏性定律)，在流体中任意点处的剪应力均与速度梯度成正比，即为

$$\tau=-\eta\frac{\mathrm{d}v}{\mathrm{d}y}$$

式中，τ——流体单位面积上的剪切阻力，即剪应力；

$\frac{\mathrm{d}v}{\mathrm{d}y}$——流体沿垂直运动方向的速度梯度，式中“－”号表示 v 随 y 的增大而减小；

η——比例常数，即流体的动力黏度。

黏度的表示方法有动力黏度、运动黏度和相对黏度。

① 动力黏度(绝对黏度)η。相距 1m，面积各为 $1\mathrm{m}^2$ 的两层平行液体间，产生 1m/s 的相对移动速度时，所需施加的力为 1N，则这种液体的动力黏度为 1Pa・s，$1\mathrm{Pa\cdot s}=1\mathrm{N\cdot s/m^2}$ [图 8.2(b)]。

② 运动黏度 γ。用液体的动力黏度 η 与同温度下该液体的密度 ρ 的比值 η/ρ 表示黏度，称为运动黏度，即 $\gamma=\eta/\rho$，ρ 的单位为 $\mathrm{kg/m^3}$，所以，运动黏度的法定计量单位为 $\mathrm{m^2/s}$，工程中常用 $\mathrm{mm^2/s}$(cSt，厘斯)。我国规定以油在 40℃时的运动黏度的平均值($\mathrm{mm^2/s}$)作为油的牌号。

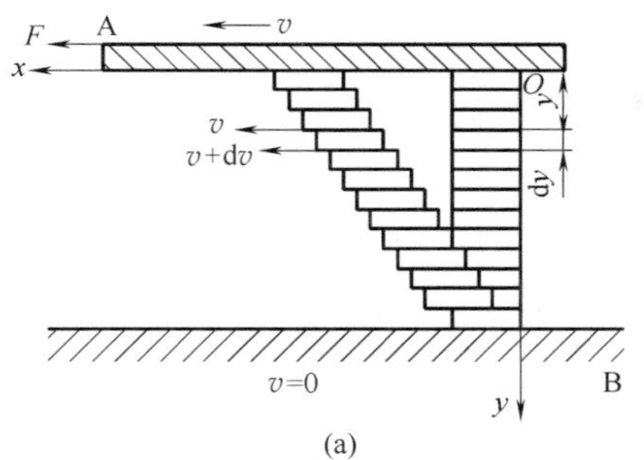

(a)

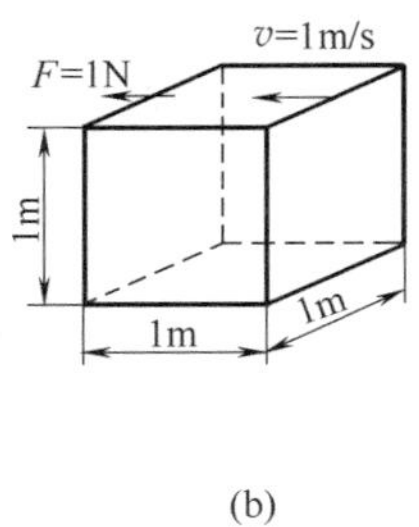

(b)

图 8.2 油膜中黏性流动的动力黏度

润滑油黏度的大小不仅直接影响摩擦副的运动阻力，而且对流体润滑油膜的形成及承载能力有很大影响。黏度是选择润滑油的主要依据。

对工业用润滑油的黏度分类新旧标准不同，运动黏度新标准是以 40℃ 为基础，而旧标准是以 50℃ 或 100℃ 为基础。标准的黏度牌号分类、运动黏度范围及其中心值列于表 8－1 中。

表 8－1 ISO 黏度分类(GB/T 3141—1994)

ISO 黏度等级	中间点运动黏度（40℃）/(mm^2/s)	运动黏度范围（40℃）/(mm^2/s)	
		最　小	最　大
2	2.2	1.98	2.42
3	3.2	2.88	3.52
5	4.6	4.14	5.06
7	6.8	6.12	7.48
10	10	9.00	11.0
15	15	13.5	16.5
22	22	19.8	24.2
32	32	28.8	35.2
46	46	41.4	50.6
68	68	61.2	74.8
100	100	90.0	110
150	150	135	165
220	220	198	242
320	320	288	352
460	460	414	506
680	680	612	748
1000	1000	900	1000
1500	1500	1350	1650
2200	2200	1980	2420
3200	3200	2880	3520

③ 相对黏度。相对黏度是以相对于蒸馏水黏性的大小来表示该液体的黏性。各国采用的单位不同，如我国采用的恩氏黏度(°E_t)，即当 200mL 的油，在规定的恒温 t 时流过恩氏黏度计所需的时间与同体积蒸馏水在 20℃时流过黏度计的时间之比。

影响润滑油黏度的主要因素是温度和压力，其中温度的影响最显著。润滑油的黏度随温度变化而变化，温度越高，黏度越小。常用黏度指数来衡量黏度随温度变化的程度。黏度指数越大，黏度随温度变化越小，品质越高。图 8.3 给出了压力不变的情况下，几种润滑油的运动黏度随温度变化的曲线。一般压力增大，黏度增大，但压力小于 10MPa 时，黏度随压力变化极小，计算时可不予考虑。

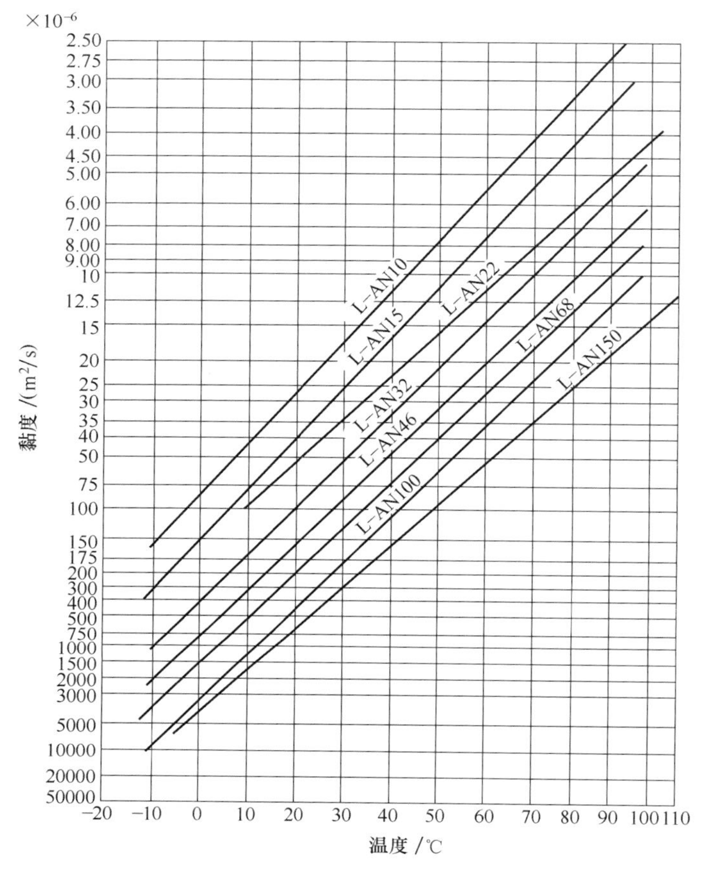

图 8.3　几种润滑油的黏度-温度特性曲线

(2) 油性。油性是指润滑油在金属表面上的吸附能力。油性越好，越有利于边界润滑。

对于液体摩擦轴承，黏度起主要作用；对于非液体摩擦轴承，油性起主要作用。但油性目前还没有具体评定指标，仍参考黏度选择。当转速高、压强小时可选黏度低的润滑油，反之选黏度高的润滑油；在高温环境下工作时，选黏度高的润滑油，反之选黏度低的润滑油。

2) 润滑脂

(1) 润滑脂的分类。润滑脂是润滑油与稠化剂(如钙、锂、钠的金属皂)的膏状混合物。根据调制润滑脂所用皂基的不同，润滑脂主要有以下几类。

① 钙基润滑脂。具有良好的抗水性，但耐热能力差，工作温度不宜超过 65℃。

② 钠基润滑脂。具有较高的耐热性，工作温度可达 120℃，但抗水性差。由于它能与少量水乳化，从而保护金属免遭腐蚀，比钙基润滑脂有更好的防锈能力。

③ 锂基润滑脂。既抗水又耐高温(工作温度不宜高于 145℃)，但价格较贵。

(2) 润滑脂的主要性质指标。

① 锥入度。一个质量为 150g 的标准锥体，于 25℃ 恒温下，由润滑脂表面经 5s 后刺

入的深度(以 0.1mm 计)称为润滑脂的锥入度。它标志着润滑脂内阻力的大小和流动性的强弱。锥入度越小表明润滑脂越不易从摩擦面中被挤出，故承载能力强，密封性好，但同时摩擦阻力也大，不易充填较小的摩擦间隙。

② 滴点。在规定的加热条件下，润滑脂从标准测量杯的孔口滴下第一滴时的温度称为润滑脂的滴点。它标志着润滑脂耐高温的能力。一般使用温度应低于滴点 20～30℃，甚至 40～50℃。

对于要求不高，难以经常供油或摆动工作的非液体摩擦轴承，通常使用润滑脂进行润滑。

此外还有固体润滑剂和气体润滑剂，其中固体润滑剂以石墨和二硫化钼应用最广。固体润滑剂一般用于不宜使用润滑油或润滑脂的特殊条件下，如高温、高压、极低温等情况。

8.1.2 滑动轴承的特点与应用

在机械中，虽然广泛采用滚动轴承，但在许多情况下又必须采用滑动轴承，这是因为滑动轴承具有一些滚动轴承不能替代的特点。

滑动轴承的主要特点如下。

(1) 结构简单，制造、装拆方便。

(2) 具有良好的耐冲击性和吸振性能，运转平稳，旋转精度高。

(3) 使用寿命长。

(4) 可以做成剖分式结构。

(5) 维护复杂，对润滑条件要求高。

(6) 边界润滑轴承，摩擦损耗较大。

滑动轴承主要应用在高速、高精度、重载、结构上要求剖分等场合，如在航空发动机附件、仪表、金属切削机床、内燃机、车辆、轧钢机、雷达、卫星通信地面站及天文望远镜中多采用滑动轴承。此外，工作在低速、有冲击和恶劣环境下的机器，如水泥搅拌机、滚筒清沙机、破碎机等也常采用滑动轴承。

8.2 滑动轴承的结构、材料和润滑

8.2.1 滑动轴承的结构形式

滑动轴承按摩擦状态分为液体摩擦轴承和处于混合摩擦状态的非液体摩擦轴承，按所受载荷的方向分为径向滑动轴承和推力滑动轴承。

1. 径向滑动轴承

径向滑动轴承被用来承受径向载荷。径向滑动轴承的结构形式主要有整体式和剖分式两大类。

1) 整体式径向滑动轴承

图 8.4 所示为整体式径向滑动轴承的典型结构，由轴承座和轴瓦组成。轴瓦压装在轴承座中。轴承座用螺栓与机座连接，顶部设有安装注油油杯的螺纹孔。这种轴承结构简单、成本低，但磨损后间隙过大时无法调整，而且轴颈只能从端部装入，安装不方便。因此，整体式轴承常用于低速、轻载及间歇工作的轴承中，如手动机械、农业机械等。

【参考图文】

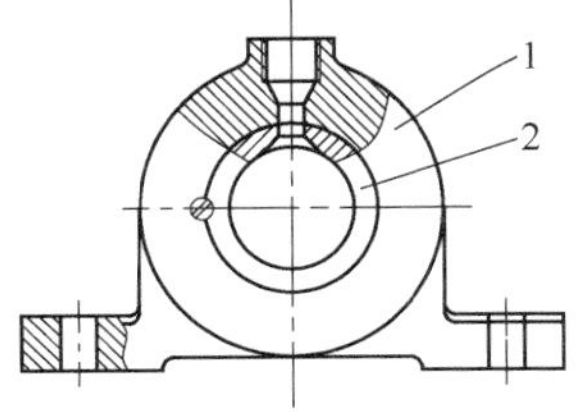

图 8.4　整体式径向滑动轴承
1—轴承座；2—轴瓦

2）剖分式径向滑动轴承

如图 8.5 所示，剖分式轴承由轴承座、轴承盖、剖分轴瓦和双头螺柱等组成。根据所受载荷的方向，剖分面应尽量取在垂直于载荷的直径平面内，通常为 180°剖分。当剖分面为水平面时，轴承称为对开式正滑动轴承［图 8.5(a)］；当剖分面与水平面成一定角度时，轴承称为对开式斜滑动轴承［图 8.5(b)］。为防止轴承盖和轴承座错位并便于装配时对中，轴承盖和轴承座的剖分面均制成阶梯状。剖分式滑动轴承在拆装轴时，轴颈不需要轴向移动，拆装方便。适当增减轴瓦剖分面间的调整垫片，可调节轴颈与轴承间的间隙。间隙调整后修刮轴瓦。图 8.5(b)中给出的 35°角为允许载荷方向偏转的范围。

【参考图文】

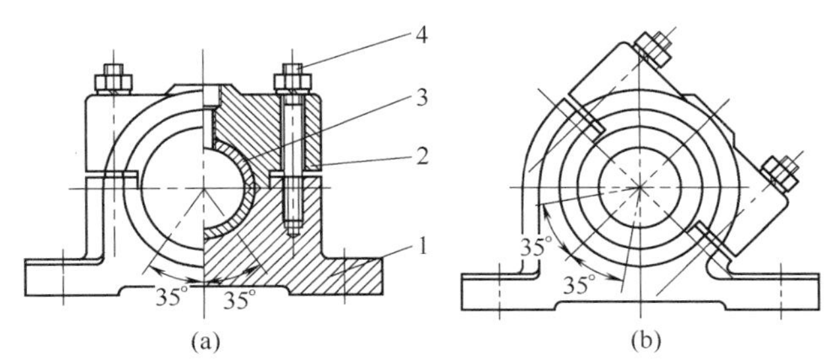

图 8.5　剖分式径向滑动轴承
1—轴承座；2—轴承盖；3—剖分轴瓦；4—双头螺柱

2. 推力滑动轴承

推力滑动轴承用来承受轴向载荷。最简单的结构形式如图 8.6(a)所示。轴颈端面与止推轴瓦组成摩擦副。由于工作面上相对滑动速度不等，越靠近中心处相对滑动速度越小，摩擦越轻；越靠近边缘处相对滑动速度越大，摩擦越重，会造成工作面上压强分布不均。经常设计成如图 8.6(b)所示的空心轴颈。为避免工作面上压强严重不均，通常采用环状端面［图 8.6(c)］。当载荷较大时，可采用多环轴颈［图 8.6(d)］，这种结构的轴承能承受双向载荷。推力环数目不宜过多，一般为 2～5 个，否则载荷分布不均现象更严重。

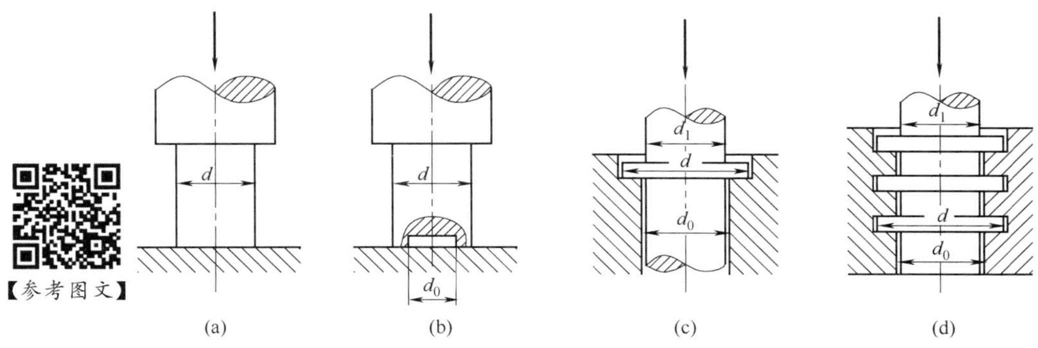

图 8.6　推力滑动轴承

上述结构形式的推力轴承由于轴颈端面与止推轴瓦之间为平行平面的相对滑动，不易形成流体动力润滑，故轴承通常处在边界润滑状态下工作，多用于低速、轻载机械。

8.2.2 轴承材料和轴瓦结构

所谓轴承材料指的是轴瓦和轴承衬材料。滑动轴承最常见的失效是轴瓦磨损和胶合(烧瓦)，因此对轴瓦材料和结构有很高的要求。

1. 轴瓦材料

1）对轴瓦材料的要求

(1) 足够的疲劳强度和抗压强度，以保证轴瓦在变载荷作用下有足够的寿命和防止产生过大的塑性变形。

(2) 良好的减摩性、耐磨性，即要求摩擦因数小，轴瓦磨损小。

(3) 较好的抗胶合性，以防止摩擦热使油膜破裂后造成胶合。

(4) 较好的顺应性和嵌藏性。顺应性是指轴瓦顺应轴的弯曲及其他几何误差的能力。嵌藏性是指轴瓦材料容纳进润滑油中微小的固体颗粒，以避免轴瓦和轴颈被刮伤的能力。

(5) 对润滑油要有较好的吸附能力，以易于形成边界膜。

(6) 良好的导热性。

(7) 选择轴瓦材料还要考虑经济性、加工工艺性、塑性和耐腐蚀性等。

应该指出的是，任何一种材料很难全部满足这些要求。因此选用轴承材料时，应根据轴承具体工作情况，选用较合适的材料。通常做成双金属或三金属的轴瓦，以便在轴瓦性能上取长补短。

2）常见的轴瓦材料及其性质

轴瓦材料可分为三大类：金属材料、粉末冶金材料和非金属材料。

(1) 轴承合金(也称巴氏合金或白合金)。轴承合金是优良的轴瓦材料，分为锡锑轴承合金和铅锑轴承合金两大类。前者抗腐蚀能力强，边界摩擦时抗胶合能力强，与钢背结合得比较牢固，但其价格较高，常用于高速、重载轴承；后者抗腐蚀能力较差，故宜采用不引起腐蚀作用的润滑油，以免导致轴承的腐蚀。

轴承合金顺应性和嵌藏性好，但强度低，而且价格较高，为了提高轴瓦强度和节约材料，一般只用来作为双金属或三金属轴瓦的轴承衬材料。

(2) 青铜。在一般机械中有50%的滑动轴承采用青铜材料。青铜的强度高，承载能力大，耐磨性和导热性都优于轴承合金。它可以在较高的温度(250℃)下工作，但可塑性差，不易跑合，与之相配的轴颈必须淬硬。

青铜可单独做成轴瓦。为了节省有色金属，也可将青铜浇注在钢或铸铁轴瓦内壁上。用作轴瓦材料的青铜，主要有锡磷青铜、锡锌铅青铜和铝铁青铜。在一般情况下，它们分别用于中速重载、中速中载和低速重载的轴承上。

(3) 铸铁。铸铁可用作轻载、低速轴承的轴瓦材料。铸铁中的石墨成分可以形成一层起润滑作用的石墨层，这种自润滑性能是这类材料可以用作轴瓦材料的主要原因。

(4) 粉末冶金。粉末冶金是金属粉末加石墨经高压成型再经高温烧制而成的含有孔隙的轴承材料，孔隙内可储存润滑油，可做成含油轴承，具有自润滑性能，但由于其韧性较差，故宜用于平稳无冲击载荷及中低速度情况下。常用的含油轴承材料有青铜-石墨、铁-石墨两种。

(5) 非金属材料。非金属材料以塑料用得最多。塑料具有摩擦因数小，可塑性与跑合性好，耐磨损、耐腐蚀，可用水、油及化学溶液润滑等优点。但其导热性差，膨胀系数较大，容易变形。为改善此缺陷，可将薄层塑料作为轴承衬材料黏附在金属轴瓦上使用。

常用轴瓦材料的性能及应用见表 8-2。

表 8-2 常用轴瓦材料的性能及应用

材料	牌　　号	[p]/MPa	[v]/(m/s)	[pv]/(MPa·m/s)	轴颈硬度/HBW	特性及用途举例
锡基轴承合金	ZCuSnSb11-6	25(平稳)	80	20(100)	130～170	用作轴承衬，用于重载、高速、温度低于150℃的重要轴承
	ZCuSnSb8-4	20(冲击)	50(冲击)	15(冲击)		
铅基轴承合金	ZCuPbSb16-16-2	15	12	10(50)	130～170	用于中载、中速的轴承，不宜受显著冲击
	ZCuPbSb15-15-3	5	8	4		
锡青铜	ZCuSb10Pb1	15	3	20	300～400	用于中速、重载或变载工作的轴承
	ZCuSn3Zn8Pb6Ni1	5	3	10		
	ZCuSn6Zn6Pb6	8	3	12		用于中速、中载轴承
铅青铜	ZCuPb10Sn10	20	15	90	300	用于高速、重载轴承，能承受变载荷和冲击载荷
铝青铜	ZCuAl10Fe3	15	4	12	280	最适用于润滑充分的低速、重载轴承
灰铸铁	HT150～200	2～4	0.5～1	1～4	200～230	用于低速、轻载的不重要轴承，价廉，需良好对中
尼龙	—	7	5.1	0.11	—	自润性、耐腐性、耐磨性、减振性等都较好，用于速度不高、中载小型轴承
橡胶	—	0.35	20.3	—	—	用于水润滑轴承，能补偿误差和吸振，导热性差

注：括号中的 [pv] 值为极限值，其余为润滑良好时的一般值。

2. 轴瓦结构

轴瓦是滑动轴承的主要零件，设计轴承时，除了选择合适的轴瓦材料以外，还应该合理地设计轴瓦结构，否则会影响滑动轴承的工作性能。当采用贵重金属材料制作轴瓦时，为了节省贵重材料和增加强度，常在轴瓦基体(钢或铜)内表面上浇注一层轴承合金作为轴承衬，基体称为瓦背。瓦背强度高，轴承衬减摩性好，两者结合起来构成令人满意的轴瓦。轴承衬应可靠地贴合在轴瓦基体表面上，为此可采用图 8.7 所示的结合形式。轴承衬厚度通常为十分之几毫米到几毫米（6mm），直径大的取大值。

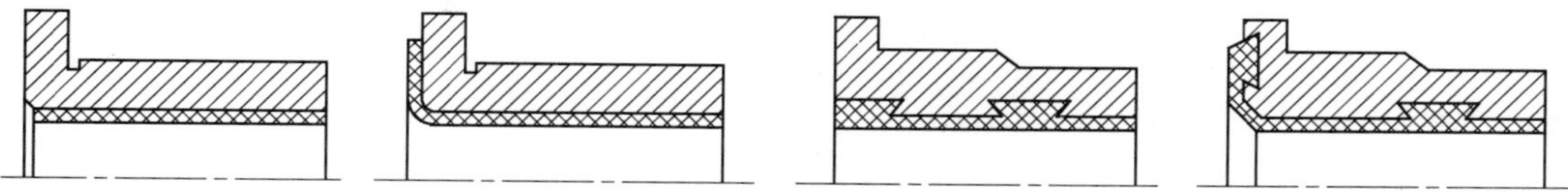

图 8.7 轴瓦与轴承衬的结合形式

整体式轴瓦如图 8.8 所示。图 8.8(a)所示为无油沟的轴瓦，图 8.8(b)所示为有油沟的轴瓦。轴瓦和轴承座一般采用过盈配合。为连接可靠，可在配合表面的端部用紧定螺钉固定，如图 8.8(c)所示。轴瓦外径与内径之比一般取值为 1.15～1.2。

剖分式轴瓦如图 8.9 所示。轴瓦两端的凸缘用来实现轴向定位，周向定位采用定位销，也可以根据轴瓦厚度采用其他定位方法。轴瓦厚度为 b，轴颈直径为 d，一般取 $b/d>0.05$。

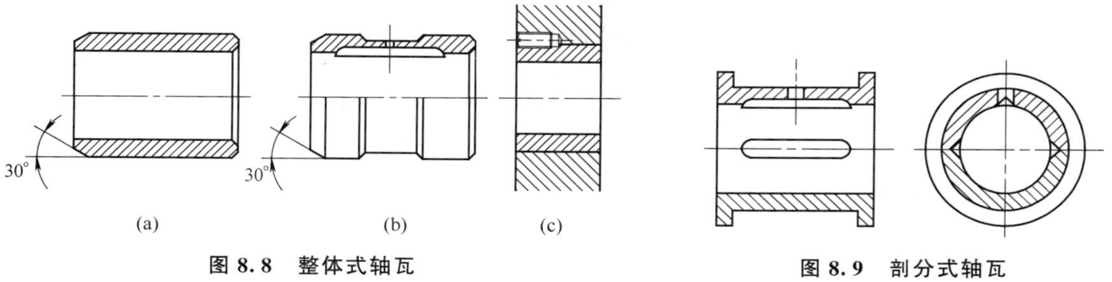

图 8.8 整体式轴瓦

图 8.9 剖分式轴瓦

为了向摩擦表面间加注润滑剂，在轴承上方开设注油孔。为了向摩擦表面输送和分布润滑剂，在轴瓦内表面开有油沟。图 8.10 所示是几种常见的油沟。轴向油沟也可开在轴瓦剖分面上(图 8.9)。油沟的形状和位置影响轴承中油膜压力分布情况。设计油沟时必须注意以下问题：轴向油沟长度应短于轴承宽度，以免润滑剂流失过多，油沟长度一般为轴承宽度的 80%；液体摩擦轴承的油沟应开在非承载区，周向油沟应开在轴承的两端，以免影响轴承的承载能力(图 8.11)。

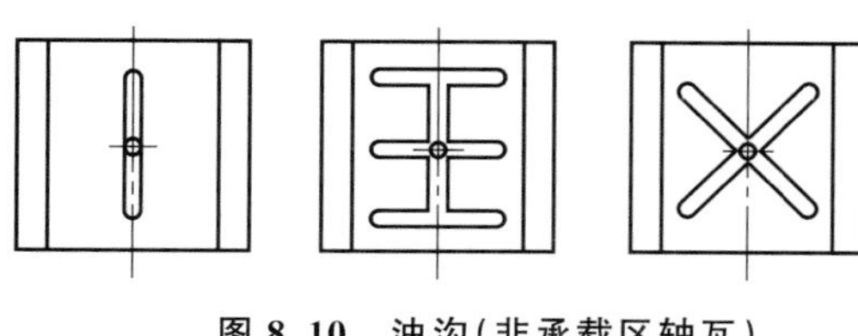

图 8.10 油沟(非承载区轴瓦)

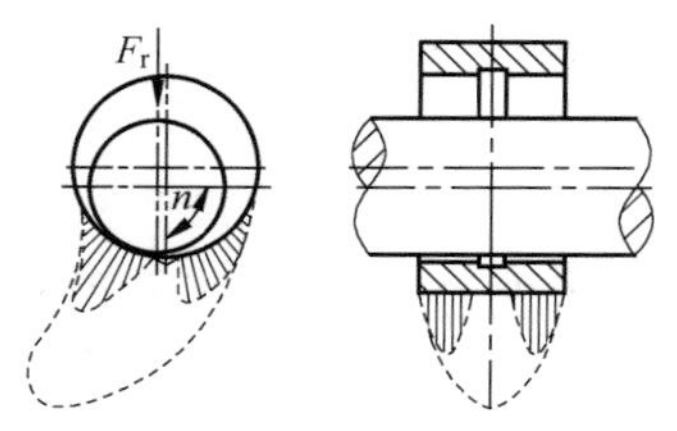

图 8.11 油沟位置对承载能力的影响

对于某些受载较大的轴承，为使润滑剂沿轴向较均匀地分布，在轴瓦内开设油室。油室的形式有多种，图 8.12 所示为两种形式的油室。图 8.12(a)所示为开在整个非承载区的油室；图 8.12(b)所示为开在两侧的油室，适于载荷方向变化或轴经常正、反向旋转的轴承。

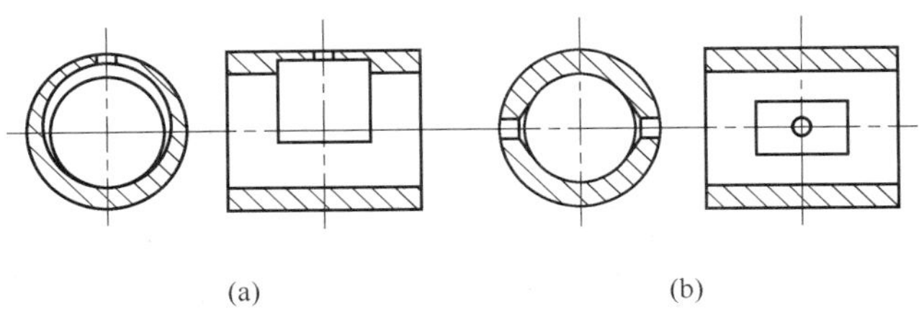

图 8.12　油室的位置与形状

8.2.3　润滑方式及润滑装置

为保证轴承良好的润滑状态，除合理地选择润滑剂外，合理地选择润滑方法和润滑装置也是十分重要的。下面介绍常用的润滑方法和润滑装置。

1. 油润滑的润滑方法

油润滑的润滑方法有间歇供油润滑和连续供油润滑两种。

间歇供油润滑有手工油壶注油供油和油杯注油供油。这种润滑方法只适用于低速不重要的轴承或间歇工作的轴承。

对于重要轴承，必须采用连续供油润滑。连续供油润滑方法及装置主要有以下几种。

(1) 油杯滴油润滑。图 8.13、图 8.14 所示分别为针阀油杯和芯捻油杯。针阀油杯可调节油滴速度以改变供油量，在轴承停止工作时，可通过油杯上部手柄关闭油杯，停止供油。芯捻油杯利用毛细管的作用将油引到轴承工作表面上，这种方法不易调节供油量。

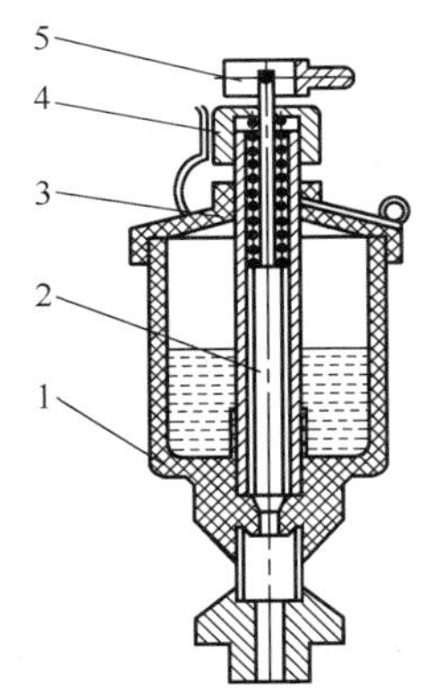

图 8.13　针阀油杯

1—杯体；2—针阀；3—弹簧；
4—调节螺母；5—手柄

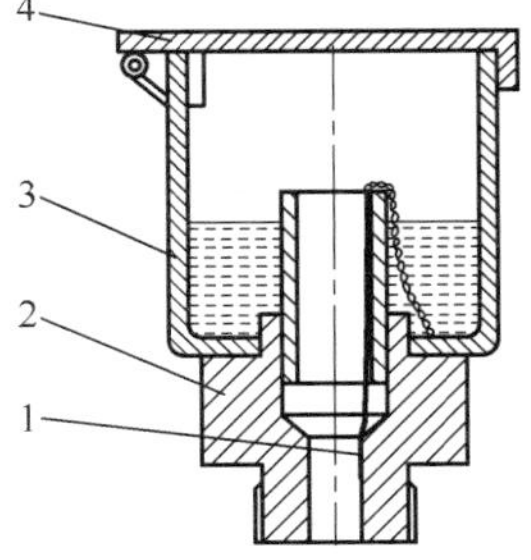

图 8.14　芯捻油杯

1—油芯；2—接头；
3—杯体；4—盖

(2) 浸油润滑。浸油润滑将部分轴承直接浸入油池中润滑，如图 8.15 所示。

(3) 飞溅润滑。飞溅润滑主要用于润滑减速器、内燃机等机械中的轴承。通常直接利用传动齿轮或甩油环(图 8.16)，将油池中的润滑油溅到轴承上或箱壁上，再经油沟导入轴承工作面以润滑轴承。采用传动齿轮溅油来润滑轴承，齿轮圆周速度 $v \geqslant 2\mathrm{m/s}$；采用甩油环溅油来润滑轴承，适用于转速为 500～3000r/min 的水平轴上的轴承，转速太低，油环不能把油溅起；而转速太高，油环上的油会被甩掉。

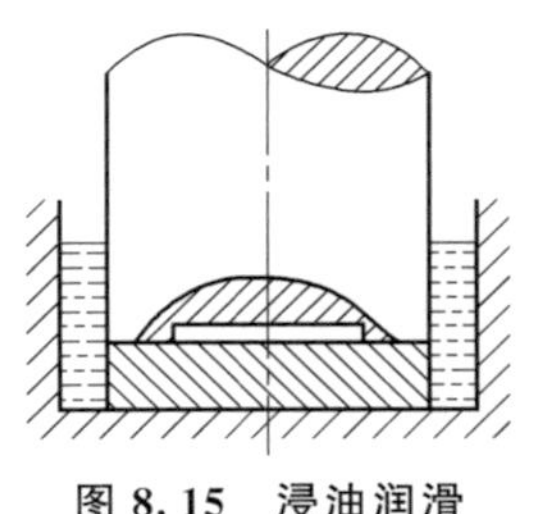

图 8.15 浸油润滑

图8.16 飞溅（油环）润滑

(4) 压力循环润滑。如图 8.17 所示，压力循环润滑是一种强制润滑方法。油泵将一定压力的油经油路导入轴承，润滑油经轴承两端流回油池，构成循环润滑。这种供油方法供油量充足，润滑可靠，并有冷却和冲洗轴承的作用，但润滑装置结构复杂、费用较高，常用于重载、高速或载荷变化较大的轴承中。

2. 脂润滑的润滑方法

润滑脂只能间歇供给。常用润滑装置有图 8.18 所示的旋盖油杯。旋盖油杯靠旋紧杯盖将杯内润滑脂压入轴承工作面。压注油杯靠油枪压注润滑脂至轴承工作面。

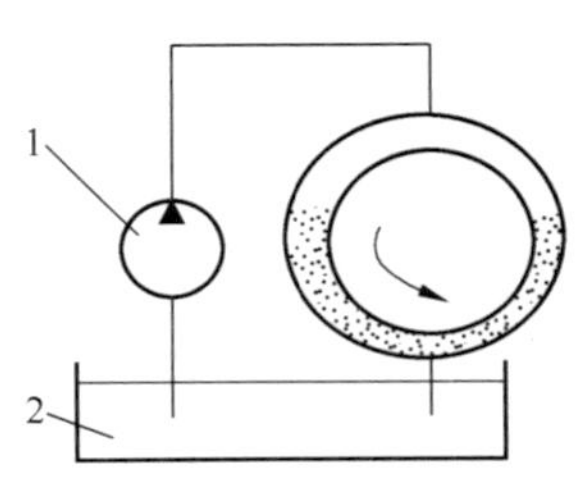

图 8.17 压力循环润滑

1—油泵；2—油箱

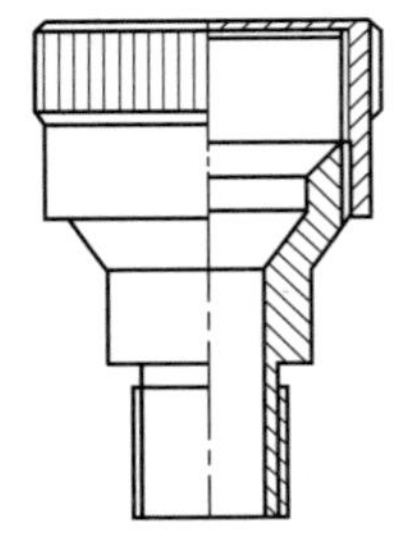

图 8.18 旋盖油杯

滑动轴承的润滑方式可以根据以下公式选择

$$k=\sqrt{pv^3}$$

式中，p——轴颈上的平均压强(MPa)；

v——轴颈的圆周速度(m/s)。

当 $k\leqslant 2$ 时，用润滑脂，油杯润滑；当 $k=2\sim16$ 时，采用针阀油杯润滑；当 $k=16\sim32$ 时，采用油环或飞溅润滑；当 $k\geqslant 32$ 时，采用压力循环润滑。

8.3 非液体摩擦滑动轴承的设计计算

非液体摩擦轴承工作在混合摩擦状态下，如果边界膜破坏将产生干摩擦，摩擦因数增大，磨损加剧，严重时导致胶合。所以在非液体摩擦轴承中主要失效形式是磨损和胶合。保持边界膜不被破坏十分重要，而边界膜的强度除了与润滑油的油性有关，还与轴瓦材料、摩擦表面的压力和温度有关。温度高，压力大，则边界膜容易破坏，因此应限制温度和压力。由于影响因素多而复杂，目前只能进行条件性计算。

8.3.1 非液体摩擦径向滑动轴承的计算

进行滑动轴承计算时，已知条件通常是轴颈承受的径向载荷 F_r，轴的转速 n，轴颈的直径 d 和轴承的工作条件。轴承计算实际是确定轴承的宽径比 B/d，一般取 $B/d=0.5\sim1.5$，选择轴承材料，然后进行以下三种条件性计算。

1. 验算压强 p

通过限制轴承压强 p，可以保证润滑油不被过大的压力挤出，从而避免轴瓦产生过度磨损，应保证压强不超过允许值 $[p]$，即

$$p=\frac{F_r}{Bd}\leqslant[p] \quad (\text{MPa}) \tag{8.1}$$

式中，F_r——作用在轴颈上的径向载荷(N)；

d——轴颈的直径(mm)；

B——轴承宽度(mm)；

$[p]$——许用压强(MPa)，由表 8-2 查取。

如果不能满足式(8.1)，应另选材料改变 $[p]$ 或增大 B，重新计算。

2. 验算 pv 值

轴承温度的升高是由摩擦功耗引起的。当压强为 p、线速度为 v、摩擦因数为 f 时，单位时间内单位面积上的摩擦功可视为 fpv，因此可以用限制表征摩擦功的特征值 pv 来限制摩擦功耗。其限制条件为

$$pv=\frac{F_r}{Bd}\frac{\pi dn}{60\times1000}=\frac{\pi nF_r}{60\times1000B}\leqslant[pv] \quad (\text{MPa}\cdot\text{m/s}) \tag{8.2}$$

式中，n——轴颈转速(r/min)；

$[pv]$——pv 的许用值(MPa·m/s)，由表 8-2 查取。

对于速度很低的轴，可以不验算 pv，只验算 p。同样，如果 pv 值不满足式(8.2)，也应重选材料或改变 B。

3. 验算速度 v

对于跨距较大的轴，装配误差或轴的挠曲变形会造成轴及轴瓦在边缘接触，局部压强很大，这时只验算 p 和 pv 并不能保证安全可靠，因为 p 和 pv 都是平均值。因此要验算 v 值。

$$v=\frac{\pi dn}{60\times1000}\leqslant[v] \quad (\text{m/s}) \tag{8.3}$$

式中，$[v]$——轴颈速度的许用值(m/s)，由表 8-2 查取。

如果 v 值不满足式(8.3)，应另选材料增加$[v]$。

8.3.2 非液体摩擦推力滑动轴承的计算

推力滑动轴承的计算准则与径向滑动轴承相同。

1. 验算压强 p(几何尺寸参看图 8.6)

$$p=\frac{F_a}{Z\frac{\pi}{4}(d^2-d_0^2)k}\leqslant[p] \quad (\text{MPa}) \tag{8.4}$$

式中，F_a——作用在轴承上的轴向力(N)；

d、d_0——止推面的外圆直径和内圆直径(mm)；

Z——推力环数目；

$[p]$——许用压强(MPa)，对于多环推力轴承，轴向载荷在各推力环上分配不均匀，表 8-2 中 $[p]$ 值应降低 50%；

k——由于止推面上有油沟使止推的面积减小的系数，通常取 $k=0.9\sim0.95$。

2. 验算 pv_m 值

$$pv_m\leqslant[pv_m] \quad (\text{MPa}) \tag{8.5}$$

式中，v_m——环形推力面的平均线速度(m/s)，其值为

$$v_m=\frac{\pi d_m n}{60\times1000} \tag{8.6}$$

式中，d_m——环形推力面的平均直径(mm)，$d_m=(d+d_0)/2$；

$[pv_m]$——pv_m 的许用值，由于该特征值是用平均直径计算的，轴承推力环边缘上的速度较大，因此 $[pv_m]$ 值应较表 8-2 中给出的 $[pv]$ 值低一些。如以上几项计算不满足要求，可改选轴瓦材料，或改变几何参数。

8.4 液体摩擦动压径向滑动轴承的设计计算

靠摩擦表面的运动，以足够的速度带动黏性液体流经摩擦表面形成收敛形间隙，间隙内的液体产生很大的压力，可以将两摩擦表面完全分开，即使在相当大的载荷作用下，两表面也能维持液体摩擦状态。液体动压滑动轴承就是靠液体动压力使其在液体摩擦状态下工作的。

8.4.1 流体动压润滑的基本理论

1. 流体动压润滑的基本方程式——雷诺方程

如图 8.19 所示，两板被润滑油分开，一板以速度 v_0 沿 x 方向移动，另一板静止不动。假设润滑油不可压缩，z 方向无限长，在 z 向没有流动；忽略温度、压力对润滑油黏度的影响；忽略重力和惯性力的影响；润滑油是层流流动；油与工作表面吸附牢固，表面油分子随工作表面一同运动或静止。

取微单元体进行分析，因润滑油沿 z 方向不流动，故微单元体前、后面压强相等。而作用于左、右面的压强分别为 $\left(p+\frac{\partial p}{\partial x}\mathrm{d}x\right)$ 和 p，上、下面的剪应力分别为 τ 和 $\left(\tau+\frac{\partial \tau}{\partial y}\mathrm{d}y\right)$，$x$ 方向匀速运动，根据力系平衡，得

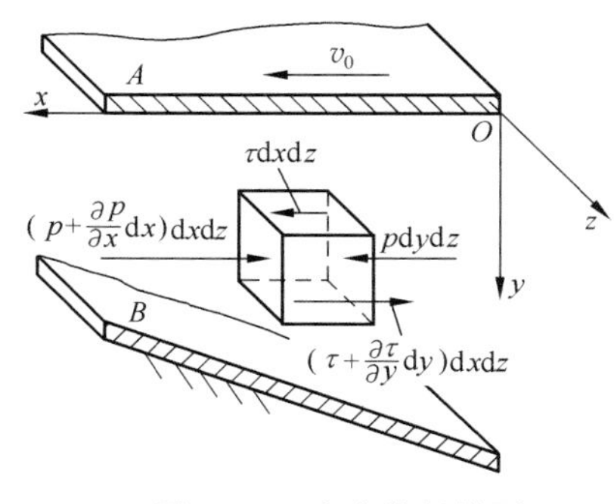

图 8.19 应力分析模型

$$p\mathrm{d}y\mathrm{d}z+\tau\mathrm{d}x\mathrm{d}z-\left(p+\frac{\partial p}{\partial x}\mathrm{d}x\right)\mathrm{d}y\mathrm{d}z-\left(\tau+\frac{\partial \tau}{\partial y}\mathrm{d}y\right)\mathrm{d}x\mathrm{d}z=0 \tag{8.7}$$

整理后得
$$\frac{\partial p}{\partial x}=-\frac{\partial \tau}{\partial y}$$

由牛顿黏性定律(见 8.1.1 节)知 $\tau=-\eta\frac{\partial v}{\partial y}$，代入上式，得

$$\frac{\partial p}{\partial x}=\eta\frac{\partial^2 v}{\partial y^2} \tag{8.8}$$

积分得
$$v=\frac{1}{2\eta}\frac{\partial p}{\partial x}y^2+c_1y+c_2 \tag{8.9}$$

根据边界条件：

当 $y=0$ 时，$v=v_0$，则 $c_2=v_0$

当 $y=h$ 时，$v=0$，则

$$c_1=-\frac{h}{2\eta}\frac{\partial p}{\partial x}-\frac{v_0}{h}$$

将 c_1 和 c_2 代入式(8.9)得

$$v=\frac{v_0(h-y)}{h}-\frac{1}{2\eta}\frac{\partial p}{\partial x}(h-y)y \tag{8.10}$$

式(8.10)反映了润滑油速度分布规律，油层的流速由两部分组成，式中前项表示由剪切流引起呈线性分布的速度，后项表示由压力流引起呈抛物线分布的速度。

不计侧漏，沿 x 方向，任一截面单位宽度的流量 q 为

$$\begin{aligned}q&=\int_0^h v\mathrm{d}y=\int_0^h\left[\frac{v_0(h-y)}{h}-\frac{1}{2\eta}\frac{\partial p}{\partial x}y(h-y)\right]\mathrm{d}y\\&=\frac{v_0h}{2}-\frac{h^3}{12\eta}\frac{\partial p}{\partial x}\end{aligned}$$

设油压最大处的间隙为 h_0 $\left(即\frac{\partial p}{\partial x}=0 时，h=h_0\right)$，此截面的流量为 $q=\frac{v_0}{2}h_0$

连续流动时流量不变，则

$$\frac{v_0}{2}h_0=\frac{v_0}{2}h-\frac{h^3}{12\eta}\frac{\partial p}{\partial x}$$

整理后得

$$\frac{\partial p}{\partial x}=6\eta v_0\frac{h-h_0}{h^3} \tag{8.11}$$

式(8.11)为一维雷诺方程式。

2. 油膜承载机理

一维雷诺方程是计算液体动压润滑的基本方程。从公式可看出，油膜压力的变化与润滑油的黏度、表面间滑动速度、间隙(油膜厚度)有关，利用这一公式可求出油膜上各点压力，根据油压分布可算出油膜的承载能力。

首先分析两板平行的情况，如图 8.20(a)所示，静板不动，动板以速度 v_0 向左运动，

板间充满润滑油，润滑油做层流运动，由于任何截面的油膜厚度 $h=h_0$，也即$\frac{\partial p}{\partial x}=0$，这表明平行油膜各处油压总是等于入口和出口压力，此时两板间润滑油的速度呈三角形分布，两板间带进的油量等于带出的油量，润滑油维持连续流动，动板不会下沉。但若动板上承受载荷 F，油将向两边挤出［图 8.20(b)］，于是动板逐渐下沉，直到与静板接触。这说明两平行板之间不可能承受载荷，即不能建立液体摩擦状态。

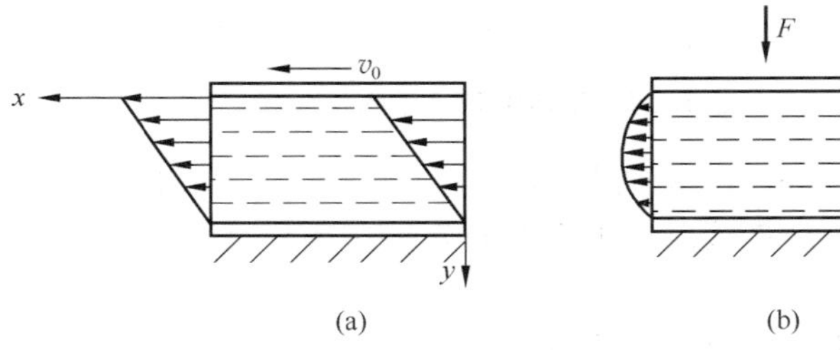

图 8.20　板平行时油膜承载能力分析

如果动板与静板不平行，当动板仍以速度 v_0 运动时，板间的间隙沿板的运动方向由大到小呈收敛楔形，如图 8.21 所示。在油膜厚度 h_0 的右边 $h>h_0$，根据式(8.11)可知$\frac{\partial p}{\partial x}>0$，则油压随着 x 的增加而增加；同理在油膜厚度 h_0 的左边 $h<h_0$，$\frac{\partial p}{\partial x}<0$，则油压随着 x 的增加而减少。此时油楔内各处的油压都大于入口和出口压力，产生正压力以支承外载。由于润滑油是不可压缩的，入口的油量等于出口的油量，因此油层速度不再是三角形分布，而是进口端润滑油的速度图形向内凹，出口端润滑油的速度图形向外凸，而呈图 8.21 中实线所示的曲线分布。间隙内形成的液体压力将与外载荷 F 平衡，使动板不会下沉，这就说明在间隙内形成了压力油膜。这种借助于相对运动在两板间隙中形成的压力油膜称为动压油膜。

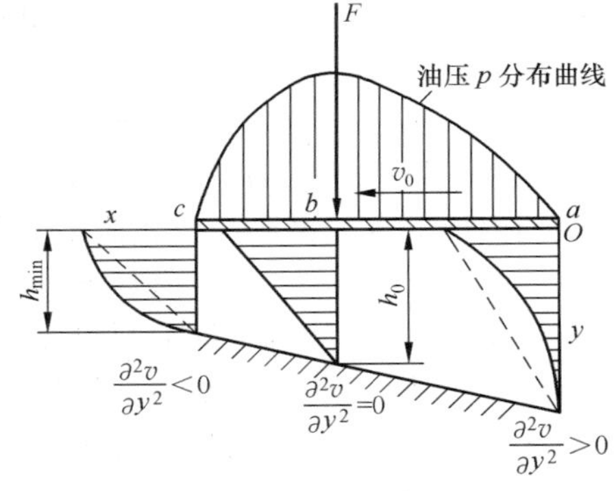

图 8.21　板不平行时油膜承载能力分析

根据以上分析可知，形成动压油膜的必要条件如下。

(1) 相对滑动表面之间必须形成收敛形间隙(通称油楔)。

(2) 要有一定的相对滑动速度，并使润滑油从大口流入，从小口流出。

(3) 间隙间要充满具有一定黏度的润滑油。

8.4.2　液体动压润滑径向滑动轴承的计算

1. 滑动轴承动压油膜形成过程

如图 8.22(a)所示，轴颈在静止时，轴颈处于轴承孔的最下方的稳定位置。此时两表面间自然形成一弯曲的楔形空间。

当轴颈开始转动时，速度极低，轴颈和轴承主要是金属相接触。此时产生的摩擦为金属间的直接摩擦。轴承对轴颈的摩擦力的方向与轴颈表面的圆周速度方向相反，迫使轴颈

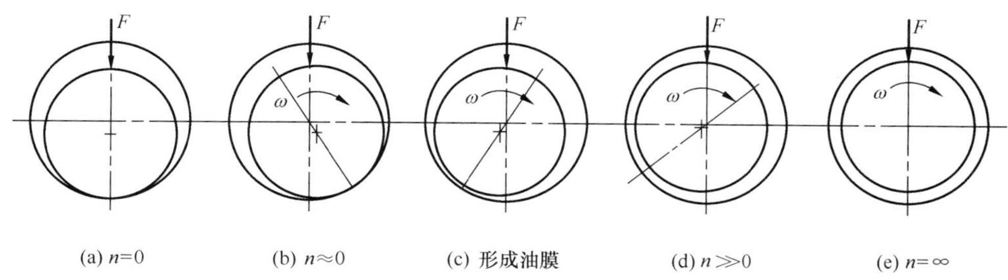

图 8.22 径向滑动轴承的工作状况

向右滚动而偏移［图 8.22(b)］。随着转速的增大，轴颈表面的圆周速度增大，带入楔形空间的油量逐渐增多，则金属接触面被润滑油分隔开的面积逐渐增大，因而摩擦阻力就逐渐减小，于是轴颈又向左下方移动。

当转速增大到一定大小之后，已能带入足够把金属接触面分开的油量，油层内的压力已建立到能支承轴颈上外载荷的程度，轴承就开始按照液体摩擦状态工作。油压的作用使轴颈抬起且偏向左边［图 8.22(c)］。此时，由于轴承内的摩擦阻力仅为液体的内阻力，因此摩擦因数达到最小值。

当轴颈转速进一步增大时，轴颈表面的速度也进一步增大，油层内的压力进一步升高，轴颈也被抬高，使轴颈的中心更接近孔的中心，油楔角度随之减小，内压则随之下降，直到内压的合力再次与外载荷相平衡为止［图 8.22(d)］。

从理论上说，只有当轴颈转速 $n=\infty$时，轴颈中心才会与孔中心重合［图 8.22(e)］。而当两中心重合时，两表面之间的间隙处处相等，已无油楔存在，当然也就失去平衡外载荷的能力。故在有限转速时，永远达不到两中心重合的程度。

动压轴承的承载能力与轴颈的转速、润滑油的黏度、轴承的宽径比、楔形间隙尺寸等有关。为获得液体摩擦必须保证一定的油膜厚度，而油膜厚度又受到轴颈和轴承孔表面结构中的粗糙度、轴的刚性及轴承、轴颈的几何形状误差等限制，因此需要进行一定的设计计算。

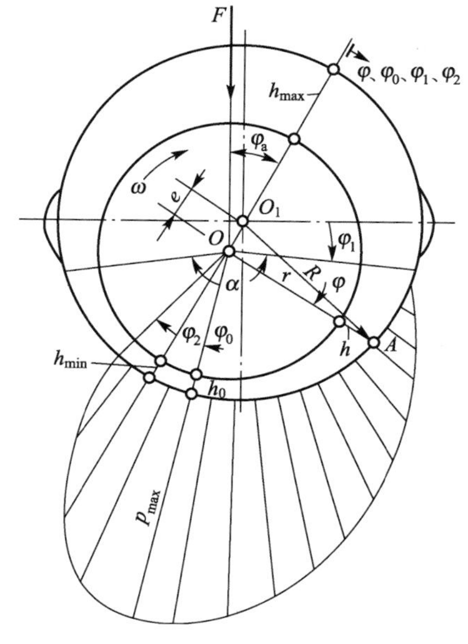

图 8.23 几何尺寸及承载油膜

2. 几何计算

图 8.23 所示为轴承工作时轴颈的位置，轴颈中心与轴承孔中心的连线 OO_1 与外载荷 F 方向的夹角为 φ_a，轴承孔半径为 R，轴颈半径为 r，则半径间隙 $\delta=R-r$，相对间隙为 $\psi=\dfrac{\delta}{r}$，轴颈稳定运转时其中心 O 与轴承孔中心 O_1 的距离称为偏心距 e，把偏心距与半径间隙的比值称为偏心率，用 χ 表示，即 $\chi=\dfrac{e}{\delta}$。

现以轴颈中心 O 为极坐标的极点，轴颈中心与轴承孔中心的连线 OO_1 为极轴，对应于任意角 φ 处的油膜厚度 h 可以通过△AOO_1 求得

$$h \approx R-r+e\cos\varphi=\delta(1+\chi\cos\varphi)=r\psi(1+\chi\cos\varphi) \tag{8.12}$$

最小油膜厚度为 $h_{\min}$，此时 $\varphi=\pi$，则

$$h_{\min}=\delta-e=\delta(1-\chi)=r\psi(1-\chi) \tag{8.13}$$

压力最大处油膜厚度为 h_0，则

$$h_0=r\psi(1+\chi\cos\varphi_0) \tag{8.14}$$

3. 承载能力和索氏数 S_0

轴承的结构直接影响轴承的承载能力。若假设轴承宽度为无限宽，不考虑润滑油沿轴承的轴向流动，则无限宽轴承工作时的油膜压力可用式(8.11)计算。如图 8.23 所示，假设在轴承楔形间隙内，油膜压力的起始角为 φ_1，油膜压力的终止角为 φ_2，在 $\varphi=\varphi_0$ 处油膜压力最大。为了便于计算轴承的承载能力，现在将一维雷诺方程改为极坐标形式，设 $\mathrm{d}x=r\mathrm{d}\varphi$ 并将式(8.12)和式(8.14)代入式(8.11)中，整理后得

$$\frac{\mathrm{d}p}{\mathrm{d}\varphi}=6\eta\frac{v}{r\psi^2}\frac{\chi(\cos\varphi-\cos\varphi_0)}{(1+\chi\cos\varphi)^3}$$

将上式积分，可得任意 φ 角处的油膜压强为

$$p'_{\varphi}=6\eta\frac{v}{r\psi^2}\int_{\varphi_1}^{\varphi}\frac{\chi(\cos\varphi-\cos\varphi_0)}{(1+\chi\cos\varphi)^3}\mathrm{d}\varphi$$

作用在微弧 $r\mathrm{d}\varphi$ 上的油膜压力为

$$p'_{\varphi}=p_{\varphi}r\,\mathrm{d}\varphi$$

而其在外载荷方向上的分力为

$$p_{\varphi y}=p'_{\varphi}\cos[180°-(\varphi+\varphi_a)]=p_{\varphi}[-\cos(\varphi+\varphi_a)]r\mathrm{d}\varphi$$

在 φ_1 和 φ_2 区间内沿外载荷方向单位宽度的油膜力为

$$\begin{aligned}F_{B=1}&=\int_{\varphi_1}^{\varphi_2}p_{\varphi y}=\int_{\varphi_1}^{\varphi_2}p_{\varphi}[-\cos(\varphi+\varphi_a)]r\mathrm{d}\varphi\\&=6\eta\frac{v}{r\psi^2}\int_{\varphi_1}^{\varphi_2}\left[\int_{\varphi_1}^{\varphi}\frac{\chi(\cos\varphi-\cos\varphi_0)}{(1+\chi\cos\varphi)^3}\mathrm{d}\varphi\right][-\cos(\varphi+\varphi_a)]r\mathrm{d}\varphi\end{aligned}$$

将上式乘以轴承宽度 B，代入 $r=d/2$，$v=r\omega$，经整理得有限宽度轴承不考虑端泄时的油膜承载力与外载荷 F 平衡，即

$$F=3\chi\frac{Bd\eta\omega}{\psi^2}\int_{\varphi_1}^{\varphi_2}\left[\int_{\varphi_1}^{\varphi}\frac{(\cos\varphi-\cos\varphi_0)}{(1+\chi\cos\varphi)^3}\mathrm{d}\varphi\right][-\cos(\varphi+\varphi_a)]\mathrm{d}\varphi$$

整理得

$$\frac{F\psi^2}{Bd\eta\omega}=3\chi\int_{\varphi_1}^{\varphi_2}\left[\int_{\varphi_1}^{\varphi}\frac{(\cos\varphi-\cos\varphi_0)}{(1+\chi\cos\varphi)^3}\mathrm{d}\varphi\right][-\cos(\varphi+\varphi_a)]\mathrm{d}\varphi$$

上式右端的值称为索氏数，用 S_0 表示，即

$$S_0=\frac{F\psi^2}{Bd\eta\omega} \tag{8.15}$$

索氏数是无量纲数群，是轴承包角($\varphi_1-\varphi_2$)和偏心率 χ 的函数，建议的单位 F 为 N，B、d 为 m，η 为 Pa·s，ω 为 rad/s。调整各参数间的大小可以改变承载能力，如在允许的情况下减小相对间隙 ψ，提高润滑油黏度 η 都有利于提高承载能力 F。实际承载力比式(8.15)低，因为端泄不可避免，因此在实际计算中，常用图 8.24 进行计算，图中给出了轴承包角 $\varphi_1-\varphi_2=180°$时的 $S_0-\chi$ 曲线。此时，索氏数为偏心率 χ 和宽径比 B/d 的函数。B/d 减

小，端泄增大，S_0 减小；当其他参数不变时，减小 S_0，承载力减小；当 B/d 一定时，χ 增大，S_0 也增大，则承载力增大，但最小油膜厚度 $h_{\min}=r\psi(1-x)$ 很小。

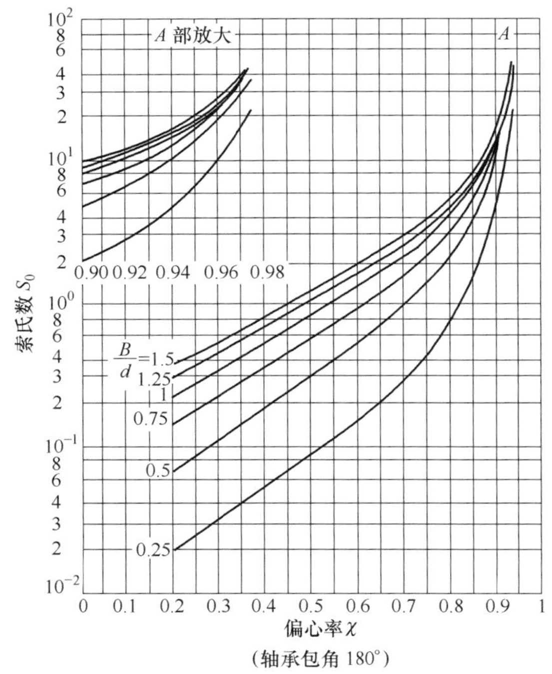

图 8.24 动压径向滑动轴承 $S_0-\chi$ 曲线

4. 最小油膜厚度 $h_{\min}$

为保证轴承能获得完全液体摩擦，避免轴颈和轴瓦直接接触，必须满足 $h_{\min}\geqslant[h_{\min}]$，$[h_{\min}]=(Rz_1+Rz_2)\times10^{-6}$m，其中 Rz_1、Rz_2 分别为轴颈和轴瓦表面轮廓的最大高度，Rz 的大小与加工方法有关，见表 8-3。对于一般轴承，Rz_1 和 Rz_2 的值分别为 3.2μm 和 6.3μm，对于重要轴承，可取 0.8μm 和 1.6μm 或 0.2μm 和 0.4μm。考虑到轴颈和轴瓦的制造和安装误差及变形等因素，一般用安全系数 S 来评判油膜厚度，要求 $S=\frac{h_{\min}}{Rz_1+Rz_2}\geqslant 2$，这也是形成液体动压润滑的充分条件。

表 8-3 加工方法、表面粗糙度及轮廓最大高度 Rz

加工方法	精车或精镗、中等磨光、刮(每平方厘米有 1.5～3 个点)		铰、精磨、刮(每平方厘米有 3～5 个点)		钻石刀刀头镗、镗磨		研磨、抛光、超精加工等		
Ra/μm	3.2	1.6	0.8	0.4	0.2	0.1	0.05	0.025	0.012
Rz/μm	10	6.3	3.2	1.6	0.8	0.4	0.2	0.1	0.05

5. 热平衡计算

滑动轴承在完全液体摩擦状态下工作时，液体内摩擦功将转化为热量，引起轴承升温，使润滑油黏度下降，从而导致轴承不能正常工作，严重时会产生抱轴事故。因此必须进行热平衡计算，控制温升不超过许用值。

摩擦功产生的热量，一部分被流动的润滑油带走，一部分由轴承座散发到周围空气中。因此滑动轴承的热平衡条件是单位时间内轴承发热量与散热量相等，即

$$\mu Fv = c\rho q_v \Delta t + \pi dB\alpha_S \Delta t$$

式中，q_v——润滑油体积流量(m^3/s)；

μ——液体摩擦因数；

Δt——润滑油的温升(℃)，即流出与流入轴承间隙的润滑油的温差；

c——润滑油的比热[J/(kg·℃)]，通常为1680～2100J/(kg·℃)；

ρ——润滑油密度(kg/m^3)，通常为850～900kg/m^3；

α_S——轴承散热系数。

轴承散热系数 α_S 根据轴承的结构、尺寸和工作条件而定。轻型轴承及散热条件不好的轴承，α_S=50J/(m^2·s·℃)；中型轴承及一般条件下工作的轴承，α_S=80J/(m^2·s·℃)；重型轴承及散热条件良好的轴承，α_S=140J/(m^2·s·℃)。

热平衡时，润滑油的温升为

$$\Delta t = t_2 - t_1 = \frac{\mu Fv}{c\rho q_v + \pi dB\alpha_S} = \frac{\dfrac{\mu F}{\psi Bd}}{c\rho\dfrac{q_v}{\psi vBd} + \dfrac{\pi\alpha_S}{\psi v}}$$

$$= \frac{\dfrac{\mu}{\psi} \times \dfrac{F}{Bd}}{2c\rho\dfrac{d}{B} \times \dfrac{q_v}{\psi d^3\omega} + \dfrac{\pi\alpha_S}{\psi v}} = \frac{\bar{\mu}p}{2c\rho\dfrac{d}{B}\bar{q}_v + \dfrac{\pi\alpha_S}{\psi v}} \tag{8.16}$$

式中，$\bar{\mu}=\dfrac{\mu}{\psi}$称为轴承摩擦特性系数，$\bar{q}_v=\dfrac{q_v}{\psi d^3\omega}$称为轴承流量系数，$\bar{\mu}$、$\bar{q}_v$ 为无量纲系数，是宽径比 B/d 和偏心率 χ 的函数，如图8.25和图8.26所示。

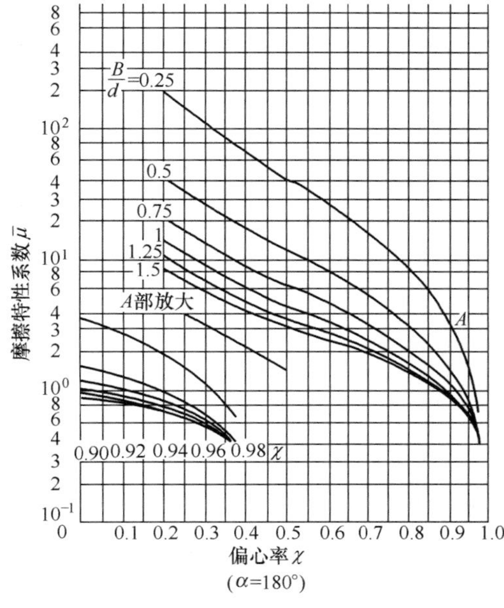

图8.25 动压径向滑动轴承摩擦特性系数

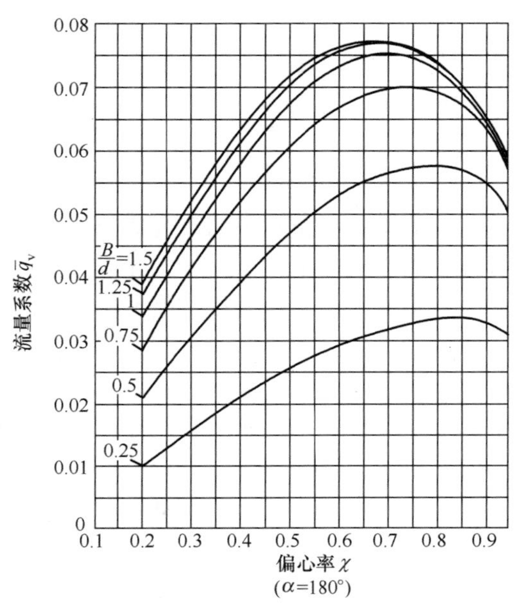

图8.26 动压径向滑动轴承流量系数

式(8.16)只是求出了润滑油的平均温差，实际上润滑油从入口到出口，温度是逐渐升高的，因而油的黏度各处不同。计算轴承承载能力时，应采用润滑油平均温度下的黏度。平均温度为

$$t_m = t_1 + \frac{\Delta t}{2} \tag{8.17}$$

一般平均温度不应超过75℃。平均温度可以在设计时先假定，并进行初步设计。最后通过热平衡计算来校核轴承入口处的温度 t_1，一般入口温度控制在35～45℃。如果不满足要求，需要重新设计。

6. 参数选择

轴承孔和轴颈直径公称尺寸是相同的。轴颈直径由轴尺寸和结构而定，应该满足强度和刚度要求，还应满足润滑及散热条件。此外，轴承设计中还需要选择压强 p、宽径比 B/d 和相对间隙 ψ 等参数。

1）压强 p 和宽径比 B/d

压强取大一些，能缩小轴承尺寸，并能使其运转平稳；但过大时会使油膜变薄，从而提高了对润滑油性能和对轴承加工及安装质量的要求，并容易损坏轴承工作表面；压强过小会加大轴承尺寸，并且在高速下还可能因偏心率很小使轴承工作的稳定性变坏。

宽径比对轴承承载能力、耗油量和轴承温升影响极大。常用范围 $B/d=0.5\sim1.5$。宽径比小，则占空间小，有利于提高轴颈运转稳定性，端泄量大而温升小，但是轴承承载力也小。对于高速重载轴承，B/d 取小值以增加端泄避免温升过高；对于低速重载轴承，B/d 取大值以提供轴承刚度；对于高速轻载轴承，如果对轴承无刚度要求 B/d 可取小值，如果对刚度要求较高可取大值，如齿轮减速器可取 $B/d=1.0\sim2.0$。

2）相对间隙 ψ

相对间隙是影响轴承工作性能的一个主要参数，轴承承载能力与 ψ^2 成反比，一般而言相对间隙小，轴承承载能力高，运转更加平稳。相对间隙通常根据载荷、轴颈速度选取。载荷大，ψ 应该取小值，以提高轴承承载能力；轴颈速度高，ψ 应取大值，增大流量，降低温升；旋转精度要求高，ψ 应该取小值。设计时 ψ 值可按下面的经验公式计算。

$$\psi = (0.6\sim1.0)\sqrt[4]{v} \times 10^{-3} \tag{8.18}$$

3）润滑油黏度

润滑油黏度对轴承的承载能力、功率损失、轴承温升等影响很大。润滑油的工作温度直接影响润滑油工作黏度。工作温度高，则润滑油工作黏度下降，承载能力降低，反之承载能力提高。润滑油黏度一般可按式(8.19)粗估。

$$\eta' = \frac{1}{10 \times \sqrt[3]{n/60}} \tag{8.19}$$

由此值再求运动黏度，并选择润滑油牌号。

8.5 液体静压滑动轴承简介

液体静压轴承是用高压油泵把高压油送到轴承间隙中，强制形成油膜，靠液体的静压平衡外载荷。液体静压轴承也有向心轴承和推力轴承之分。

8.5.1 液体静压推力轴承的工作原理

图8.27为液体静压推力轴承的工作原理图。上部为轴颈，下部为轴承，轴承上开有油腔，轴颈直径大于油腔直径。如果没有油层，则轴颈与轴承将在一环形平面上接触。当压力为 P_s 的高压油经节流器降压后流入油腔时，将把轴颈抬高 h，油腔内各处压力均为 P_c。流入油腔的油经环形面之间的间隙(间隙高度为 h)而流出。高压油不断供给，以保证环形面间永远保持此间隙。轴颈下表面受油压作用，油压 P_c 与外载荷 F 相平衡，则此轴承就在液体摩擦状态下工作。当外载荷 F 增大时，环形面间间隙 h 将减小，阻力增大，油流量减小，流经节流器的油压力将减小，因此在供油压力不变的条件下，油腔内压力 P_c 将增大。与此相反，当外载荷 F 减小时油腔内压力 P_c 将减小，与外载荷 F 达到新的平衡。

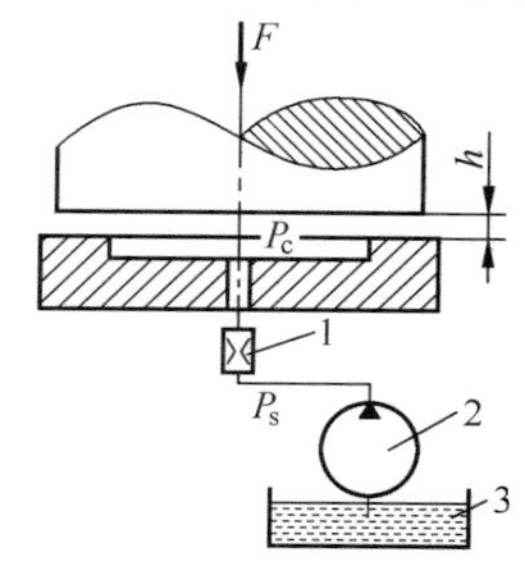

图8.27 液体静压推力轴承工作原理图

1—节流器；2—油泵；3—油箱

8.5.2 液体静压径向轴承的工作原理

图8.28为液体静压径向轴承的工作原理图。压力为 P_s 的高压油经节流器降压后流入四个相同并对称的油腔。忽略轴及轴上零件的质量，当无外载荷时，四个油腔的油压相等，即 $P_1=P_2=P_3=P_4$，轴颈中心将位于轴承中心。当轴承受载荷 F 时，轴颈将向下偏移，下油腔间隙减小，间隙处油的阻力增大，流量减小，因而润滑油流过下部节流器时的压力也将减小，但由于油泵的压力 P_s 保持不变，因此下部油腔的压力 P_3 将加大。与此相反，上油腔的压力 P_1 将减小。轴承在上、下两个油腔之间形成一个压力差 P_3-P_1 平衡载荷F。

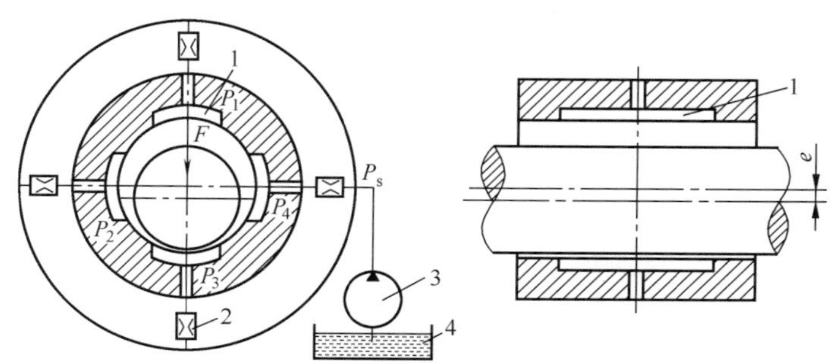

图8.28 液体静压径向轴承工作原理图

1—油腔；2—节流器；3—油泵；4—油箱

液体静压轴承的主要特点如下。

(1) 润滑状态和油膜压力与轴颈转速的关系很小，即使轴颈不转也可以形成油膜。转速变化和转向改变对油膜刚性的影响很小。

(2) 提高油压 P_s 可以提高承载能力，在重载条件下也可以获得液体润滑。

(3) 由于机器在起动前就能建立润滑油膜，因此起动力矩小。

液体静压轴承特别适用于低速、重载、高精度及经常起动、换向而又要求良好润滑的场合，但需要附加一套复杂而又可靠的供油装置，非必要时不采用。

【例 8.1】 设计一径向滑动轴承，已知：轴颈直径 $d=100\text{mm}$，载荷 $F=40000\text{N}$，轴承转速 $n=1000\text{r/min}$。试选择轴承材料并进行液体动压润滑计算。

解：设计步骤如下。

计算与说明	主要结果
1. 材料选择	
(1)选择轴承结构形式。 根据使用和装配要求，选择： 正剖分轴承结构，由剖分面两侧供油，轴承包角 180°。	正剖分轴承结构，由剖分面两侧供油，轴承包角 180°
(2)轴承宽径比 B/d。 比 $B/d=1$，则 $B=1\times d=1\times 100\text{mm}=0.1\text{m}$	$B/d=1$ $B=0.1\text{m}$
(3)平均压强 p $p=\dfrac{F}{Bd}=\dfrac{40000}{0.1\times 0.1}\text{MPa}=4\text{MPa}<25\text{MPa}$	$p=4\text{MPa}$
(4)轴承速度 v $v=\dfrac{\pi dn}{60\times 1000}=\dfrac{3.14\times 100\times 1000}{60\times 1000}\text{m/s}=5.23\text{m/s}<80\text{m/s}$	$v=5.23\text{m/s}$
(5)pv 值 $pv=4\times 5.23\text{MPa}\cdot\text{m/s}=20.92\ \text{MPa}\cdot\text{m/s}<100\ \text{MPa}\cdot\text{m/s}$	$20.92\text{MPa}\cdot\text{m/s}$
(6)轴瓦材料。 查表 8－2 选用 ZCuSnSb11－6。	ZCuSnSb11－6
2. 润滑剂和润滑方法的选择	
(1)选择润滑油黏度 $\eta'=\dfrac{1}{10\times\sqrt[3]{n/60}}=\dfrac{1}{10\times\sqrt[3]{1000/60}}\text{Pa}\cdot\text{s}\approx 0.0391\text{Pa}\cdot\text{s}$	
(2)计算运动黏度：取油的密度为 $\rho=900\text{kg/m}^3$。 $\gamma'=\dfrac{\eta'}{\rho}\times 10^6=\left(\dfrac{0.0391}{900}\times 10^6\right)\text{cSt}\approx 43.50\text{cSt}$	
(3)设平均油温：$t_m=50℃$。	$t_m=50℃$
(4)选择润滑油牌号：参照表 8－1 选定 L－AN46，在工作温度 $t_m=50℃$ 时，由图 8.13 查得 L－AN46 润滑油的工作运动黏度为 32cSt。	L－AN46 32cSt
(5)换算动力黏度 $\eta_{50}=\rho v_{50}=(900\times 32\times 10^{-6})\ \text{Pa}\cdot\text{s}=0.0288\text{Pa}\cdot\text{s}$	$0.0288\text{Pa}\cdot\text{s}$
(6)选择润滑方式。 因为 $k=\sqrt{pv^3}=\sqrt{4\times 5.23^3}=23.92$，所以采用飞溅润滑。	采用飞溅润滑
3. 承载能力计算	
(1)相对间隙 ψ $\psi=(0.6\sim 1.0)\sqrt[4]{v}\times 10^{-3}=(0.6\sim 1.0)\times\sqrt[4]{5.23}\times 10^{-3}$ $=(0.9\sim 1.5)\times 10^{-3}=0.00091\sim 0.0015$ 取 $\psi=0.0012$	$\psi=0.0012$
(2)轴的转动角速度 ω $\omega=\dfrac{2\pi n}{60}=\dfrac{2\pi 1000}{60}\text{rad/s}=104.67\text{rad/s}$	$\omega=104.67\ \text{rad/s}$

（续）

计算与说明	主 要 结 果
(3)计算索氏数 S_0 $$S_0=\frac{F\psi^2}{Bd\eta\omega}=\frac{40000\times 0.0012^2}{0.1\times 0.1\times 0.0288\times 104.67}=1.91$$	$S_0=1.91$
(4)偏心率 χ：由图 8.24 查得 $\chi=0.69$。	$\chi=0.69$
4. 安全度计算 最小油膜厚度 $h_{min}=r\psi(1-\chi)=[0.05\times 0.0012\times(1-0.69)]\text{m}=18.6\times 10^{-6}\text{m}$	$h_{min}=18.6\times 10^{-6}\text{m}$
由表 8-3，得 轴颈表面粗糙度　精磨 $Rz_1=1.6\mu\text{m}$ 轴瓦表面粗糙度　精磨 $Rz_2=3.2\mu\text{m}$	$Rz_1=1.6\mu\text{m}$ $Rz_2=3.2\mu\text{m}$
安全度 $$S\geqslant\frac{h_{min}}{Rz_1+Rz_2}=\frac{18.6\times 10^{-6}}{(1.6+3.2)\times 10^{-6}}=3.8>2$$	满足要求
5. 热平衡计算 (1)流量系数$\overline{q_v}$. 流量系数查图 8.26，得$\overline{q_v}=0.075$	$\overline{q_v}=0.075$
(2)摩擦特性系数 $\bar{\mu}$。 摩擦特性系数查图 8.25，得 $\bar{\mu}=2.4$	$\bar{\mu}=2.4$
(3)温升 $$\Delta t=\frac{\bar{\mu}p}{2c\rho\frac{d}{B}\overline{q_v}+\frac{\pi\alpha_S}{\psi v}}=\frac{2.4\times 4\times 10^6}{2\times 2100\times 900\times 1\times 0.075+\frac{80\pi}{0.0012\times 5.23}}℃=30℃$$	$\Delta t=30℃$
(4)进油温度 $$t_1=t_m-\frac{\Delta t}{2}=\left(50-\frac{30}{2}\right)℃=35℃$$	$t_1=35℃$
(5)出油温度 $$t_2=t_m+\frac{\Delta t}{2}=\left(50+\frac{30}{2}\right)℃=65℃$$	$t_2=65℃$ 满足要求

本 章 小 结

本章简单介绍了摩擦、磨损与润滑的基本知识，介绍了滑动轴承的特点、典型结构及轴瓦材料的选择原则，重点讨论了非液体摩擦滑动轴承和液体摩擦动压润滑滑动轴承的设计计算方法。

习　　题

1. 选择题

(1) 两相对滑动的接触表面，依靠吸附油膜进行润滑的摩擦状态称为________。

A. 液体摩擦　　B. 干摩擦　　C. 混合摩擦　　D. 边界摩擦

(2) 含油轴承是采用________制成的。

A. 硬木　　B. 硬橡皮　　C. 粉末冶金　　D. 塑料

(3) 非液体摩擦滑动轴承正常工作时，其工作面的摩擦状态是________。

A. 完全液体摩擦状态　　B. 混合摩擦状态

C. 干摩擦状态

(4) 在非液体润滑滑动轴承中，限制 p 值的主要目的是________。

A. 防止轴瓦材料过度磨损

B. 防止轴瓦材料发生塑性变形

C. 防止轴瓦材料因压力过大而过度发热

D. 防止出现过大摩擦阻力矩

(5) 设计动压径向滑动轴承时，若宽径比 B/d 取得较大，则________。

A. 轴承端泄量小，承载能力高，温升低

B. 轴承端泄量小，承载能力高，温升高

C. 轴承端泄量大，承载能力低，温升高

D. 轴承端泄量大，承载能力低，温升低

(6) 验算滑动轴承最小油膜厚度 h_{min} 的目的是________。

A. 确定轴承是否能获得液体润滑

B. 控制轴承的发热量

C. 计算轴承内部的摩擦阻力

D. 控制轴承的压强

(7) 径向滑动轴承的偏心率是偏心距与________之比。

A. 半径间隙　　B. 相对间隙　　C. 轴承半径　　D. 轴颈半径

(8) 温度对润滑油黏度的影响是随着温度的升高，润滑油的黏度________。

A. 提高　　B. 不变　　C. 降低

(9) 在如下各图中，________ 情况的两板间能建立动压油膜。

A. v_1　　B. v_1 v_2 $v_1>v_2$　　C. v_1 v_2 $v_1<v_2$　　D. v_1 v_2 $v_1=v_2$

2. 思考题

(1) 滑动轴承有哪些主要类型？其结构特点是什么？

(2) 轴瓦的材料有哪些？应满足哪些基本要求？

(3) 非液体滑动轴承的失效形式及设计准则是什么？

(4) 具备哪些条件才能形成流体动压润滑？

3. 设计计算题

混合摩擦向心滑动轴承，轴颈直径 $d=100$mm，轴承宽度 $B=120$mm，轴承承受径向载荷 $F_r=150000$N，轴的转速 $n=200$r/min，轴颈材料为淬火钢。设选用轴瓦材料为ZCuSb10Pb1，试进行轴承的校核设计计算，判断轴瓦选用是否合适。

第9章 联轴器和离合器

1. 掌握常用联轴器的结构、工作原理、特点和选用原则。
2. 了解常用离合器的结构、工作原理、特点和选择。

联轴器的特性与选择。

9.1 概　　述

联轴器和离合器是机械传动中常用的重要部件。它们主要用来连接轴与轴(有时也连接轴与其他回转零件)使之一起转动并传递运动和转矩。联轴器和离合器的不同之处在于，用联轴器连接时，必须在机器停车后，经过装配或拆卸才能使被连接的两根轴接合或分离；而用离合器连接时，则可在机器工作时随时将被连接的两轴接合或分离。

图 9.1、图 9.2 所示分别为联轴器和离合器应用实例。

图 9.1 所示为电动绞车，电动机输出轴与减速器输入轴之间用联轴器连接，减速器输出轴与卷筒之间同样用联轴器连接来传递运动和转矩。图 9.2 所示为用在制造瓦楞纸设备的涂胶辊上的离合器。

联轴器和离合器的类型很多，大多已标准化，因此设计时可根据工作要求，查阅有关手册、样本，选择合适的类型及型号，必要时对其中主要零件进行校核计算。

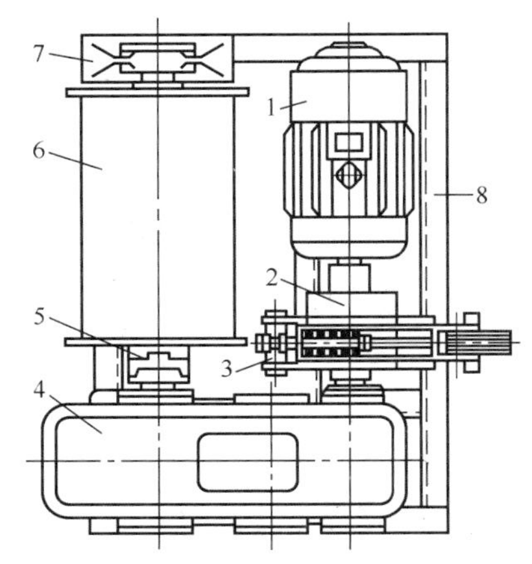

图 9.1　联轴器的应用

1—电动机；2、5—联轴器；3—制动器；4—减速器；6—卷筒；7—轴承；8—机架

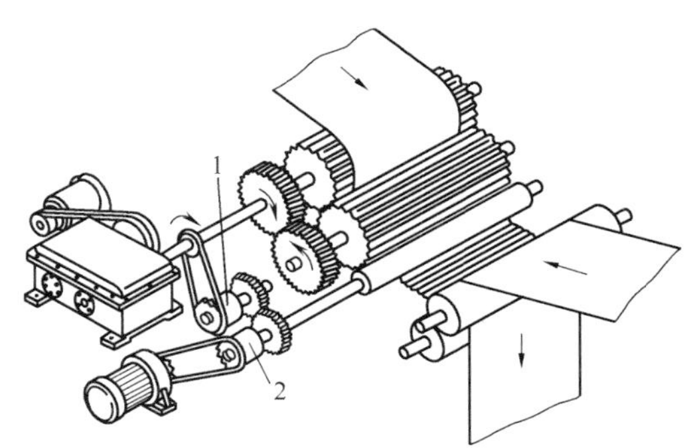

图 9.2　离合器的应用

1、2—离合器

9.2 联　轴　器

9.2.1 联轴器的种类和特性

联轴器所连接的两轴，由于制造及安装误差，承载后的变形及温度变化的影响等，往往不能保证严格的对中，而是存在某种程度的相对位移，如图 9.3 所示。

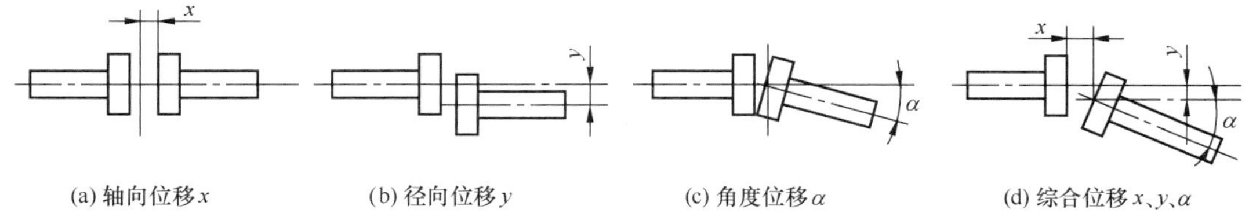

图 9.3　联轴器所连两轴轴线的相对位移

根据对各种相对位移有无补偿能力(即能否在发生相对位移条件下保持连接的功能，不产生附加应力)，联轴器可分为刚性联轴器(无补偿能力)和挠性联轴器(有补偿能力)两大类。挠性联轴器又可按是否具有弹性元件分为无弹性元件挠性联轴器和有弹性元件挠性联轴器两个类别。挠性联轴器因具有挠性，可在不同程度上补偿两轴间某种相对位移。

机械式联轴器的分类大致如图 9.4 所示。

1. 刚性联轴器

刚性联轴器不具有补偿两轴间相对位移和缓冲减振的能力，只能用于被连接两轴在安装时能严格对中和工作中不会发生相对位移的场合。应用较多的刚性联轴器有以下几种。

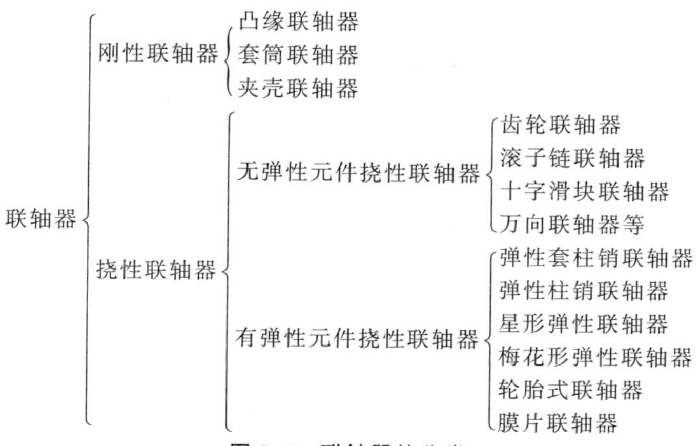

图 9.4　联轴器的分类

1）凸缘联轴器

在刚性联轴器中，凸缘联轴器是应用最广的一种。这种联轴器是把两个带有凸缘的半联轴器用键分别与两轴连接，然后用螺栓连接把两个半联轴器连成一体，以传递运动和转矩，如图 9.5 所示。按对中方法不同，凸缘联轴器有两种主要的结构形式：图 9.5(a)所示的凸缘联轴器，靠铰制孔用螺栓来实现两轴对中，此时螺栓杆与钉孔为过渡配合，靠螺栓杆的剪切和螺栓杆与孔壁间的挤压来传递转矩；图 9.5(b)所示为有对中榫的凸缘联轴器，靠一个半联轴器上的凸肩与另一个半联轴器上的凹槽相配合而对中，此时螺栓杆与钉孔壁间存在间隙，装配时须拧紧普通螺栓，靠两个半联轴器接合面间产生的摩擦力来传递转矩。当要求两轴分离时，前者只要卸下螺栓即可，轴不需做轴向移动，因此拆卸比后者简便。

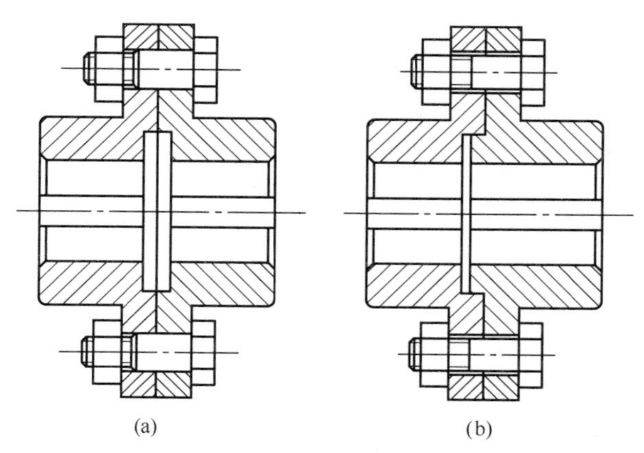

图 9.5　凸缘联轴器

【参考图文】

凸缘联轴器结构简单，制造成本低，工作可靠，维护简便，常用于载荷平稳、两轴间对中性良好的场合。

2）套筒联轴器

套筒联轴器由用钢或铸铁制造的套筒和连接零件（键或销钉）组成，如图 9.6 所示。在采用键连接时，应采用紧定螺钉作轴向固定，如图 9.6(a)所示。在采用销连接时，销既起传递转矩的作用，又起轴向固定的作用，选择适当的直径后，还可起过载保护作用，如图 9.6(b)所示。

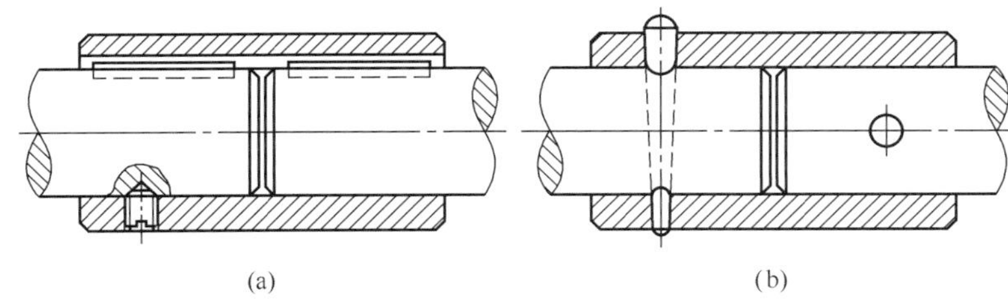

【参考图文】

图 9.6 套筒联轴器

套筒联轴器的优点是构造简单，制造容易，径向尺寸小，成本较低。其缺点是传递转矩的能力较小，装拆时轴需做轴向移动。套筒联轴器通常适用于两轴间对中性良好、工作平稳、传递转矩不大、转速低、径向尺寸受限制的场合。

3）夹壳联轴器

夹壳联轴器由纵向剖分的两半筒形夹壳和连接它们的螺栓组成，如图 9.7 所示。这种联轴器在装拆时不用移动轴，所以使用起来很方便。夹壳材料一般为铸铁，少数用钢。

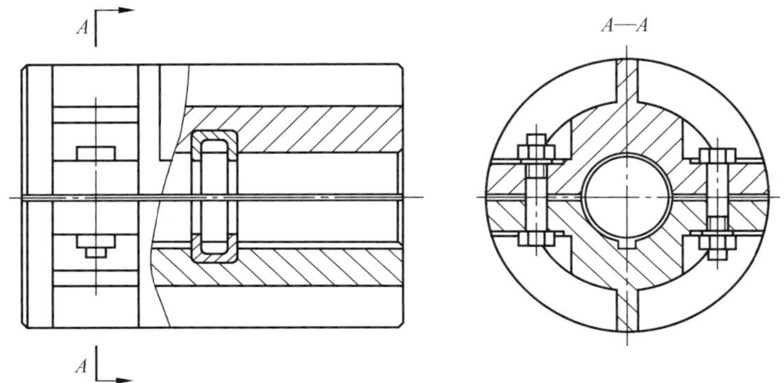

图 9.7 夹壳联轴器

中、小尺寸的夹壳联轴器主要依靠夹壳与轴之间的摩擦力来传递转矩，大尺寸的夹壳联轴器主要用键传递转矩。为了改善平衡状况，螺栓应正、倒相间安装。

夹壳联轴器主要用于低速的场合，外缘速度 $v \leqslant 5\text{m/s}$，超过 5m/s 时需进行平衡检验。

2. 挠性联轴器

挠性联轴器可分为无弹性元件挠性联轴器和有弹性元件挠性联轴器，前一类只具有补偿两轴线相对位移的能力，但不能缓冲减振，常见的有十字滑块联轴器、万向联轴器、齿轮联轴器和滚子链联轴器等；后一类因含有弹性元件，除具有补偿两轴线相对位移的能力外，还具有缓冲和减振作用，但传递的转矩因受到弹性元件强度的限制，一般不及无弹性元件挠性联轴器传递的转矩大，常见的有弹性套柱销联轴器、弹性柱销联轴器、梅花形弹性联轴器、轮胎式联轴器、星形弹性联轴器和膜片联轴器等。

1）无弹性元件挠性联轴器

（1）十字滑块联轴器。十字滑块联轴器由两个在端面上开有凹槽的半联轴器 1、3 和一个两面带有凸楔的中间圆盘 2 组成，如图 9.8 所示。凹槽的中心线分别通过两轴的中心，中间圆盘的两端凸块相互垂直且凸块的中心线通过圆盘中心，圆盘两凸块分别嵌在固装于主动轴和从动轴上的两个半联轴器的凹槽中而构成一动连接。当轴回转时，圆盘凸块可在半联轴器的凹槽中来回滑动，以补偿安装及运转时两轴间的相对位移。因此凹槽和凸块的工作面要求有较高的硬度(46～50HRC)，并且为了减少摩擦及磨损，使用时应从中间圆盘的油孔中注油进行润滑。因为半联轴器与中间圆盘组成移动副，不能发生相对转动，所以主动轴与从动轴的角速度应相等。当转速较高时，中间圆盘的偏心将会产生较大的离心力，加速工作面的磨损，并给轴和轴承带来较大的附加载荷，因此选用时应注意其工作转速不得大于规定值，$n_{max} \approx 250 r/min$。

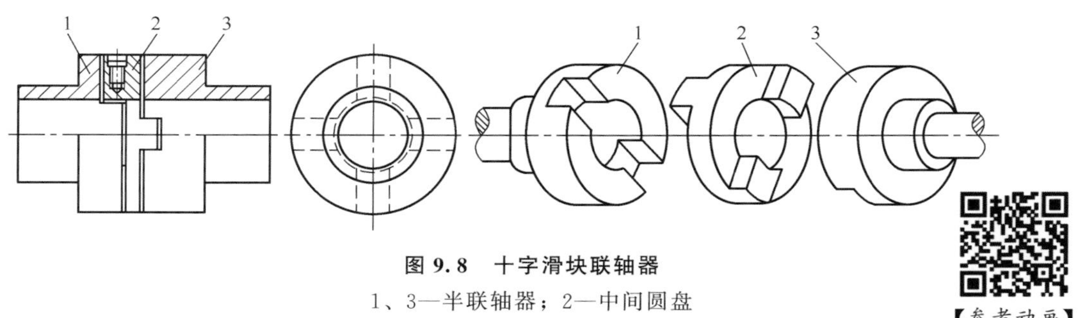

图 9.8　十字滑块联轴器

1、3—半联轴器；2—中间圆盘

【参考动画】

十字滑块联轴器结构简单，径向尺寸小，主要用于两轴径向位移较大，轴的刚度较大，低速且无剧烈冲击的场合。

(2) 万向联轴器。万向联轴器由两个叉形接头1、3，一个中间连接件2和轴销4(包括销套及铆钉)、5所组成，如图9.9(a)所示。轴销4与5互相垂直配置并分别把两个叉形接头与中间连接件2连接起来。这样，就构成了一个可动的连接。这种联轴器允许被连

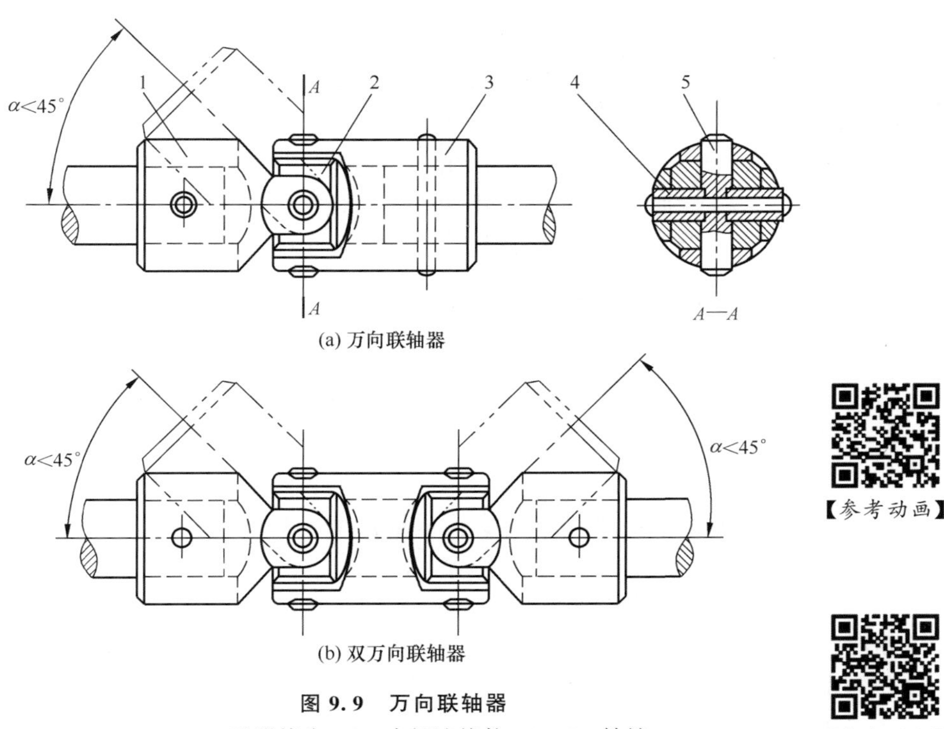

(a) 万向联轴器

(b) 双万向联轴器

图 9.9　万向联轴器

1、3—叉形接头；2—中间连接件；4、5—轴销

【参考动画】

【参考图文】

接两轴的轴线夹角 α 很大，而且在机器运转时，夹角发生改变仍可正常传动；但当夹角过大时，传动效率会显著降低。

这种联轴器的缺点是当两轴线不重合时，主动轴的角速度 ω_1 为常数，而从动轴的角速度 ω_3 将在一定范围内($\omega_1\cos\alpha \leqslant \omega_3 \leqslant \omega_1/\cos\alpha$)做周期性的变化，会在传动中引起附加动载荷。为了克服这一缺点，常将万向联轴器成对使用，构成双万向联轴器，如图 9.9(b)所示。但应注意安装时必须保证 O_1 轴、O_3 轴与中间轴之间的夹角相等，并且中间轴的两端的叉形接头应在同一平面内(图 9.10)，只有这种双万向联轴器才可以实现 $\omega_3=\omega_1$。

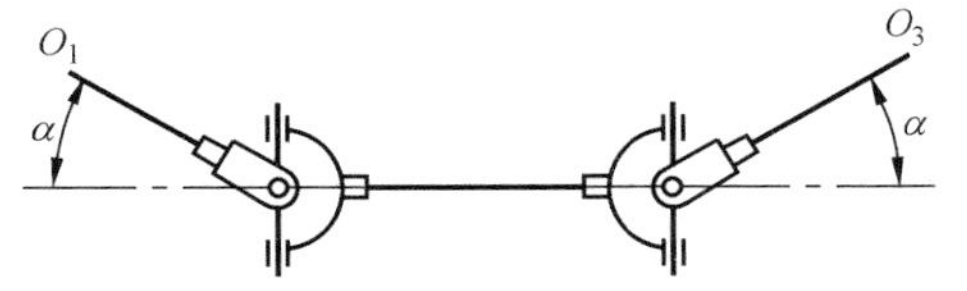

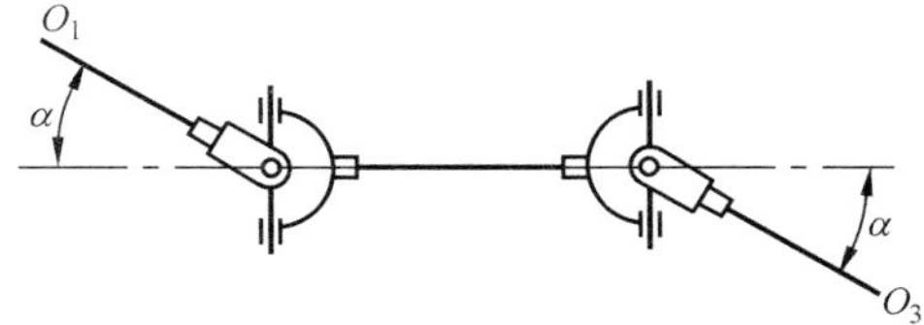

图 9.10　双万向联轴器示意图

万向联轴器可用于相交两轴间的连接(两轴夹角 α 最大可达 35°～45°)，或工作时有较大角位移的场合。它结构紧凑，传动效率高，维修保养比较方便，能可靠地传递运动和转矩，因此，在拖拉机、汽车、金属切削机床中获得了广泛的应用。

(3) 齿轮联轴器。齿轮联轴器是一种无弹性元件的挠性联轴器，由两个带有内齿的外壳 2、4 和两个带有外齿的半联轴器 1、5 所组成，如图 9.11 所示。两个半联轴器分别用键与两轴连接，两个外壳用螺栓连接 7 连成一体，依靠内外齿相啮合以传递转矩。轮齿的齿廓为渐开线，其啮合角通常为 20°。外齿的齿顶制成球面(球面中心位于齿轮的轴线上)，以保证与内齿啮合后具有适当的顶隙和侧隙，故能补偿两轴间可能出现的各种位移。为了减小补偿位移时齿面的滑动摩擦和磨损，可通过油孔 3 向壳体内注入润滑油。图 9.11 中的密封圈 6 是为防止润滑油泄漏而设置的。

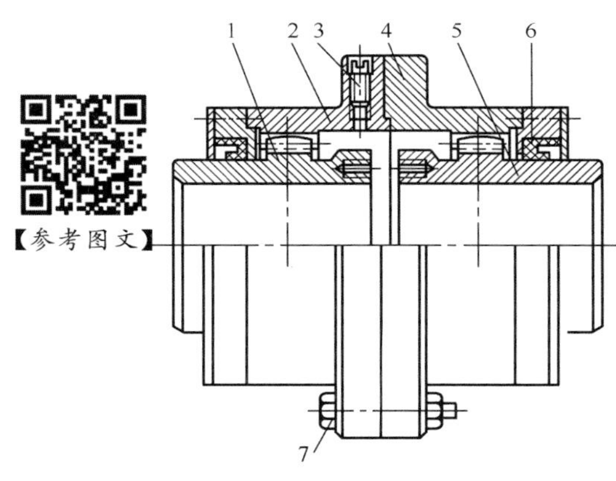

图 9.11　齿轮联轴器

1、5—半联轴器；2、4—外壳；
3—油孔；6—密封圈；7—螺栓连接

齿轮联轴器能传递很大的转矩，并允许有较大的位移量，安装精度要求不高；但质量较大，成本较高，齿轮啮合处需要润滑，结构较复杂，在重型机器和起重设备中应用较广。

(4) 滚子链联轴器。滚子链联轴器是利用一条公共的滚子链(单列或双列)同时与两个齿数相同的并列链轮啮合来实现两个半联轴器连接的一种联轴器(图 9.12)。为了改善润滑条件并防止污染，一般将联轴器密封在罩壳内。

滚子链联轴器的优点是结构简单、尺寸紧凑、质量小、装拆方便、维修容易、价格低廉，并具有一定的位移补偿能力，工作可靠，效率高，使用寿命长，可在高温、多尘、油污、潮湿等恶劣条件下工作。其缺点是离心力过大会加速各元件间的磨损和发热，不宜用于高速传动；吸振、缓冲能力不大，不宜在起动频繁、强烈冲击下工作；不能传递轴向力。

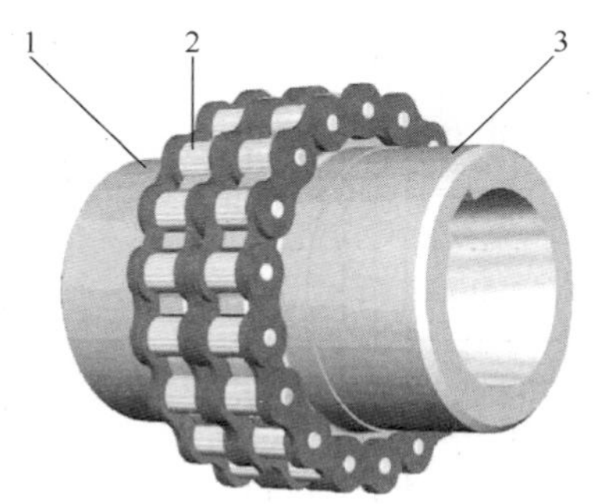

图 9.12 滚子链联轴器

1、3—半联轴器；2—双列滚子链

2）有弹性元件挠性联轴器

有弹性元件挠性联轴器的类型很多，下面仅介绍常用的几种。

（1）弹性套柱销联轴器。如图 9.13 所示，弹性套柱销联轴器的构造与凸缘联轴器相似，只是用套有弹性套的柱销代替了连接螺栓，靠弹性套的弹性变形来缓冲吸振和补偿被连接两轴的相对位移。弹性套常用耐油橡胶制造，其截面形状如图 9.13 中网纹部分所示，以提高其弹性。半联轴器与轴的配合孔可作成圆柱形或圆锥形。安装这种联轴器时，应注意留出间隙 c，以便两轴工作时能做少量的相对轴向位移。按标准选用，必要时校核柱销的弯曲强度和弹性套的挤压强度。

【参考图文】

弹性套柱销联轴器结构比较简单，制造容易，不用润滑，弹性套更换方便，具有一定的补偿两轴线相对偏移和减振、缓冲性能。它是弹性可移式联轴器中应用最广泛的一种，多用于经常正、反转，起动频繁，转速较高的场合。

（2）弹性柱销联轴器。弹性柱销联轴器的结构如图 9.14 所示。它通过若干非金属柱销置于两个半联轴器凸缘孔中来实现两个半联轴器的连接。工作时主动轴的转矩通过两个半联轴器及中间的柱销传给从动轴。为了防止柱销滑出，在柱销两端配置挡圈。

【参考图文】

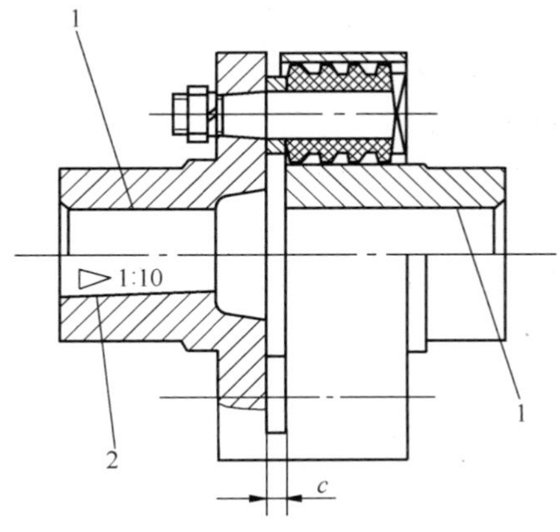

图 9.13 弹性套柱销联轴器

1—圆柱形孔；2—圆锥形孔

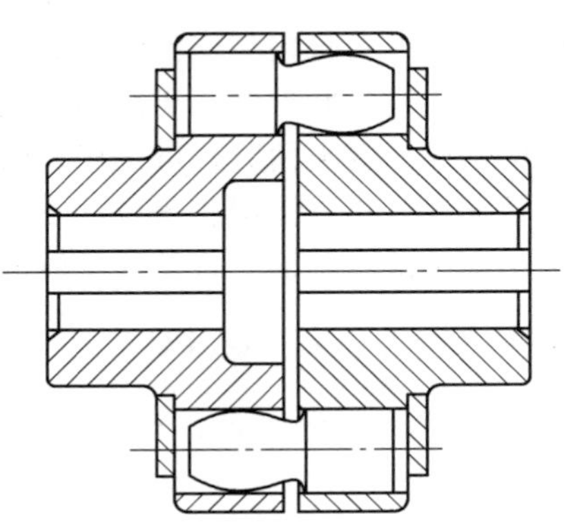

图 9.14 弹性柱销联轴器

弹性柱销联轴器与弹性套柱销联轴器很相似，但传递转矩的能力更大，结构更简单，安装、制造方便，耐久性好，允许被连接两轴有一定的轴向位移及少量的径向位移和角位移。柱销材料为 MC 尼龙（聚酰胺 6）。尼龙有一定弹性，弹性模量比金属低得

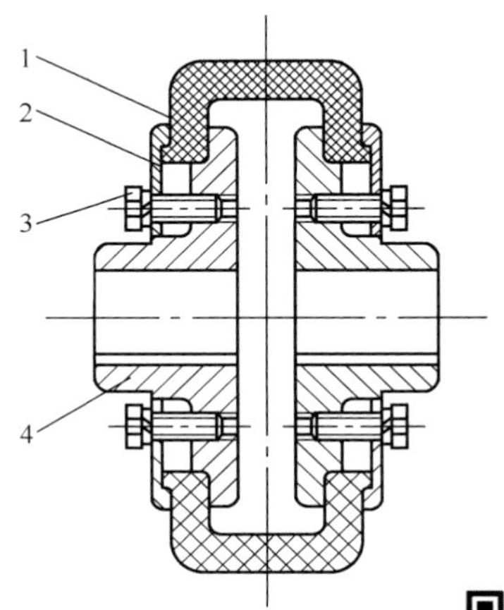

图 9.15 轮胎式联轴器

1—弹性元件；2—压板；3—螺钉；4—半联轴器

【参考图文】

多，可缓和冲击。尼龙耐磨性好，摩擦因数小，有自润滑作用，但对温度较敏感，故使用温度限制在－20～＋70℃。这种联轴器适用于轴向窜动量较大，经常正、反转，起动频繁，转速较高的场合。不宜用于可靠性要求高(如起重机提升机构)、重载和具有强烈冲击与振动的场合。

(3) 轮胎式联轴器。轮胎式联轴器如图 9.15 所示，它是用橡胶或橡胶织物制成轮胎状的弹性元件 1，两端用压板 2 及螺钉 3 分别压在两个半联轴器 4 上以实现两轴连接的一种联轴器。这种联轴器富有弹性，具有良好的消振能力，能有效地降低动载荷和补偿较大的综合位移，工作可靠，适用于起动频繁，正、反向运转，冲击载荷大而外缘线速度不超过 30m/s 的场合。但其径向尺寸较大；当转矩较大时，会因过大扭转变形而产生附加轴向载荷。

9.2.2 联轴器的选择

目前，常用联轴器大多已标准化或规格化了，选用时，只需根据使用要求和工作条件选择合适的类型，然后按转矩、轴径及转速选择联轴器的型号及尺寸。必要时，应对其易损坏的薄弱环节进行承载能力的验算。

1. 联轴器类型的选择

选择联轴器的类型时主要考虑以下几个方面：载荷的大小及性质；轴转速的高低；两轴相对位移的大小及性质；工作环境如湿度、温度、周围介质和限制的空间尺寸等；装拆、调整维护要求及价格等。例如，对载荷平稳的低速轴，当两轴对中精确，轴本身刚度较好时，可选用刚性联轴器；当对中困难，轴的刚性差时，可选用具有补偿偏移能力的联轴器；当两轴成一定夹角时，可选用万向联轴器。对于动载荷较大、转速高的轴，宜选用质量小、转动惯量小，能吸振和缓冲的挠性联轴器。对有相对位移且工作环境恶劣的情况，可选用滚子链联轴器。各类联轴器的性能及特点详见有关设计手册。

2. 联轴器型号、尺寸的确定

联轴器的类型确定以后，可根据转矩、轴直径及转速等确定联轴器的型号和结构尺寸。

确定联轴器的计算转矩 T_{ca}。考虑机器起动、制动、变速时的惯性力及过载等因素的影响，应取轴上的最大转矩作为计算转矩。计算转矩 T_{ca} 可按式(9.1)计算。

$$T_{ca}=KT \tag{9.1}$$

式中，T_{ca}——联轴器所传递的计算转矩(N·m)；

T——联轴器所传递的名义转矩(N·m)；

K——工作情况系数，其值见表 9-1。

表 9-1 工作情况系数 K

工作机		原动机			
工作情况	实例	电动机 汽轮机	四缸和四缸以上内燃机	双缸内燃机	单缸内燃机
转矩变化很小	发电机、小型通风机、小型离心泵	1.3	1.5	1.8	2.2
转矩变化小	透平压缩机、木工机床、运输机	1.5	1.7	2.0	2.4
转矩变化中等	搅拌机、增压泵、有飞轮的压缩机、冲床	1.7	1.9	2.2	2.6
转矩变化中等，冲击载荷中等	织布机、水泥搅拌机、拖拉机	1.9	2.1	2.4	2.8
转矩变化较大，有较大冲击载荷	造纸机、挖掘机、起重机、碎石机	2.3	2.5	2.8	3.2
转矩变化大，有极强烈冲击载荷	压缩机、轧钢机、无飞轮的活塞泵	3.1	3.3	3.6	4.0

根据计算转矩、轴的转速和直径等，由下面的条件，从有关的手册中选取联轴器的型号和结构尺寸。所选型号的联轴器必须同时满足

$$T_{ca} \leqslant [T]$$
$$n \leqslant [n] \tag{9.2}$$

式中，$[T]$——所选联轴器的许用转矩(N·m)，见机械设计手册；

n——联轴器所连接轴的转速(r/min)；

$[n]$——所选联轴器的许用转速(r/min)，见机械设计手册。

很多情况下，每一型号的联轴器所适用的轴的直径均有一个范围。标准中给出适用轴直径的尺寸系列，或者给出轴直径的最大值和最小值，被连接两轴的直径都应在此范围内。

【例 9.1】 电动机经减速器驱动水泥搅拌机工作。若已知电动机的功率为 11kW，转速为 970r/min，电动机轴的直径和减速器输入轴的直径均为 42mm。试选择电动机与减速器之间的联轴器。

解：(1) 选择联轴器的类型。

为了缓和冲击和减轻振动，选用弹性套柱销联轴器。

(2) 计算名义转矩。

$$T = 9550\frac{P}{n} = 9550 \times \frac{11}{970}\text{N·m} = 108.3\text{N·m}$$

(3) 确定计算转矩。

查表 9-1 得 $K=1.9$。所以，计算转矩

$$T_{ca} = KT = 1.9 \times 108.3\text{N·m} = 205.8\text{N·m}$$

(4) 型号选择。从 GB/T 4323—2017《弹性套柱销联轴器》中选取弹性套柱销联轴器 LT7，该联轴器的许用转矩 [T] 为 500N·m，联轴器材料为钢时，许用转速 [n] 为 3600r/min，联轴器材料为铁时，许用转速 [n] 为 2800r/min，轴孔直径为 40～48mm，故选择合适。

联轴器的标记方法及含义见机械设计手册。

9.3 离 合 器

9.3.1 离合器的类型及应用

离合器是一种在机器运转中，可将传动系统随时分离或接合的装置，在各类机器中得到广泛应用。对离合器的要求有接合平稳，分离迅速而彻底；调节和维修方便；外廓尺寸小；质量小；耐磨性好和有足够的散热能力；操纵方便省力等。

离合器的类型很多，按离合控制方式不同分类，如图 9.16 所示。

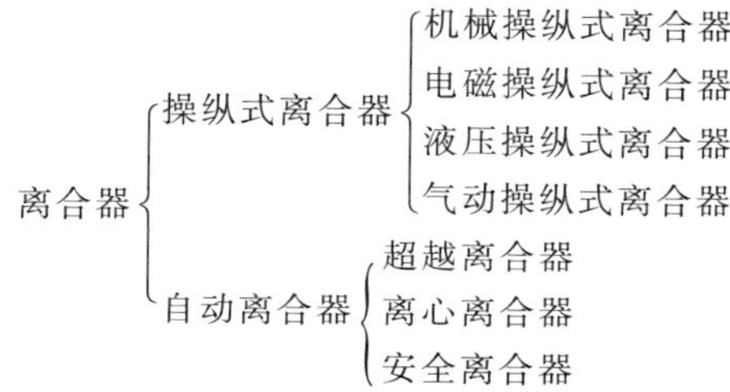

图 9.16 离合器分类（按离合控制方式）

1. 操纵式离合器

离合器的结合与分离由外界操纵的称为操纵式离合器。常用的操纵式离合器有以下几种。

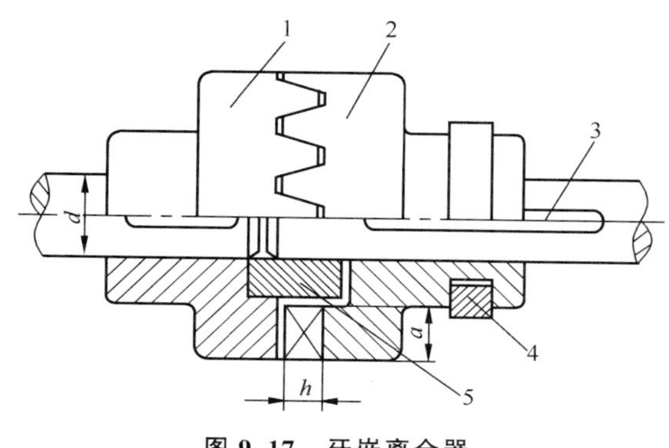

图 9.17 牙嵌离合器

1、2—半离合器；3—导向平键；4—滑环；5—对中环

1) 牙嵌离合器

牙嵌离合器由两个端面上有牙齿的半离合器组成(图 9.17)。其中半离合器 1 固定在主动轴上；另一个半离合器 2 用导向平键(或花键)与从动轴连接，并可用操纵杆(图中未画出)移动滑环 4 使其做轴向移动，以实现离合器的分离与接合。牙嵌离合器是借牙齿的相互嵌合来传递运动和转矩的。为使两个半离合器能够对中，在主动轴端的半离合器上固定一个对中环 5，从动轴可在对中环内自由转动。

牙嵌离合器常用的牙形如图 9.18 所示。三角形牙 [图 9.18(a)] 结合和分离容易，但牙的强度较弱，多用于传递小转矩的低速离合器；矩形牙 [图 9.18(b)] 无轴向分力，但不便于接合与分离，磨损后无法补偿，故应用较少；梯形牙［图 9.18(c)］的强度高，能传递较大的转矩，能自动补偿磨损后的牙侧间隙，从而减少冲击，故应用较广；锯齿形牙［图 9.18(d)］强度高，但只能单向工作，反转时工作面将受较大的轴向分力，会迫使离合器自行分离。牙数一般取 3～60。各牙应精确等分，以使载荷均匀。

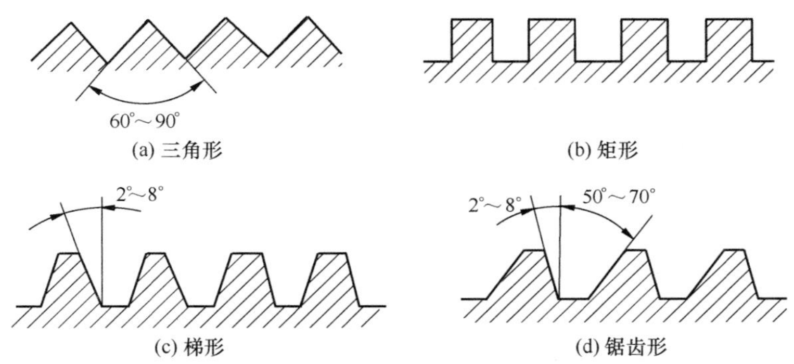

图 9.18　牙嵌离合器的牙形

【参考图文】

牙嵌离合器结构简单，外廓尺寸小，接合后两个半离合器没有相对滑动，能传递较大的转矩，故应用广泛。但牙嵌离合器只宜在两轴的转速差很小或相对静止时才能接合，否则，牙齿与牙齿会发生强烈的撞击，影响牙齿的寿命。

2）圆盘摩擦离合器

圆盘摩擦离合器是摩擦式离合器中应用最广的一种离合器。它与牙嵌离合器的根本区别在于它是靠两个半离合器接合面间的摩擦力，使主、从动轴接合和传递转矩。圆盘摩擦离合器又分为单圆盘式和多圆盘式两种。

图 9.19 所示为单圆盘摩擦离合器，由两个摩擦盘 1、2 组成。转矩是通过两个摩擦盘接合面之间的摩擦力来传递的。摩擦盘 1 固连在主动轴上，摩擦盘 2 利用导向平键(或花键)与从动轴连接。工作时通过操纵杆使滑环 3 左移，则两个摩擦盘压紧，实现接合，主动轴上的转矩即由两个磨擦盘接触面间产生的摩擦力矩传到从动轴上；若使滑环 3 右移，则两个摩擦盘松开，离合器分离。

单圆盘摩擦离合器结构简单，散热性好，但传递的转矩较小，所以多用于轻型机械，如纺织机械、包装机械等。当传递转矩较大时，可采用多盘式摩擦离合器。

图 9.20 所示为多盘式摩擦离合器，主动轴 1 与鼓轮 2 相连接，从动轴 9 与套筒 10 相连接。它有两组摩擦盘：一组外摩擦盘 4 以其外齿插入主动轴 1 上的鼓轮 2 内缘的纵向槽中，外摩擦盘的孔壁则不与任何零件接触，故外摩擦盘 4 可与主动轴 1 一起转动，并可在轴向力的推动下沿轴向移动；另一组内摩擦盘 5 以其孔壁凹槽与从动轴 9 上的套筒 10 的凸齿相配合，而内摩擦盘的外缘不与任何零件接触，故内摩擦盘 5 可与从动轴 9 一起转动，也可在轴向力的推动下做轴向移动。另外在套筒 10 上开设均布的几个纵向槽，其中安置可绕销轴转动的曲臂压杆 7；当滑环 8 左移时，曲臂压杆 7 在滑环内锥面的作用下顺时针方向摆动，通过压板 3 将所有内、外摩擦盘紧压在调节螺母 6 上(图 9.20 所示位置)，离合器即进入接合状态。当滑环 8 右移至其内锥面与压杆 7 接触时，压杆下面的弹簧片迫使压杆逆时针方向摆动，内、外摩擦盘之间的压力消失，离合器即分离。螺母 6 可调节摩擦盘之间的压力。

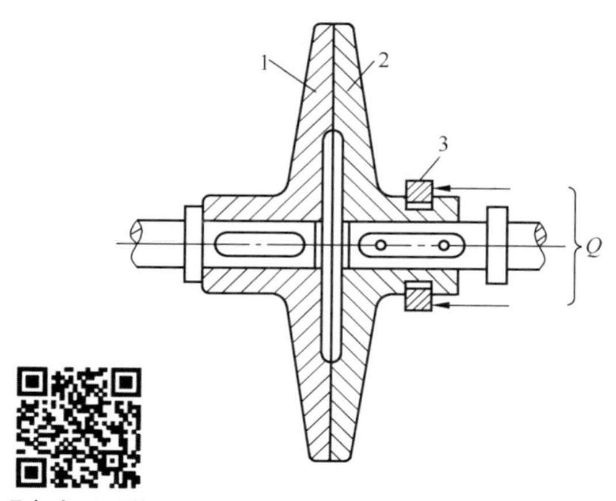

【参考动画】

图 9.19 单圆盘摩擦离合器

1、2—摩擦盘；3—滑环

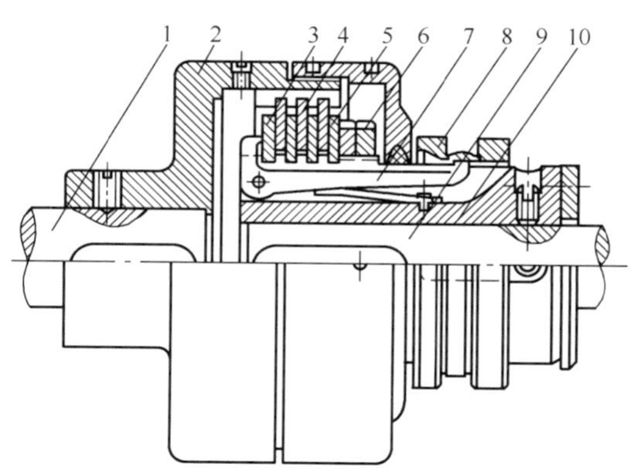

图 9.20 多盘式摩擦离合器

1—主动轴；2—鼓轮；3—压板；4—外摩擦盘；5—内摩擦盘；6—螺母；7—压杆；8—滑环；9—从动轴；10—套筒

外摩擦盘和内摩擦盘的结构形状如图 9.21 所示。内摩擦盘也可制成碟形［图 9.21(c)］，当接合时，可被压平而与外盘贴紧；分离时借其弹力作用可以更加快速。尽量增加摩擦盘的数目，可以提高离合器传递转矩的能力，但摩擦盘过多会影响离合器分离动作的灵活性，所以一般限制内、外摩擦盘总数不超过 30。

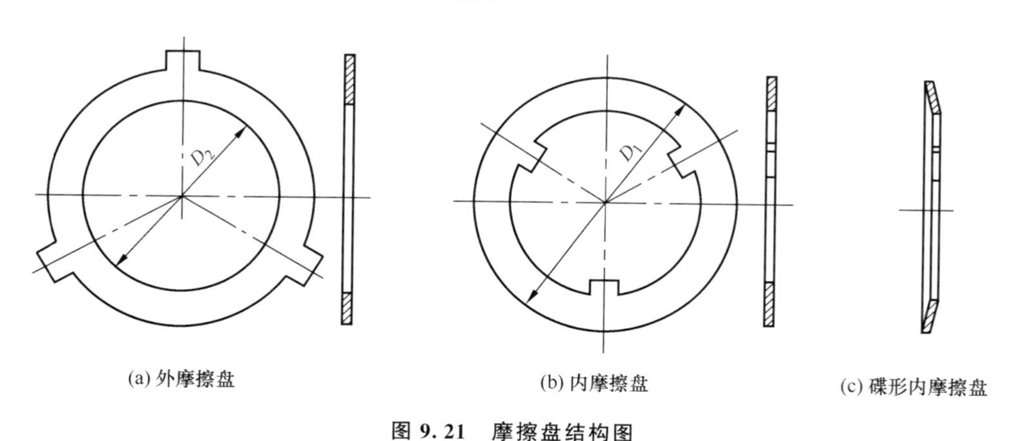

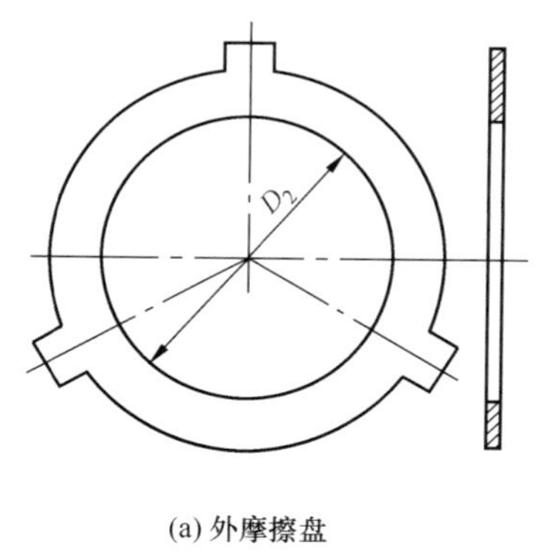

(a) 外摩擦盘

(b) 内摩擦盘

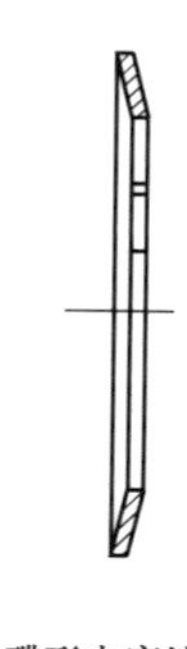

(c) 碟形内摩擦盘

图 9.21 摩擦盘结构图

多盘式摩擦离合器常用于传递转矩较大，经常在运转中离合或起动频繁、重载的场合，如拖拉机、汽车和各种机床中。

2. 自动离合器

在工作时能根据机器运转参数(如转矩或转速)的变化自动完成接合和分离的离合器称为自动离合器。当传递的转矩超过一定数值时自动分离的离合器，因为有防止系统过载的安全保护作用，称为安全离合器；当轴的转速达到某一转速时靠离心力能自动接合或超过某一转速时靠离心力能自动分离的离合器称为离心离合器；根据主、从动轴间的相对速度差的不同以实现接合或分离的离合器，称为超越离合器。

超越离合器又称为定向离合器，目前广泛应用的是滚柱超越离合器，如图 9.22 所示，由星轮 1、外圈 2、滚柱 3 和弹簧顶杆 4 组成。滚柱的数目一般为 3～8 个，星轮和外圈都可作主动件。当星轮为主动件并顺时针转动时，滚柱受摩擦力作用被楔紧在星轮与外圈之间，从而带动外圈一起回转，离合器为接合状态；当星轮逆时针转动时，滚柱被推到楔形空间的宽敞部分而不再楔紧，离合器为分离状态。超越离合器只能传递单向转矩。若外圈和星轮顺时针同向回转，则当外圈转速大于星轮转速时，离合器为分离状态；当外圈转速小于星轮转速时，离合器为接合状态。

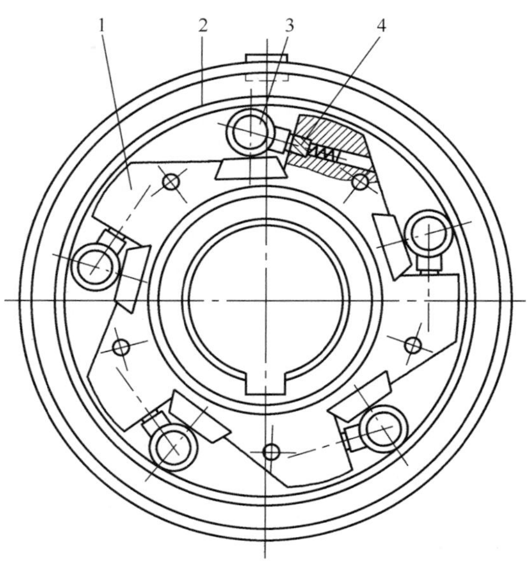

图 9.22 滚柱超越离合器

1—星轮；2—外圈；3—滚柱；4—弹簧顶杆

超越离合器尺寸小，接合和分离平稳，可用于高速传动，但对制造精度和表面结构中的粗糙度要求较高。

9.3.2 离合器的选择

大多数离合器已标准化或规格化，设计时，只需参考有关手册选择即可。

选择离合器时，首先根据机器的工作特点和使用条件，结合各种离合器的性能特点，确定离合器的类型。类型确定后，再根据被连接两轴的计算转矩、转速和直径，从手册中查取适当的型号，必要时，要对其薄弱环节进行承载能力的校核。

本章小结

本章主要介绍了常用联轴器和离合器的类型、工作原理、结构特点和应用，同时阐述了联轴器和离合器的选用原则。

习 题

1. 选择题

(1) 两轴的偏角位移达 30°时，宜采用________联轴器。

A. 凸缘　　B. 齿式

C. 弹性套柱销　　D. 万向

(2) 在下列联轴器中能补偿两轴的相对位移并可缓和冲击、吸收振动的是________，要求被连接轴的轴线严格对中的是________。

A. 凸缘联轴器　　B. 齿式联轴器

C. 万向联轴器　　D. 弹性套柱销联轴器

(3) 齿轮联轴器对两轴的________偏移具有补偿能力。

A. 径向　　B. 轴向

C. 角　　D. 综合

(4) 选择联轴器时，应使计算转矩 T_{ca} 大于名义转矩 T，这是考虑________。

A. 旋转时产生的离心载荷　　B. 运转时的动载荷和过载

C. 联轴器材料的机械性能有偏差　　D. 两轴对中性不好，有附加载荷

(5) 万向联轴器的主要缺点是________。

A. 结构复杂　　B. 能传递的转矩小

C. 从动轴角速度有周期变化

(6) 多盘式摩擦离合器的内摩擦盘有时制成碟形，这是为了________。

A. 减轻盘的磨损　　B. 提高盘的刚性

C. 使离合器分离迅速　　D. 增大当量摩擦因数

2. 思考题

(1) 联轴器和离合器的功用是什么？两者有何不同？

(2) 联轴器所连两轴的偏移形式有哪些？如果联轴器不能补偿偏移会发生什么情况？

(3) 刚性可移式联轴器(无弹性元件的挠性联轴器)和弹性可移式联轴器(有弹性元件的挠性联轴器)的区别是什么？各适用于什么场合？

(4) 选择联轴器类型和尺寸的依据是什么？

(5) 利用联轴器补偿两轴偏斜和位移的方法主要有哪些？

(6) 牙嵌离合器和摩擦式离合器各有何特点？各适用于什么场合？

3. 设计计算题

(1) 某电动机与油泵之间用弹性套柱销联轴器连接。已知电动机功率 $P=4\text{kW}$，转速 $n=960\text{r/min}$，轴伸直径 $d=32\text{mm}$。试确定该联轴器的型号(只要求与电动机轴外伸连接的半联轴器满足直径要求)。

(2) 带式运输机中减速器的高速轴与电动机采用弹性套柱销联轴器连接。已知电动机功率 $P=11\text{kW}$，转速 $n=970\text{r/min}$，电动机轴直径为 42mm，减速器的高速轴直径为 35mm。试选择电动机与减速器之间联轴器的型号。

第10章 连　　接

1. 了解螺纹常识、螺纹连接类型。
2. 掌握螺纹连接预紧、防松方法。
3. 掌握螺栓组受力分析，螺栓连接强度计算。
4. 了解提高螺纹连接强度的常用措施和螺旋传动的设计。

1. 螺纹连接类型及防松原理。
2. 螺栓组连接的设计与受力分析，螺栓连接的强度计算。

10.1 概　　述

为了完成机器的制造、安装、运输、维修等任务，工程中广泛地使用各种连接，因此，要求机械设计人员必须熟悉各种机器中常用的连接方法及相关连接零件的结构、类型、性能与适用环境，掌握其设计理论和选用方法。

机械连接有两大类：一类是机器工作时，被连接的零(部)件之间可以有相对运动的连接，称为机械动连接，如机械原理课程中讨论的各种运动副；另一类则是在机器工作时，被连接的零(部)件之间不允许产生相对运动的连接，称为机械静连接。本章中除了特别注明是动连接外，所用到的“连接”均指机械静连接。

机械静连接又分为可拆连接和不可拆连接。可拆连接是不需毁坏连接中的任一零件就可拆开的连接，故多次装拆不影响其使用性能。常见的可拆连接有螺纹连接、键连接(包括花键连接、无键连接)及销连接等，其中尤以螺纹连接和键连接应用最广。不可拆连接是必须毁坏连接中的某一部分才能拆开的连接，常见的不可拆连接有铆钉连接、焊接、胶接等。通常采用不可拆连接多是考虑制造及经济上的原因；采用可拆连接多是由于结构、安装、运输、维修等方面的原因；不可拆连接的制造成本通常较可拆连接低廉。在具体选择连接的类型时，还须考虑连接的加工条件和被连接零件的材料、形状及尺寸等因素。例如，板件与板件的连接，多选用螺纹连接、焊接、铆接或胶接；杆件与杆件的连接，多选用螺纹连接或焊接；轴与轮毂的连接则常选用键连接或过盈连接等。有时也可综合使用两种连接，如胶-焊连接、胶-铆连接，以及键与过盈配合同时并用的连接等。轴与轴的连接则采用联轴器或离合器，在第9章已讨论过，这里不再赘述。本章将着重讨论螺纹连接，并对其他常用连接作简要介绍；由于螺旋传动在受力和几何关系上与螺纹连接有很多共同之处，所以也在本章讲述。

10.2 螺纹连接

螺纹连接是一种可拆连接，是通过螺纹连接件把需要相对固定在一起的零件连接起来。其结构简单、连接可靠、装拆方便，并且多数螺纹连接件已标准化，生产率高，因而应用广泛。

10.2.1 螺纹

1. 螺纹的主要参数

现以圆柱普通外螺纹为例说明螺纹的主要参数(图 10.1)。

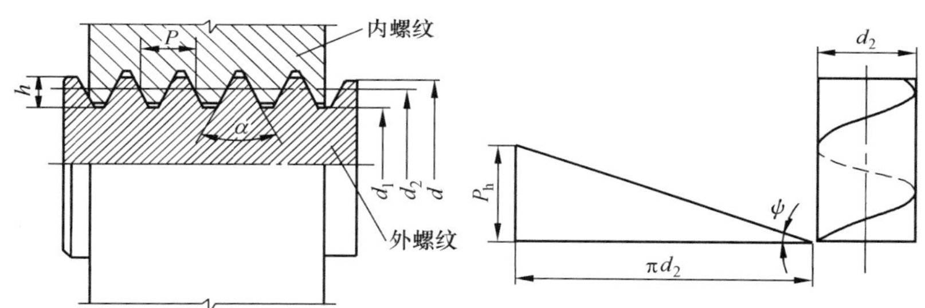

图 10.1 螺纹的主要参数

(1) 大径 d——与外螺纹牙顶相重合的假想圆柱面直径，是螺纹的公称直径。

(2) 小径 d_1——与外螺纹牙底相重合的假想圆柱面直径，一般在强度计算中作为螺杆危险剖面的计算直径。

(3) 中径 d_2——在轴向剖面内牙厚与牙槽宽相等处的假想圆柱面的直径，$d_2 \approx 0.5(d+d_1)$，近似等于螺纹的平均直径。

【参考图文】

(4) 螺距 P——相邻两牙在中径圆柱面的母线上对应两点间的轴向距离。

(5) 导程 P_h——同一条螺旋线上相邻两牙在中径圆柱面的母线上对应两点间的轴向距离。

(6) 线数 n——螺纹螺旋线的数目，一般为便于制造，取线数 $n \leqslant 4$。导程、线数与螺距之间的关系为 $P_h = nP$。

(7) 螺纹升角 ψ——在中径圆柱面上螺旋线的切线与轴线的垂直平面间的夹角，其值为

$$\psi = \arctan\frac{P_h}{\pi d_2} = \arctan\frac{nP}{\pi d_2}$$

(8) 牙型角 α——螺纹轴向平面内螺纹牙型两侧边的夹角。

(9) 牙型斜角 β——螺纹牙型的侧边与螺纹轴线的垂直平面的夹角。对称牙型 $\beta=\frac{\alpha}{2}$。

各种螺纹的主要几何尺寸可查阅有关标准，除管螺纹的公称直径等于管子的内径外，其余各种螺纹的公称直径均为螺纹大径。

2. 螺纹的分类

螺纹有外螺纹和内螺纹之分，具有内、外螺纹的零件组成螺纹副。根据牙型，可将螺纹分为普通螺纹、梯形螺纹、矩形螺纹、锯齿形螺纹和管螺纹等。按螺纹的螺旋旋向，可将螺纹分为左旋螺纹和右旋螺纹，常用的为右旋螺纹。按螺纹的螺旋线线数，可将螺纹分为单线螺纹、双线螺纹和多线螺纹，连接螺纹一般为单线螺纹。螺纹又分为米制和英制(螺距以每英寸牙数表示)两类。我国除管螺纹外，一般都采用米制螺纹。

除矩形螺纹外，其他类型螺纹都已经标准化。牙型、大径及螺距等符合国家标准的螺纹称为标准螺纹。标准中牙型角为 60°的三角形米制圆柱螺纹称为普通螺纹。标准螺纹的基本尺寸可查阅有关标准或手册。常用螺纹的类型、特点和应用见表 10-1。

表 10-1　常用螺纹的类型、特点和应用

螺纹类型		图例	特点和应用
连接螺纹	普通螺纹	60°	牙型为等边三角形，牙型角 $\alpha=60°$，同一公称直径的普通螺纹，按螺距大小的不同分为粗牙和细牙。细牙螺纹螺距小、升角小、自锁性较好，强度高，但不耐磨，易滑扣。一般连接都用粗牙螺纹。细牙螺纹常用于细小零件、薄壁管件或受冲击、振动和变载荷的场合
	圆柱管螺纹	55°	牙型为等腰三角形，牙型角 $\alpha=55°$，管螺纹为英制细牙螺纹，公称直径为管子的内径。圆柱管螺纹用于水、煤气、润滑和电缆管路系统中
	圆锥管螺纹	55°　γ	牙型为等腰三角形，牙型角 $\alpha=55°$。圆锥管螺纹多用于高温、高压或密封性要求高的管路系统中
传动螺纹	矩形螺纹		牙型为正方形，牙型角 $\alpha=0°$。其传动效率较其他螺纹都高，但牙根强度弱，螺纹磨损后难以补偿，使传动精度降低，目前已逐渐被梯形螺纹代替
	梯形螺纹	30°	牙型为等腰梯形，牙型角 $\alpha=30°$。与矩形螺纹相比，传动效率略低，但工艺性好，牙根强度高，对中性好，磨损后还可以调整间隙。它是最常用的传动螺纹
	锯齿形螺纹	3°　30°	牙型为不等腰梯形，工作面牙型斜角 $\beta=3°$，非工作面牙型斜角为 30°。它兼有矩形螺纹传动效率高和梯形螺纹牙根强度高的特点，但只能用于单向受力的螺旋传动中

10.2.2 螺纹连接的类型及螺纹连接件

1. 螺纹连接的主要类型

1) 螺栓连接

(1) 普通螺栓连接。被连接件不太厚，螺杆带钉头，螺杆穿过被连接件上的通孔与螺母配合使用。装配后孔与杆间有间隙，并在工作中保持不变。普通螺栓连接[图 10.2(a)]结构简单，装拆方便，可多次装拆，应用较广。

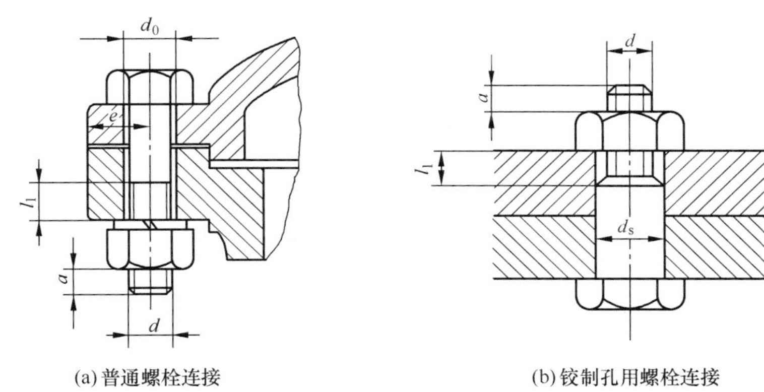

(a) 普通螺栓连接　　(b) 铰制孔用螺栓连接

图 10.2　螺栓连接

螺纹余留长度 l_1：静载荷 $l_1 \geqslant (0.3 \sim 0.5)d$，变载荷 $l_1 \geqslant 0.75d$，冲击载荷或弯曲载荷 $l_1 \geqslant d$，铰制孔用螺栓连接 $l_1 \approx d$；螺纹伸出长度 $a \approx (0.2 \sim 0.3)d$；螺栓轴线到被连接件边缘的距离 $e = d + (3 \sim 6)\text{mm}$；通孔直径 $d_0 \approx 1.1d$

(2) 铰制孔用螺栓连接[图 10.2(b)]。孔和螺栓杆多采用基孔制过渡配合(H7/m6、H7/n6)，能精确固定被连接件的相对位置，并能承受横向载荷，也可作定位用，但孔的加工精度要求较高。

2) 双头螺柱连接

这种连接适用于结构上不能采用螺栓连接的场合，如被连接件之一较厚不宜制成通孔，而且需要经常拆卸时，通常采用双头螺柱连接，如图 10.3(a)所示。拆卸时只需拆螺母，而不必将双头螺柱从被连接件中拧出。

3) 螺钉连接

这种连接适用于被连接件之一较厚的场合，其特点是螺钉直接拧入被连接件之一的螺纹孔中，不用螺母，如图 10.3(b)所示。但如果经常拆卸容易使螺纹孔磨损，因此多用于不需经常装拆且受载较小的场合。

4) 紧定螺钉连接

紧定螺钉连接(图 10.4)是利用拧入零件螺纹孔中的螺钉末端顶住另一零件表面或旋入零件相应的缺口中以固定零件的相对位置，并可传递不大的轴向力或扭矩。

5) 特殊连接

(1) 地脚螺栓连接。如图 10.5 所示，机座或机架固定在地基上，需要用结构特殊的

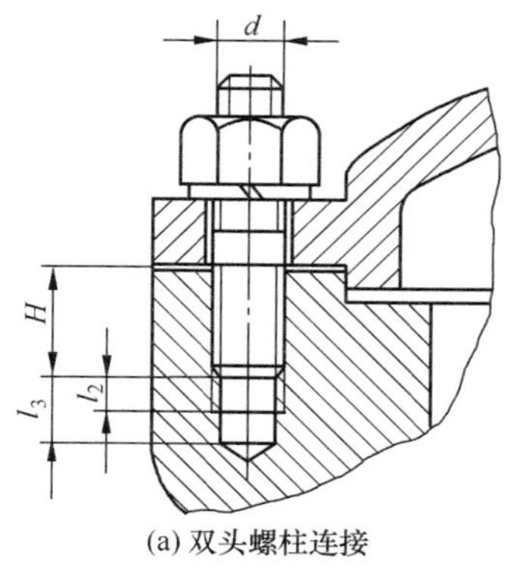

(a) 双头螺柱连接

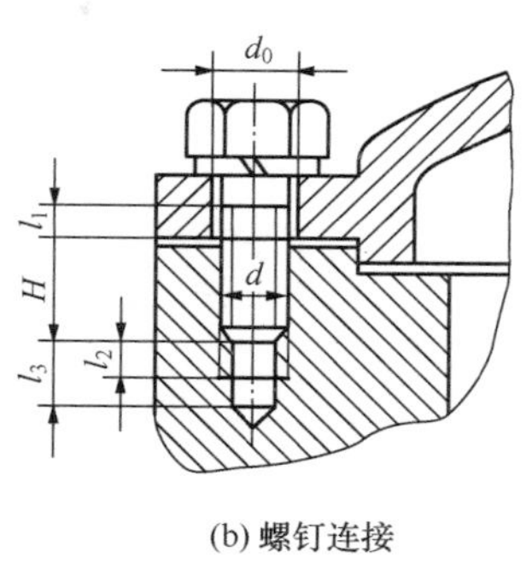

(b) 螺钉连接

图 10.3 双头螺柱、螺钉连接

拧入深度 H，螺孔零件材料为钢或青铜 $H\approx d$，铸铁 $H=(1.25\sim1.5)d$，铝合金 $H=(1.5\sim2.5)d$；内螺纹余留长度 $l_2\approx(2\sim2.5)P$；钻孔余量 $l_3\approx l_2+(0.5\sim1)d$；螺纹余留长度 l_1（参见图 10.2 注释）

地脚螺栓，其头部为钩形结构，预埋在水泥地基中，连接时将地脚螺栓露出的螺杆置于机座或机架的地脚螺栓孔中，然后用螺母固定。

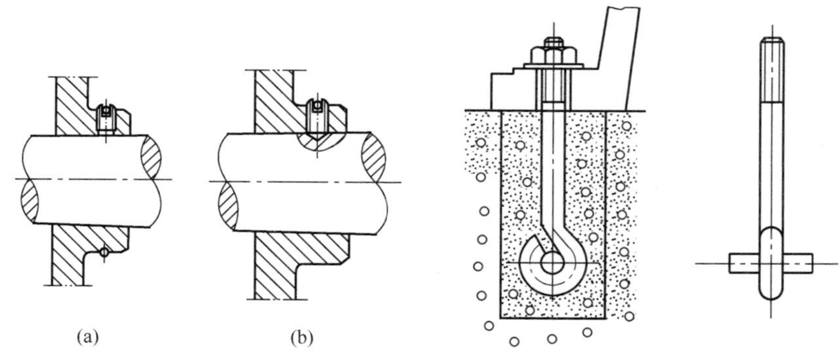

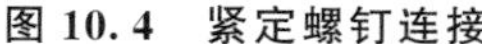

图 10.4 紧定螺钉连接

图 10.5 地脚螺栓连接

(2) 吊环螺钉连接(图 10.6)。吊环螺钉连接通常用于机器的大型顶盖或外壳的吊装。例如，减速器的上箱体，为了吊装方便，可用吊环螺钉连接。

地脚螺栓和吊环螺钉都是标准件，设计时具体尺寸可查阅机械设计手册。

2. 标准螺纹连接件

螺纹连接件的类型很多，在机械制造中常见的螺纹连接件有螺栓、双头螺柱、螺钉、螺母、垫圈等，这类零件的结构形式和尺寸都已经标准化，设计时可根据标准选用。它们的类型及特点见表 10-2。

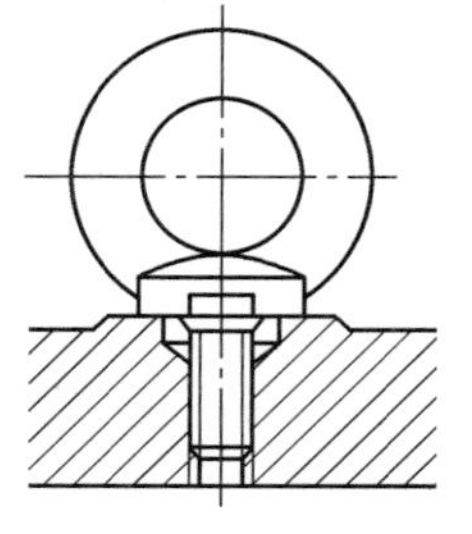

【参考图文】

图 10.6 吊环螺钉连接

表 10－2　螺纹连接件的类型及特点

类型	图　　例	结构特点和应用
六角头螺栓	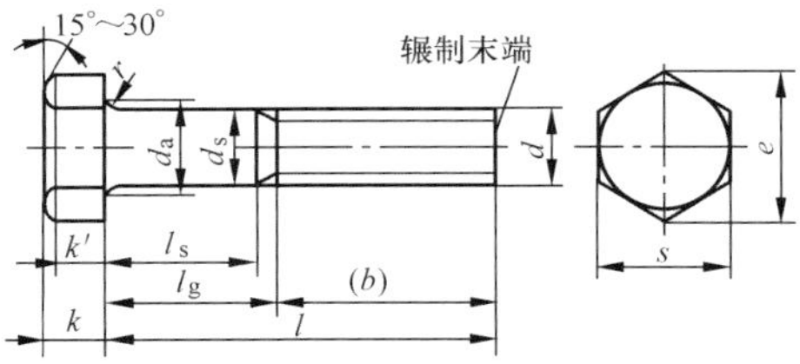 15°～30°　辗制末端　d_a　d_s　d　e　k'　l_s　l_g　(b)　k　l　s	种类很多，应用最广，精度分为A、B、C三级，通用机械制造中多用C级(左图)。螺栓杆部可制出一段螺纹或全螺纹，螺纹可用粗牙或细牙(A、B级)
双头螺柱	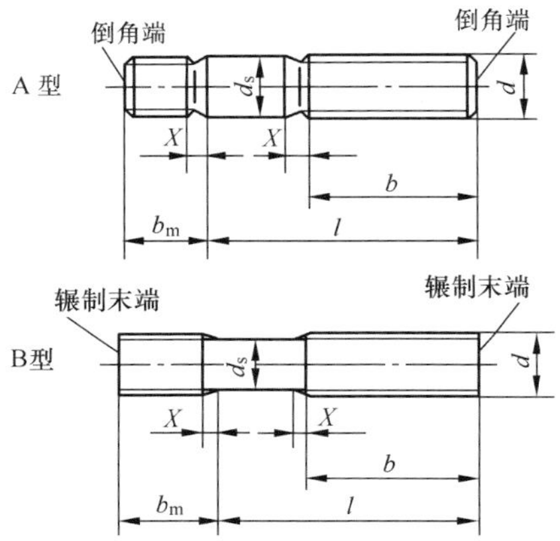 A型　倒角端　倒角端　d_s　d　X　X　b　b_m　l B型　辗制末端　辗制末端　d_s　d　X　X　b　b_m　l	螺柱两端都制有螺纹，两端螺纹可相同或不同，螺柱可带退刀槽或制成腰杆，也可制成全螺纹的螺柱。螺柱的一端常用于旋入螺纹孔中，旋入后不拆卸，另一端则用于安装螺母以固定其他零件
螺钉	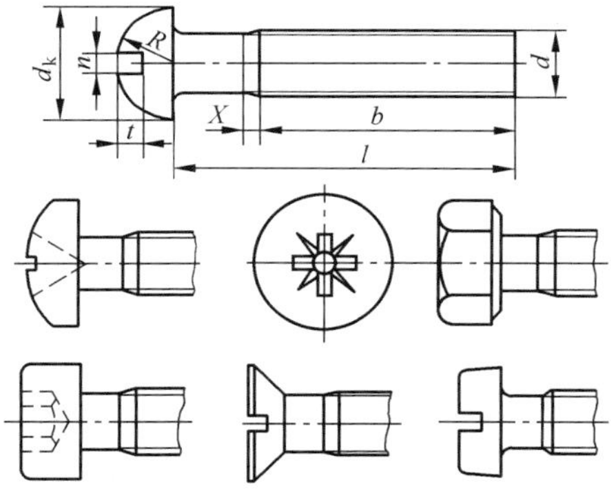 d_k　n　R　d　t　X　b　l	螺钉头部形状有圆头、扁圆头、六角头、圆柱头和沉头等。头部有一字形槽、十字形槽和内六角孔等形式。十字槽螺钉头部强度高、对中性好，便于自动装配。内六角孔螺钉能承受较大的扳手力矩，连接强度高，可代替六角头螺栓，用于要求结构紧凑的场合
紧定螺钉	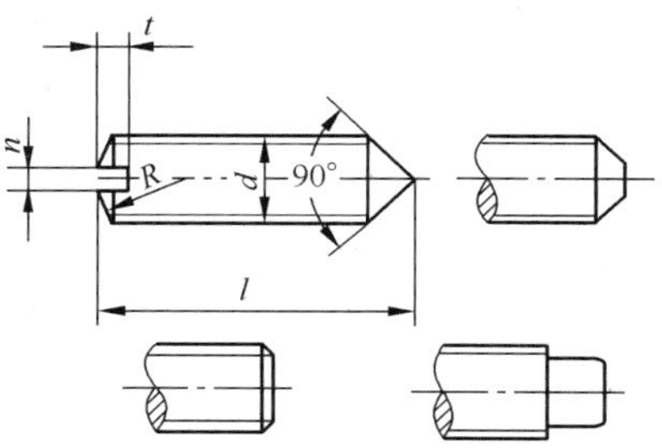 t　n　R　d　90°　l	紧定螺钉的末端形状常用的有锥端、平端和圆柱端。锥端适用于被紧定零件的表面硬度较低或不经常拆卸的场合；平端接触面积大，不伤零件表面，常用于顶紧硬度较大的平面或经常拆卸的场合；圆柱端压入轴上的凹槽中，适用于紧定空心轴上的零件位置

（续）

类型	图　　例	结构特点和应用
自攻螺钉	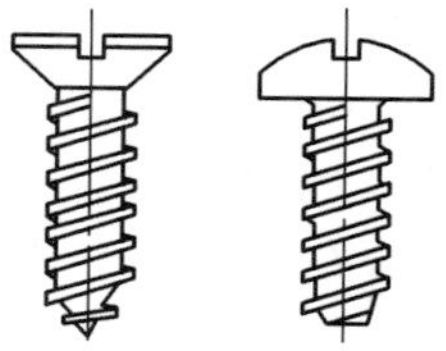	螺钉头部形状有圆头、六角头、圆柱头、沉头等。头部旋具（俗称起子）槽有一字槽、十字槽等形式。末端形状有锥端和平端两种。多用于连接金属薄板、轻合金或塑料零件。在被连接件上可不预先制出螺纹，在连接时利用螺钉直接攻出螺纹。螺钉材料一般用渗碳钢，热处理后表面硬度不低于45HRC。自攻螺钉的螺纹与普通螺纹相比，在相同的大径时，自攻螺纹的螺距大而小径则稍小，已标准化
六角螺母	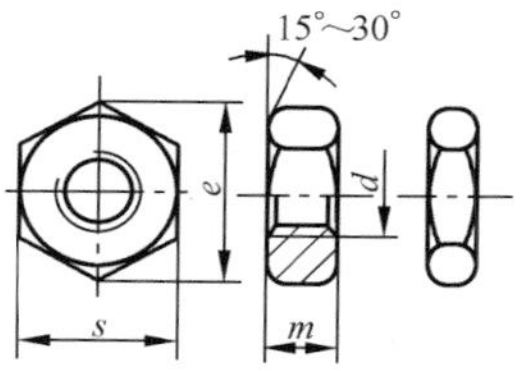 15°～30° e d s m	根据螺母厚度不同，分为标准螺母和薄螺母两种。薄螺母常用于受剪力的螺栓上或空间尺寸受限制的场合。螺母的制造精度和螺栓相同，分为A、B、C三级，分别与相同级别的螺栓配用
圆螺母及止动垫圈 【参考图文】	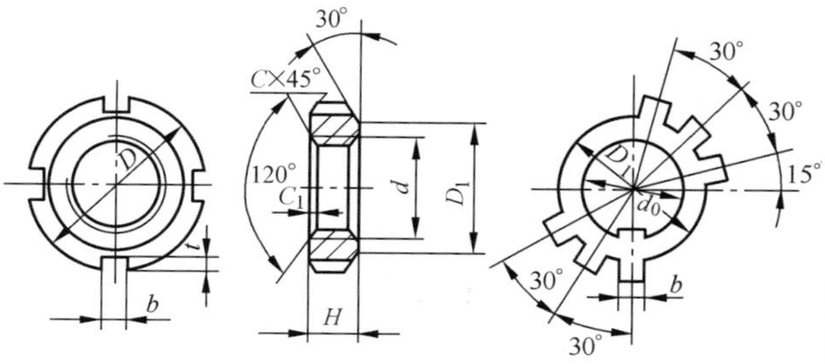 D t b 30° C×45° 120° C_1 d D_1 H 30° 30° 15° D_1 d_0 30° b 30°	圆螺母常与止动垫圈配用，装配时将垫圈内舌插入轴上的槽内，而将垫圈的外舌嵌入圆螺母的槽内，螺母即被锁紧。它们常用于滚动轴承的轴向固定
垫圈 【参考图文】	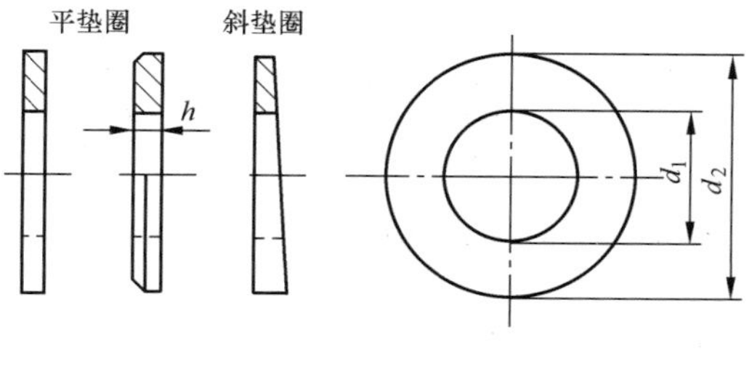 平垫圈 h 斜垫圈 d_1 d_2	垫圈是螺纹连接中不可缺少的附件，常放置在螺母和被连接件之间，起保护支承表面等作用。平垫圈按加工精度不同，分为A级和C级两种。用于同一螺纹直径的垫圈又分为特大、大、普通和小的四种规格。特大垫圈主要在铁木结构上使用。斜垫圈只用于倾斜的支承面上

10.2.3 螺纹连接的预紧和防松

1. 螺纹连接的预紧

绝大多数的螺栓连接在装配时都必须拧紧，以提高连接的可靠性、紧密性和防松能力，也利于提高螺栓连接的疲劳强度和承载能力。螺栓在承受工作载荷之前，即在安装时就受到一个由于拧紧螺母而产生的拉力，此力为预紧力，用F'表示。这种螺栓连接被称为紧螺栓连接。对于较重要的有强度要求的紧螺栓连接，预紧力和拧紧力矩的大小应能控制。下面分析计算拧紧力矩T_t与预紧力F'之间的关系。如图10.7所示，若施加到扳手上的力为F，扳手长为L，则施加的力矩为FL，此力矩需克服螺纹副之间的摩擦阻力矩或称螺纹力矩T_1，同时还要克服螺母支撑面的摩擦力矩T_2，即

$$T_t = FL$$

$$T_t = T_1 + T_2 \tag{10.1}$$

螺纹力矩

$$T_1 = F_t \frac{d_2}{2} = F' \tan(\psi + \rho_v) \frac{d_2}{2}$$

螺母与支撑面间的摩擦力矩

$$T_2 = \frac{1}{3} F' f \frac{D_1^3 - d_0^3}{D_1^2 - d_0^2}$$

式中，f——螺母与被连接件支撑面间的摩擦因数；

D_1——螺母内接圆直径(mm)；

d_0——螺栓孔直径(mm)，如图10.7(d)所示；

d_2——螺纹中径(mm)；

ψ——螺纹升角(°)；

ρ_v——当量摩擦角(°)。

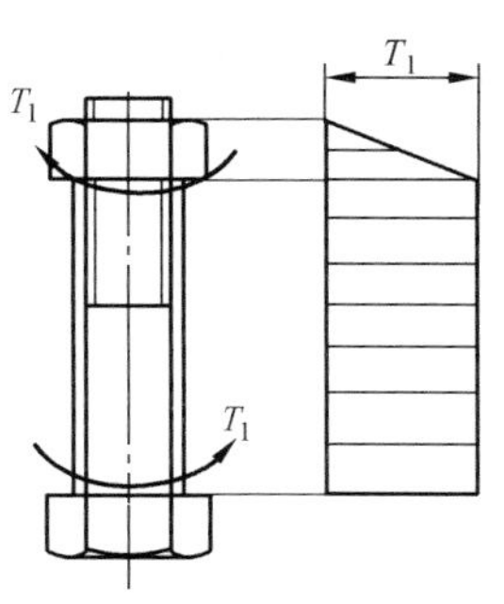

(a)螺栓受转矩　(b)螺栓转矩图

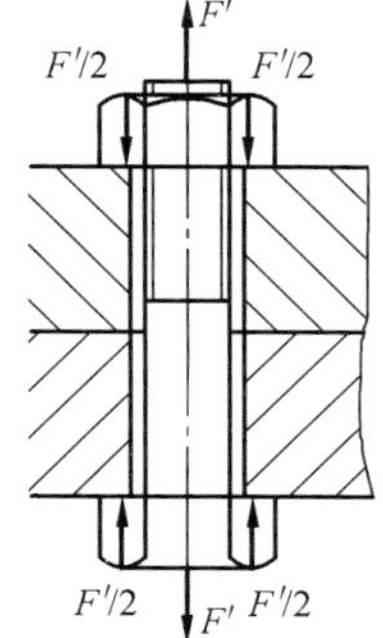

(c)螺栓与被连接件所受预紧力

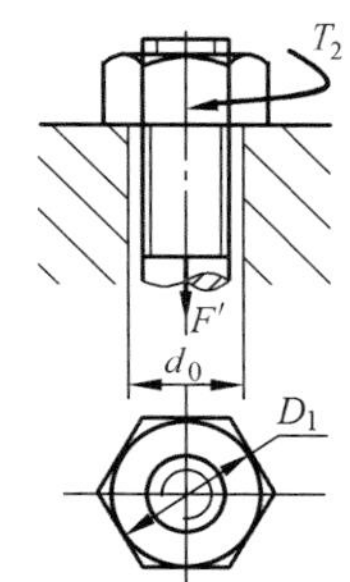

(d)计算螺母支承面力矩用的符号

图10.7　拧紧时零件的受力

将 T_1、T_2 代入式(10.1)，得出拧紧力矩 T_t 的计算式

$$T_t=T_1+T_2=F'\tan(\psi+\rho_v)\frac{d_2}{2}+\frac{1}{3}F'f\frac{D_1^3-d_0^3}{D_1^2-d_0^2}$$

$$=F'd\left[\frac{d_2}{2d}\tan(\psi+\rho_v)+\frac{1}{3}\frac{f}{d}\frac{D_1^3-d_0^3}{D_1^2-d_0^2}\right]=F'dK_t \tag{10.2}$$

式中，K_t——拧紧力矩系数；

d——螺纹大径(mm)。

K_t 为 0.1～0.3，通常取平均值 0.2，代入式(10.2)得出近似公式为

$$T_t\approx0.2F'd \tag{10.3}$$

【例 10.1】 工程中使用的扳手力臂 $L=15d$，d 为螺纹大径，施加到扳手上的扳动力 $F=400\text{N}$，问拧紧螺母时螺栓所受的预紧力 F' 为多少?

解：施加到扳手上的力矩为

$$T_t=FL=15Fd$$

由式(10.3)得

$$T_t\approx0.2F'd$$

联立以上二式，得

$$15Fd\approx0.2F'd$$

从而求出预紧力

$$F'\approx\frac{15F}{0.2}=75F=75\times400\text{N}=30\text{kN}$$

由例 10.1 可以看出，拧紧螺母时，螺栓受到的预紧力 F' 约是扳动力的 75 倍。拧紧力矩越大，螺栓所受的预紧力就越大。如果预紧力过大，螺栓就容易过载拉断，直径小的螺栓更容易产生这种情况。因此，对于需要预紧的重要螺栓连接，不宜选用小于 M12 的螺栓，必须使用时，应严格控制其拧紧力矩。

【参考图文】

控制拧紧力矩可用测力矩扳手或定力矩扳手。根据测力矩扳手(图 10.8)上的弹性元件 1 在拧紧力矩作用下所产生的弹性变形量来指示拧紧力矩的大小。定力矩扳手(图 10.9)具有拧紧力矩超过预定值时自动打滑的特性。当拧紧力矩超过预定值时，弹簧 3 被压缩，扳手卡盘 1 与圆柱销 2 之间打滑，即使继续转动手柄，卡盘也不再转动。预定拧紧力矩的大小可利用调整螺钉 4 调整弹簧压紧力来加以控制。采用测力矩扳手或定力矩扳手控制预紧力的方法，操作简单，但准确性较差(因拧紧力矩受摩擦因数波动的影响较大)。为此，对于大型连接，可先利用液力预拉螺栓，或加热使螺栓伸长到需要的变形量，然后拧紧螺母。

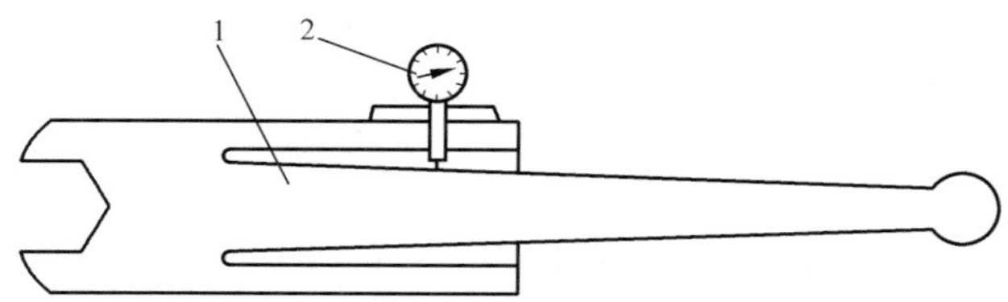

图 10.8 测力矩扳手

1—弹性元件；2—指示表

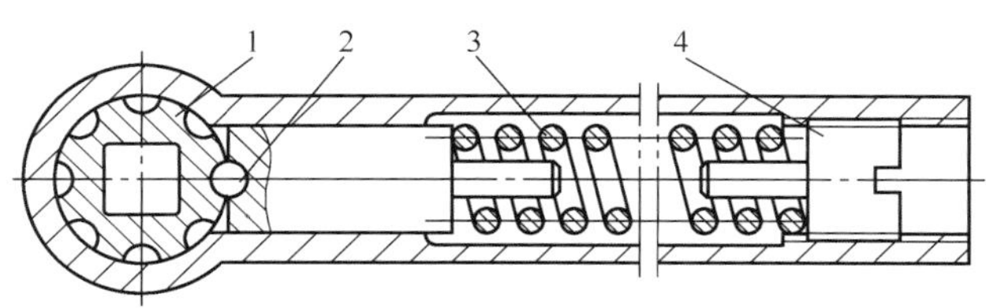

图 10.9　定力矩扳手

1—扳手卡盘；2—圆柱销；3—弹簧；4—调整螺钉

2. 螺纹连接的防松

在静载荷作用下，连接螺纹都能满足自锁条件即螺纹升角 ψ 小于或等于当量摩擦角 ρ_v。此外，螺母、螺栓头部等支承面上的摩擦力也有防松作用。但在冲击、振动或变载荷作用下，螺旋副间的摩擦力可能减小或瞬时消失。这种现象多次重复后，就会使连接松脱。在高温或温度变化较大的情况下，螺纹连接件和被连接件的材料发生蠕变和应力松弛，也会使连接中的预紧力和摩擦力逐渐减小，最终将导致连接松动。

螺纹连接一旦出现松脱，轻者会影响机器的正常运转，重者会造成严重事故。因此，为了防止连接松脱，保证连接安全可靠，设计时必须采取有效的防松措施。

防松的根本问题在于防止螺纹副在受载时发生相对转动。按防松原理分类，可将防松分为摩擦防松、机械防松(也称直接锁住)及破坏螺纹副关系三种。摩擦防松工程上常用的有弹簧垫圈、对顶螺母、自锁螺母等，简单方便，但不可靠。机械防松工程上常用的有开口销与六角开槽螺母、止动垫圈及串联钢丝绳等，比摩擦防松可靠。以上两种方法用于可拆连接的防松，在工程上广泛应用。用于不可拆连接的防松，工程上可用焊、粘、铆的方法，破坏螺纹副之间的运动关系。常用防松方法举例见表 10-3。

表 10-3　常用防松方法举例

防松方法	防松原理、特点	防松实例		
摩擦防松	使螺纹副中有不随连接载荷而变的压力，因此始终有摩擦力矩防止相对转动。压力可由螺纹副纵向或横向压紧而产生。 结构简单，使用方便，但由于摩擦力受到限制，因此在冲击、振动时防松效果受到影响，常用于一般不重要的连接	弹簧垫圈	对顶螺母 【参考图文】	自锁螺母 【参考图文】
		利用拧紧螺母时，垫圈被压平后的弹性力使螺纹副纵向压紧	两螺母对顶拧紧，旋合部分的螺杆受拉而螺母受压，从而使螺纹副纵向压紧	利用螺母末端椭圆口的弹性变形箍紧螺栓，横向压紧螺纹

（续）

防松方法	防松原理、特点	防松实例		
机械防松	利用便于更换的金属元件约束螺旋副。 使用方便，防松安全可靠	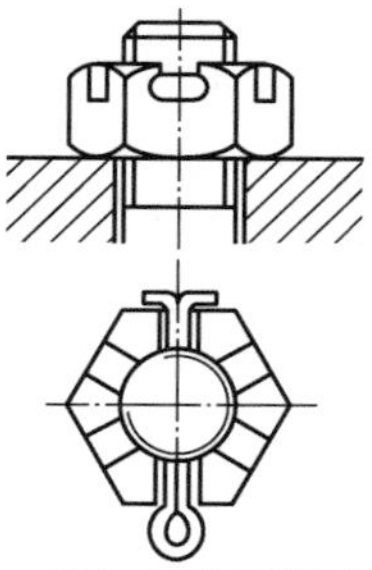 开口销与六角开槽螺母 【参考图文】 槽形螺母拧紧后用开口销插入螺母槽与螺栓尾部的小孔中，并将销尾部掰开，阻止螺母与螺杆的相对运动	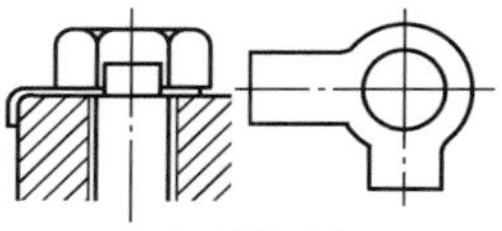 止动垫圈 【参考图文】 将垫圈折边约束螺母，而自身又折边被约束在被连接件上，使螺母不能转动。同时，螺栓的钉头要被卡住，使螺栓不能转动	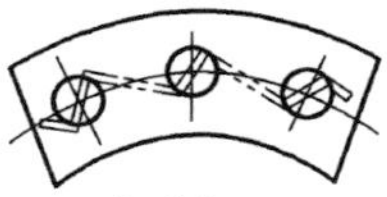 串联钢丝 【参考图文】 利用钢丝使一组螺栓头部互相制约，当有松动趋势时，金属丝更加拉紧
破坏螺纹副关系	把螺纹副转变为非运动副，从而排除相对转动的可能，属于不可拆连接	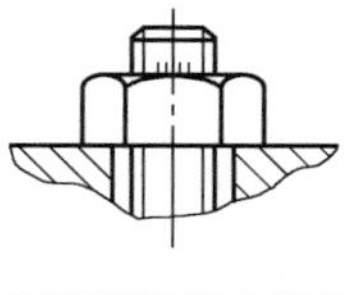 焊住	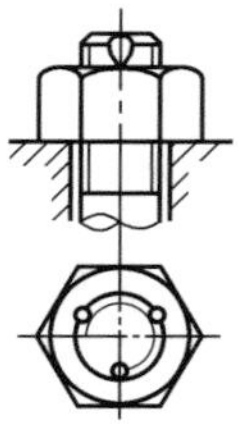 冲点	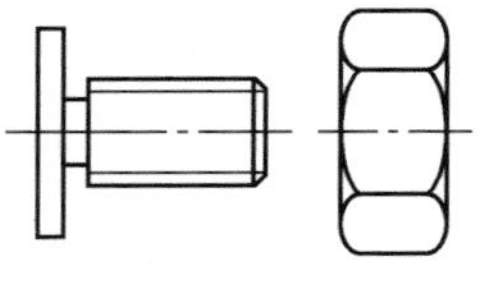 胶接：在螺纹副间涂黏合剂，拧紧螺母后黏合剂能自动固化，防松效果好

10.2.4 螺栓组连接的结构设计和受力分析

工程中螺栓多成组使用，因此，须研究螺栓组的结构设计和受力分析，它是单个螺栓连接强度计算的基础和前提条件。螺栓组连接设计的基本程序是选择螺栓组布局、确定螺栓数目、进行螺栓组受力分析、求出螺栓直径。

1. 螺栓组连接的结构设计

螺栓组连接的结构设计原则如下。

（1）螺栓布局要尽量对称分布，螺栓组中心与连接接合面的形心重合，从而保证连接接合面受力比较均匀。连接接合面的几何形状通常都设计成轴对称的简单几何形状，如圆形、环形、矩形、三角形等。对于圆形构件布置螺栓时，螺栓数目尽可能取偶数，这样有利于零件加工(分度、划线、钻孔)。

(2) 一组螺栓的规格(直径、长度、材料)应一致，有利于加工和美观。

(3) 螺栓的排列应有合理的间距和边距，满足扳手空间以利于用扳手装拆，尺寸可查阅机械设计手册。

(4) 装配时，对于紧螺栓连接，应使每个螺栓预紧程度(预紧力)尽量一致。

(5) 避免螺栓承受偏心载荷作用，保证被连接件上螺母和螺栓头的支撑面平整，并与螺栓轴线相垂直。

2. 螺栓组连接的受力分析

螺栓组受力分析的目的在于根据连接所受的载荷和螺栓的布置与结构求出受力最大的螺栓及其所受载荷。然后按相应的单个螺栓的强度计算公式设计螺栓的直径或对螺栓进行强度校核。

假设：①被连接件为刚性体；②各个螺栓的材料、直径、长度与预紧力相同；③螺栓的应变在弹性范围内。

根据以上假设，进一步讨论当作用于一组螺栓的外载荷是轴向力、横向力、扭矩和翻倒力矩时，一组螺栓中受力最大的螺栓及其所受的力。

1) 螺栓组连接受轴向载荷 F_Q

如图 10.10 所示，作用于螺栓组几何形心的载荷为 F_Q，有 z 个螺栓，每个螺栓所受的工作拉力为

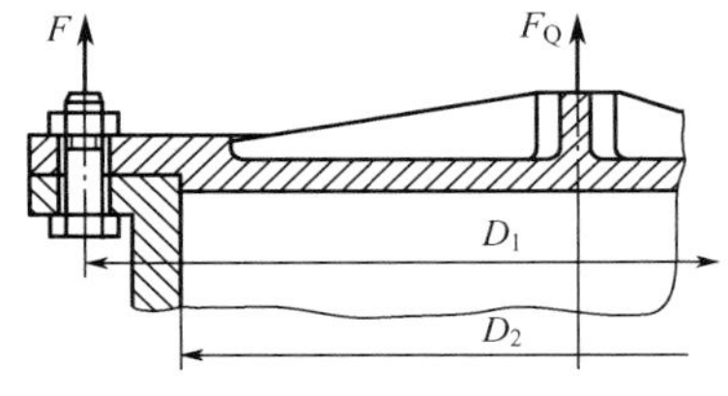

图 10.10　螺栓组连接受轴向载荷

$$F=\frac{F_Q}{z} \tag{10.4}$$

2) 螺栓组连接受横向载荷 F_R

受横向载荷 F_R 作用的螺栓组连接，载荷的作用线通过螺栓组的对称中心并与螺栓轴线垂直，如图 10.11 所示。如果采用受拉螺栓连接，则螺栓受拉力而不受剪切力；如果采用铰制孔用螺栓连接，则螺栓承受剪切力。

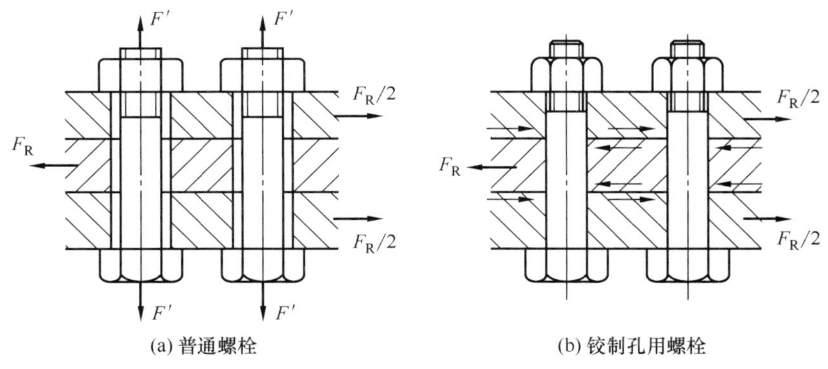

(a) 普通螺栓　　(b) 铰制孔用螺栓

图 10.11　螺栓组连接受横向载荷

(1) 采用受拉螺栓(普通螺栓)。如图 10.11(a)所示，此时的螺栓在安装时每个螺栓受预紧拉力 F' 作用，而被连接件受夹紧力(正压力)作用，预紧力产生的摩擦力与外载荷平

衡，即

$$F'zfm=K_fF_R$$

$$F'=\frac{K_fF_R}{zfm} \tag{10.5}$$

式中，f——接合面摩擦因数，见表 10-4；

K_f——可靠性系数，1.1～1.5；

m——接合面对数。

表 10-4 连接接合面间的摩擦因数

被连接件	接合面的表面状态	摩擦因数 f
钢或铸铁零件	干燥的加工表面	0.10～0.16
	有油的加工表面	0.06～0.10
钢结构件	轧制表面，钢丝刷清理浮锈	0.30～0.35
	涂富锌漆	0.35～0.40
	喷砂处理	0.45～0.55
铸铁对砖料、混凝土或木材	干燥表面	0.40～0.45

(2) 采用受剪螺栓(铰制孔用螺栓)。如图 10.11(b)所示，螺栓杆与被连接件的孔壁直接接触，连接靠螺栓杆的剪切和螺栓杆与被连接件的孔壁间的挤压作用来传递载荷，则剪切力和挤压力为

$$F_s=\frac{F_R}{z} \tag{10.6}$$

3) 螺栓组连接受扭矩 T 作用

如图 10.12 所示，扭矩 T 作用在连接的接合面内。在扭矩 T 的作用下，底板将绕通过螺栓组对称中心 O 并与接合面垂直的轴线转动。为防止底板转动，可用普通螺栓连接，也可用铰制孔用螺栓连接。它们的传力方式与受横向载荷的螺栓组连接相同。

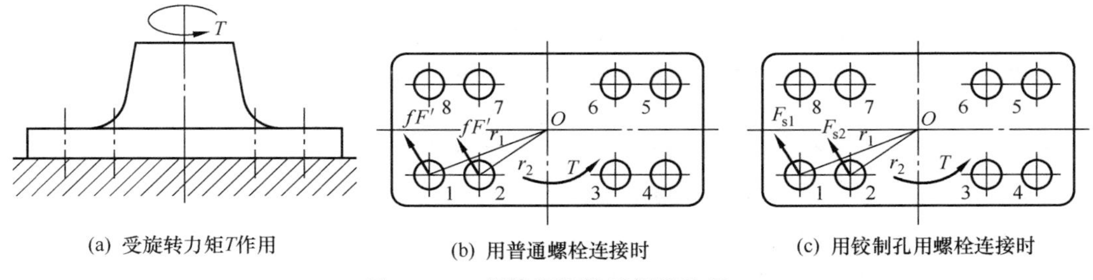

(a) 受旋转力矩T作用　(b) 用普通螺栓连接时　(c) 用铰制孔用螺栓连接时

图 10.12 螺栓组连接受扭矩作用

(1) 采用受拉螺栓(普通螺栓)。如图 10.12(b)所示，此时靠摩擦传力，即扭矩与底板的摩擦力矩平衡。假设各螺栓的预紧力相同，各螺栓连接处的摩擦力集中作用在螺栓中心处并与各螺栓的轴线到螺栓组对称中心 O 的连线垂直。由底板平衡条件可得

$$F'fr_1+F'fr_2+\cdots+F'fr_z=K_fT$$

$$F'=\frac{K_fT}{f(r_1+r_2+\cdots+r_z)}$$

或写成

$$F' = \frac{K_f T}{f\sum_{i=1}^{z} r_i} \tag{10.7}$$

(2) 采用受剪螺栓(铰制孔用螺栓)。如图10.12(c)所示，此时靠剪切传力，各螺栓所受的剪力与各螺栓的轴线到螺栓组对称中心 O 的连线垂直。底板受力为扭矩 T 和螺栓给螺栓孔的反力矩，列出底板的受力平衡式得

$$T = F_{s1} r_1 + F_{s2} r_2 + \cdots + F_{sz} r_z \tag{10.8}$$

但 F_{s1}，F_{s2}，…，F_{sz} 不知，而且不等，可由变形协调条件解得。各螺栓剪切变形量与其中心到底板旋转中心 O 的距离成正比；又因螺栓材料、直径、长度相同，剪切刚度也相同，所以剪切力也与此距离成正比(胡克定律)，即

$$\frac{F_{s1}}{r_1} = \frac{F_{s2}}{r_2} = \cdots = \frac{F_{sz}}{r_z}$$

将 F_{s2}，F_{s3}，…，F_{sz} 都写成 F_{s1} 的函数，即

$$F_{s2} = F_{s1}\frac{r_2}{r_1},\quad F_{s3} = F_{s1}\frac{r_3}{r_1},\quad \cdots,\quad F_{sz} = F_{s1}\frac{r_z}{r_1}$$

将以上各式代入式(10.8)，得

$$T = \frac{F_{s1}}{r_1}(r_1^2 + r_2^2 + \cdots + r_z^2)$$

又因为 $F_{s1} = F_{s4} = F_{s5} = F_{s8} = F_{smax}$，因此也可写成通式，即螺栓组中受力最大螺栓所受的力为

$$F_{smax} = \frac{T r_{max}}{\sum_{i=1}^{z} r_i^2} \tag{10.9}$$

4) 螺栓组连接受翻倒力矩 M 作用

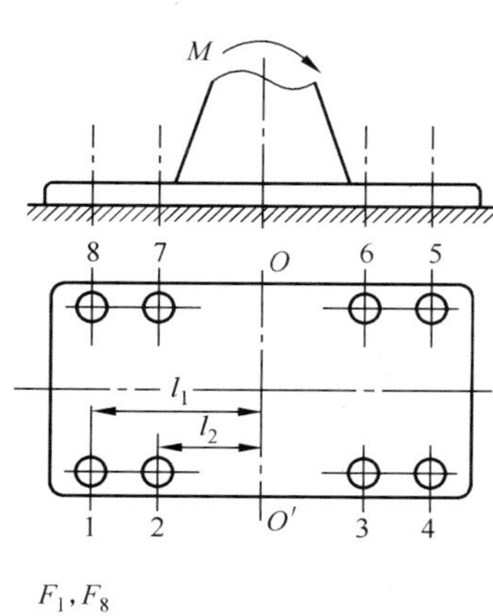

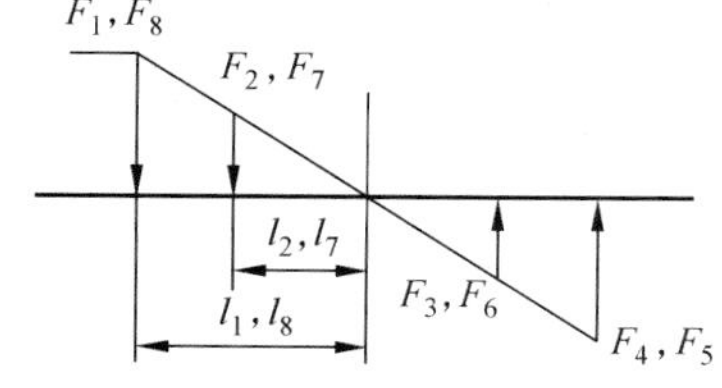

图 10.13 螺栓组连接受翻倒力矩

如图10.13所示，此时，因为翻倒力矩 M 的方向与螺栓的轴线平行，因此螺栓只能受拉而不能受剪切。为了接近实际并简化计算，又进行了重新假设：被连接件为弹性体，但变形后接合面仍保持平直，因此翻倒轴线为 OO'。底板受翻倒力矩 M 作用，还受左边螺栓对螺栓孔的反作用力(F_1，F_2，F_7，F_8)和右边地基对底板的作用力(F_3，F_4，F_5，F_6)，则底板受力平衡式为

$$M = F_1 l_1 + F_2 l_2 + \cdots + F_z l_z \tag{10.10}$$

根据螺栓的变形协调条件，各螺栓的拉伸变形量与其中心到底板翻转轴线的距离成正比，又因螺栓材料、直径、长度相同，拉伸刚度也相同，所以左边螺栓所受工作拉力和右边地基上螺栓处所受的压力，都与这个距离成正比，即

$$\frac{F_1}{l_1} = \frac{F_2}{l_2} = \cdots = \frac{F_z}{l_z}$$

为了减少未知数，将各个螺栓受的力都写成受力最

大螺栓受的力 F_1 的函数，即

$$F_2=F_1\frac{l_2}{l_1},\quad F_3=F_1\frac{l_3}{l_1},\quad \cdots,\quad F_z=F_1\frac{l_z}{l_1}$$

代入式(10.10)，得

$$M=F_1l_1+F_1\frac{l_2^2}{l_1}+\cdots+F_1\frac{l_z^2}{l_1}$$

则

$$F_{\max}=\frac{Ml_{\max}}{\sum_{i=1}^{z}l_i^2} \tag{10.11}$$

在实际应用中，螺栓组连接所受的工作载荷经常是以上四种简单受力状态的不同组合。不论受力状态如何复杂，都可利用静力分析方法将复杂的受力状态简化成上述四种简单受力状态。因此，只要分别计算出螺栓组在这些简单受力状态下每个螺栓的工作载荷，然后将它们向量地叠加起来，便得到每个螺栓的总的工作载荷。

10.2.5 单个螺栓连接的强度计算

螺栓连接的受载形式很多，所传递的载荷主要有两类：一类为外载荷沿螺栓轴线方向，称轴向载荷；另一类为外载荷垂直于螺栓轴线方向，称横向载荷。

对单个螺栓而言，当传递轴向载荷时，螺栓受的是轴向拉力，故称受拉螺栓。当传递横向载荷时，一种是采用普通螺栓连接，靠螺栓连接的预紧力使被连接件结合面间产生的摩擦力来传递横向载荷，此时螺栓受的是预紧力，仍为轴向拉力。另一种是采用铰制孔用螺栓连接，螺杆与铰制孔是过渡配合，工作时靠螺栓受剪，杆壁与孔相互挤压来传递横向载荷，此时螺栓受剪，故称受剪螺栓。

受轴向力(包括预紧力)的螺栓，其主要失效形式为螺栓杆的塑性变形或断裂，因而其设计准则是保证螺栓的静力(或疲劳)拉伸强度；受横向载荷作用的螺栓连接，当采用铰制孔用螺栓时，其主要失效形式为螺栓杆和孔壁间压溃或螺栓杆被剪断，则其设计准则是保证连接的挤压强度和螺栓的剪切强度，其中连接的挤压强度对连接的可靠性起决定性作用。

螺栓连接的强度计算，应根据连接的类型、连接的装配情况(预紧或不预紧)、载荷状态等条件，确定螺栓的受力；然后按相应的强度条件计算螺栓危险截面的直径或校核其强度。螺栓的其他部分(螺纹牙、螺栓头、光杆)和螺母、垫圈的结构尺寸，是根据等强度条件及使用经验规定的，通常都不需要进行强度计算，可按螺栓螺纹的公称直径由标准中选定。

螺栓连接的强度计算方法，对双头螺柱连接和螺钉连接同样适用。

1. 受拉螺栓连接的强度计算

1）受拉松连接螺栓强度计算

如图10.14所示的起重吊钩：螺栓不拧紧，因此不受预紧力。当吊起重物时，相当于杆件纯拉伸，强度条件为

$$\sigma=\frac{F}{\frac{\pi}{4}d_1^2}\leqslant[\sigma] \tag{10.12}$$

图10.14 松连接的起重吊钩

设计式为

$$d_1 \geqslant \sqrt{\frac{4F}{\pi[\sigma]}} \tag{10.13}$$

式中，d_1——螺栓小径(mm)；

$[\sigma]$——螺栓许用拉应力(MPa)，见表 10-5。

表 10-5　受拉螺栓连接的许用应力

<table>
<tr><th>连接</th><th>载荷</th><th colspan="12">许 用 应 力</th></tr>
<tr><td>松连接</td><td></td><td colspan="12">$[\sigma]=\dfrac{\sigma_s}{1.2\sim1.7}$</td></tr>
<tr><td rowspan="13">紧连接</td><td rowspan="4">静载荷</td><td colspan="12">$[\sigma]=\dfrac{\sigma_s}{S}$
安全系数取值如下</td></tr>
<tr><td rowspan="2">材料</td><td colspan="9">不控制预紧力</td><td colspan="2">控制预紧力</td></tr>
<tr><td colspan="3">M6～M16</td><td colspan="3">M16～M30</td><td colspan="3">M30～M60</td><td colspan="2" rowspan="2">1.2～1.5</td></tr>
<tr><td>碳素钢
合金钢</td><td colspan="3">5～4
5.7～5</td><td colspan="3">4～2.5
5～3.4</td><td colspan="3">2.5～2
3.4～3</td></tr>
<tr><td rowspan="9">变载荷</td><td rowspan="3">按最大应力
$[\sigma]=\dfrac{\sigma_s}{S}$</td><td colspan="3" rowspan="2">材料</td><td colspan="6">不控制预紧力时的 S</td><td colspan="2">控制预紧力时的 S</td></tr>
<tr><td colspan="3">M6～M16</td><td colspan="3">M16～M30</td><td colspan="2" rowspan="2">1.2～1.5</td></tr>
<tr><td colspan="3">碳素钢
合金钢</td><td colspan="3">12.5～8.5
10～6.8</td><td colspan="3">8.5
6.8</td></tr>
<tr><td colspan="12">按循环应力幅 $[\sigma_a]=\dfrac{\sigma_{alim}}{[S_a]}=\dfrac{\varepsilon k_m k_u}{k_\sigma}\sigma_{-1}$
ε——尺寸系数，按下表取值；</td></tr>
<tr><td>d/mm</td><td>12</td><td>16</td><td>20</td><td>24</td><td>28</td><td>32</td><td>36</td><td>42</td><td>48</td><td>56</td><td>64</td></tr>
<tr><td>ε</td><td>1</td><td>0.87</td><td>0.81</td><td>0.76</td><td>0.71</td><td>0.68</td><td>0.65</td><td>0.62</td><td>0.60</td><td>0.57</td><td>0.54</td></tr>
<tr><td colspan="12">k_m——螺纹制造工艺系数，碾制 $k_m=1.25$，车制 $k_m=1$；
k_u——各圈螺纹牙受力分配不均匀系数，受压螺母 $k_u=1$，部分受拉或全部受拉的螺母 $k_u=1.5\sim1.6$；
$[S_a]$——安全系数，取 2.5～4；
k_σ——螺纹应力集中系数，按下表取值。</td></tr>
<tr><td>螺栓材料
σ_b/MPa</td><td colspan="3">400</td><td colspan="3">600</td><td colspan="3">800</td><td colspan="2">1000</td></tr>
<tr><td>k_σ</td><td colspan="3">3.0</td><td colspan="3">3.9</td><td colspan="3">4.8</td><td colspan="2">5.2</td></tr>
</table>

设计出的直径应按螺纹标准取值，并标出螺纹的公称直径(大径)。

2) 受拉紧连接螺栓强度计算

(1) 仅受预紧力 F' 的紧连接螺栓。如图 10.15 所示，仅受预紧力 F' 的紧连接螺栓是指一组螺栓，当外载荷为横向力 F_R 或扭矩 T 时，设计成受拉螺栓，靠摩擦传力的情况。

对螺栓螺纹部分进行受力分析，因为螺栓受预紧力F'作用，所以螺栓受拉；同时拧紧螺母时，螺纹副之间有摩擦阻力矩，因此螺栓还受扭矩作用，即螺纹力矩为

$$T_1=F'\tan(\psi+\rho_v)\frac{d_2}{2}$$

螺栓螺纹部分所受拉应力为

$$\sigma=\frac{F'}{\frac{\pi}{4}d_1^2}$$

对 M10～M64 普通螺纹的钢制螺栓剪应力

$$\tau=\frac{T_1}{W_t}=\frac{F'\tan(\psi+\rho_v)\frac{d_2}{2}}{\frac{\pi}{16}d_1^3}\approx 0.5\sigma$$

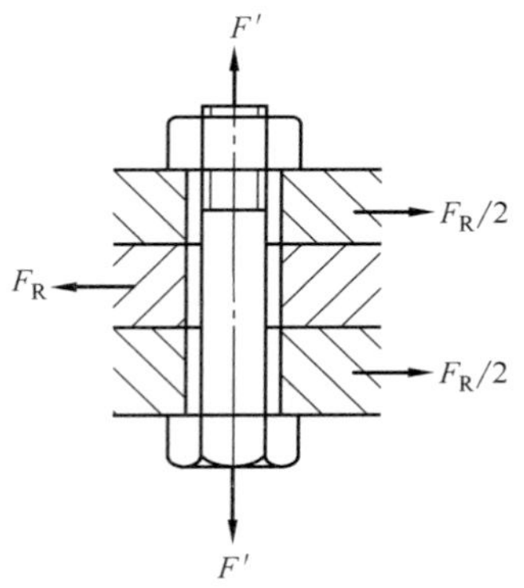

图 10.15 只受预紧力的紧螺栓连接

式中，ψ——螺纹升角(°)；

ρ_v——当量摩擦角(°)。

由于螺栓材料是塑性的，因此可根据第四强度理论求出当量应力

$$\sigma_e=\sqrt{\sigma^2+3\tau^2}=\sqrt{\sigma^2+3(0.5\sigma)^2}\approx 1.3\sigma$$

校核式

$$\sigma_e=\frac{1.3F'}{\frac{\pi}{4}d_1^2}\leqslant[\sigma] \tag{10.14}$$

设计式

$$d_1\geqslant\sqrt{\frac{1.3F'}{\frac{\pi}{4}[\sigma]}} \tag{10.15}$$

式中的许用应力 [σ] 见表 10－5。

由此，仅受预紧力F'的紧螺栓连接将其所受拉力F'增大30%当作纯拉伸来计算。

(2) 既受预紧力F'又受工作拉力F作用的紧连接螺栓。既受预紧力F'又受工作拉力F作用的紧连接螺栓，其总拉力不等于预紧力F'加工作拉力F，即$F_0\neq F'+F$。通过分析可知：总拉力F_0与预紧力F'、工作拉力F、螺栓刚度c_1及被连接件刚度c_2有关，属于静力不定问题，可利用静力平衡条件及变形协调条件求得。由螺栓和被连接件的受力变形(图 10.17)可进一步分析。

图 10.16(a)所示是螺母刚好拧到与被连接件接触的临界状态，此时，因螺栓与被连接件均未受力，所以两者都不产生任何变形。

图 10.16(b) 所示是连接已经拧紧，但还未承受工作载荷的情况。这时，螺栓受预紧力F'(拉力)作用，其伸长变形量为$\delta_1=F'/c_1$；被连接件受预紧力F'(压缩力)作用，其压缩变形量为$\delta_2=F'/c_2$。

图 10.16(c)所示是连接受工作载荷后的情况。这时，螺栓所受拉力增大到F_0，拉力增量为F_0-F'，伸长增量为$\Delta\delta_1$；与此同时，被连接件随着螺栓伸长而放松，此时被连接件的压力减小为残余预紧力F''，压力减量为$F'-F''$，压缩减小量为$\Delta\delta_2$。

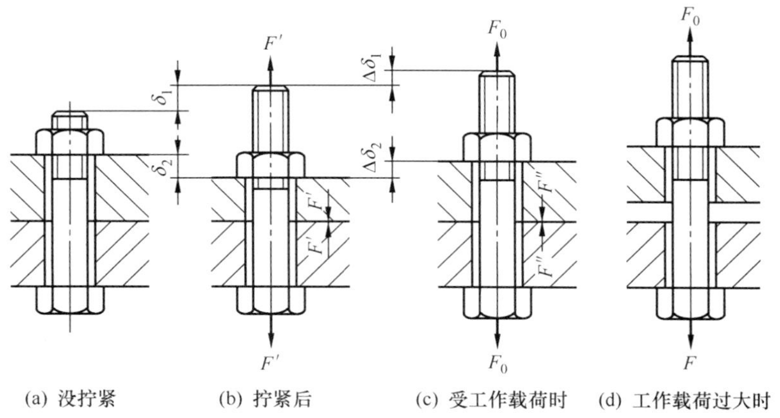

图 10.16　螺栓和被连接件的受力和变形

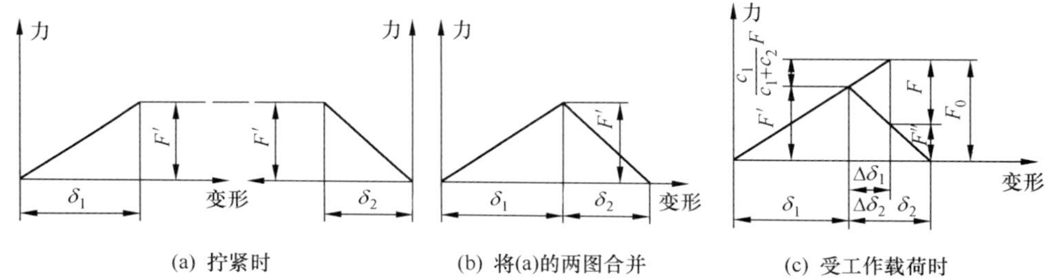

图 10.17　螺栓和被连接件的力与变形的关系

根据螺栓的静力平衡条件，螺栓的总拉力 F_0 为工作载荷 F 与被连接件给它的残余预紧力 F''之和，即

$$F_0 = F + F'' \tag{10.16}$$

又根据螺栓与被连接件的变形协调条件，螺栓的伸长增量 $\Delta\delta_1$ 必然等于被连接件的压缩减量 $\Delta\delta_2$，即

$$\Delta\delta_1 = \Delta\delta_2 \tag{10.17}$$

将 $\Delta\delta_1 = (F_0 - F')/c_1 = (F + F'' - F')/c_1$ 和 $\Delta\delta_2 = (F' - F'')/c_2$ 代入式(10.17)，得$(F + F'' - F')/c_1 = (F' - F'')/c_2$，则

$$F'' = F' - \frac{c_2}{c_1 + c_2}F \tag{10.18}$$

$$F' = F'' + \frac{c_2}{c_1 + c_2}F \tag{10.19}$$

$$F_0 = F'' + F = \left(F' - \frac{c_2}{c_1 + c_2}F\right) + F = F' + \frac{c_1}{c_1 + c_2}F \tag{10.20}$$

式(10.20)表明，螺栓的总拉力等于预紧力加上工作载荷的一部分。

当 $c_2 \gg c_1$ 时，$F_0 \approx F'$；

当 $c_1 \gg c_2$ 时，$F_0 \approx F' + F$。

$c_1/(c_1+c_2)$为螺栓的相对刚度系数，与材料、结构、垫片、尺寸及工作载荷作用位置等因素有关，可通过计算或试验求出。当被连接件为钢铁时，一般可根据垫片材料按表 10－6 查取。

表 10－6　螺栓的相对刚度系数

被连接钢板间垫片材料	金属（或无垫片）	皮革	铜皮石棉	橡胶
$c_1/(c_1+c_2)$	0.2～0.3	0.7	0.8	0.9

如果螺栓所受的工作拉力过大，如图 10.16(d)所示，出现缝隙是不允许的，因此应使残余预紧力 $F''>0$。残余预紧力 F''的选择可以参考表 10－7 的经验数据。

表 10－7　残余预紧力 F''推荐值

连接情况	强固连接		紧密连接	地脚螺栓连接
	工作拉力无变化	工作拉力有变化		
残余预紧力 F''	$(0.2\sim0.6)F$	$(0.6\sim1.0)F$	$(1.5\sim1.8)F$	$\geqslant F$

此时螺栓的强度条件应该是 $\sigma=\dfrac{F_0}{\pi d_1^2/4}$，考虑到螺栓工作时，个别螺栓可能松动，因此需要补充拧紧，拧紧力矩为 $F_0\tan(\psi+\rho_v)d_2/2$，由此产生的切应力为

$$\tau=\frac{F_0\tan(\psi+\rho_v)d_2/2}{\pi d_1^3/16}$$

参照式(10.14)的推导，得出此时的强度条件为

$$\sigma_e=\frac{1.3F_0}{\pi d_1{}^2/4}\leqslant[\sigma] \tag{10.21}$$

式(10.21)适用于螺栓承受静载荷的情况，许用应力见表 10－5。该式也适用于变载荷，但是变载情况下需要验算应力幅，即 $\sigma_a\leqslant[\sigma_a]$。

如果工作载荷在 0 和 F 之间变化，螺栓的拉力将在预紧力 F'和总拉力 F_0 之间变化，如图 10.18 所示，则螺栓的应力幅为

$$\sigma_a=\frac{(F_0-F')/2}{\pi d_1^2/4}=\frac{\dfrac{c_1}{c_1+c_2}F/2}{\pi d_1^2/4}=\frac{c_1}{c_1+c_2}\frac{2F}{\pi d_1{}^2}$$

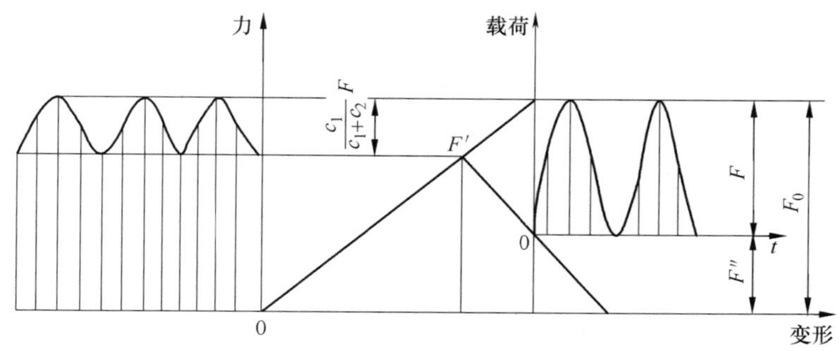

图 10.18　变载荷下螺栓拉力的变化

强度条件为

$$\sigma_a = \frac{c_1}{c_1 + c_2}\frac{2F}{\pi d_1^2} \leqslant [\sigma_a] \tag{10.22}$$

式中，$[\sigma_a]$——螺栓的许用应力幅(MPa)，见表 10-5。

2. 受剪螺栓连接

受剪螺栓连接所采用的螺栓是铰制孔用螺栓，或称受剪螺栓，螺栓的主要失效形式是剪切破坏和挤压破坏，被连接件的主要失效形式是挤压破坏，如图 10.19 所示。工作载荷为横向载荷，忽略拧紧时的预紧力和摩擦力等。这种连接应分别按挤压和剪切强度条件计算。

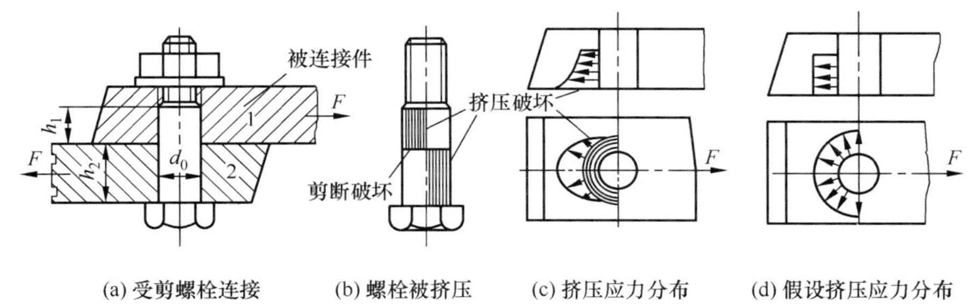

(a) 受剪螺栓连接　(b) 螺栓被挤压　(c) 挤压应力分布　(d) 假设挤压应力分布

图 10.19　受剪螺栓连接

挤压强度条件为

$$\sigma = \frac{F_s}{d_0 h} \leqslant [\sigma]_p \tag{10.23}$$

剪切强度条件为

$$\tau = \frac{F_s}{(\pi d_0^2/4)m} \leqslant [\tau] \tag{10.24}$$

式中，F_s——每个螺栓受的剪切力(N)；

d_0——螺栓抗剪面的直径(mm)；

h——计算对象的最小受压高度(mm)；

$[\sigma]_p$——计算对象的许用挤压应力(MPa)，见表 10-8；

m——剪切面数；

$[\tau]$——螺栓的许用切应力(MPa)，见表 10-8。

表 10-8　受剪螺栓连接的许用应力

载　　荷	许 用 应 力
静载荷	许用切应力 $[\tau]=\frac{\sigma_s}{2.5}$ 许用挤压应力　钢：$[\sigma]_p=\frac{\sigma_s}{[S_p]}=\frac{\sigma_s}{1\sim1.25}$；铸铁：$[\sigma]_p=\frac{\sigma_b}{[S_p]}=\frac{\sigma_b}{2\sim2.25}$
变载荷	许用切应力 $[\tau]=\frac{\sigma_s}{3\sim3.5}$ 许用挤压应力　钢：$[\sigma]_p=\frac{\sigma_s}{[S_p]}=\frac{\sigma_s}{1.6\sim2}$；铸铁：$[\sigma]_p=\frac{\sigma_b}{[S_p]}=\frac{\sigma_b}{2.5\sim3.5}$

10.2.6 螺纹连接件的材料选择

国家标准规定螺纹连接件按材料的力学性能分出等级(简示于表10－9、表10－10，详见GB/T 3098.1—2010和GB/T 3098.2—2015)。螺栓、螺柱、螺钉的性能等级分为九级，自4.6至12.9。小数点前的数字表示公称抗拉强度的1/100($\sigma_b/100$)，小数点后的数字表示屈服强度(σ_s)与公称抗拉强度(σ_b)之比值(屈强比)的10倍($10\sigma_s/\sigma_b$)。如性能等级5.8，其中5表示紧固件的公称抗拉强度为500MPa，8表示屈服强度与公称抗拉强度之比为0.8。标准螺母的性能等级分为五级，从5到12，数字粗略表示螺母最小保证应力σ_{min}的1/100($\sigma_{min}/100$)。选用时，须注意所用螺母的性能等级应不低于与其相配螺栓的性能等级。

表10－9　螺栓、螺钉和螺柱的性能等级

<table>
<tr><td>性能等级(标记)</td><td>4.6</td><td>4.8</td><td>5.6</td><td>5.8</td><td>6.8</td><td>8.8</td><td>9.8</td><td>10.9</td><td>12.9</td></tr>
<tr><td>公称抗拉强度 σ_b/MPa</td><td colspan="2">400</td><td colspan="2">500</td><td>600</td><td>800</td><td>900</td><td>1000</td><td>1200</td></tr>
<tr><td>屈服强度 σ_s(或 $\sigma_{p0.2}$)/MPa</td><td>240</td><td>320</td><td>300</td><td>400</td><td>480</td><td>640</td><td>720</td><td>900</td><td>1080</td></tr>
<tr><td>硬度/HBW_{min}</td><td>114</td><td>124</td><td>147</td><td>152</td><td>181</td><td>245</td><td>286</td><td>316</td><td>380</td></tr>
<tr><td>材料和热处理</td><td colspan="5">碳钢或添加元素的碳钢，也可用易切钢制造</td><td colspan="3">碳钢、添加元素(如硼或锰或铬)的碳钢、合金钢，淬火并回火</td><td>合金钢，添加元素(如硼或锰或铬)的碳钢，淬火并回火</td></tr>
</table>

表10－10　螺母的性能等级

<table>
<tr><td>性能等级(标记)</td><td>5</td><td>6</td><td>8</td><td>10</td><td>12</td></tr>
<tr><td>螺母最小保证应力 σ_{min}/MPa</td><td>520
(d≥3～4，右同)</td><td>600</td><td>800</td><td>1040</td><td>1140</td></tr>
<tr><td>推荐材料</td><td>易切削钢，低碳钢</td><td>低碳钢或中碳钢</td><td>中碳钢</td><td colspan="2">中碳钢，低、中碳合金钢，淬火并回火</td></tr>
<tr><td>相配螺栓的性能等级</td><td>4.6，4.8(d≤16)；
5.6，5.8(d≤39)</td><td>6.8</td><td>8.8</td><td>10.9</td><td>12.9</td></tr>
</table>

注：1. 这里均指粗牙螺纹螺母。

2. 性能等级为10、12的硬度最大值为38HRC，其余性能等级的硬度最大值为30HRC。

适合制造螺纹连接件的材料品种很多，常用材料有10、15、Q215、Q235、35和45钢，对于承受冲击、振动或变载荷的螺纹连接件，可采用15Cr、20Cr、40Cr、30CrMnSi等力学性能较高的合金钢。

10.2.7 提高螺栓连接强度的措施

影响螺栓连接强度的因素很多，但螺栓连接强度主要取决于螺栓的强度。提高螺栓疲劳强度可采取如下措施。

1. 改善螺纹牙间载荷分布不均匀状况

采用普通结构的螺母时，载荷在旋合螺纹各圈间的分布是不均匀的，螺栓杆因受拉而螺距增大，螺母受压则螺距减小，这种螺距变化差主要靠旋合各圈螺纹牙的变形来补偿，使得从螺母支承面算起的第一圈螺纹受力与变形最大，以后各圈递减，如图 10.20 所示。理论分析和实验证明，旋合圈数越多，其载荷分配不均匀现象就越显著，到第 8～10 圈以后，螺纹牙几乎不受力。

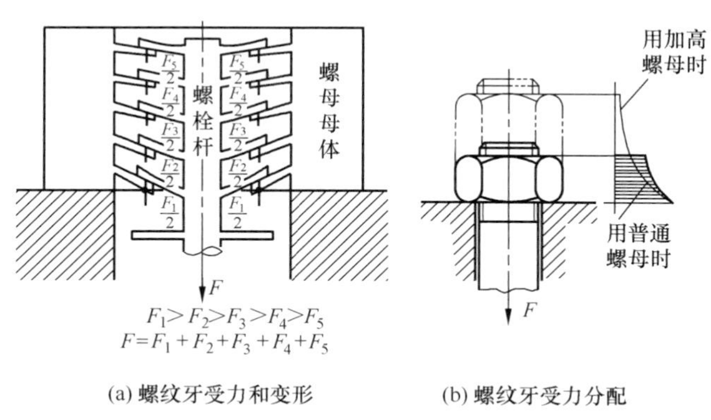

(a) 螺纹牙受力和变形　　(b) 螺纹牙受力分配

图 10.20　螺纹牙的受力和变形

解决办法：降低螺母的刚性，使之容易变形；增加螺母与螺杆的变形协调性，以缓和矛盾。常用的几种均载螺母如下。

(1) 悬置螺母。如图 10.21(a)所示，螺母的旋合部分全部受拉，其变形性质与螺栓相同，从而可以减小两者的螺距变化差，使螺纹牙上的载荷分布趋于均匀。

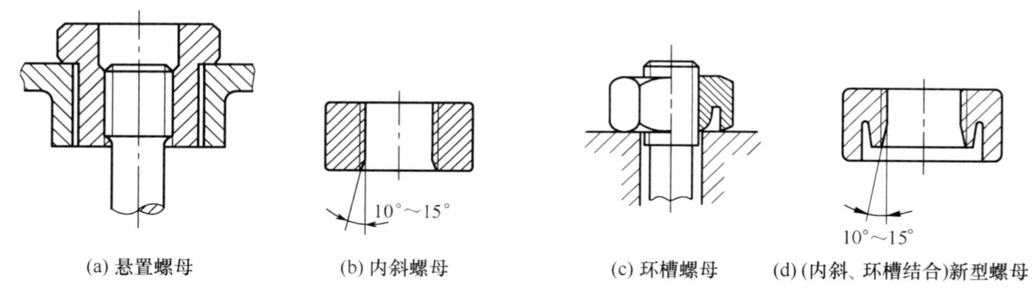

(a) 悬置螺母　(b) 内斜螺母　(c) 环槽螺母　(d) (内斜、环槽结合)新型螺母

图 10.21　几种均载螺母的结构

(2) 内斜螺母。如图 10.21(b)所示，螺母下端（螺栓旋入端）受力大的几圈螺纹处制成 10°～15°的斜角，使螺栓螺纹牙的受力面从上往下逐渐外移。这样，螺栓旋合段下部的螺纹牙在载荷作用下容易变形，载荷向上转移使载荷分布趋于均匀。

(3) 环槽螺母。如图 10.21(c)所示，这种结构可使螺母内缘下端（螺栓旋入端）局部受拉，其作用和悬置螺母相似，但其载荷均布的效果不及悬置螺母。

(4) 内斜螺母与环槽螺母结合而制造的新型螺母，如图 10.21(d)所示。其兼有环槽螺母和内斜螺母的作用。这些特殊结构的螺母，由于加工复杂，所以只限于重要的或大型的连接上使用。

螺栓与螺母采用不同材料匹配也可有效改善载荷分配不均状况。通常螺母用弹性模量低且较软的材料，如钢螺栓配有色金属螺母，能改善螺纹牙受力分配，可提高螺栓疲劳强度40%左右。

2. 减小应力幅 σ_a

当螺栓所受的轴向工作载荷变化时，将引起螺栓的总拉力和应力变化。在螺栓的最大应力一定时，应力幅越小，螺栓的疲劳强度越高。如图10.22所示，在工作载荷和剩余预紧力不变的情况下，减小螺栓的刚度或增大被连接件的刚度(预紧力相应增大)都能达到减小应力幅的目的。

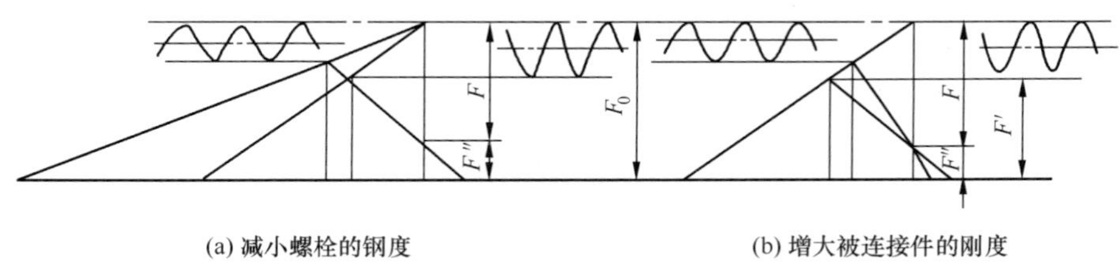

(a) 减小螺栓的钢度　　(b) 增大被连接件的刚度

图10.22　减小应力幅的措施

工程上减小螺栓刚度 c_1 可采用的措施有采用细长杆的螺栓、柔性螺栓(即部分减小螺杆直径或用中空螺栓)；在螺母下边放弹性元件(图10.23)等。在螺母下边放弹性元件就相当于起到柔性螺栓的效果，可达到减小螺栓刚度 c_1 的目的。

工程上增大被连接件刚度 c_2 可采用的措施有采用高硬度垫片或不用垫片，如图10.24所示。

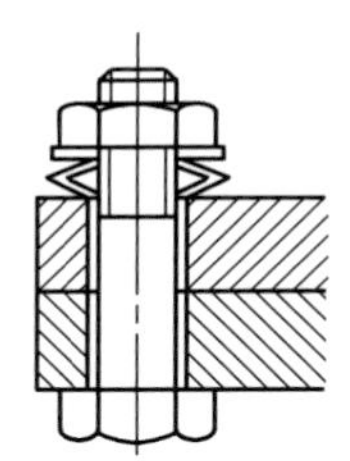

图10.23　将弹性元件置于螺母下

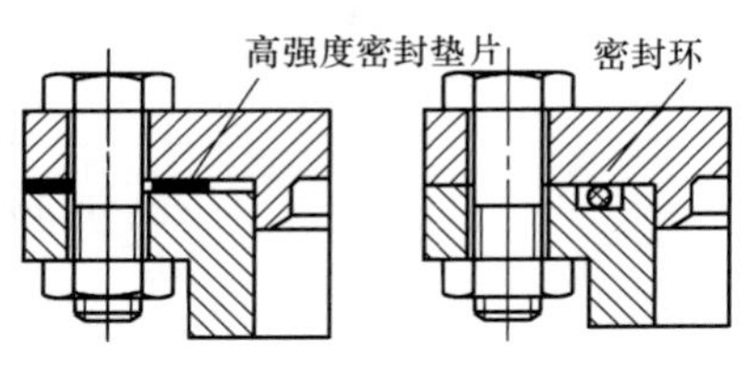

(a) 用密封垫片　　(b) 用密封环，不用垫片

图10.24　采用高硬度垫片或不用垫片

3. 减小应力集中

在螺纹牙根、螺纹收尾、螺栓头部与螺栓杆交接处，都有应力集中，应力集中是影响螺栓疲劳强度的主要因素之一。适当增大螺纹牙根圆角半径，在螺栓头部与螺栓杆交接处采用较大的过渡圆角，切制卸载槽或采用卸载过渡及使螺纹收尾处平缓过渡等都是减小应力集中的有效方法。

4. 减小附加应力

螺纹牙根部对弯曲很敏感，故附加弯曲应力是螺栓断裂的重要因素。为避免或减小附加弯曲应力，常采用的结构措施如图10.25所示，并在工艺上注意保证使螺纹孔轴线与连

接各支承面垂直。

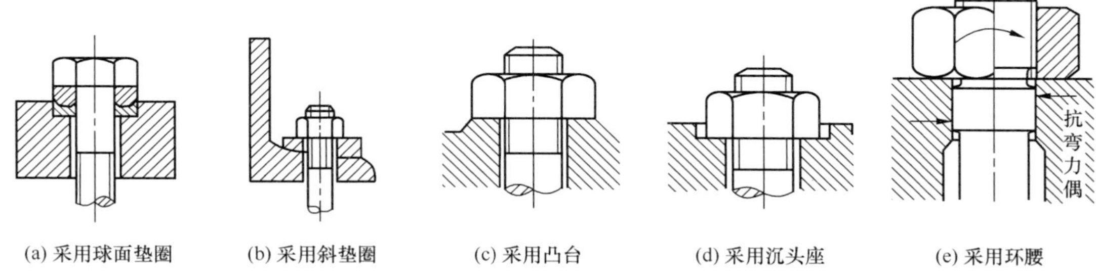

(a) 采用球面垫圈　(b) 采用斜垫圈　(c) 采用凸台　(d) 采用沉头座　(e) 采用环腰

图 10.25　避免或减小附加弯曲应力的方法示例

5. 采用合理的制造工艺

制造工艺对螺栓的疲劳强度有重要影响，采用滚压法制造螺栓，由于冷作硬化作用，表层存在残余压应力，金属流线合理，与车制螺纹相比，疲劳强度可提高 30%～40%。如果热处理后再进行滚压螺纹，效果更佳，螺栓的疲劳强度可提高 70%～100%，此法具有优质、高产、低消耗等功能。

【例 10.2】 如图 10.26 所示，用 8 个 M24($d_1=20.752$mm)的普通螺栓连接的钢制液压缸，螺栓材料的许用应力$[\sigma]=80$ MPa，液压缸的直径 $D=200$mm，为保证紧密性要求，剩余预紧力 $F''=1.6F$。试求液压缸内许用的最大压强 $p_{\max}$。

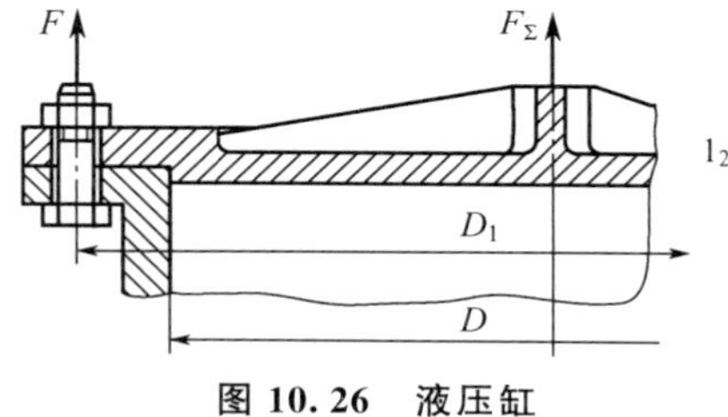

图 10.26　液压缸

解： 计算过程如下。

计算与说明	主要结果
根据 $\sigma=\dfrac{1.3F_0}{\dfrac{\pi}{4}d_1^2}\leqslant[\sigma]$	
解得 $F_0\leqslant\dfrac{\pi d_1^2}{4\times1.3}[\sigma]=\left(\dfrac{20.752^2\pi}{4\times1.3}\times80\right)\text{N}\approx20814\text{N}$	$F_0\leqslant20814$ N
依题意 $F_0=F''+F=1.6F+F=2.6F$	
由 $2.6F=20814\text{N}$，解得 $F\approx8005\text{N}$	$F\approx8005$ N
液压缸许用载荷 $F_\Sigma=zF=8F\approx64043\text{N}$	
根据 $F_\Sigma=p_{\max}\dfrac{\pi D^2}{4}=64043\text{N}$	
解得 $p_{\max}=\dfrac{4F_\Sigma}{\pi D^2}=\dfrac{4\times64043}{\pi\times200^2}\text{MPa}\approx2.04\text{MPa}$	$p_{\max}\approx2.04$MPa

【例 10.3】 如图 10.27 所示，刚性凸缘联轴器用 6 个普通螺栓连接。螺栓均匀分布在 $D=100\text{mm}$ 的圆周上，结合面摩擦因数 $f=0.15$，考虑摩擦传力的可靠性系数(防滑系数) $K_f=1.2$。若联轴器传递的转矩 $T=150\text{N}\cdot\text{m}$，载荷平稳，螺栓材料为 6.8 级，45 钢，$\sigma_s=480\text{MPa}$，不控制预紧力，安全系数 $S=4$。试求螺栓的最小直径。

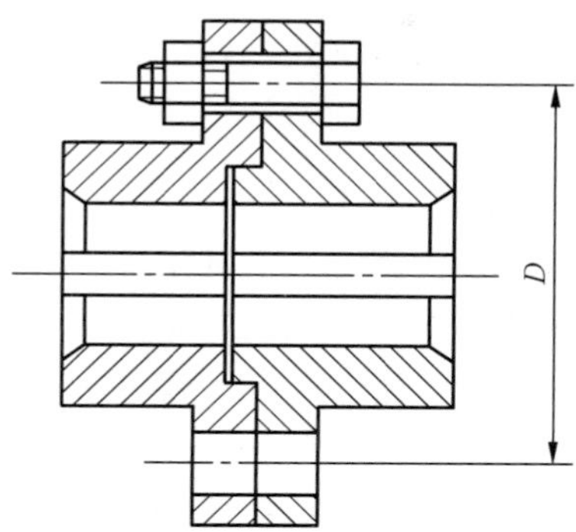

图 10.27　只受预紧力的紧螺栓连接

解：计算过程如下。

计算与说明	主要结果
由受旋转力矩螺栓组连接的平衡条件 $zF'f\dfrac{D}{2}=K_fT$，得 $F'=\dfrac{K_fT}{zf\dfrac{D}{2}}=\dfrac{1.2\times150000}{6\times0.15\times\dfrac{100}{2}}\text{N}=4000\text{N}$	$F'=4000\text{N}$
则螺栓最小直径为 $d_1\geqslant\sqrt{\dfrac{4\times1.3F'}{\pi[\sigma]}}=\sqrt{\dfrac{4\times1.3\times4000}{\pi\dfrac{\sigma_s}{S}}}\text{mm}=\sqrt{\dfrac{4\times1.3\times4000}{\pi\times120}}\text{mm}=7.43\text{mm}$	$d_1=7.43\text{mm}$

10.3　螺旋传动

螺旋传动是利用螺杆和螺母组成的螺旋副来实现传动要求的。它主要用以将回转运动变为直线运动，同时传递运动和动力。

10.3.1　螺旋传动的类型及应用

1. 按用途分类

螺旋传动按用途不同，可分为以下三种类型。

1）传力螺旋

传力螺旋以传递动力为主，要求以较小的转矩产生较大的轴向推力，用以克服工件阻力，如各种起重或加压装置的螺旋。传力螺旋主要承受很大的轴向力，一般为间歇性工作，每次的工作时间较短，工作速度也不高，而且通常需有自锁能力。

2）传导螺旋

传导螺旋以传递运动为主，有时也承受较大的轴向载荷，如机床进给机构的螺旋丝杠等。传导螺旋主要在较长的时间内连续工作，工作速度较高，因此，要求具有较高的传动精度。

3）调整螺旋

调整螺旋用以调整、固定零件的相对位置，如机床、仪器及测试装置中微调机构的螺旋。调整螺旋不经常转动，一般在空载下调整。

2. 按螺纹副的摩擦情况分类

根据螺纹副的摩擦情况，可将螺纹副分为滑动螺旋、滚动螺旋和静压螺旋。

静压螺旋实际上是采用静压流体润滑的滑动螺旋。滑动螺旋构造简单、加工方便、易于自锁，但摩擦大、效率低(一般为30％～40％)、磨损快，低速时可能爬行，定位精度和轴向刚度较差。滚动螺旋和静压螺旋没有这些缺点，前者效率在90％以上，后者效率可达99％；但构造较复杂，加工不便。静压螺旋还需要供油系统。本节主要介绍滑动螺旋的设计计算方法。

几种螺旋传动的运动转变方式如图10.28所示。学习这一部分内容时，应该注意螺旋传动与前面螺纹连接的差别。

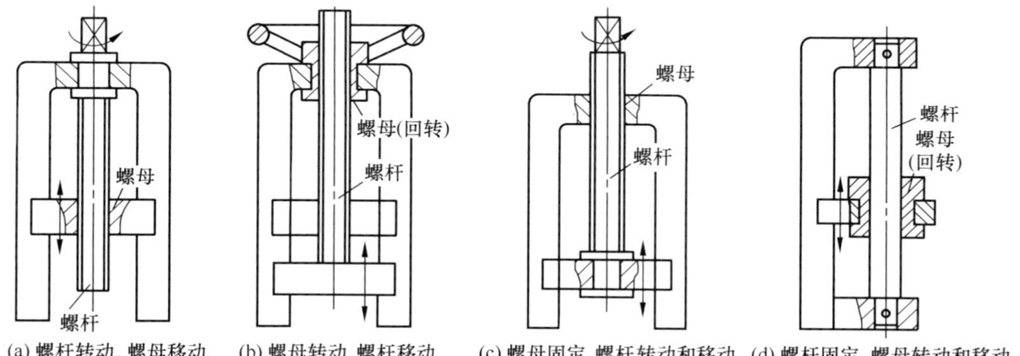

(a) 螺杆转动，螺母移动　(b) 螺母转动，螺杆移动　(c) 螺母固定，螺杆转动和移动　(d) 螺杆固定，螺母转动和移动

图10.28　螺旋传动的运动转变方式

10.3.2　滑动螺旋传动

1. 滑动螺旋传动的结构与材料

1）滑动螺旋的结构

螺旋传动的结构主要是指螺杆、螺母的固定和支承的结构形式。螺旋传动的工作刚度与精度等和支承结构有直接关系。当螺杆短而粗且垂直布置时，如起重及加压装置的传力螺旋，可以利用螺母本身作为支承，如图10.29所示。当螺杆细长且水平布置时，如机床的传导螺旋(丝杠)等，如图10.30所示，应在螺杆两端或中间附加支承，以提高螺杆的工作刚度。此外，对于轴向尺寸较大的螺杆，应采用对接的组合结构代替整体结构，以减少制造工艺上的困难。

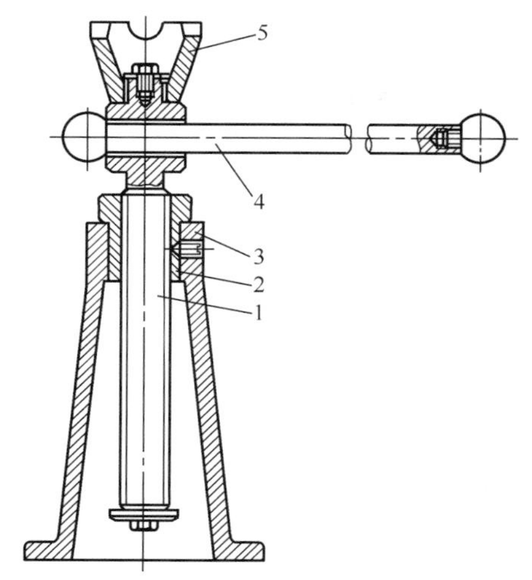

图 10.29　螺旋起重器

1—螺杆；2—螺母；3—底座；4—手柄；5—托杯

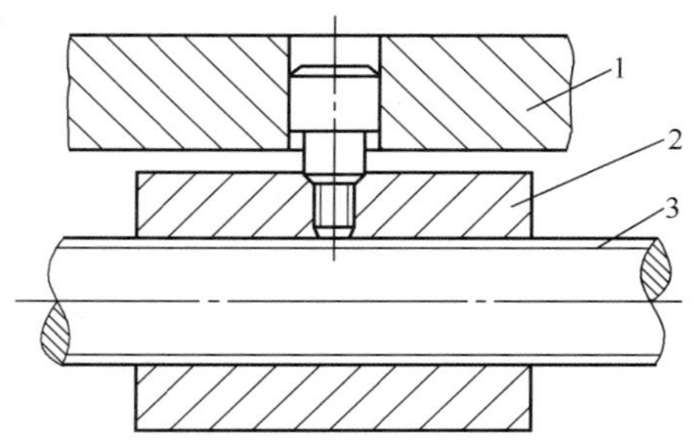

图 10.30　机床进给用螺旋

1—滑板；2—螺母；3—螺杆

螺母结构有整体螺母(图 10.31)、组合螺母(图 10.32)和剖分螺母(图 10.33)等形式。整体螺母结构简单，但由于磨损产生的轴向间隙不能补偿，只适合精度较低的螺旋。对于经常双向传动的传导螺旋，为了消除轴向间隙和补偿螺纹磨损，避免反向传动时空行程，一般采用组合螺母或剖分螺母。

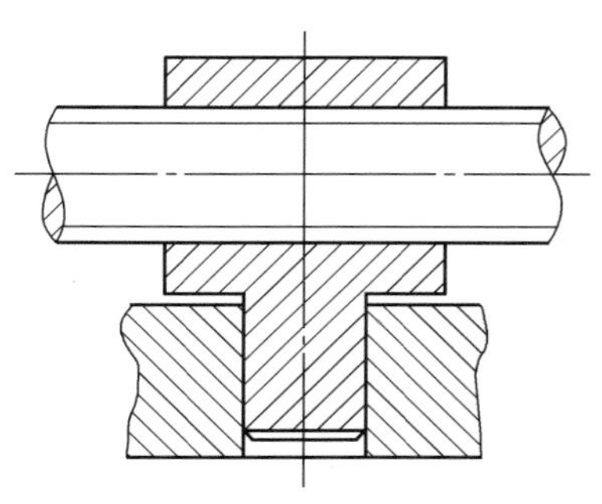

图 10.31　整体螺母

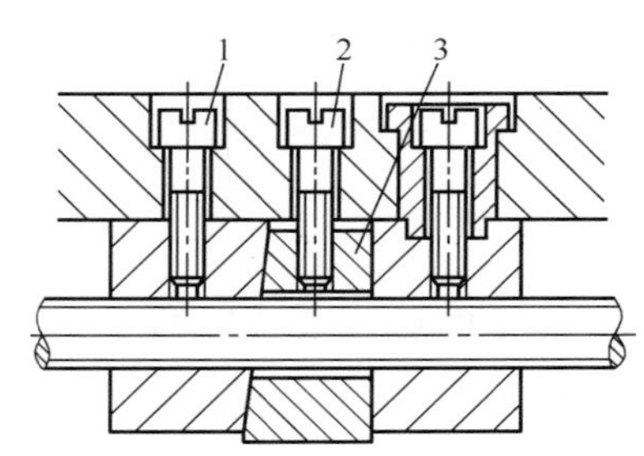

图 10.32　组合螺母

1—固定螺钉；2—调整螺钉；3—调整楔块

滑动螺旋采用的螺纹类型有矩形、梯形、锯齿形，其中梯形、锯齿形应用较多。

2）滑动螺旋的材料

螺杆材料要有足够的强度和耐磨性及良好的加工性。不经热处理的螺杆一般可用 Q235、45、50、40WMn 钢，重要的需热处理的螺杆可用 65Mn、40Cr 或 20CrMnTi 钢。精密传动螺杆可用 9Mn2V、CrWMn、38CrMoAl 钢等。

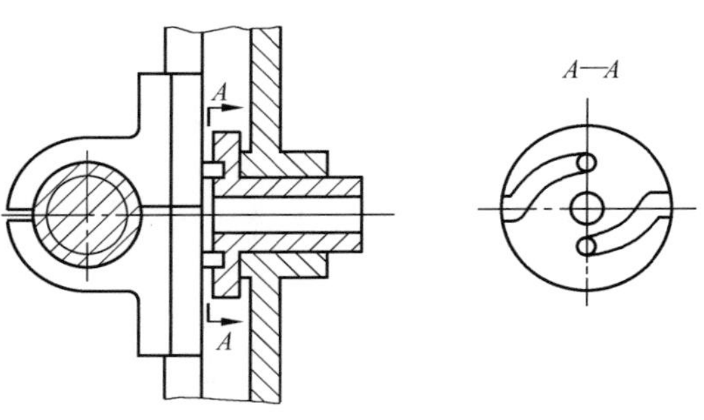

图 10.33　剖分螺母

螺母材料除了要有足够的强度外，还要求在与螺杆材料配合时摩擦因数小和耐磨。常用的材料是铸锡青铜 ZCuSn10P1、ZCuSn5Pb5Zn5；重载低速时用高强度铸造铝青铜 ZCuAl10Fe3或铸造黄铜 ZCuZn25Al6Fe3Mn3；重载时可用 35 钢或球墨铸铁；低速轻载时也可用耐磨铸铁。尺寸大的螺母可用钢或铸铁作外套，内部浇注青铜。高速螺母可浇注锡锑或铅锑轴承合金(即巴氏合金)。

2. 滑动螺旋传动设计

滑动螺旋工作时，主要承受转矩及轴向力(拉力或压力)的作用，同时在螺杆和螺母的旋合螺纹间有较大的相对滑动。其失效形式主要是螺纹磨损。因此，滑动螺旋的基本尺寸(即螺杆直径与螺母高度)通常是根据耐磨性条件确定的。对于受力较大的传力螺旋，还应校核螺杆危险截面及螺母螺纹牙的强度，以防止发生塑性变形或断裂；对于要求自锁的螺杆应校核其自锁性；对于精密的传导螺旋应校核螺杆的刚度(螺杆的直径应根据刚度条件确定)，以免受力后由于螺距的变化引起传动精度降低；对于长径比很大的受压螺杆，应校核其稳定性，以防止螺杆受压后失稳；对于高速的长螺杆还应校核其临界转速，以防止产生过度的横向振动等。在设计时，应根据螺旋传动的类型、工作条件及失效形式等，选择不同的设计准则，而不必逐项进行校核。

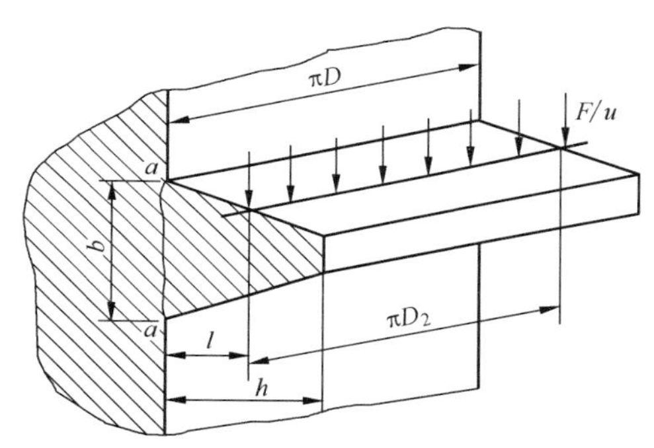

图 10.34 螺母螺纹圈的受力

下面主要介绍耐磨性计算和几项常用的校核计算方法。

1）滑动螺旋副的耐磨性计算

磨损多发生在螺母，把螺纹牙展直后相当于一根悬臂梁(图 10.34)。耐磨性的计算在于限制螺纹副的压强 p。设轴向力为 F，相旋合螺纹圈数 $u=\frac{H}{P}$，此处 H 是螺母高度，P 为螺距，则验算式为

$$p=\frac{F}{A}=\frac{F}{\pi d_2 hu}=\frac{FP}{\pi d_2 hH}\leqslant[p] \qquad (10.25)$$

式中，d_2——螺纹中径(mm)；

h——螺纹工作高度(mm)，梯形和矩形螺纹 $h=0.5P$，锯齿形螺纹$h=0.75$P；

$[p]$——许用压强(MPa)，见表 10-11。

表 10-11 滑动螺旋传动的许用压强 [p]

螺纹副材料	滑动速度/(m/s)	许用压强/MPa	螺纹副材料	滑动速度/(m/s)	许用压强/MPa
钢对青铜	低速	18～25	钢对灰铸铁	<0.04	13～18
	≤0.05	11～18		0.1～0.2	4～7
	0.1～0.2	7～10	钢对钢	低速	7.5～13
	>0.25	1～2	淬火钢对青铜	0.1～0.2	10～13
钢对耐磨铸铁	0.1～0.2	6～8			

注：表中许用压强值适用于 $\varphi=2.5\sim4$ 的情况。当 $\varphi<2.5$ 或人力驱动时，[p] 可提高 20%；螺母为剖分式时，[p] 降低 15%～20%。

为了设计方便，引用系数 $\varphi=\frac{H}{d_2}$ 消去 H

$$d_2 \geqslant \sqrt{\frac{FP}{\pi h \varphi[p]}} \tag{10.26}$$

对于矩形和梯形螺纹，$h=0.5P$，则

$$d_2 \geqslant 0.8\sqrt{\frac{F}{\varphi[p]}} \tag{10.27}$$

对于工作面牙型斜角为3°的锯齿形螺纹，$h=0.75P$，则

$$d_2 \geqslant 0.65\sqrt{\frac{F}{\varphi[p]}} \tag{10.28}$$

当螺母为整体式，磨损后间隙不能调整时，取 $\varphi=1.2\sim2.5$；螺母为剖分式，间隙能够调整，或螺母兼作支承而受力较大时，可取 $\varphi=2.5\sim3.5$；传动精度较高，要求寿命较长时，允许取 $\varphi=4$。

由于旋合各圈螺纹牙受力不均，u 不宜大于10。

2）螺旋传动的自锁性验算

根据机械原理知识可知，螺旋传动的效率可用式(10.29)表示

$$\eta=\frac{\tan\psi}{\tan(\psi+\rho_v)} \tag{10.29}$$

螺纹副自锁条件可表示为

$$\psi \leqslant \rho_v = \arctan\frac{f}{\cos\beta} = \arctan f_v \tag{10.30}$$

式中，ψ——螺纹升角(°)；

ρ_v——螺纹副的当量摩擦角(°)；

f——螺纹副的摩擦因数；

f_v——螺纹副的当量摩擦因数；

β——螺纹牙形的牙型斜角(°)。

螺旋传动螺纹副的摩擦因数见表10-12。

表10-12 螺旋传动螺纹副的摩擦因数(定期润滑)

螺纹副材料	钢对青铜	钢对耐磨铸铁	钢对灰铸铁	钢对钢	淬火钢对青铜
摩擦因数 f	0.08～0.10	0.10～0.12	0.12～0.15	0.11～0.17	0.06～0.08

注：表中摩擦因数起动时取大值，运转中取小值。

3）滑动螺旋副的强度计算

(1) 螺纹牙强度计算。螺纹牙的剪切和弯曲破坏多发生在螺母。参见图10.34，螺纹牙的剪切和弯曲强度条件分别为

$$\tau=\frac{F}{\pi D b u} \leqslant [\tau] \tag{10.31}$$

$$\sigma_b=\frac{6Fl}{\pi D b^2 u} \leqslant [\sigma_b] \tag{10.32}$$

式中，D——螺母螺纹大径(mm)；

b——螺纹牙底宽度(mm)，梯形螺纹 $b=0.65P$，矩形螺纹 $b=0.5P$，锯齿形螺

纹 $b=0.736P$；

l——弯曲力臂(mm)，$l=\frac{D-D_2}{2}$；

$[\tau]$ 和 $[\sigma_b]$——螺纹牙的许用剪切应力和许用弯曲应力(MPa)，见表 10-13。

表 10-13　滑动螺旋副材料的许用应力

螺旋副材料		许用应力/MPa		
		$[\sigma]$	$[\sigma_b]$	$[\tau]$
螺杆	钢	$\sigma_s/(3\sim5)$		
螺母	青铜		40～60	30～40
	铸铁		45～55	40
	钢		$(1.0\sim1.2)[\sigma]$	$0.6[\sigma]$

(2) 螺杆强度计算。螺杆承受压力(或拉力)F 和转矩 T，根据第四强度理论，其强度条件为

$$\sigma_{ca}=\sqrt{\left(\frac{4F}{\pi d_1^2}\right)^2+3\left(\frac{T}{0.2d_1^3}\right)^2}\leqslant[\sigma] \tag{10.33}$$

式中，F——螺杆所受轴向压力(或拉力)(N)；

T——螺杆所受转矩(N·mm)，$T=F\tan(\psi+\rho_v)d_2/2$；

$[\sigma]$——螺杆材料的许用应力(MPa)，见表 10-13。

4) 受压螺杆的稳定性计算

螺杆受压时的稳定性验算式为

$$\frac{F_{cr}}{F}\geqslant2.5\sim4 \tag{10.34}$$

$$F_{cr}=\frac{\pi^2 EI}{(\beta l)^2} \tag{10.35}$$

式中，F_{cr}——螺杆的稳定临界载荷(N)，根据螺杆的柔度 λ 值确定，$\lambda=\beta l/i$，其中 i 为螺杆危险截面的惯性半径；

E——螺杆材料的弹性模量(MPa)；

I——螺杆危险截面的轴惯性矩(mm^4)，$I=\pi d_1^4/64$；

β——长度系数，与两端支座形式有关，见表 10-14。

式(10.35)只适用于螺杆为未淬火钢且 $\lambda\geqslant90$ 的情况。

表 10-14　螺杆的长度系数

端部支承情况	长度系数 β	端部支承情况	长度系数 β
两端固定	0.50	两端不完全固定	0.75
一端固定，一端不完全固定	0.60	两端铰支	1.00
一端铰支，一端不完全固定	0.70	一端固定，一端自由	2.00

注：判断螺杆端部支承情况的方法如下。

(1) 采用滑动支承时，以轴承长度 l_0 与直径 d_0 的比值来确定。$l_0/d_0<1.5$ 时，为铰支；$l_0/d_0=1.5\sim3.0$ 时，为不完全固定；$l_0/d_0>3.0$ 时，为固定支承。

(2) 以整体螺母作为支承时，仍按上述方法确定。此时，取 $l_0=H$（H 为螺母高度）。

(3) 以剖分螺母作为支承时，可作为不完全固定支承。

(4) 采用滚动支承且有径向约束时，可作为铰支；有径向和轴向约束时，可作为固定支承。

5）螺杆的刚度计算

对于传递精确运动的滑动丝杠副，工作中只允许有很小的螺距误差。但丝杠在轴向力和扭矩的作用下将产生变形，而引起螺距变化，从而影响滑动丝杠副的传动精度。为了使滑动丝杠的变形很小或把螺距的变化限制在允许的范围内，必须要求丝杠具有足够的刚度。因此，在设计传递精确运动的滑动丝杠副时应进行丝杠的刚度计算。

滑动丝杠副受力变形后所引起的螺距误差，一般由如下两部分组成。

(1) 丝杠在轴向载荷 F 作用下所产生的螺距变形量 δ_F

$$\delta_F=\frac{4FP}{\pi E d_1^2} \tag{10.36}$$

式中，F——丝杠承受的轴向力(N)；

P——丝杠螺纹的螺距(mm)；

E——丝杠的弹性模量(MPa)；

d_1——丝杠的小径(mm)。

(2) 转矩 T 作用下每个螺距的变形

$$\delta_T=\frac{16TP^2}{\pi^2 G d_1^4} \tag{10.37}$$

式中，T——转矩(N·mm)；

P——丝杠螺纹的螺距(mm)；

G——丝杠的剪切弹性模量(MPa)；

d_1——丝杠的小径(mm)。

每个螺纹螺距总变形

$$\delta=\delta_F+\delta_T \tag{10.38}$$

单位长度变形量

$$\Delta=\delta/P \tag{10.39}$$

10.3.3 其他螺旋传动简介

1. 滚动螺旋传动简介

滚动螺旋可分为滚子螺旋和滚珠螺旋两类。由于滚子螺旋的制造工艺复杂，所以应用较少，下面简要介绍滚珠螺旋传动。滚珠螺旋传动的结构如图 10.35 所示。当螺杆或螺母回转时，滚珠依次沿螺纹滚动。借助于导向装置将滚珠导入返回轨道，然后进入工作轨道。如此往复循环，使滚珠形成一个闭合循环回路。其方式分外循环和内循环；前者导路为一导管，后者导路为每圈螺纹有一反向器，滚珠在本圈内运动。外循环加工方便，但径向尺寸较大。螺母螺纹以 3～5 圈为宜，过多则受力不均，并不能提高承载能力。滚珠螺旋传动具有传动效率高、起动力矩小、传动灵敏平稳、工作寿命长等优点，目前在机车、汽车、航空等制造业应用很广。但其制造工艺复杂，成本高。

2. 静压螺旋传动简介

如图 10.36(a)所示，压力油先经节流器进入内螺纹牙两侧的油腔，然后经回油通路流回油箱。当螺杆不受力时，处于中间位置，此时，螺纹牙的两侧间隙相等，经螺纹牙两侧流出的油的流量相等，因此油腔压力也相等。当螺杆受轴向力 F_a 而左移时，间隙 h_1 减小，h_2 增大，使牙左侧压力大于右侧，从而产生一平衡 F_a 的液压力。在图 10.36(b)中，

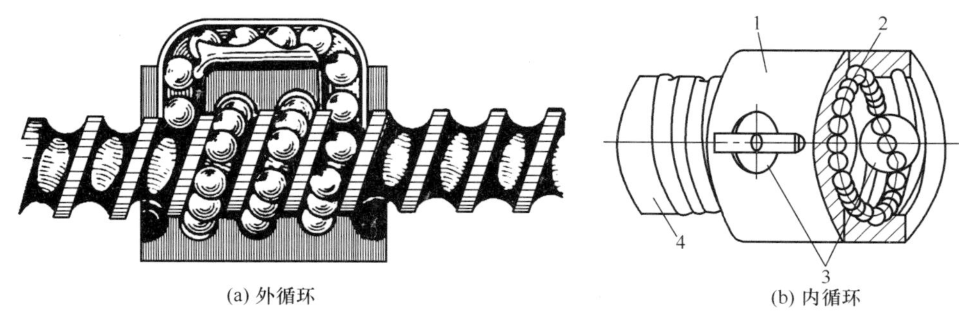

(a) 外循环　　(b) 内循环

图 10.35　滚动螺旋传动

1—螺母；2—滚珠；3—反向器；4—螺杆

如果每一螺纹牙侧开 3 个油腔，则当螺杆受径向力 F_r 而下移时，油腔 A 侧的间隙减小，压力增高，B 侧和 C 侧的间隙增大，压力降低，从而产生一平衡 F_r 的液压力。

当螺杆受弯曲力矩时，也具有平衡能力。

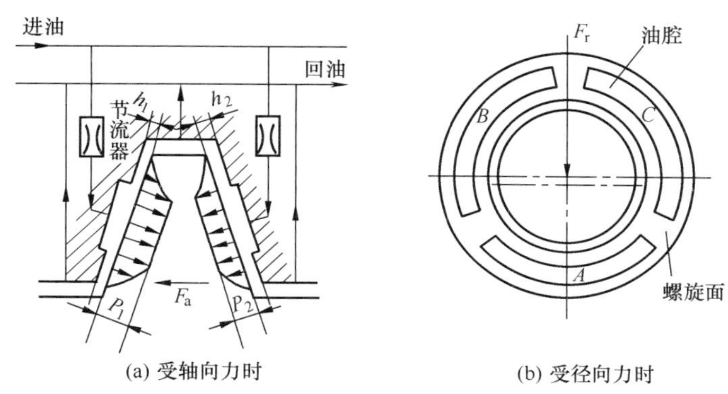

(a) 受轴向力时　　(b) 受径向力时

图 10.36　静压螺旋传动的工作原理示意图

【例 10.4】　图 10.37 为一车床进给螺旋传动简图。螺杆两支承间距离 $L=2700$mm，工作长度 $l=2300$mm；所受轴向力 $F=7500$N，最高转速 $n_m=100$r/min，螺杆采用 Tr44×12－8 梯形螺纹，材料 45 钢调质，硬度 230～250HBW，螺母采用剖分式，材料 ZCuAl10Fe3。试确定螺母的高度并对该螺旋传动进行核验。

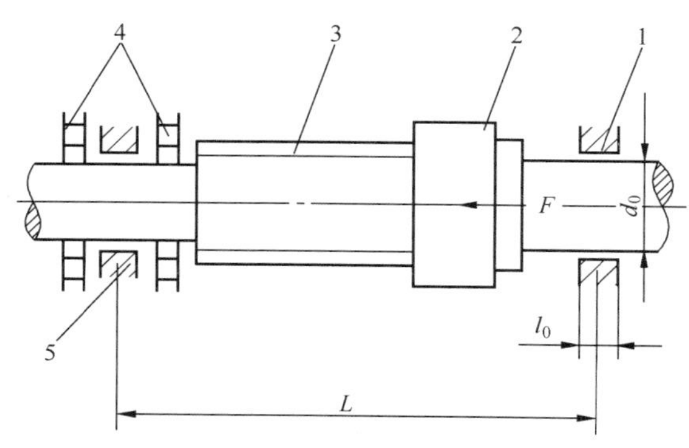

图 10.37　车床进给螺旋传动简图

1、5—滑动轴承；2—螺母；3—螺杆；4—推力环轴承

解：对该车床进给装置的要求是保证各零件有足够的强度、耐磨性和稳定性，具体设计步骤如下。

计算与说明	主要结果
1. 螺母耐磨性核验 由机械设计手册中查出 Tr44×12－8 梯形螺纹的参数为 $d=44\text{mm}$，$d_1=31\text{mm}$，$d_2=38\text{mm}$，$P=12\text{mm}$，8 级精度 $p_f=\dfrac{FP}{\pi d_2 hH}\leqslant[p]$ 梯形螺纹 $h=0.5P$，$b=0.65P$，螺母高度 $H=\varphi d_2$，对剖分式螺母取 $\varphi=2.5$，则有 $b=0.65\times12\text{mm}=7.8\text{mm}$，$H=2.5\times38\text{mm}=95\text{mm}$ 螺母的圈数 $u=H/P=95/12\approx7.9$，合理。 $p_f=\dfrac{7500\times12}{\pi\times38\times0.5\times12\times95}\text{MPa}=1.32\text{MPa}$ 滑动速度 $v=\dfrac{\pi d_2 n_m}{60\times1000}=\dfrac{\pi\times38\times100}{60\times1000}\text{m/s}\approx0.199\text{m/s}$ 查表 10－11，得 $[p]=7\sim10\text{MPa}$，$p_f<[p]$，合格。	$p_f=1.32\text{MPa}$ $p_f<[p]$，合格
2. 验算自锁能力 螺纹升角 $\psi=\arctan\dfrac{P}{\pi d_2}=\arctan\dfrac{12}{\pi\times38}=5.74°$ 当量摩擦角 $\rho_v=\arctan\dfrac{f}{\cos\beta}=\arctan\dfrac{0.08}{\cos15°}=4.74°$ $\psi>\rho_v$，不自锁。	$\rho_v=4.74°$ $\psi>\rho_v$，不自锁
3. 验算螺杆强度 $\sigma_{ca}=\sqrt{\left(\dfrac{4F}{\pi d_1^2}\right)^2+3\left(\dfrac{T}{0.2d_1^3}\right)^2}\leqslant[\sigma]$ 螺杆受压力 F 和转矩 T 作用。 式中 $T=F\tan(\psi+\varphi_v)\dfrac{d_2}{2}=\left[7500\times\tan(5.74°+4.74°)\times\dfrac{38}{2}\right]\text{N}\cdot\text{mm}=26360\text{N}\cdot\text{mm}$ $\sigma_{ca}=\sqrt{\left(\dfrac{4\times7500}{\pi\times31^2}\right)^2+3\left(\dfrac{26360}{0.2\times31^3}\right)^2}\text{MPa}=12.55\text{MPa}$ 螺杆 45 钢，调质，查得屈服强度 $\sigma_s=355\text{MPa}$，由表 10－13，螺杆许用应力 $[\sigma]=\dfrac{\sigma_s}{3\sim5}=\dfrac{355}{3\sim5}\text{MPa}=71\sim118\text{MPa}$ $\sigma_{ca}<[\sigma]$，满足强度条件。	$\sigma_{ca}=12.55\text{MPa}$ $\sigma_{ca}<[\sigma]$，满足强度条件
4. 螺母的螺纹强度校核 螺纹牙剪切强度 $\tau=\dfrac{F}{u\pi Db}=\dfrac{7500}{7.9\pi\times44\times7.8}\text{MPa}\approx0.88\text{MPa}$ 螺纹牙弯曲强度 $\sigma_b=\dfrac{3F(D-D_2)}{\pi Db^2u}=\dfrac{3\times7500\times(44-38)}{\pi\times44\times7.8^2\times7.9}\text{MPa}\approx2.03\text{MPa}$ 查表 10－13 得 $[\tau]=30\sim40\text{MPa}$，$[\sigma_b]=40\sim60\text{MPa}$ $\tau<[\tau]$，$\sigma<[\sigma_b]$，满足要求。	$\tau=0.88\text{MPa}$ $\sigma_b=2.03\text{MPa}$ $\tau<[\tau]$，$\sigma<[\sigma_b]$，满足要求

（续）

计算与说明	主要结果
5. 螺杆稳定性核验 螺杆柔度 $\lambda=\beta l/i$，按表 10-14，此螺旋为一端不完全固定、一端铰支，长度系数 $\beta=0.7$，工作长度 $l=2300\text{mm}$，$i=d_1/4=31/4\text{mm}=7.75\text{mm}$，则有 $$\lambda=\frac{0.7\times2300}{7.75}=207.8$$ 当 $\lambda>85\sim90$ 时，按欧拉公式，计算临界载荷得 $$F_{cr}=\frac{\pi^2 EI}{(\beta l)^2}=\frac{\pi^2\times2.1\times10^5\times\pi\times31^4/64}{(0.7\times2300)^2}\text{N}=36284\text{N}$$ 稳定性安全系数 $S_c=F_{cr}/F=36248/7500=4.8>(2.5\sim4)$，稳定性合格。	稳定性合格
6. 螺杆的刚度 轴向载荷 F 产生每个导程的变形 $$\delta_F=\frac{4FP}{\pi Ed_1^2}=\frac{4\times7500\times12}{\pi\times2.1\times10^5\times31^2}\text{mm}=0.57\times10^{-3}\text{mm}$$ 转矩 T 产生每个导程的变形 $$\delta_T=\frac{16TP^2}{\pi^2 Gd_1^4}=\frac{16\times26360\times12^2}{\pi^2\times8.3\times10^4\times31^4}\text{mm}=8\times10^{-5}\text{mm}$$ 每个螺纹导程总变形 $$\delta=\delta_F+\delta_T=(0.57\times10^{-3}+0.08\times10^{-3})\text{mm}=0.65\times10^{-3}\text{mm}$$ 单位长度变形量 $$\Delta=\delta/P=(0.65\times10^{-3}/12)\text{mm}=5.4\times10^{-5}\text{mm}$$ 机床一般传动的许用单位长度变形量 $[\Delta]=(5\sim6)\times10^{-5}$，变形量 Δ 在适用范围内。	$\Delta=5.4\times10^{-5}\text{mm}$
7. 螺旋传动效率 螺旋副传动效率 $\eta_1=\frac{\tan\psi}{\tan(\psi+\varphi_v)}=\frac{\tan5.74°}{\tan(5.74°+4.74°)}=0.54$	$\eta_1=0.54$

10.4 其他连接

铆接、焊接、胶接都属于不可拆的静连接，本节简要介绍这三类连接的应用及特点。

10.4.1 铆接

利用铆钉把两个或两个以上的被连接件连接在一起构成不可拆连接，称为铆钉连接，简称铆接。

铆钉按其钉头形状有多种形式，大多已标准化，较常用的见表 10-15，其结构尺寸详见机械设计手册。铆钉按材料的不同可以分为钢铆钉、铜铆钉、铝铆钉等。近年来，航空、航天器结构开始使用钛合金铆钉。

表 10－15　铆钉的形式

名称	实 心 铆 接				扁圆头 半空心铆钉	空心铆钉
	半圆头	平锥头	沉头	半沉头		
形状	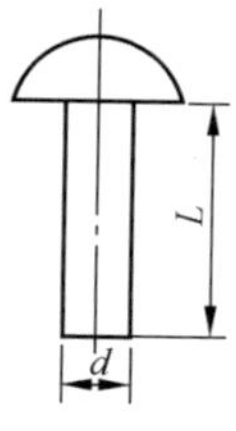	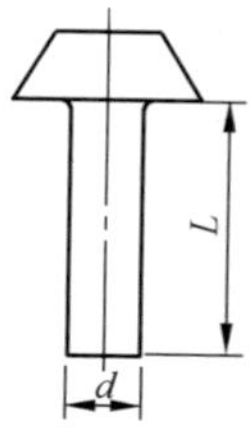	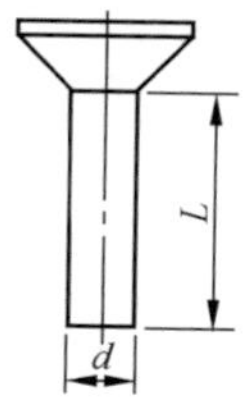	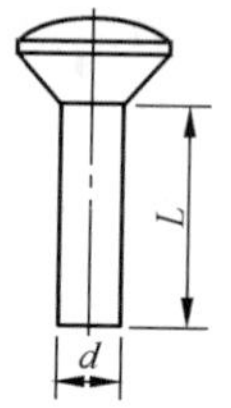	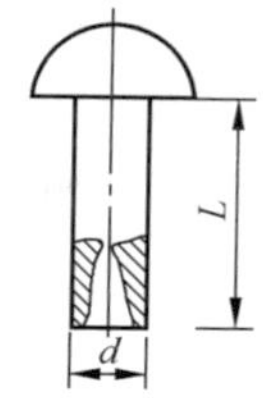	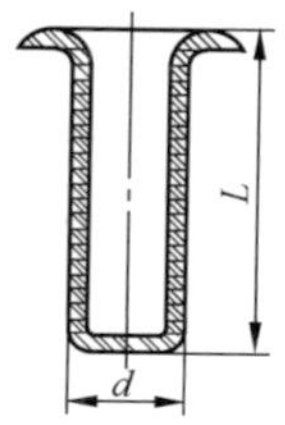
应用 场合	应用广，常用于承受较大横向载荷的铆缝	常用于耐腐蚀的场合	用于表面要求平滑受载不大的铆缝	用于表面要求平滑受载不大的铆缝	铆接方便，只用于受载不大处	质量轻，适用于受力小的薄板或非金属零件的铆接

铆钉用棒料在锻压机上制成，一端有预制头。把铆钉插入被铆件的重叠孔内，用工具连续锤击或用压力机压缩铆钉杆端，使钉杆充满钉孔和端模，形成铆制头(图 10.38)，这个过程称为铆合。铆合可用人力、气力或液力(气铆枪或铆钉机)。直径小于 12mm 的钢铆钉，可在常温下冷铆，用于不重要和受载不大的连接上，塑性良好的铜、铝合金等铆钉广泛使用冷铆。对直径大于 12mm 的钢铆钉，铆合时通常需要把铆钉的全部或局部加热到 1000～1100℃热铆。

铆接工艺简单、抗振、耐冲击、牢固可靠，但一般结构笨重，铆接时噪声很大，影响工人健康和环境安宁。

随着焊接技术的发展，压力容器、罐等许多设备的铆接已被焊接代替；螺栓、焊接结构应用广泛，目前铆接主要用于桥梁、建筑、造船、重型机械、飞机制造及少数焊接技术受限制的场合。图 10.39 所示为铆接的应用实例。

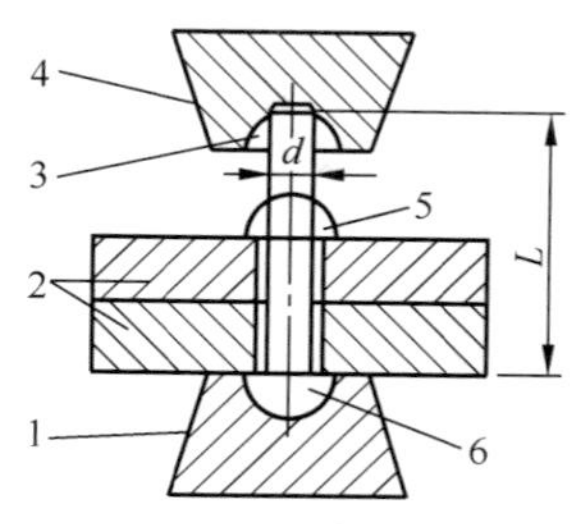

图 10.38　铆合图

1—托垫；2—被铆件；3—端模；4—铆合工具(加铆枪)；5—铆制头；6—预制头

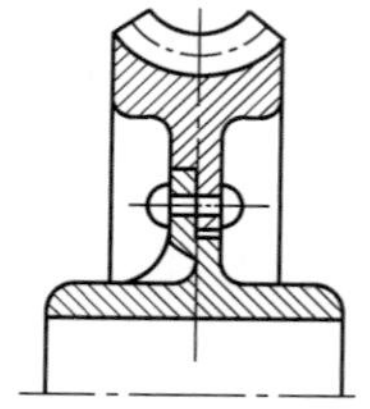

图 10.39　铆接的应用实例(蜗轮齿圈和齿芯的铆接)

10.4.2　焊接

焊接是一种借助加热(有时还要加压)，使两个以上的金属件在连接处形成原子或分子间的结合而构成的连接。焊接的应用非常广泛，既可用于钢、铸铁、有色金属及镍、锌、铅等金属材料，也可用于塑料等非金属材料。

焊接的结构强度大、刚度高、质量轻、密封性好、成本低、生产周期短、可靠性好、施工简便。因此，在机器制造中大量采用焊接技术，如船体、锅炉、各种容器等都采用焊接结构。焊接技术广泛应用于石油化工、船舶、建筑、航空、航天及海洋工程中。在半导体器材和电子产品中，焊接更是不可缺少的连接手段。

图 10.40 所示为焊接的应用实例，图 10.40(a)所示曲轴采用对焊可简化毛坯生产过程；排气阀采用对焊可使耐热合金钢的阀帽与普通钢的阀杆结成一体。图 10.40(b)所示减速器箱体采用焊接结构可使质量大大减轻，并且省去了铸造时所需的制模费用。

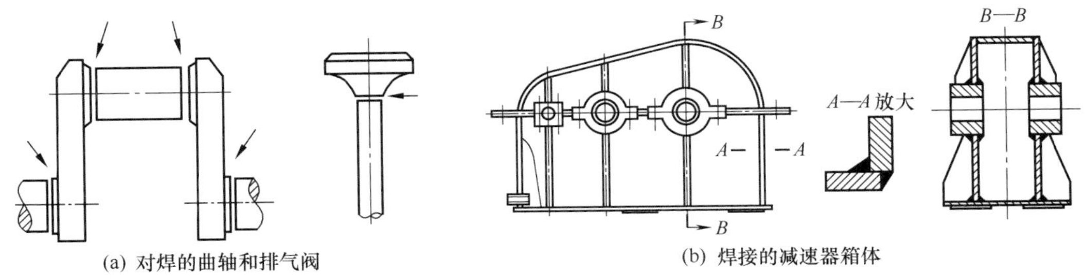

(a) 对焊的曲轴和排气阀　　(b) 焊接的减速器箱体

图 10.40　焊接的应用实例

10.4.3　胶接

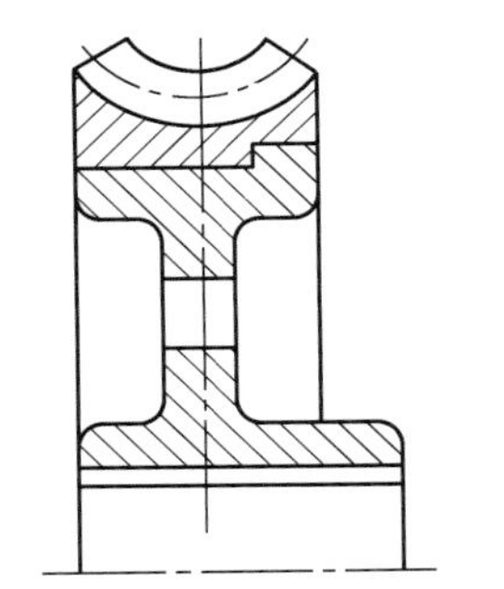

图 10.41　胶接的应用实例(蜗轮的齿圈与轮芯的胶接)

胶接是利用胶黏剂在连接接合处生成结合力从而使两被连接件连接在一起的方法，常用于不可拆连接。

胶接与铆接、焊接相比，具有工艺简单、无需复杂设备、变形小、应力分布均匀、便于不同材料的连接、可用于极薄金属片的连接、质量轻、外观平整、绝缘性好、耐腐蚀及密封性能好等优点。

在机械制造中，胶接主要应用于以下几方面：①大型结构件的连接；②金属切削刀具的制作；③模型的制造；④紧固与密封件的胶接；⑤设备维修时破损件的修复。图 10.41 所示为胶接的应用实例。

本章小结

本章主要讲解了螺纹及螺纹连接的基本知识，重点分析了螺栓组连接的设计计算方法(包括单个螺栓连接的预紧、强度计算、螺栓组结构设计、受力分析)，阐述了提高连接强度的措施等方面的内容，同时介绍了其他连接的基本类型和特点及滑动螺旋传动的设计计算方法。

习　　题

1. 选择题

(1) 三角形螺纹用于连接，这是因为其________。

A. 牙根强度高　　B. 自锁性能好

C. 传动效率高

(2) 采用普通螺栓连接的凸缘联轴器，在传递转矩时，________。

A. 螺栓的横截面受剪切　　B. 螺栓与螺栓孔配合面受挤压

C. 螺栓同时受剪切与挤压　　D. 螺栓受拉伸与扭转作用

(3) 当螺纹公称直径、牙型角、螺纹线数相同时，细牙螺纹的自锁性能比粗牙螺纹的自锁性能________。

A. 好　　B. 差　　C. 相同　　D. 不一定

(4) 计算紧螺栓连接的拉伸强度时，考虑到拉伸与扭转的复合作用，应将拉伸载荷增加到原来的________倍。

A. 1.1　　B. 1.3　　C. 1.25　　D. 0.3

(5) 在螺栓连接中，有时在一个螺栓上采用对顶螺母，其目的是________。

A. 提高强度　　B. 提高刚度

C. 防松　　D. 减小每圈螺纹牙上的受力

(6) 在同一螺栓组中，螺栓的材料、直径和长度均应相同，这是为了________。

A. 提高强度　　B. 提高刚度　　C. 外形美观　　D. 降低成本

(7) 在螺栓连接设计中，若被连接件为铸件，则有时在螺栓孔处制作沉头座孔或凸台，其目的是________。

A. 避免螺栓受附加弯曲应力作用　B. 便于安装

C. 安置防松装置　　D. 避免螺栓受拉力过大

(8) 若要提高受轴向变载荷作用的紧螺栓的疲劳强度，则可________。

A. 在被连接件间加橡胶垫片　　B. 采用细长杆螺栓

C. 采用精制螺栓　　D. 加防松装置

(9) 当铰制孔用螺栓组连接承受横向载荷或旋转力矩时，该螺栓组中的螺栓________。

A. 必受剪切力作用　　B. 必受拉力作用

C. 同时受到剪切与拉伸　　D. 既可能受剪切，又可能受挤压作用

(10) 随着被连接件刚度的增大，螺栓的疲劳强度________。

A. 提高　　B. 降低

C. 不变　　D. 可能提高，也可能降低

(11) 当两被连接件之一太厚，不宜制成通孔，不需要经常拆卸时，往往采用________。

A. 螺栓连接　　B. 螺钉连接

C. 双头螺栓连接　　D. 紧定螺钉连接

2. 思考题

(1) 常用螺纹的类型有哪些？哪些螺纹主要用于连接？哪些螺纹主要用于传动？

(2) 螺纹连接的主要类型有哪些？

(3) 螺纹连接预紧的目的是什么？

(4) 受拉螺栓的主要失效形式是什么？受剪螺栓的主要失效形式是什么？

(5) 螺纹连接为什么要防松？按防松原理，螺纹连接的防松方法可分为哪几类？试举例说明。

(6) 普通螺栓和铰制孔螺栓靠什么平衡横向载荷？

(7) 承受预紧力 F' 和工作拉力 F 的紧螺栓连接，螺栓所受的总拉力 F_0 是否等于 $F'+F$？为什么？

(8) 紧螺栓连接的强度条件式中，为什么引入系数 1.3?

(9) 一刚性凸缘联轴器用普通螺栓连接以传递转矩 T，现欲提高其传递的转矩，但限于结构不能增加螺栓的数目，也不能增加螺栓的直径。试提出三种增大转矩的方法。

(10) 提高螺栓连接强度的措施有哪些?

(11) 为了提高螺栓的疲劳强度，在螺栓的最大应力一定时，可采取哪些措施来降低应力幅? 举出几个结构实例。

3. 设计计算题

(1) 有一受预紧力 F' 和轴向工作载荷 $F=1000\text{N}$ 作用的紧螺栓连接，已知预紧力 $F'=1000\text{N}$，螺栓的刚度 c_1 与被连接件的刚度 c_2 相等。试计算该螺栓所受的总拉力 F_0 和剩余预紧力 F''。在预紧力 F' 不变的条件下，若保证被连接件间不出现缝隙，该螺栓的最大轴向工作载荷 F_{max} 为多少?

(2) 一牵曳钩用两个 M10($d_1=8.376\text{mm}$)的普通螺栓固定于机体上，如图 10.42 所示。已知接合面间摩擦因数 $f=0.15$，可靠性系数 $K_f=1.2$，螺栓材料强度级别为 6.6 级，屈服极限 $\sigma_s=360\text{MPa}$，安全系数 $S=3$。试计算该螺栓组连接允许的最大牵引力 R_{max}。

(3) 如图 10.43 所示，一支架与机座用 4 个普通螺栓连接，所受外载荷分别为横向载荷 $R=5000\text{N}$，轴向载荷 $Q=16000\text{N}$。已知螺栓的相对刚度 $c_1/(c_1+c_2)=0.25$，接合面间摩擦因数 $f=0.15$，可靠性系数 $K_f=1.2$，螺栓材料的机械性能级别为 8.8 级，最小屈服极限 $\sigma_{smin}=640\text{MPa}$，许用安全系数$[S]=2$，试计算该螺栓小径 d_1 的值。

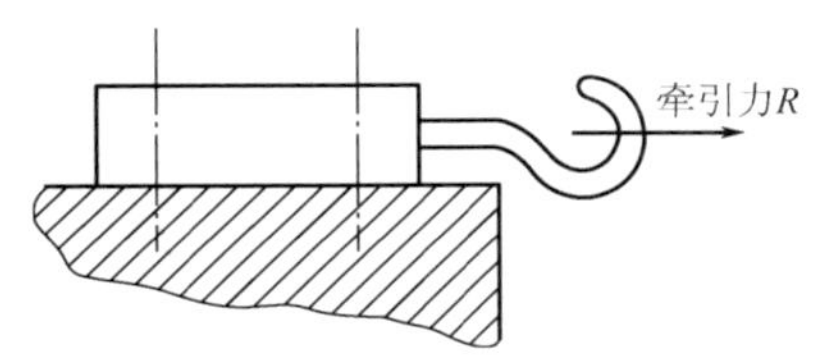

图 10.42 设计计算题(2)图

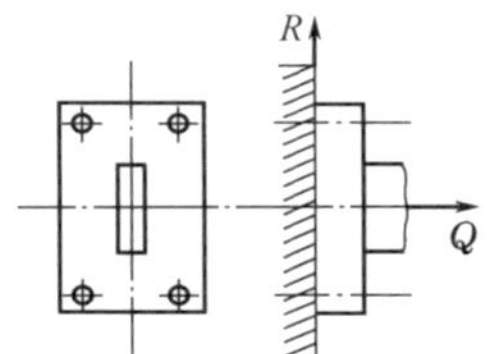

图 10.43 设计计算题(3)图

(4) 如图 10.44 所示，一钢板用 4 个普通螺栓与立柱连接，钢板悬臂端作用一铅垂载荷 $P=20000\text{N}$，接合面间摩擦因数 $f=0.16$，可靠性系数 $K_f=1.2$，螺栓材料的许用拉伸应力$[\sigma]=120\text{MPa}$。试计算该螺栓组螺栓的小径 d_1。

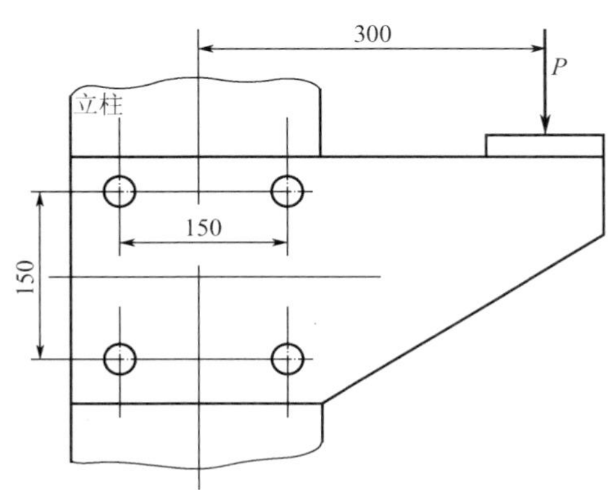

图 10.44 设计计算题(4)图

第11章 弹 簧

1. 了解弹簧的功用、类型、结构、材料与制造。
2. 掌握弹簧的应力、变形及特性曲线。
3. 掌握圆柱形螺旋弹簧的设计计算。

弹簧的应力、变形及圆柱形螺旋压缩(拉伸)弹簧的设计计算。

11.1 概 述

11.1.1 弹簧的功用

弹簧是利用弹性在载荷作用下产生很大变形来工作的一种弹性元件。它的主要功能如下。

(1) 缓冲和减振，如车辆中的缓冲弹簧、联轴器中的吸振弹簧。

(2) 控制运动，如内燃机中的阀门弹簧、离合器中的控制弹簧。

(3) 储蓄能量，如钟表中的弹簧。

(4) 测力，如测力器和弹簧秤中的弹簧等。

11.1.2 弹簧的类型

弹簧的种类繁多，按受力情况，主要分为拉伸弹簧、压缩弹簧、扭转弹簧和弯曲弹簧四种；按照形状，又可分为螺旋弹簧、碟形弹簧、环形弹簧、板弹簧、盘簧等。常用弹簧的基本类型见表11-1。

表 11-1 弹簧的基本类型

形状	受载			
	拉伸	压缩	扭转	弯曲
螺旋形	圆柱螺旋拉伸弹簧	圆柱螺旋压缩弹簧　圆锥螺旋压缩弹簧	圆柱螺旋扭转弹簧	
其他形状		环形弹簧　碟形弹簧	盘簧	板簧

【参考图片】

螺旋弹簧有拉伸弹簧、压缩弹簧和扭转弹簧。螺旋弹簧通常由圆截面弹簧丝卷绕而成，弹簧刚度是恒定的。这种弹簧应用最广。

碟形弹簧和环形弹簧都属于压缩弹簧，能够承受较大的冲击，缓冲吸振能力较强，多用于缓冲弹簧。碟形弹簧常用在重型机械和飞机中，作为强力缓冲和减振弹簧。

板簧由多层长度不同的钢板叠合而成，主要承受弯矩，缓冲减振的能力较强，多用于火车、汽车的减振装置。

盘簧为扭转弹簧。由于圈数较多，储存能量大，多用于钟表、仪器中的储能元件。

11.2 圆柱螺旋弹簧的材料、结构与制造

11.2.1 弹簧的材料及许用应力

1. 弹簧的材料

为了确保弹簧在冲击载荷或变载荷作用下安全可靠地工作，弹簧材料必须具有较高的弹性极限和疲劳极限，同时还应具有良好的韧性及热处理性能。

常用的弹簧材料有碳素弹簧钢丝、合金弹簧钢丝、弹簧用不锈钢丝及铜合金等，近年来非金属材料(如塑料、橡胶等)弹簧也有很大发展。碳素弹簧钢丝价格便宜，原材料来源方便，规格齐全，一般情况下应优先选用；合金弹簧钢丝，由于加入了合金元素，提高了钢的淬透性，改善了钢的机械性能，常用于钢丝直径较大、受冲击载荷的情况；

不锈钢丝或铜合金宜用于防腐、防磁等条件下工作的弹簧。几种主要弹簧材料的使用性能见表 11－2。

表 11－2　弹簧材料的使用性能

类别	代　　号	许用应力 [τ]/MPa			推荐硬度/HRC	推荐使用温度/℃	特性及用途
		Ⅰ类	Ⅱ类	Ⅲ类			
钢丝	碳素弹簧钢丝 B、C、D 级	$0.3\sigma_b$	$0.4\sigma_b$	$0.5\sigma_b$	—	−40～120	强度高、加工性能好，适用于小尺寸弹簧
	65Mn						
	60Si2Mn	480	640	800	45～50	−40～200	弹性好，适用于大载荷弹簧
	60Si2MnA	480	640	800		−40～200	
	50CrVA	450	600	750		−40～200	疲劳性及淬透性好
不锈钢丝	1Cr18Ni9Ti	330	440	550		−250～290	耐腐蚀性好，适用于做小弹簧
	4Cr13	450	600	750	48～53	−40～300	耐腐蚀、耐高温，适用于做大弹簧
铜合金	QSi3－1	270	360	450	90～100（HB）	−40～120	耐腐蚀性好，防磁性好，弹性好
	QBe2	360	450	560	37～40	−40～120	

注：碳素弹簧钢丝及 65Mn 钢丝的抗拉强度极限 σ_b 见表 11－3。

选择弹簧材料时，应综合考虑弹簧的功用、重要程度及工作条件，同时还要考虑其加工、热处理工艺和经济性等因素。

2. 弹簧材料的许用应力

影响弹簧许用应力的因素很多，除材料品种外，还有材料质量、热处理方法、载荷性质、工作条件和弹簧钢丝直径等，在确定许用应力时都应予以考虑。

通常，根据变载荷的作用次数及弹簧的重要程度将弹簧分为三类：Ⅰ类——受变载荷的作用次数在 10^6 以上或很重要的弹簧，如内燃机气阀弹簧等；Ⅱ类——受变载荷作用次数为 10^3～10^5 及承受冲击载荷的弹簧，如调速器弹簧、一般车辆弹簧等；Ⅲ类——受变载荷作用次数在 10^3 以下及受静载荷的一般弹簧，如一般安全阀弹簧、摩擦式安全离合器弹簧等。

设计弹簧时，根据上述弹簧的种类及所选定的材料，可由表 11－2 确定其许用应力，应当指出，碳素弹簧钢丝的许用应力是根据其抗拉强度极限 σ_b 而定的，而 σ_b 与钢丝直径有关，如表 11－3 所列。碳素弹簧钢丝按用途分为三级：B 级用于低应力弹簧；C 级用于中等应力弹簧；D 级用于高应力弹簧。因此，设计时需先假定碳素弹簧钢丝的直径进行试算。

表 11-3　碳素弹簧钢丝的拉伸强度极限　　(单位：MPa)

钢丝直径/mm	GB 4357 碳素弹簧钢丝			YB(T)11 弹簧用不锈钢丝		
	B 级	C 级	D 级	A 级	B 级	C 级
1.00	1660	1960	2300	1471	1863	1765
1.20	1620	1910	2250	1373	1765	1667
1.40	1620	1860	2150	1373	1765	1667
1.60	1570	1810	2110	1324	1667	1569
1.80	1520	1760	2010	1324	1667	1569
2.0	1470	1710	1910	1324	1667	1569
2.2	1420	1660	1810	—	—	—
2.3	—	—	—	1275	1569	1471
2.5	1420	1660	1760	—	—	—
2.6	—	—	—	1275	1569	1471
2.8	1370	1620	1710	—	—	—
2.9	—	—	—	1177	1471	1373
3.0	1370	1570	1710	—	—	—
3.2	1320	1570	1660	1177	1471	1373
3.4	1320	1570	1660	1177	1471	1373
4.0	1320	1520	1620	1177	1471	1373
4.5	1320	1520	1620	1078	1373	1275
5.0	1320	1470	1570	1079	1373	1275
5.5	1270	1470	1570	1070	1373	1275
6.0	1220	1420	1520	1079	1373	1275
6.5	1220	1420	—	981	1275	—
7.0	1170	1370	—	981	1275	—
8.0	1170	1370	—	981	1275	—
9.0	1130	1320	—	—	1128	—
10.0	1130	1320	—	—	981	—
11.0	1080	1270	—	—	—	—
12.0	1080	1270	—	—	883	—
13.0	1080	1220	—	—	—	—

11.2.2　圆柱形螺旋弹簧的结构

1. 压缩弹簧

图 11.1(a)所示为圆柱形螺旋压缩弹簧，由圆形簧丝卷绕而成。弹簧的两端为支撑圈，各有 0.75～1.75 圈弹簧并紧，工作中不参与弹簧变形，所以称为死圈。并紧的支撑圈端

部有不磨平［图 11.1(b)］与磨平［图 11.1(c)］两种。重要的弹簧都要磨平，以使支撑圈端面与弹簧的轴心线相垂直。磨平长度一般不小于 0.75 圈。

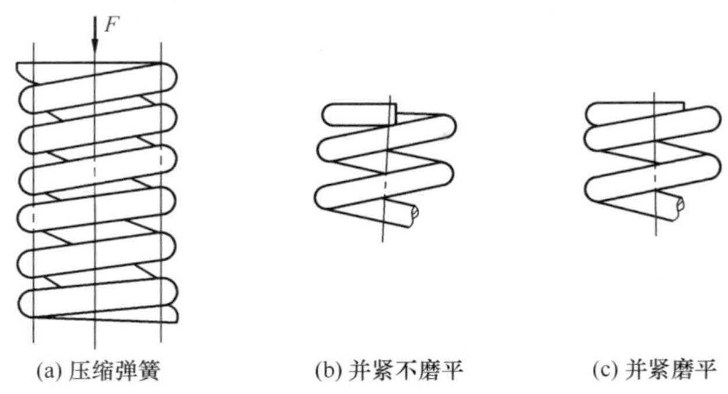

图 11.1　压缩弹簧的端部结构形式

2. 拉伸弹簧

拉伸弹簧也由圆形簧丝卷绕而成，在卷制时各圈相互并紧，即弹簧间距 $\delta=0$，端部制成钩环形式，以便安装和加载。拉伸弹簧的端部结构形式如图 11.2 所示。

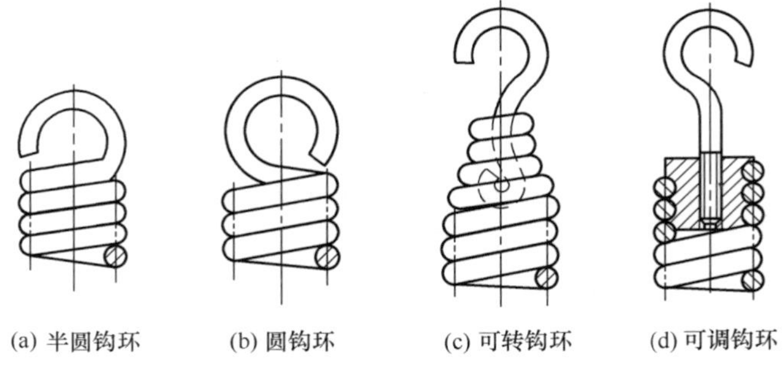

图 11.2　拉伸弹簧的端部结构形式

11.2.3　弹簧的制造

弹簧的制造工艺过程包括卷绕、两端加工(指压簧)或挂钩的制作(指拉簧和扭簧)、热处理和工艺试验。

【参考视频】【参考视频】

弹簧的卷绕方法有冷卷法和热卷法。弹簧丝直径在 8mm 以下的用冷卷法，直径大于 8mm 的用热卷法。冷态下卷制的弹簧(采用冷拉的、经预热处理的优质碳素弹簧钢丝)卷成后一般不再经淬火处理，只经低温回火以消除内应力。在热态下卷制的弹簧卷成后必须经过热处理，通常进行淬火和回火处理。

弹簧制成后，如再进行强压处理，可提高承载能力。强压处理是指将弹簧预先压制到超过材料的屈服极限，并保持一段时间后卸载，使簧丝表面层产生与工作应力方向相反的残余应力，受载时可抵消一部分工作应力，提高弹簧的承载能力。强压处理后不允许再进行任何热处理。

11.3 圆柱形螺旋压缩、拉伸弹簧的设计计算

11.3.1 圆柱螺旋弹簧的几何尺寸

圆柱螺旋弹簧的主要几何参数有弹簧外径 D、中径 D_2、内径 D_1、节距 p、螺旋升角 α、自由高度 H_0、工作圈数 n、簧丝直径 d 及簧丝展开长度 L 等，如图 11.3 所示。圆柱螺旋弹簧的几何尺寸计算见表 11－4。

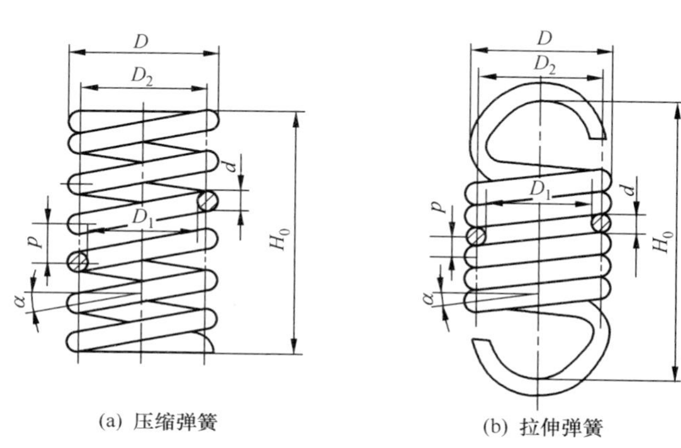

图 11.3 圆柱螺旋弹簧几何尺寸

表 11－4 圆柱螺旋弹簧几何尺寸计算

<table>
<tr><th rowspan="2">几何参数</th><th rowspan="2">单位</th><th colspan="2">计算公式</th><th rowspan="2">备注</th></tr>
<tr><th>压缩弹簧</th><th>拉伸弹簧</th></tr>
<tr><td>簧丝直径 d</td><td>mm</td><td colspan="2">根据强度条件计算确定</td><td></td></tr>
<tr><td>弹簧外径 D</td><td>mm</td><td colspan="2">$D=D_2+d$，D_2 为弹簧中径</td><td></td></tr>
<tr><td>弹簧内径 D_1</td><td>mm</td><td colspan="2">$D_1=D_2-d$</td><td></td></tr>
<tr><td>节距 p</td><td>mm</td><td>$p=(0.28\sim0.5)D_2$</td><td>$p=d$</td><td></td></tr>
<tr><td>工作圈数 n</td><td></td><td colspan="2">根据工作条件确定</td><td></td></tr>
<tr><td>总圈数 n_1</td><td></td><td>$n_1=n+(1.5\sim2.5)$</td><td>$n_1=n$</td><td></td></tr>
<tr><td>自由高度 H_0</td><td>mm</td><td>两端磨平
$H_0=np+(n_1-n-0.5)d$
两端不磨平
$H_0=np+(n_1-n+1)d$</td><td>$H_0=np+$挂钩轴向尺寸</td><td></td></tr>
<tr><td>间距 δ</td><td>mm</td><td>$\delta=p-d$</td><td>$\delta=0$</td><td></td></tr>
<tr><td>螺旋升角 α</td><td>(°)</td><td colspan="2">$\alpha=\arctan\dfrac{p}{\pi D_2}$</td><td>对压缩弹簧推荐 $\alpha=5°\sim9°$</td></tr>
<tr><td>簧丝展开长度 L</td><td>mm</td><td>$L=\pi D_2 n_1/\cos\alpha$</td><td>$L=\pi D_2 n_1+$挂钩展开长度</td><td></td></tr>
</table>

11.3.2 圆柱螺旋压缩、拉伸弹簧的特性线

表示弹簧载荷与变形之间关系的曲线称为弹簧特性线。

1. 压缩弹簧的特性线

图 11.4 所示为圆柱螺旋压缩弹簧的特性线，H_0 表示不受外力时弹簧的自由高度。弹簧工作前，通常预受一压缩力 F_1，以保证弹簧稳定在安装位置上。F_1 称为弹簧的最小工作载荷，在它的作用下，弹簧的长度由 H_0 降至 H_1，相应的弹簧压缩变形量为 λ_1。当弹簧受到最大工作载荷 F_2 时，弹簧长度降至 H_2，相应的弹簧压缩变形量为 λ_2。$\lambda_0=\lambda_2-\lambda_1=H_1-H_2$，$\lambda_0$ 称为弹簧的工作行程。$F_{\lim}$ 为弹簧的极限载荷，在它的作用下，弹簧丝应力将达到材料的弹性极限，这时，弹簧的长度降至 $H_{\lim}$，相应的变形为 $\lambda_{\lim}$。

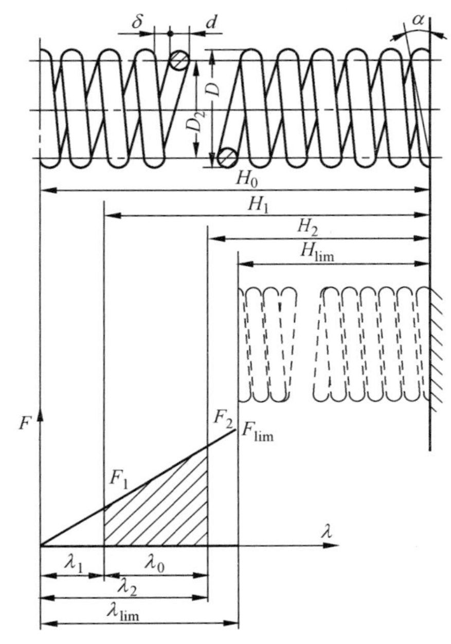

图 11.4 圆柱螺旋压缩弹簧的特性线

对于等节距的圆柱螺旋弹簧(压缩或拉伸)，由于载荷与变形成正比，因此特性曲线为直线，即

$$\frac{F_1}{\lambda_1}=\frac{F_2}{\lambda_2}=\cdots=\text{常数} \tag{11.1}$$

设计弹簧时，最大工作载荷 F_2 由机构的工作要求决定，最小工作载荷 F_1 通常取 $(0.1\sim0.5)F_2$。实用中，一般不希望弹簧失去直线的特性关系，应使弹簧在弹性范围内工作，所以最大工作载荷 F_2 应小于极限载荷，通常应满足 $F_2\leqslant 0.8F_{\lim}$。

2. 拉伸弹簧的特性线

拉伸弹簧的特性线分为无初应力［图 11.5(a)］和有初应力［图 11.5(b)］两种情况。无初应力的弹簧特性线与压缩弹簧完全相同。有初应力的弹簧特性线则不同，它在自由状态下就有初拉力 F_0 的作用。初拉力是由卷制弹簧时使各圈弹簧并紧而产生的。利用三角形相似原理，在图上增加一段假想的变形量 x，这样它的特性线又与无初应力的完全相同。一般情况下，可这样确定初拉力：簧丝直径 $d\leqslant 5$mm 时，$F_0=F_{\lim}/3$；$d>5$mm 时，$F_0=F_{\lim}/4$。

11.3.3 圆柱形螺旋压缩、拉伸弹簧的应力及变形

1. 弹簧的应力

圆柱形螺旋弹簧受压及受拉时，弹簧丝的受力情况相同。现以图 11.6(a)为例，分析圆柱形螺旋压缩弹簧的受力情况。

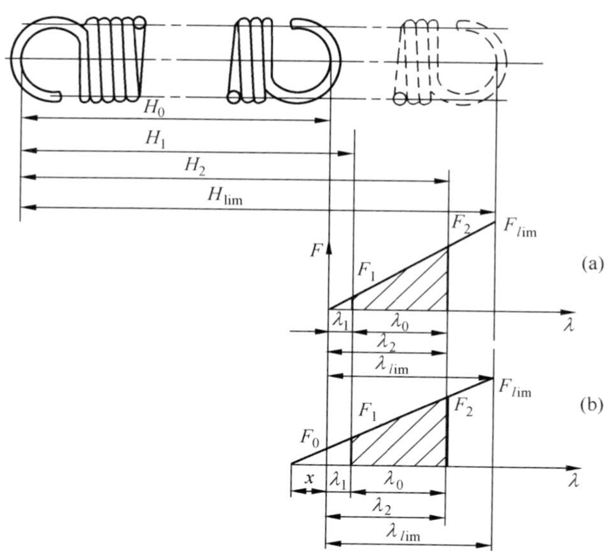

图 11.5　圆柱形螺旋拉伸弹簧特性线

图 11.6 (a) 所示为一圆柱螺旋压缩弹簧，弹簧中径为 D_2，簧丝直径为 d，轴向力 F 作用在弹簧的轴线上，由于弹簧丝具有螺旋升角 α，因此在通过弹簧轴线的截面上，弹簧丝的剖面 $A—A$ 呈椭圆形，螺旋升角一般为 $\alpha=5°\sim9°$。由于螺旋升角不大，可将剖面 $A—A$ 的椭圆形状近似为圆形。该剖面上作用着力 F 及扭矩 $T=FD_2/2$，如图 11.6(b)所示。

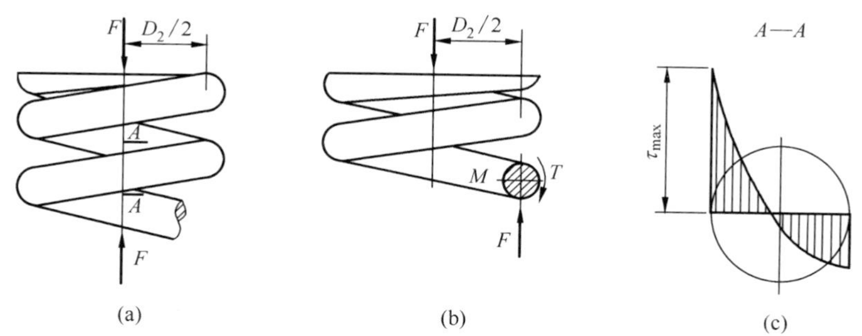

图 11.6　圆柱螺旋压缩弹簧的受力及应力分析

弹簧丝剖面 $A—A$ 上应力分布如图 11.6(c)所示。由图可看出，最大切应力发生在弹簧丝剖面 $A—A$ 内侧的 M 点，而且实践表明，弹簧的破坏也大多由这点开始。最大应力可以近似地取为

$$\left.\begin{aligned}\tau_{max}&=k_1\frac{8FD_2}{\pi d^3}=k_1\frac{8FC}{\pi d^2}\\ k_1&=\frac{4C-1}{4C-4}+\frac{0.615}{C}\end{aligned}\right\}\tag{11.2}$$

式中，$\frac{8FD_2}{\pi d^3}$是直杆受纯扭转时的切应力，但由于弹簧不是直杆受纯扭转的情况，因此 k_1 可理解为弹簧丝曲率和切向力对切应力的修正系数，k_1 称为曲度系数。$C=D_2/d$ 称为旋

绕比(又称弹簧指数)，是衡量弹簧曲率的重要参数。为使弹簧本身较稳定，不致颤动，C值不能太大；同时，为避免卷绕时弹簧丝受到强烈弯曲，C值也不能太小。通常取$C=4\sim16$，常用值$C=5\sim8$。

2. 弹簧的变形

由材料力学可知，对于圆柱螺旋压缩(拉伸)弹簧，由于螺旋升角不大，受载后的轴向变形λ可以根据如下公式求得。

$$\lambda=\frac{8FD_2^3n}{Gd^4}=\frac{8FC^3n}{Gd} \tag{11.3}$$

式中，n——弹簧的工作圈数；

G——弹簧的切变模量，钢为8×10^4 MPa，青铜为4×10^4 MPa。

使弹簧产生单位变形量所需要的载荷称为弹簧刚度k(也称为弹簧常数)。

$$k=\frac{F}{\lambda}=\frac{Gd}{8C^3n}=\frac{Gd^4}{8D_2^3n} \tag{11.4}$$

弹簧刚度是表征弹簧性能的主要参数之一。它表示使弹簧产生单位变形量时所需的力，刚度越大，弹簧变形所需要的力就越大。影响弹簧刚度的因素很多，从式(11.4)可以看出，C值对k的影响很大，k与C的三次方成反比。当其他条件相同时，C越小，刚度越大，即弹簧越硬；C越大，刚度越小，即弹簧越软。所以合理地选择C值能控制弹簧的弹力。另外，k还与G、d、n有关，在调整弹簧刚度时，应综合考虑这些因素的影响。

11.3.4 圆柱形螺旋压缩、拉伸弹簧的设计计算

设计弹簧时，应满足强度条件、刚度条件和稳定性条件。

1. 已知条件

(1) 弹簧受到的最大工作载荷F_2。

(2) 相应的弹簧变形量λ。

(3) 其他要求(如空间位置要求、工作温度等)。

2. 设计步骤

(1) 根据工作条件和载荷情况选定弹簧材料并求许用应力。

(2) 选择旋绕比C、计算曲度系数k_1。

(3) 强度计算。由式(11.2)可得弹簧丝直径

$$d\geqslant1.6\sqrt{\frac{k_1CF_2}{[\tau]}} \tag{11.5}$$

注意：如选用碳素弹簧钢丝，用式(11.5)求弹簧直径d时，因式中许用应力$[\tau]$和旋绕比C都与d有关，所以常采用试算法。

(4) 刚度计算。由式(11.4)弹簧刚度计算式可得弹簧工作圈数

$$n=\frac{Gd}{8C^3k} \tag{11.6}$$

(5) 稳定性计算。当压缩弹簧的圈数较多，高径比 $b=H_0/D_2$ 较大时，弹簧受力可能产生侧向弯曲而失去稳定性，无法正常工作。为了便于制造及避免失稳，对一般压缩弹簧建议按下列情况选取高径比：当两端固定时，取 $b<5.3$；一端固定，另一端铰支，取$b<3.7$；两端铰支，取 $b<2.6$。若 b 超过许用值，又不能修改有关参数时，可外加导向套或内加导向杆来增加弹簧的稳定性。

(6) 结构设计。按表 11－4 算出全部有关尺寸。

(7) 绘制弹簧工作图。

【例 11.1】 试设计一圆钢丝的圆柱螺旋压缩弹簧。已知：弹簧的最大工作载荷 $F_{max}=650N$，最小工作载荷 $F_{min}=400N$，工作行程为 17mm，套在直径为 23mm 的轴上工作，要求弹簧外径不大于 45mm，自由长度在 120～140mm 范围内。按载荷性质，属第Ⅱ类弹簧。弹簧端选磨平端，每端有一圈死圈。

解：设计步骤如下。

计算与说明	主要结果
1. 选择材料并确定其许用应力 选用碳素弹簧钢丝 C 级，初定簧丝直径 $d=5mm$，查表 11－3 得弹簧钢丝的拉伸强度极限 $\sigma_b=1470MPa$，其许用切应力 $[\tau]=0.4\sigma_b=0.4\times1470MPa=588MPa$，切变模量 $G=8.0\times10^4 MPa$。	
2. 弹簧丝直径计算 现选取旋绕比 $C=7$，曲度系数为 $$k_1=\frac{4C-1}{4C-4}+\frac{0.615}{C}=\frac{4\times7-1}{4\times7-4}+\frac{0.615}{7}=1.21$$	$k_1=1.21$
初步计算弹簧丝直径。 $$d\geqslant1.6\sqrt{\frac{k_1CF_2}{[\tau]}}=1.6\times\sqrt{\frac{650\times1.21\times7}{588}}mm=4.90mm$$	$d=5mm$
与原取值相近，所以取弹簧钢丝标准直径 $d=5mm$，弹簧中径标准值 $D_2=dC=(5\times7)mm=35mm$，则弹簧外径 $D=D_2+d=(35+5)mm=40mm<45mm$，符合要求。	$D_2=35mm$
3. 刚度计算 弹簧刚度为 $k=\Delta F/\lambda_0=[(650-400)/17]N/mm=14.71N/mm$	$D=40mm$
弹簧圈数为 $$n=\frac{Gd^4}{8D^3k}=\frac{8\times10^4\times5}{8\times7^3\times14.71}=9.91$$ 取 $n=10$ 圈	$n=10$
取弹簧两端的支承圈数分别为 1 圈，则总圈数为 $$n_1=n+2=10+2=12$$	$n_1=12$
4. 确定节距 $$p=(0.28\sim0.5)D_2=(0.28\sim0.5)\times35mm=(9.8\sim17.5)mm$$ 取 $p=12mm$	$p=12mm$

（续）

计算与说明	主要结果
5. 确定弹簧的自由高度 弹簧两端并紧、磨平的自由高度为 $H_0 = np + (n_1 - n - 0.5)d = [10\times12 + (12-10-0.5)\times5]\text{mm} = 127.5\text{mm}$	$H_0 =$ 127.5mm
6. 验算稳定性 弹簧高径比 $b = H_0/D_2 = 127.5/35 = 3.64 < 5.3$，满足不失稳要求。	$b = 3.64$
7. 其余几何尺寸计算(略)	
8. 绘制弹簧工作图(略)	

本章小结

本章主要介绍了弹簧的功用、类型、材料和制造，重点进行了圆柱螺旋拉伸(压缩)弹簧的应力及变形分析，并讲述了圆柱螺旋拉伸(压缩)弹簧的设计计算方法。

习　题

1. 选择题

(1) 圆柱螺旋弹簧的旋绕比是________的比值。

A. 簧丝直径 d 与中径 D_2　　B. 中径 D_2 与簧丝直径 d

C. 簧丝直径 d 与自由高度 H_0　　D. 自由高度 H_0 与簧丝直径 d

(2) 旋绕比 C 选得过小则弹簧________。

A. 刚度过小，易颤动　　B. 易产生失稳现象

C. 尺寸过大，结构不紧凑　　D. 卷绕困难，并且工作时内侧应力大

(3) 圆柱螺旋弹簧的有效圈数是按弹簧的________要求计算得到的。

A. 刚度　　B. 强度

C. 稳定性　　D. 结构尺寸

(4) 采用冷卷法制成的弹簧，其热处理方式为________。

A. 低温回火　　B. 淬火后中温回火

C. 渗碳淬火　　D. 淬火

(5) 采用热卷法制成的弹簧，其热处理方式为________。

A. 低温回火　　B. 淬火后中温回火

C. 渗碳淬火　　D. 淬火

2. 思考题

(1) 弹簧的主要功能有哪些？试举例说明。

(2) 弹簧的卷制方法有几种？各适用什么条件？

(3) 圆柱螺旋压缩(拉伸)弹簧受载时，弹簧丝截面上的最大应力发生在什么位置？最大应力值如何确定？为何引入曲度系数 k_1？

(4) 圆柱螺旋压缩(拉伸)弹簧强度和刚度计算的目的是什么？

3. 设计计算题

(1) 试设计液压阀中的圆柱螺旋压缩弹簧。已知：弹簧的最大工作载荷 $F_{max}=350N$，最小工作载荷 $F_{min}=200N$，工作行程为 13mm，要求弹簧外径不大于 35mm，载荷性质为Ⅱ类，一般用途，弹簧两端固定支承。

(2) 设计一圆柱螺旋拉伸弹簧。已知：弹簧中径 $D_2 \approx 12mm$，外径 $D<18mm$；当载荷 $F_1=160N$ 时，弹簧的变形量 $\lambda_1=6mm$；当载荷 $F_2=350N$ 时，弹簧的变形量 $\lambda_2=16mm$。

第12章 机械创新设计

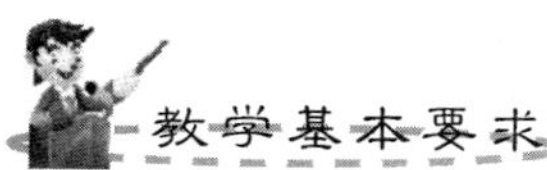

1. 了解创新设计的概念和创新设计的思想。
2. 掌握创新设计的技法并进一步应用于实践。

创新设计的应用。

12.1 概　　述

12.1.1 设计与创新

1. 设计

设计是什么？实际上，设计本身就是一种创造，是人类进行的一种有目的、有意识、有计划的活动。

设计的发展与人类历史的发展一样，是逐渐进化，逐渐发展的，从最初为了生存，到之后为了生活质量的提高和满足精神上的某种需要。现在的设计也称现代设计，不论从深度还是广度上都发生了巨大的变化。人们对设计及设计工作者都提出了更高的要求。

2. 创新

“创新”一词一般认为是由美国经济学家J.I.舒彼特最早提出的。他把创新的具体内容概括为5个方面：①生产一种新产品；②采用一种新技术；③利用或开拓一种新材料；④开辟一个新市场；⑤采用一种新的组织形式或管理方式。

概括地说，创新就是创造与创效。它是集科学性、技术性、社会性、经济性于一体，并贯穿于科学技术实践、生产经营实践和社会活动实践的一种横向性实践活动。自然科学领域的最高成就是发现，应用技术领域的最高成就是发明。

12.1.2 机械创新设计

创新设计属于技术创新范畴。对创新设计的要求比对设计的要求高了许多。创新设计不仅是一种创造性的活动，而且是一种具有经济性、时效性的活动。同时创新设计还要受到意识、制度、管理及市场的影响与制约。一般创新设计具有如下特点：①创新设计是涉及多种学科(设计学、创造学、经济学、社会学、心理学等)的复合性工作，其结果的评价也是多目标、多角度的；②创新设计中相当一部分工作是非数据性、非计算性的，要依靠对各学科知识的综合理解与交融，对已有经验的归纳和分析，运用创造性的思维方法与创造学的基本原理进行工作；③创新设计不只是针对问题而设计，更重要的是提出问题、解决问题；④创新设计是多种层次的，不在乎规模的大小与理论的深浅，注重的是新颖、独创和及时；⑤创新设计的最终目的在于应用。

机械创新设计的主要内容有机械系统方案设计的创新、机构变异设计与创新、机构组合设计与创新、机构再生设计与创新、机构结构设计与创新、反求设计与创新、典型机械的创新与进化等。

12.2 创新思维与技法

12.2.1 创新思维

创新的核心在于创新思维。创新思维是指在思考过程中，采用能直接或间接起到某种开拓、突变作用的一种思维。

创新思维的特点如下。

1）创新思维具有开放性

开放性主要是针对封闭性而言的。开放性思维强调思维的多向性，即从多角度出发思考问题。其思维的触角向各个层面和方位延伸，具有广阔的思维空间。开放性思维强调思维的灵活性，不依靠常规思维思考问题，不是机械地重复思考，而是能够及时地转换思维视角，为创新开辟新路。

2）创新思维具有求异性

求异性主要是针对求同性而言的。求异性思维强调思维的独特性和新颖性，其表现为思维角度、思维方法和思维路线别具一格，提出的问题独具新意，思考问题别出心裁，解决问题独辟蹊径。

3）创新思维具有突发性

突发性主要体现在直觉与灵感上。所谓直觉是指人们对事物不经过反复思考和逐步分析，而对问题的答案做出合理的猜测、设想，是一种思维的闪念，是一种直接的洞察。灵感也常常是以一闪念的形式出现，但它不同于直觉，它是由人们的潜意识与显意识多次叠加思维而形成的，是长期创造性思维活动达到的一个必然阶段。

4）创新思维是逻辑思维与非逻辑思维有机结合的产物

逻辑思维是一种线性思维模式，具有严谨的推理，一环紧扣一环，是有序的。非逻辑思维是一种面性或体性的思维模式，没有必须遵守的规则，没有约束，侧重于开放性、灵活性和创造性。

在创新思维中，需要两种思维的互补、协调与配合，需要非逻辑思维开阔思路，产生新设想、新点子，也需要逻辑思维对各种设想进行加工整理、审查和验证，只有这样才能产生一个完美的创新成果。

12.2.2 创新技法

创新技法源于创造学的理论与规则，是创造原理具体应用的结果，是促进事物变革与技术创新的一种技巧。

1. 观察法

观察法是指人们通过感官或科学仪器，有目的、有计划地对研究对象进行反复细致的观察，再通过思维器官的综合分析，以解释研究对象本质及规律的一种方法。例如，通过应变仪可以观察到零件受载时的应力分布，从而合理地设计零件结构，使其应力分布合理，工作寿命延长。构成观察的三个要素是观察者、观察对象和观察工具。

2. 类比法

著名哲学家康德曾说过："每当理智缺乏可靠论证的思路时，类比这个方法往往能指引我们前进。"类比法是将所研究和思考的事物与人们熟悉的、并与之有共同点的某一事物进行对照和比较，从比较中找到它们的相似点和不同点，并进行逻辑推理，在同种求异或异中求同中实现创新。例如，日本发明家田雄常吉在研制新型锅炉时，就将锅炉中的水与蒸汽的循环系统与人体血液循环系统进行类比，发明了高效锅炉，效率提高了10%。

3. 移植法

移植法是指借用某一领域的成果，引用、渗透到其他领域，用以变革和创新。类比法与移植法的区别是类比法是先有可比较的原形，然后受到启发，进而联想进行创新；移植法则是先有问题，然后寻找原形，并巧妙地将原形应用到所研究的问题上。例如，激光技术用于加工技术上，制造出了激光切割机，滚动轴承的结构移植到螺旋传动上产生了滚珠丝杠。

4. 组合法

组合法是指将两种或两种以上的技术、事物、产品、材料等进行有机的组合，以产生新的事物或成果的创新技法。例如，生产上用的组合机床、组合夹具、群钻。

5. 换元法

换元法是指人们在创新过程中，采用替换或代换的方法，使研究不断深入，思路获得更新。例如，卡尔森研究发明复印机时，曾采用化学方法进行多次试验，结果屡次失败，后来他变换了研究方向，探索采用物理方法，即光电效应，终于发明了静电复印机，一直沿用到现在。

6. 还原法

还原法是指返回创新原点，即在创新活动中，追根寻源找到事物的原点，再从原点出发寻找各种解决问题的途径。以研制洗衣机为例，人们着手洗衣机的研究，首先想到的是如何代替手搓、脚踩、板揉和槌打，结果导致研究问题的复杂性，使创新活动受阻。实际上将问题返回原点，则是分离问题，即将污物与衣服分离。广泛考虑各种各样的分离方法，如机械分离、物理分离等，就创新出基于不同工作原理的各类洗衣机。

7. 穷举法

穷举法又称列举法，是一种辅助的创新技法。穷举法将问题逐一列出，将事物的细节全面展开，使人们容易找到问题的症结所在，从各个细节入手探索创新途径。

8. 集智法

集智法是指集中大家智慧，并激励智慧，进行创新。

该种技法是一种群体操作型的创新技法。不同知识结构、不同工作经历、不同兴趣爱好的人聚集在一起分析问题、讨论方案，集中许多人的创造性，起到许多人相互启发的作用，得到可以触发灵感的信息。应注意："激智"和"集智"的结合；针对问题孕育培养灵感；扶植一切创造性思维，力戒"思维扼杀"。

【例 12.1】 计算机刺绣技术的典型产品日本田岛的 TMEF 系列，其挑线刺布机构简图如图 12.1 所示。1988 年上海某公司引进了该技术。由于 TMEF 产品在一些国家申请了专利，所以上海这家公司的产品很难进入国际市场。针对这种情况，该公司进行了机构的改进设计。因为 TMEF 产品专利申请建立在使用凸轮机构实现挑线的基础上，所以设计新产品应尽量避免使用凸轮。

该公司通过系统地分析、研究机构中各部分功能对应的运动关系，并将普通家庭用缝纫机的各种相关机构与 TMEF 产品的相关机构进行比较，在各类原始方案的基础上研制出多种新的方案，如图 12.2、图 12.3 所示。最后对各种方案进行评价、排序，创造出新型的挑线刺布机构，如图 12.4 所示。经样机试验表明，改进的机构具有较好的运动平稳性。

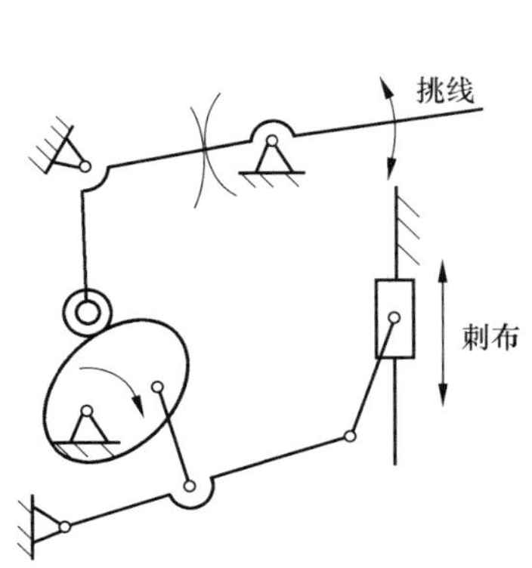

图 12.1　TMEF 系列挑线刺布机构简图

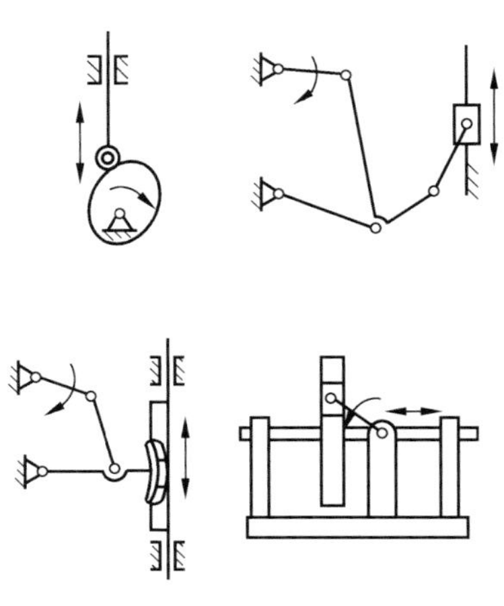

图 12.2　刺布机构新方案

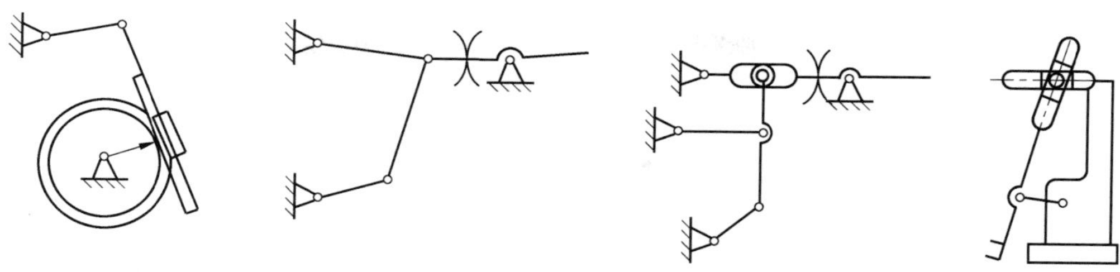

图 12.3 挑线机构新方案

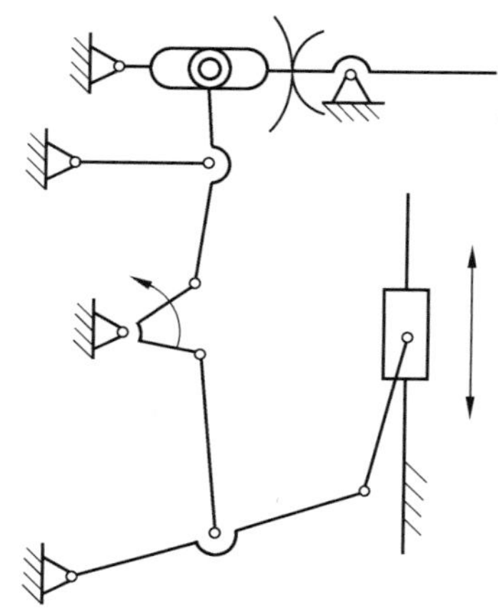

图 12.4 新型挑线刺布机构简图

本章小结

本章主要介绍了创新设计的概念和创新思维的特点，同时阐述了创新设计的技法。

习 题

思考题

(1) 什么是创新设计？它有什么特点？

(2) 阐述创新思维的特点。并列举出 3～4 个创新技法。

(3) 用你身边的实例说明创新设计体现在哪些方面。

附　　录

附表 1　圆角、环槽的有效应力集中系数 k_σ 和 k_τ 值

$\frac{D}{d}$	$\frac{r}{d}$	k_σ σ_b/MPa ≤500	600	700	800	900	>1000	k_τ σ_b/MPa ≤700	800	900	≥1000
$\frac{D}{d} \leqslant 1.1$	0.02	1.84	1.96	2.08	2.20	2.35	2.50	1.36	1.41	1.45	1.50
	0.04	1.60	1.66	1.69	1.75	1.81	1.87	1.24	1.27	1.29	1.32
	0.06	1.51	1.51	1.54	1.54	1.60	1.60	1.18	1.20	1.23	1.24
	0.08	1.40	1.40	1.42	1.42	1.46	1.46	1.14	1.16	1.18	1.19
	0.10	1.34	1.34	1.37	1.37	1.39	1.39	1.11	1.13	1.15	1.16
	0.15	1.25	1.25	1.27	1.27	1.30	1.30	1.07	1.08	1.09	1.11
$1.1 < \frac{D}{d} \leqslant 0.2$	0.02	2.18	2.34	2.51	2.68	2.89	3.10	1.59	1.67	1.74	1.81

$\frac{l}{r}$	$\frac{r}{d}$	k_σ σ_b/MPa ≤650	700	800	900	≥1000	$\frac{D}{d}$	$\frac{r}{d}$	k_τ σ_b/MPa ≤650	700	800	900	≥1000
$0.4 < \frac{l}{r} \leqslant 0.6$	0.02	1.82	1.92	2.06	2.21	2.30	$1.02 < \frac{D}{d}$	0.02	1.29	1.32	1.39	1.46	1.50
	0.04	1.77	1.82	1.96	2.06	2.16		0.04	1.27	1.30	1.37	1.43	1.48
	0.06	1.72	1.77	1.87	1.92	1.96		0.06	1.25	1.29	1.36	1.41	1.46
	0.08	1.68	1.72	1.77	1.87	1.92		0.08	1.21	1.25	1.32	1.39	1.43
	0.10	1.63	1.68	1.72	1.77	1.82		0.10	1.18	1.21	1.29	1.32	1.37
	0.15	1.53	1.55	1.58	1.63	1.68		0.15	1.14	1.18	1.21	1.25	1.29
$0.6 < \frac{l}{r} \leqslant 1$	0.02	1.85	1.95	2.10	2.25	2.35	$1.1 < \frac{D}{d} \leqslant 1.2$	0.02	1.37	1.41	1.50	1.59	1.64

（续）

$\frac{D}{d}$	$\frac{r}{d}$	k_σ						k_τ				$\frac{l}{r}$	$\frac{r}{d}$	k_σ					$\frac{D}{d}$	$\frac{r}{d}$	k_τ				
		σ_b/MPa						σ_b/MPa						σ_b/MPa							σ_b/MPa				
		≤500	600	700	800	900	>1000	≤700	800	900	≥1000			≤650	700	800	900	≥1000			≤650	700	800	900	≥1000
	0.04	1.84	1.92	1.97	2.05	2.13	2.22	1.39	1.45	1.48	1.52		0.04	1.80	1.85	2.00	2.10	2.20		0.04	1.35	1.38	1.47	1.55	1.62
	0.06	1.71	1.71	1.76	1.76	1.84	1.84	1.30	1.33	1.37	1.39		0.06	1.75	1.80	1.90	1.95	2.00		0.06	1.32	1.37	1.46	1.52	1.59
	0.08	1.56	1.56	1.59	1.59	1.64	1.64	1.22	1.26	1.30	1.31		0.08	1.70	1.75	1.80	1.90	1.95		0.08	1.27	1.32	1.41	1.50	1.55
	0.10	1.48	1.48	1.51	1.51	1.54	1.54	1.19	1.21	1.24	1.26		0.10	1.65	1.70	1.75	1.80	1.85		0.10	1.23	1.27	1.37	1.41	1.47
	0.15	1.35	1.35	1.38	1.38	1.41	1.41	1.11	1.14	1.15	1.18		0.15	1.55	1.57	1.60	1.65	1.70		0.15	1.18	1.23	1.27	1.32	1.37
$1.2<\frac{D}{d}\leqslant 2$	0.02	2.40	2.60	2.80	3.00	3.25	3.50	1.80	1.90	2.00	2.10	$1<\frac{l}{r}\leqslant 1.5$	0.02	1.89	1.99	2.15	2.31	2.41	$1.2<\frac{D}{d}\leqslant 1.4$	0.02	1.40	1.45	1.55	1.65	1.70
	0.04	2.00	2.10	2.15	2.25	2.35	2.45	1.53	1.60	1.65	1.70		0.04	1.84	1.89	2.05	2.15	2.26		0.04	1.38	1.42	1.52	1.60	1.68
	0.06	1.85	1.85	1.90	1.90	2.00	2.00	1.40	1.45	1.50	1.53		0.06	1.78	1.87	1.94	1.99	2.05		0.06	1.35	1.40	1.50	1.57	1.65
	0.08	1.66	1.66	1.70	1.70	1.76	1.76	1.30	1.35	1.40	1.42		0.08	1.73	1.78	1.84	1.94	1.99		0.08	1.30	1.35	1.45	1.55	1.60
	0.10	1.57	1.57	1.61	1.61	1.64	1.64	1.25	1.28	1.32	1.35		0.10	1.68	1.73	1.78	1.84	1.89		0.10	1.25	1.30	1.40	1.45	1.52
	0.15	1.41	1.41	1.45	1.45	1.49	1.49	1.15	1.18	1.20	1.24		0.15	1.58	1.60	1.63	1.68	1.73		0.15	1.20	1.25	1.30	1.35	1.40

附表2　螺纹、键槽、花键及横孔的有效应力集中系数 k_σ 和 k_τ 值

螺纹　键槽　A　B　花键　横孔　1　2　d_0　d

σ_b/MPa	螺纹	键槽			花键			横孔			蜗杆螺旋根部	
	k_σ	k_σ		k_τ	k_σ（齿轮轴 $k_\tau=1$）	k_τ		k_σ		k_τ	k_σ	k_τ
	$k_\tau=1$	A型	B型	A、B型		矩形	渐开线形	$\frac{d_0}{d}$		$\frac{d_0}{d}$		
								0.05～0.15	0.15～0.25	0.05～0.25		
400	1.45	1.51	1.30	1.20	1.35	2.10	1.40	1.90	1.70	1.70	2.3～2.5	1.7～1.9
500	1.78	1.64	1.38	1.37	1.45	2.25	1.43	1.95	1.75	1.75		
600	1.96	1.76	1.46	1.54	1.55	2.35	1.46	2.00	1.80	1.80		
700	2.20	1.89	1.54	1.71	1.60	2.45	1.49	2.05	1.85	1.80	$\sigma_b\leqslant$700MPa 取小值	
900	2.47	2.14	1.69	2.05	1.70	2.65	1.55	2.15	1.95	1.90	$\sigma_b\geqslant$1000MPa 取大值	
1000	2.61	2.26	1.77	2.22	1.72	2.70	1.58	2.20	2.00	1.90		
1200	2.90	2.50	1.92	2.39	1.75	2.80	1.60	2.30	2.10	2.00		

注：表中数值为标号1处的有效应力集中系数，标号2处 $k_\sigma=1$，k_τ 为表中值。

附表 3　零件与轴过盈配合处的 $k_\sigma/\varepsilon_\sigma$ 值

直径/mm		30			50			>100		
配合		H7/r6	H7/k6	H7/h6	H7/r6	H7/k6	H7/h6	H7/r6	H7/k6	H7/h6
材料强度 σ_b/MPa	400	2.25	1.69	1.46	2.75	2.06	1.80	2.95	2.22	1.92
	500	2.5	1.88	1.63	3.05	2.28	1.98	3.29	2.46	2.13
	600	2.75	2.06	1.79	3.36	2.52	2.18	3.60	2.70	2.34
	700	3.0	2.25	1.95	3.66	2.75	2.38	3.94	2.96	2.56
	800	3.25	2.44	2.11	3.96	2.97	2.57	4.25	3.20	2.76
	900	3.5	2.63	2.28	4.28	3.20	2.78	4.60	3.46	3.00
	1000	3.75	2.82	2.44	4.60	3.45	3.00	4.90	3.98	3.18
	1200	4.25	3.19	2.76	5.20	3.90	3.40	5.60	4.20	3.64

注：1. 滚动轴承与轴配合处的 $k_\sigma/\varepsilon_\sigma$ 值与表内所列 H7/r6 配合的 $k_\sigma/\varepsilon_\sigma$ 值相同。

2. 表中无相应的数值时，可按插值计算。

3. 设计时可取 $k_\tau/\varepsilon_\tau=(0.7\sim0.85)k_\sigma/\varepsilon_\sigma$。

附表 4　强化表面的表面状态系数 β 值

表面强化方法	心部材料的强度 σ_b/MPa	表面系数 β		
		光轴	有应力集中的轴	
			$k_\sigma\leqslant1.5$	$k_\sigma\geqslant1.8\sim2$
高频淬火①	600～800	1.5～1.7	1.6～1.7	2.4～2.8
	800～1100	1.3～1.5	—	—
渗氮②	900～1200	1.1～1.25	1.5～1.7	1.7～2.1
渗碳淬火	400～600	1.8～2.0	3	—
	700～800	1.4～1.5	—	—
	1000～1200	1.2～1.3	2	—
喷丸处理③	600～1500	1.1～1.25	1.5～1.6	1.7～2.1
滚子辗轧④	600～1500	1.1～1.3	1.3～1.5	1.6～2.0

① 数据是在实验室中用 $d=10\sim20$mm 的试件求得，淬透深度$(0.05\sim0.20)d$；对于大尺寸的试件，表面状态系数低些。

② 氮化层深度为 $0.01d$ 时，宜取低限值；深度为$(0.03\sim0.04)d$ 时，宜取高限值。

③ 数据是用 $d=8\sim40$mm 的试件求得；喷射速度较小时宜取低值，较大时宜取高值。

④ 数据是用 $d=17\sim130$mm 的试件求得。

附表 5　加工表面的表面状态系数 β 值

加工方法	材料强度 σ_b/MPa		
	400	800	1200
磨光(Ra 为 0.4～0.2μm)	1	1	1
车光(Ra 为 3.2～0.8μm)	0.95	0.90	0.80
粗加工(Ra 为 25～6.3μm)	0.85	0.80	0.65
未加工表面(氧化铁层等)	0.75	0.65	0.45

附表 6　尺寸系数 ε_σ 和 ε_τ

毛坯直径/mm	碳　　钢		合 金 钢	
	ε_σ	ε_τ	ε_σ	ε_τ
>20～30	0.91	0.89	0.83	0.89
>30～40	0.88	0.81	0.77	0.81
>40～50	0.84	0.78	0.73	0.78
>50～60	0.81	0.76	0.70	0.76
>60～70	0.78	0.74	0.68	0.74
>70～80	0.75	0.73	0.66	0.73
>80～100	0.73	0.72	0.64	0.72
>100～120	0.70	0.70	0.62	0.70
>120～140	0.68	0.68	0.60	0.68

附表 7　抗弯截面系数 W 和抗扭截面系数 W_T 的计算公式

截面图	截面系数	截面图	截面系数
	$W=\frac{\pi}{32}d^3\approx 0.1d^3$ $W_T=\frac{\pi}{16}d^3\approx 0.2d^3$		矩形花键 $W=\frac{\pi d^4 bz(D-d)(D+d)^2}{32D}$ $W_T=\frac{\pi d^4+bz(D-d)(D+d)^2}{16D}$ z——花键齿数
	$W=\frac{\pi}{32}d^3(1-r^4)$ $W_T=\frac{\pi}{16}d^3(1-r^4)$ $r=\frac{d_1}{d}$		$W=\frac{\pi}{32}d^3\left(1-1.54\frac{d_0}{d}\right)$ $W_T=\frac{\pi}{16}d^3\left(1-\frac{d_0}{d}\right)$
	$W=\frac{\pi}{32}d^3-\frac{bt(d-t)^2}{2d}$ $W_T=\frac{\pi}{16}d^3-\frac{bt(d-t)^2}{2d}$		渐开线花键轴 $W\approx\frac{\pi}{32}d^3$ $W_T\approx\frac{\pi}{16}d^3$
	$W=\frac{\pi}{32}d^3-\frac{bt(d-t)^2}{d}$ $W_T=\frac{\pi}{16}d^3-\frac{bt(d-t)^2}{d}$		

附表 8 钢、灰铸铁和轻金属的极限应力经验计算式①

材料	拉伸②		弯曲③			扭剪③		
	σ_{-1}	σ_0	σ_{-1b}	σ_{0b}	σ_{sb}	τ_{-1}	τ_0	τ_s
结构钢	$0.45\sigma_b$	$1.3\sigma_{-1}$	$0.49\sigma_b$	$1.5\sigma_{-1b}$	$1.5\sigma_s$	$0.35\sigma_b$	$1.1\tau_{-1}$	$0.70\sigma_s$
调质钢	$0.41\sigma_b$	$1.7\sigma_{-1}$	$0.44\sigma_b$	$1.7\sigma_{-1b}$	$1.4\sigma_s$	$0.30\sigma_b$	$1.6\tau_{-1}$	$0.70\sigma_s$
渗碳钢④	$0.40\sigma_b$	$1.6\sigma_{-1}$	$0.41\sigma_b$	$1.7\sigma_{-1b}$	$1.4\sigma_s$	$0.30\sigma_b$	$1.4\tau_{-1}$	$0.70\sigma_s$
灰铸铁	$0.25\sigma_b$	$1.6\sigma_{-1}$	$0.37\sigma_b$	$1.8\sigma_{-1b}$	—	$0.36\sigma_b$	$1.6\tau_{-1}$	—
轻金属	$0.30\sigma_b$	—	$0.40\sigma_b$	—	—	$0.25\sigma_b$	—	—

① 本表摘自文献(中国机械工程学会，2002)。

② 受压缩时，σ_0 要大一些。例如，对于弹簧钢，$\sigma_{0c}\approx1.3\sigma_0$；对于灰铸铁，$\sigma_{0c}\approx3\sigma_0$。

③ 试件直径为 10mm 左右，表面抛光。

④ 由直径 30mm 左右、表面渗碳硬化试件得出，σ_b 和 σ_s 均为心部材料的强度。

参 考 文 献

[1] 钟毅芳，吴昌林，唐增宝．机械设计［M］．2版．武汉：华中科技大学出版社，2001．
[2] 于惠力，向敬忠，张春宜．机械设计［M］．北京：科学出版社，2007．
[3] 濮良贵，陈国定，吴立言．机械设计［M］．9版．北京：高等教育出版社，2013．
[4] 杨可桢，等．机械设计基础［M］．6版．北京：高等教育出版社，2013．
[5] 邱宣怀，等．机械设计［M］．4版．北京：高等教育出版社，1997．
[6] 徐锦康．机械设计［M］．北京：高等教育出版社，2004．
[7] 宋宝玉．机械设计基础［M］．哈尔滨：哈尔滨工业大学出版社，2004．
[8] 张美麟，张有忱，张莉彦．机械创新设计［M］．北京：化学工业出版社，2005．
[9] 孙靖民．现代机械设计方法［M］．哈尔滨：哈尔滨工业大学出版社，2003．
[10] 许镇宇，邱宣怀．机械零件［M］．北京：高等教育出版社，1981．
[11] 曲玉峰，关晓平．机械设计基础［M］．北京：北京大学出版社，2006．
[12] 陈铁鸣，王连明，王黎钦．机械设计［M］．哈尔滨：哈尔滨工业大学出版社，2003．
[13] 程志红．机械设计［M］．南京：东南大学出版社，2006．
[14] 杨明忠，朱家诚．机械设计［M］．武汉：武汉理工大学出版社，2001．
[15] 王凤礼，杜立杰．机械设计习题集［M］．3版．北京：机械工业出版社，1999．
[16] 彭文生，杨家军，王均荣．机械设计与机械原理考研指南［M］．2版．武汉：华中科技大学出版社，2005．
[17] 郑江，许瑛．机械设计［M］．北京：北京大学出版社，2006．
[18] 王为，汪建晓．机械设计［M］．武汉：华中科技大学出版社，2007．
[19] 李秀珍．机械设计基础［M］．北京：机械工业出版社，2006．
[20] 潘作良，高恒山，常勇．机械设计基础［M］．赤峰：内蒙古科学技术出版社，1997．
[21] 王之栎，王大康．机械设计综合课程设计［M］．北京：机械工业出版社，2003．
[22] 于惠力．机械设计学习指导［M］．北京：科学出版社，2008．
[23] 秦彦斌，陆品．机械设计导教・导学・导考［M］．7版．西安：西北工业大学出版社，2005．
[24] 杨昂岳．机械设计典型题解析与实战模拟［M］．长沙：国防科技大学出版社，2002．
[25] 吴宗泽，罗圣国．机械设计课程设计手册［M］．3版．北京：高等教育出版社，2006．
[26] 王大康，卢颂峰．机械设计课程设计［M］．2版．北京：北京工业大学出版社，2003．
[27] 申永胜．机械原理［M］．北京：清华大学出版社，1999．
[28] 吴宗泽．机械设计［M］．北京：高等教育出版社，2001．
[29] 李柱国．机械设计与理论［M］．北京：科学出版社，2003．
[30] 王慧，吕宏．机械设计课程设计［M］．2版．北京：北京大学出版社，2016．
[31] 王慧，吕宏．机械设计辅导与习题解答［M］．北京：北京大学出版社，2014．

北京大学出版社教材书目

✧ 欢迎访问教学服务网站 www.pup6.com，免费查阅已出版教材的电子书(PDF 版)、电子课件和相关教学资源。

✧ 欢迎征订投稿。联系方式：010-62750667，童编辑，13426433315@163.com，pup_6@163.com，欢迎联系。

序号	书　　名	标准书号	主　编	定价	出版日期
1	机械设计	978-7-5038-4448-5	郑　江，许　瑛	33	2007.8
2	机械设计(第 2 版)	978-7-301-28560-2	吕　宏　王　慧	47	2018.8
3	机械设计	978-7-301-17599-6	门艳忠	40	2010.8
4	机械设计	978-7-301-21139-7	王贤民，霍仕武	49	2014.1
5	机械设计	978-7-301-21742-9	师素娟，张秀花	48	2012.12
6	机械原理	978-7-301-11488-9	常治斌，张京辉	29	2008.6
7	机械原理	978-7-301-15425-0	王跃进	26	2013.9
8	机械原理	978-7-301-19088-3	郭宏亮，孙志宏	36	2011.6
9	机械原理	978-7-301-19429-4	杨松华	34	2011.8
10	机械设计基础	978-7-5038-4444-2	曲玉峰，关晓平	27	2008.1
11	机械设计基础	978-7-301-22011-5	苗淑杰，刘喜平	49	2015.8
12	机械设计基础	978-7-301-22957-6	朱　玉	59	2014.12
13	机械设计课程设计	978-7-301-12357-7	许　瑛	35	2012.7
14	机械设计课程设计(第 2 版)	978-7-301-27844-4	王　慧，吕　宏	42	2016.12
15	机械设计辅导与习题解答	978-7-301-23291-0	王　慧，吕　宏	26	2013.12
16	机械原理、机械设计学习指导与综合强化	978-7-301-23195-1	张占国	63	2014.1
17	机电一体化课程设计指导书	978-7-301-19736-3	王金娥　罗生梅	49	2013.5
18	机械工程专业毕业设计指导书	978-7-301-18805-7	张黎骅，吕小荣	32	2015.4
19	机械创新设计	978-7-301-12403-1	丛晓霞	32	2012.8
20	机械系统设计	978-7-301-20847-2	孙月华	39	2012.7
21	机械设计基础实验及机构创新设计	978-7-301-20653-9	邹旻	28	2014.1
22	TRIZ 理论机械创新设计工程训练教程	978-7-301-18945-0	蒯苏苏，马履中	45	2011.6
23	TRIZ 理论及应用	978-7-301-19390-7	刘训涛，曹　贺等	35	2013.7
24	创新的方法——TRIZ 理论概述	978-7-301-19453-9	沈萌红	28	2011.9
25	机械工程基础	978-7-301-21853-2	潘玉良，周建军	34	2013.2
26	机械工程实训	978-7-301-26114-9	侯书林，张　炜等	52	2015.10
27	机械 CAD 基础	978-7-301-20023-0	徐云杰	34	2012.2
28	AutoCAD 工程制图	978-7-5038-4446-9	杨巧绒，张克义	20	2011.4
29	AutoCAD 工程制图	978-7-301-21419-0	刘善淑，胡爱萍	38	2015.2
30	工程制图	978-7-5038-4442-6	戴立玲，杨世平	27	2012.2
31	工程制图	978-7-301-19428-7	孙晓娟，徐丽娟	30	2012.5
32	工程制图习题集	978-7-5038-4443-4	杨世平，戴立玲	20	2008.1
33	机械制图(机类)	978-7-301-12171-9	张绍群，孙晓娟	32	2009.1
34	机械制图习题集(机类)	978-7-301-12172-6	张绍群，王慧敏	29	2007.8
35	机械制图(第 2 版)	978-7-301-19332-7	孙晓娟，王慧敏	38	2014.1
36	机械制图	978-7-301-21480-0	李凤云，张　凯等	36	2013.1
37	机械制图习题集(第 2 版)	978-7-301-19370-7	孙晓娟，王慧敏	22	2011.8
38	机械制图	978-7-301-21138-0	张　艳，杨晨升	37	2012.8
39	机械制图习题集	978-7-301-21339-1	张　艳，杨晨升	24	2012.10
40	机械制图	978-7-301-22896-8	臧福伦，杨晓冬等	60	2013.8
41	机械制图与 AutoCAD 基础教程	978-7-301-13122-0	张爱梅	35	2013.1
42	机械制图与 AutoCAD 基础教程习题集	978-7-301-13120-6	鲁　杰，张爱梅	22	2013.1
43	AutoCAD 2008 工程绘图	978-7-301-14478-7	赵润平，宗荣珍	35	2009.1
44	AutoCAD 实例绘图教程	978-7-301-20764-2	李庆华，刘晓杰	32	2012.6
45	工程制图案例教程	978-7-301-15369-7	宗荣珍	28	2009.6
46	工程制图案例教程习题集	978-7-301-15285-0	宗荣珍	24	2009.6
47	理论力学(第 2 版)	978-7-301-23125-8	盛冬发，刘　军	49	2016.9
48	理论力学	978-7-301-29087-3	刘　军，阎海鹏	45	2018.1
49	材料力学	978-7-301-14462-6	陈忠安，王　静	30	2013.4
50	工程力学(上册)	978-7-301-11487-2	毕勤胜，李纪刚	29	2008.6
51	工程力学(下册)	978-7-301-11565-7	毕勤胜，李纪刚	28	2008.6
52	液压传动(第 2 版)	978-7-301-19507-9	王守城，容一鸣	38	2013.7
53	液压与气压传动	978-7-301-13179-4	王守城，容一鸣	32	2013.7

序号	书　　名	标准书号	主　编	定价	出版日期
54	液压与液力传动	978-7-301-17579-8	周长城等	34	2011.11
55	液压传动与控制实用技术	978-7-301-15647-6	刘　忠	36	2009.8
56	金工实习指导教程	978-7-301-21885-3	周哲波	30	2014.1
57	工程训练(第 4 版)	978-7-301-28272-4	郭永环，姜银方	54	2017.6
58	机械制造基础实习教程(第 2 版)	978-7-301-28946-4	邱　兵，杨明金	45	2017.12
59	公差与测量技术	978-7-301-15455-7	孔晓玲	25	2012.9
60	互换性与测量技术基础(第 3 版)	978-7-301-25770-8	王长春等	35	2015.6
61	互换性与技术测量	978-7-301-20848-9	周哲波	35	2012.6
62	机械制造技术基础	978-7-301-14474-9	张　鹏，孙有亮	28	2011.6
63	机械制造技术基础	978-7-301-16284-2	侯书林　张建国	32	2012.8
64	机械制造技术基础(第 2 版)	978-7-301-28420-9	李菊丽，郭华锋	49	2017.6
65	先进制造技术基础	978-7-301-15499-1	冯宪章	30	2011.11
66	先进制造技术	978-7-301-22283-6	朱　林，杨春杰	30	2013.4
67	先进制造技术	978-7-301-20914-1	刘　璇，冯　凭	28	2012.8
68	先进制造与工程仿真技术	978-7-301-22541-7	李　彬	35	2013.5
69	机械精度设计与测量技术	978-7-301-13580-8	于　峰	25	2013.7
70	机械制造工艺学	978-7-301-13758-1	郭艳玲，李彦蓉	30	2008.8
71	机械制造工艺学(第 2 版)	978-7-301-23726-7	陈红霞	45	2014.1
72	机械制造工艺学	978-7-301-19903-9	周哲波，姜志明	49	2012.1
73	机械制造基础(上)——工程材料及热加工工艺基础(第 2 版)	978-7-301-18474-5	侯书林，朱　海	40	2013.2
74	制造之用	978-7-301-23527-0	王中任	30	2013.12
75	机械制造基础(下)——机械加工工艺基础(第 2 版)	978-7-301-18638-1	侯书林，朱　海	32	2012.5
76	金属材料及工艺	978-7-301-19522-2	于文强	44	2013.2
77	金属工艺学	978-7-301-21082-6	侯书林，于文强	32	2012.8
78	工程材料及其成形技术基础(第 2 版)	978-7-301-22367-3	申荣华	69	2016.1
79	工程材料及其成形技术基础学习指导与习题详解(第 2 版)	978-7-301-26300-6	申荣华	28	2015.9
80	机械工程材料及成形基础	978-7-301-15433-5	侯俊英，王兴源	30	2012.5
81	机械工程材料(第 2 版)	978-7-301-22552-3	戈晓岚，招玉春	36	2013.6
82	机械工程材料	978-7-301-18522-3	张铁军	36	2012.5
83	工程材料与机械制造基础	978-7-301-15899-9	苏子林	32	2011.5
84	控制工程基础	978-7-301-12169-6	杨振中，韩致信	29	2007.8
85	机械制造装备设计	978-7-301-23869-1	宋士刚，黄　华	40	2014.12
86	机械工程控制基础	978-7-301-12354-6	韩致信	25	2008.1
87	机电工程专业英语(第 2 版)	978-7-301-16518-8	朱　林	24	2013.7
88	机械制造专业英语	978-7-301-21319-3	王中任	28	2014.12
89	机械工程专业英语	978-7-301-23173-9	余兴波，姜　波等	30	2013.9
90	机床电气控制技术	978-7-5038-4433-7	张万奎	26	2007.9
91	机床数控技术(第 2 版)	978-7-301-16519-5	杜国臣，王士军	35	2014.1
92	自动化制造系统	978-7-301-21026-0	辛宗生，魏国丰	37	2014.1
93	数控机床与编程	978-7-301-15900-2	张洪江，侯书林	25	2012.10
94	数控铣床编程与操作	978-7-301-21347-6	王志斌	35	2012.10
95	数控技术	978-7-301-21144-1	吴瑞明	28	2012.9
96	数控技术	978-7-301-22073-3	唐友亮　佘　勃	56	2014.1
97	数控技术(双语教学版)	978-7-301-27920-5	吴瑞明	36	2017.3
98	数控技术与编程	978-7-301-26028-9	程广振　卢建湘	36	2015.8
99	数控技术及应用	978-7-301-23262-0	刘　军	59	2013.10
100	数控加工技术	978-7-5038-4450-7	王　彪，张　兰	29	2011.7
101	数控加工与编程技术	978-7-301-18475-2	李体仁	34	2012.5
102	数控编程与加工实习教程	978-7-301-17387-9	张春雨，于　雷	37	2011.9
103	数控加工技术及实训	978-7-301-19508-6	姜永成，夏广岚	33	2011.9
104	数控编程与操作	978-7-301-20903-5	李英平	26	2012.8
105	数控技术及其应用	978-7-301-27034-9	贾伟杰	46	2016.4
106	数控原理及控制系统	978-7-301-28834-4	周庆贵，陈书法	36	2017.9
107	现代数控机床调试及维护	978-7-301-18033-4	邓三鹏等	32	2010.11
108	金属切削原理与刀具	978-7-5038-4447-7	陈锡渠，彭晓南	29	2012.5
109	金属切削机床(第 2 版)	978-7-301-25202-4	夏广岚，姜永成	42	2015.1
110	典型零件工艺设计	978-7-301-21013-0	白海清	34	2012.8
111	模具设计与制造(第 3 版)	978-7-301-26805-6	田光辉	68	2021.1
112	工程机械检测与维修	978-7-301-21185-4	卢彦群	45	2012.9
113	工程机械电气与电子控制	978-7-301-26868-1	钱宏琦	54	2016.3

序号	书　　名	标准书号	主　编	定价	出版日期
114	工程机械设计	978-7-301-27334-0	陈海虹，唐绪文	49	2016.8
115	特种加工(第 2 版)	978-7-301-27285-5	刘志东	54	2017.3
116	精密与特种加工技术	978-7-301-12167-2	袁根福，祝锡晶	29	2011.12
117	逆向建模技术与产品创新设计	978-7-301-15670-4	张学昌	28	2013.1
118	CAD/CAM 技术基础	978-7-301-17742-6	刘　军	28	2012.5
119	CAD/CAM 技术案例教程	978-7-301-17732-7	汤修映	42	2010.9
120	Pro/ENGINEER Wildfire 2.0 实用教程	978-7-5038-4437-X	黄卫东，任国栋	32	2007.7
121	Pro/ENGINEER Wildfire 3.0 实例教程	978-7-301-12359-1	张选民	45	2008.2
122	Pro/ENGINEER Wildfire 3.0 曲面设计实例教程	978-7-301-13182-4	张选民	45	2008.2
123	Pro/ENGINEER Wildfire 5.0 实用教程	978-7-301-16841-7	黄卫东，郝用兴	43	2014.1
124	Pro/ENGINEER Wildfire 5.0 实例教程	978-7-301-20133-6	张选民，徐超辉	52	2012.2
125	SolidWorks 三维建模及实例教程	978-7-301-15149-5	上官林建	30	2012.8
126	SolidWorks 2016 基础教程与上机指导	978-7-301-28291-1	刘萍华	54	2018.1
127	UG NX 9.0 计算机辅助设计与制造实用教程(第 2 版)	978-7-301-26029-6	张黎骅，吕小荣	36	2015.8
128	CATIA 实例应用教程	978-7-301-23037-4	于志新	45	2013.8
129	Cimatron E9.0 产品设计与数控自动编程技术	978-7-301-17802-7	孙树峰	36	2010.9
130	Mastercam 数控加工案例教程	978-7-301-19315-0	刘　文，姜永梅	45	2011.8
131	应用创造学	978-7-301-17533-0	王成军，沈豫浙	26	2012.5
132	机电产品学	978-7-301-15579-0	张亮峰等	24	2015.4
133	品质工程学基础	978-7-301-16745-8	丁　燕	30	2011.5
134	设计心理学	978-7-301-11567-1	张成忠	48	2011.6
135	计算机辅助设计与制造	978-7-5038-4439-6	仲梁维，张国全	29	2007.9
136	产品造型计算机辅助设计	978-7-5038-4474-4	张慧姝，刘永翔	27	2006.8
137	产品设计原理	978-7-301-12355-3	刘美华	30	2008.2
138	产品设计表现技法	978-7-301-15434-2	张慧姝	42	2012.5
139	CorelDRAW X5 经典案例教程解析	978-7-301-21950-8	杜秋磊	40	2013.1
140	产品创意设计	978-7-301-17977-2	虞世鸣	38	2012.5
141	工业产品造型设计	978-7-301-18313-7	袁涛	39	2011.1
142	化工工艺学	978-7-301-15283-6	邓建强	42	2013.7
143	构成设计	978-7-301-21466-4	袁涛	58	2013.1
144	设计色彩	978-7-301-24246-9	姜晓微	52	2014.6
145	过程装备机械基础(第 2 版)	978-301-22627-8	于新奇	38	2013.7
146	过程装备测试技术	978-7-301-17290-2	王毅	45	2010.6
147	过程控制装置及系统设计	978-7-301-17635-1	张早校	30	2010.8
148	质量管理与工程	978-7-301-15643-8	陈宝江	34	2009.8
149	质量管理统计技术	978-7-301-16465-5	周友苏，杨　飒	30	2010.1
150	人因工程	978-7-301-19291-7	马如宏	39	2011.8
151	工程系统概论——系统论在工程技术中的应用	978-7-301-17142-4	黄志坚	32	2010.6
152	测试技术基础(第 2 版)	978-7-301-16530-0	江征风	30	2014.1
153	测试技术实验教程	978-7-301-13489-4	封士彩	22	2008.8
154	测控系统原理设计	978-7-301-24399-2	齐永奇	39	2014.7
155	测试技术学习指导与习题详解	978-7-301-14457-2	封士彩	34	2009.3
156	可编程控制器原理与应用(第 2 版)	978-7-301-16922-3	赵　燕，周新建	33	2011.11
157	工程光学(第 2 版)	978-7-301-28978-5	王红敏	41	2018.1
158	精密机械设计	978-7-301-16947-6	田　明，冯进良等	38	2011.9
159	传感器原理及应用	978-7-301-16503-4	赵　燕	35	2014.1
160	测控技术与仪器专业导论(第 2 版)	978-7-301-24223-0	陈毅静	36	2014.6
161	现代测试技术	978-7-301-19316-7	陈科山，王　燕	43	2011.8
162	风力发电原理	978-7-301-19631-1	吴双群，赵丹平	49	2011.10
163	风力机空气动力学	978-7-301-19555-0	吴双群	40	2011.10
164	风力机设计理论及方法	978-7-301-20006-3	赵丹平	45	2012.1
165	计算机辅助工程	978-7-301-22977-4	许承东	38	2013.8
166	现代船舶建造技术	978-7-301-23703-8	初冠南，孙清洁	33	2014.1
167	机床数控技术(第 3 版)	978-7-301-24452-4	杜国臣	49	2016.8
168	工业设计概论(双语)	978-7-301-27933-5	窦金花	35	2017.3
169	产品创新设计与制造教程	978-7-301-27921-2	赵　波	31	2017.3